数学Ⅲ・C
標準問題精講

四訂版

木村光一　著

Standard Exercises in Mathematics Ⅲ・C

旺文社

は じ め に

　数学Ⅲ・Cの入試問題は年々難しくなっています．しかし詳しく調べてみると，それらは以前から出題され続けている定型的な基本問題の組み合わせであることが分かります．ただし「基本」であることは必ずしも「易しい」ことと同じではありません．

　アルキメデスの発見した求積技術の集積として出発した微分積分は，17世紀に至るとニュートンとライプニッツによって体系化され，18世紀にはベルヌーイ兄弟やオイラー等の手によってさらに発展させられて現在も進化を続けています．しかし，大筋は完成した理論でありその骨子が基本問題として出題されることになります．その意味では学習指導要領が法的拘束力をもつ1950年代から現在まで，微分積分の出題には大きな変化はないということもできます．

　昔との違いは組み合わせる基本の数が増えていることです．組み合わせる基本事項が二つでも通り一遍の学習ではかなり難しいです．ましてや三つ以上になると事前の研究無しで時間内に解くことはほとんど不可能でしょう．そのうえ基本事項の組み合わせ方が巧妙になっていることに注意しなければなりません．

　このような事情を考慮すると，私たちとしてはまず微積分の屋台骨としての基本問題をしっかりとものにする必要があります．それは反復練習して覚えることだと考えてよいでしょう．模倣しているうちに次第に慣れてきて，ある日突然，腑に落ちるということが確かにあります．初めからねじり鉢巻きで完全に理解しようとする気持ちは分かりますが，うまくいかずに投げ出してしまうようでは台無しです．もっと気楽に考えましょう．ただし，努力を継続することは本質的に大切です．

　一通り基本が身に付いたら，次には標準以上の問題をある程度時間をかけて基本問題に分解する練習をしましょう．これがうまくいくようになると合格は目前です．

　以上を参考にして自分なりの学習方法を編み出してください．健闘を祈ります．

木村光一

もくじ

はじめに……………………………… 2

本書の利用法……………………………… 6

第1章 数列の極限と無限級数

1 収束・発散速度の比較 ………… 8

2 無理式の極限 …………………… 10

3 無限等比数列 …………………… 12

4 $nr^n(|r|<1)$ の極限とはさみ打ち ……………………………………… 14

5 漸化式と極限 (1) ……………… 16

6 漸化式と極限 (2) ……………… 19

7 漸化式と極限 (3) ……………… 22

8 図形と極限 ……………………… 25

9 確率と極限 ……………………… 26

10 無限級数の定義 ………………… 28

11 調和級数 ………………………… 30

12 無限等比級数 …………………… 33

13 図形と無限等比級数 …………… 36

14 循環小数 ………………………… 39

第2章 微分法とその応用

15 関数の極限 ……………………… 43

16 連続関数 ………………………… 46

17 $\displaystyle\lim_{\theta\to 0}\frac{\sin\theta}{\theta}=1$ ……………… 48

18 $\displaystyle\lim_{n\to\infty}\left(1+\frac{1}{n}\right)^n=e$ ………… 50

19 微分法の公式 …………………… 52

20 媒介変数表示された関数の微分法 ……………………………………… 56

21 微分可能と連続 ………………… 58

22 平均値の定理と関数の増減 …… 60

23 極大値・極小値 ………………… 62

24 減衰曲線の極値 ………………… 64

25 2次導関数による極値の判定法 ‥66

26 曲線の凹凸と変曲点 …………… 68

27 漸近線のあるグラフ …………… 70

28 接線と法線 ……………………… 72

29 サイクロイドの法線 …………… 74

30 アステロイドの接線 …………… 76

31 最大・最小の基本 ……………… 78

32 三角関数の最大・最小 (1) …… 79

33 三角関数の最大・最小 (2) …… 81

34 指数・対数関数の最大・最小 … 83

35 置きかえの工夫 ………………… 86

36 フェルマの法則 ………………… 88

37 2変数の最大・最小 …………… 90

38 不等式の証明 …………………… 92

39 e^x の不等式と，方程式の解の個数 ……………………………………… 95

40 接線の本数 ……………………… 98

41 $\log(1+x)$ の不等式 ………… 100

42 三角関数の不等式 ……………… 102

43 多変数の不等式 ………………… 105

44 不等式の成立条件 ……………… 107

45 ニュートン法 …………………… 109

46 速度・加速度 …………………… 111

47 加速度の大きさ ………………… 113

第3章 積分法とその応用

48 微分積分法の基本定理 ………… 116

49 基本的な積分 (1) ……………… 119

50 基本的な積分 (2) ……………… 122

51 分数関数の積分 ………………… 124

52 置換積分 ………………………… 127

53 部分積分 ………………………… 129

54 $e^{ax}\cos bx, e^{ax}\sin bx$ の積分 …132

55 置換定積分 ……………………… 134

56 $\sin^n x$ の定積分 ……………138
57 ベータ関数 …………………140
58 絶対値記号, 周期と定積分……142
59 接する2曲線と面積 …………144
60 減衰曲線が囲む図形の面積……146
61 面積の2等分 …………………148
62 サイクロイドが囲む図形の面積・150
63 カージオイドが囲む図形の面積・152
64 楕円が囲む図形の面積…………155
65 双曲線関数と面積………………157
66 面積と極限……………………159
67 回転体の体積 (1) ……………161
68 回転体の体積 (2) ……………163
69 斜回転体の体積………………165
70 非回転体の体積 (1) …………167
71 非回転体の体積 (2) …………169
72 断面の境界が円弧を含む立体の体積
　　………………………………171
73 媒介変数表示された曲線の長さ
　　………………………………173
74 カテナリーとその伸開線の長さ
　　………………………………176
75 定積分と無限級数 (1) …………178
76 定積分と無限級数 (2) …………181
77 定積分と無限級数 (3) …………184
78 定積分と不等式 (1) …………186
79 定積分と不等式 (2) …………188
80 定積分と不等式 (3) …………190
81 定積分と不等式 (4) …………192
82 定積分で定義された関数 (1) ……195
83 定積分で定義された関数 (2) ……197
84 定積分で定義された関数 (3) ……199
85 定積分と極限 (1) ……………201
86 定積分と極限 (2) ……………203
87 関数方程式 (1) ………………206

88 関数方程式 (2) ………………208
89 関数方程式 (3) ………………210

第4章 平面上のベクトル

90 ベクトルの定義………………213
91 直線のベクトル方程式…………216
92 外心, 内心, 垂心……………220
93 ベクトルの1次独立……………223
94 座標系とベクトルの成分………228
95 終点の動く範囲………………231
96 重心座標………………………234
97 重心座標と面積比………………237
98 内積……………………………240
99 正射影…………………………242
100 条件の表す図形………………244
101 平面ベクトルの応用…………247

第5章 空間におけるベクトル

102 1次独立………………………249
103 重心座標………………………251
104 内積……………………………254
105 直線……………………………256
106 平面……………………………258
107 球面……………………………261
108 空間ベクトルの応用…………263

第6章 複素数平面

109 複素数平面と共役複素数………265
110 複素数の絶対値………………268
111 三角不等式……………………271
112 極形式…………………………274
113 ド・モアブルの定理…………277

114 1のn乗根（1）・・・・・・・・・・・・・・279
115 1のn乗根（2）・・・・・・・・・・・・・・281
116 ド・モアブルの定理の応用・・・・・283
117 複素数と三角形・・・・・・・・・・・・・・285
118 図形の回転・・・・・・・・・・・・・・・・・287
119 アポロニウスの円と1次変換（1）
・・・・・・・・・・・・・・・・・・・・・・・・288
120 アポロニウスの円と1次変換（2）
・・・・・・・・・・・・・・・・・・・・・・・・294
121 非調和比・・・・・・・・・・・・・・・・・・・299
122 いろいろな変換・・・・・・・・・・・・・・302

第7章 式と曲線

123 放物線・・・・・・・・・・・・・・・・・・・・・304
124 楕円の接線と媒介変数表示・・・・・・306
125 与えられた傾きをもつ楕円の接線
・・・・・・・・・・・・・・・・・・・・・・・・310
126 双曲線・・・・・・・・・・・・・・・・・・・・・312
127 双曲線と漸近線・・・・・・・・・・・・・・317
128 円錐曲線・・・・・・・・・・・・・・・・・・・319
129 直線と円の極方程式・・・・・・・・・・・323
130 レムニスケート・・・・・・・・・・・・・・325
131 円錐曲線の極方程式（1）・・・・・・・328
132 円錐曲線の極方程式（2）・・・・・・・331
133 2次曲線（1）・・・・・・・・・・・・・・・333
134 2次曲線（2）・・・・・・・・・・・・・・・337

演習問題の解答・・・・・・・・・・・・・・・・・・339

本 書 の 利 用 法

　自分なりの方法で自由に使ってください．ただし著者としては最低限二回繰り返して読むことをお勧めします．

　最初は証明問題を除いて計算問題を中心に学習するのもよいでしょう．微積分では積分の計算力さえあれば，大した工夫もせずに多くの問題を解くことができます．

　二度目は微積分については評価を中心に学習してください．極限が良く分からないものをすでに分かっているもので挟んで情報を引き出すという手法は，微積分の中心にある技術です．難しく感じるのは十分に慣れていないからです．基本的評価法を身に着けたらその組み合わせで解決する練習をしましょう．繰り返しているうちに何とかなるものです．

　なお，本書では発展的解説や技術的に難しい問題等に記号♯をつけて注意を促しています．一回目の通読の際には飛ばすか読み流しても後に影響しません．再読の際は関心のあるものを拾い読みしてください．数学に対する関心や理解が深まるはずです．特にベクトルの分野では，大学進学後に学ぶ重要分野である線形代数との連絡を意識して書いてあります．また，♯記号のついた問題にもぜひ挑戦してみましょう．

　本書が若い皆さんの助けになれば幸いです．

標問

入試問題の中から典型的なものを精選しました．それぞれの領域は，長いこと入試に出題されており，必要な知識や解法のパターンは大体決まっています．本書では，〈受験数学〉のエッセンスを，基本概念の理解と結びつけつつ，できるだけ体系的につかむことができるように，という立場で問題を選び，配列しました．
なお，使用した入試問題には，多少字句を変えた個所もあります．

精 講

標問を解くにあたって必要な知識，目の付け所を示しました．
問題を読んでもまったく見当がつかないときは助けにしてください．
自信のある人ははじめに見ないで考えましょう．

解法のプロセス

問題解決のためのフローチャートです．一筋縄ではいかない問題も「解法のプロセス」にかかれば一目瞭然です．

解 答

模範解答となる解き方を示しました．右の余白には随所に矢印◀を用いてポイント，補充説明などを付記し，理解の助けとしました．

研 究

標問の内容を掘り下げた解説，別の観点からとらえた別解，関連する公式の証明，発展的な見方や考え方などを加えました．

演習問題

標問が正しく理解できれば，無理なく扱える程度の良問を選びました．標問と演習問題を消化すれば，入試問題のかなりの部分は「顔見知り」となるはずです．

木村光一（きむら・こういち）先生は，1954年新潟生まれです．東京理科大学理学部卒業，東北大学大学院理学研究科博士課程修了．理学博士．駿台予備学校を経て，Ｚ会東大マスターコースの教壇にも立たれていました．著書には，『高校数学　探求と演習上・下』（Ｚ会出版），『微分方程式・複素整数　分野別標準問題精講』（旺文社）があります．趣味は「どれも長続きせず，みんなそこそこ」だそうですが，「スキーだけはちょっとうまい」そうです．

第1章 数列の極限と無限級数

標問 1 収束・発散速度の比較

次の極限値を求めよ.

$$\lim_{n\to\infty} \frac{(n+1)^2+(n+2)^2+\cdots+(3n)^2}{1^2+2^2+3^2+\cdots+(2n)^2}$$

(慶應義塾大)

⊃ 精講 分母, 分子の和を求めて極限をとります. しかし, 各々の和を最後まで計算する必要はありません. それは, たとえば

$$\lim_{n\to\infty} \frac{7n^3\boxed{-5n^2+n+3}}{4n^3\boxed{+6n^2-n+8}}$$

を求めるとき, 四角で囲まれた部分が極限値に

関与しない

のと同じことです. これを確かめるには

$$\lim_{n\to\infty} \frac{7+\left(-\dfrac{5}{n}+\dfrac{1}{n^2}+\dfrac{3}{n^3}\right)}{4+\left(\dfrac{6}{n}-\dfrac{1}{n^2}+\dfrac{8}{n^3}\right)}$$

と変形することになります.

本問の分母, 分子はいずれも n の3次式になるので, 最高次である n^3 の項だけに注目しましょう.

> **解法のプロセス**
>
> 数列の極限
> ⇩
> 極限値に関与する部分だけに注目
> ⇩
> 分数式のとき
> ⇩
> 分母, 分子の最高次の項に注目

〈 解答 〉

$$分子 = \sum_{k=1}^{3n} k^2 - \sum_{k=1}^{n} k^2$$

$$= \frac{3n(3n+1)(6n+1)}{6} - \frac{n(n+1)(2n+1)}{6}$$

$$= \left(\frac{3\cdot3\cdot6}{6} - \frac{1\cdot1\cdot2}{6}\right)n^3 + (n \text{ の高々 2 次式})$$

$$= \frac{26}{3}n^3 + (n \text{ の高々 2 次式})$$

← 最高次の項に注目

一方

$$\text{分母} = \sum_{k=1}^{2n} k^2 = \frac{2n(2n+1)(4n+1)}{6}$$

$$= \frac{2 \cdot 2 \cdot 4}{6} n^3 + (n \text{ の高々 2 次式})$$

$$= \frac{8}{3} n^3 + (n \text{ の高々 2 次式}) \qquad\qquad \text{← 最高次の項に注目}$$

ゆえに

$$\text{与式} = \lim_{n \to \infty} \frac{\dfrac{26}{3} + \dfrac{n \text{ の高々 2 次式}}{n^3}}{\dfrac{8}{3} + \dfrac{n \text{ の高々 2 次式}}{n^3}} = \frac{26}{3} \cdot \frac{3}{8} = \frac{13}{4}$$

研究 〈不定形〉

直接極限をとっても収束・発散の判定ができないもの，
たとえば

$$\frac{0}{0}, \ \frac{\infty}{\infty}, \ \infty \cdot 0, \ 1^\infty, \ 0^0, \ \infty^0, \ \infty - \infty \qquad \text{← } 1^\infty \text{ については標問 18 参照}$$

などを**不定形**といいます．

　本問は $\dfrac{\infty}{\infty}$ の不定形ですが，分母と分子の ∞ に**発散する速さがつり合っ
ている**ので有限な値に収束しました．

　一般に不定形を解消して極限の状態を知るためには

収束あるいは発散する速さを比較する

ことが必要です．比較方法はいろいろありますが，それをこれから学んでい
くことになります．本問はその出発点です．

演習問題

1　次の極限値を求めよ．

(1) $\displaystyle \lim_{n \to \infty} \frac{1+2+3+\cdots+n}{n^2}$ 　　　　　　　　　　　（茨城大）

(2) $\displaystyle \lim_{n \to \infty} \frac{1}{n} \sum_{k=1}^{n} \left(\frac{k}{n}\right)^3$ 　　　　　　　　　　　（電気通信大）

(3) $\displaystyle \lim_{n \to \infty} \left(1 - \frac{1}{2^2}\right)\left(1 - \frac{1}{3^2}\right)\cdots\left(1 - \frac{1}{4n^2}\right)$ 　　　　　　　（小樽商科大）

標問 **2** ## 無理式の極限

次の極限値を求めよ.

(1) $\displaystyle\lim_{n\to\infty}(\sqrt{n^2+n-2}-\sqrt{n^2-n-1})$

(2) $\displaystyle\lim_{n\to\infty}\dfrac{\sqrt{n+5}-\sqrt{n+3}}{\sqrt{n+1}-\sqrt{n}}$

精講 (1) $\infty-\infty$ の不定形です.

無理式の関与する不定形は有理化する

と覚えましょう.

$$\sqrt{a_n}-\sqrt{b_n}=\dfrac{a_n-b_n}{\sqrt{a_n}+\sqrt{b_n}}$$

$$\dfrac{1}{\sqrt{a_n}-\sqrt{b_n}}=\dfrac{\sqrt{a_n}+\sqrt{b_n}}{a_n-b_n}$$

と変形すると，発散する速さの比較ができるように
なります.

(2) $\dfrac{\infty-\infty}{\infty-\infty}$ という二重の不定形です．分母と

分子の両方を有理化して考えます.

▶解法のプロセス

無理式の不定形
⇩
有理化する
⇩
多くの場合，不定形

$\dfrac{\infty}{\infty}$ に帰着

〈 **解 答** 〉

(1) 与式 $=\displaystyle\lim_{n\to\infty}\dfrac{n^2+n-2-(n^2-n-1)}{\sqrt{n^2+n-2}+\sqrt{n^2-n-1}}$

$\quad=\displaystyle\lim_{n\to\infty}\dfrac{2n-1}{\sqrt{n^2+n-2}+\sqrt{n^2-n-1}}$ ← 分母，分子を n で割る

$\quad=\displaystyle\lim_{n\to\infty}\dfrac{2-\dfrac{1}{n}}{\sqrt{1+\dfrac{1}{n}-\dfrac{2}{n^2}}+\sqrt{1-\dfrac{1}{n}-\dfrac{1}{n^2}}}$

$\quad=\dfrac{2}{1+1}=\mathbf{1}$

(2) 与式 $=\displaystyle\lim_{n\to\infty}\dfrac{n+5-(n+3)}{\sqrt{n+5}+\sqrt{n+3}}\cdot\dfrac{\sqrt{n+1}+\sqrt{n}}{n+1-n}$ ← 分母，分子を同時に有理化

$\quad=\displaystyle\lim_{n\to\infty}\dfrac{2(\sqrt{n+1}+\sqrt{n})}{\sqrt{n+5}+\sqrt{n+3}}$ ← 分母，分子を $\sqrt{n}$ で割る

$$=\lim_{n\to\infty}\frac{2\left(\sqrt{1+\dfrac{1}{n}}+1\right)}{\sqrt{1+\dfrac{5}{n}}+\sqrt{1+\dfrac{3}{n}}}$$

$$=\frac{2(1+1)}{1+1}=2$$

研究 〈極限計算の公式〉

$$\lim_{n\to\infty}a_n=\alpha,\ \lim_{n\to\infty}b_n=\beta\ \text{のとき}$$

(i) $\lim_{n\to\infty}(pa_n+qb_n)=p\alpha+q\beta$ （p, q は定数）

(ii) $\lim_{n\to\infty}a_nb_n=\alpha\beta$

(iii) $\lim_{n\to\infty}\dfrac{a_n}{b_n}=\dfrac{\alpha}{\beta}$ （$\beta\neq0$ のとき）

であることを，標問 **1**，**2** ではとくに意識しないで使いました．これらについては「公式といっても当然じゃないか」ということで十分です．

しかし，次のような場合は注意が必要です．

$$\lim_{n\to\infty}(a_n-b_n)=0\ \ \text{ならば}\ \ \lim_{n\to\infty}a_n=\lim_{n\to\infty}b_n$$

無条件で成り立ちそうですが，$a_n=b_n=n$，$a_n=b_n=(-1)^n$ などの場合には成立しません．

a_n，b_n が収束しないと(i)を用いて

$$0=\lim_{n\to\infty}(a_n-b_n)=\lim_{n\to\infty}a_n-\lim_{n\to\infty}b_n$$

とすることができないからです．しかし

$$\lim_{n\to\infty}a_n=\alpha$$

ならば(i)が使えて

$$\begin{aligned}\lim_{n\to\infty}b_n&=\lim_{n\to\infty}\{a_n-(a_n-b_n)\}\\&=\lim_{n\to\infty}a_n-\lim_{n\to\infty}(a_n-b_n)\\&=\alpha-0-\alpha\end{aligned}$$

となります．

極限計算の公式の**前提条件は飾りでない**ことに注意しましょう．

演習問題

2 次の極限値を求めよ．

(1) $\lim_{n\to\infty}\sqrt{n+1}(\sqrt{n}-\sqrt{n-1})$

(2) $\lim_{n\to\infty}(\sqrt{n^3+n}-n^{\frac{3}{2}})$ （岩手大）

標問 **3**　　**無限等比数列**

x の関数　$f(x)=\displaystyle\lim_{n\to\infty}\frac{x^n+2x+1}{x^{n-1}+1}$ のグラフをかけ.　　　　(静岡大)

精 講　　$|x|<1$ のとき，$\displaystyle\lim_{n\to\infty}x^n=0$

$|x|>1$ のとき，$\displaystyle\lim_{n\to\infty}|x^n|=\infty$

であることに注目して，大まかに 2 つの場合に分けて考えます.

$x=-1$ のときは，n が偶数だと分母が 0 になるので，$f(-1)$ は定義できません.

> 解法のプロセス
>
> $\displaystyle\lim_{n\to\infty}x^n$
>
> ⇩
>
> $|x|<1,\ |x|>1,\ x=\pm1$ に場合分け

〈　**解 答**　〉

(i)　$|x|<1$ のとき，

$\displaystyle\lim_{n\to\infty}x^n=\lim_{n\to\infty}x^{n-1}=0$ であるから

$f(x)=2x+1$

(ii)　$|x|>1$ のとき，

$\displaystyle\lim_{n\to\infty}|x^n|=\infty$ より，$\displaystyle\lim_{n\to\infty}\left(\frac{1}{x}\right)^{n-1}=0$ であるから

$f(x)=\displaystyle\lim_{n\to\infty}\frac{x+(2x+1)\left(\dfrac{1}{x}\right)^{n-1}}{1+\left(\dfrac{1}{x}\right)^{n-1}}=x$

(iii)　$x=1$ のとき，

$f(1)=\displaystyle\lim_{n\to\infty}\frac{1+2+1}{1+1}=2$

(iv)　$x=-1$ のとき，n が偶数ならば

$x^{n-1}+1=(-1)^{n-1}+1=0$

となるから，$f(-1)$ は定義されない.

ゆえに

$f(x)=\begin{cases}2x+1 & (|x|<1)\\x & (|x|>1)\\2 & (x=1)\end{cases}$

したがって，$y=f(x)$ のグラフは右図のようになる.

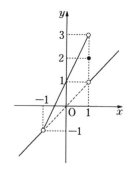

研究 〈無限等比数列の極限〉

極限 $\lim_{n\to\infty} r^n$ は次のように分類できます.

$$\lim_{n\to\infty} r^n = \begin{cases} +\infty & (r>1) \\ 1 & (r=1) \\ 0 & (|r|<1) \\ 振動 & (r\leqq -1) \end{cases}$$

$r=1$, $r\leqq -1$ のときは問題ないでしょう. そして, $r>1$ のときが正しければ, $0<|r|<1$ のとき $r^n\to 0$ となることが次のように示されます.

$$\lim_{n\to\infty}|r^n|=\lim_{n\to\infty}\frac{1}{\left(\frac{1}{|r|}\right)^n}=0 \quad \left(\because \ \frac{1}{|r|}>1\right) \quad \therefore \ \lim_{n\to\infty}r^n=0$$

さて, $r>1$ の場合ですが, たとえば, $2^n\to\infty$ となることは間違いありません. しかし,

$$(1.00000000000000000000000000000000000000000000000000001)^n$$

についてはどうでしょうか. より基本的な極限をもとにして確かめておきたいものです.

$r=1+h$ $(h>0)$ とおくと, 二項定理
$(1+h)^n={}_nC_0+{}_nC_1h+{}_nC_2h^2+\cdots+{}_nC_nh^n$ により

$$r^n=(1+h)^n\geqq {}_nC_0+{}_nC_1h=1+hn \qquad \cdots\cdots㋐$$

ところが, $h>0$ より

$$\lim_{n\to\infty}(1+hn)=\infty \qquad\qquad \cdots\cdots㋑$$

したがって

$$\lim_{n\to\infty}r^n=\infty \qquad\qquad \cdots\cdots㋒$$

となるわけです.

㋐と㋑から㋒を導く方法を, **追い出しの原理**といいます.

演習問題

3-1 $0\leqq x\leqq 2$ のとき, 次の各問いに答えよ.

(1) $\lim_{n\to\infty}(1+\sin\pi x)^n$ を求めよ.

(2) $f(x)=\lim_{n\to\infty}\dfrac{(1+\sin\pi x)^n+x-1}{(1+\sin\pi x)^n+1}$ のとき, 関数 $y=f(x)$ のグラフをかけ.

(神戸大)

3-2 a を実数とするとき, 次の極限値を求めよ.

$$\lim_{n\to\infty}\frac{a^{2n}(\sin^{2n}a+1)}{1+a^{2n}}$$

(愛知教育大)

標問 **4** $nr^n\ (|r|<1)$ の極限とはさみ打ち

(1) n を 2 以上の整数，h を正数とするとき，

$$(1+h)^n \geqq 1+nh+\frac{n(n-1)}{2}h^2$$

が成り立つことを証明せよ．

(2) $0<|r|<1$ のとき，$\displaystyle\lim_{n\to\infty}nr^n=0$ を証明せよ． （金沢大）

精講 (1) 数学的帰納法や二項定理などが有効ですが，二項定理によると不等式をつくり出す方法で証明ができます．

(2) $\dfrac{1}{|r|}=1+h\ (h>0)$ とおけるので，(1)より

$$\left(\frac{1}{|r|}\right)^n \geqq \frac{n(n-1)}{2}h^2=(n\,の\,2\,次式)$$

したがって，次の不等式が成立します．

$$0\leqq|nr^n|=\frac{n}{\left(\dfrac{1}{|r|}\right)^n}\leqq\frac{n}{n\,の\,2\,次式}\quad\cdots\cdots(*)$$

一般に $a_n\leqq x_n\leqq b_n$，$\displaystyle\lim_{n\to\infty}a_n=\lim_{n\to\infty}b_n=\alpha$ から $\displaystyle\lim_{n\to\infty}x_n=\alpha$ を導く方法を**はさみ打ちの原理**といいます．

この原理を不等式(*)に適用すれば証明完了です．

▷**解法のプロセス**◁

(2) $\dfrac{1}{|r|}=1+h\ (h>0)$ とおく

⇩

(1)を用いて

⇩

$0\leqq|nr^n|\leqq\dfrac{n}{n\,の\,2\,次式}$

⇩

はさみ打ち

〈 **解 答** 〉

(1) 二項定理により

$$\begin{aligned}(1+h)^n&={}_nC_0+{}_nC_1h+{}_nC_2h^2+\cdots+{}_nC_nh^n\\&\geqq{}_nC_0+{}_nC_1h+{}_nC_2h^2\\&=1+nh+\frac{n(n-1)}{2}h^2\end{aligned}$$

← $h>0$

(2) $0<|r|<1$ より

$\dfrac{1}{|r|}=1+h\ (h>0)$ とおけるから，(1)より

$$\left(\frac{1}{|r|}\right)^n=(1+h)^n\geqq\frac{n(n-1)}{2}h^2$$

← 2 次の項だけで十分

$$\therefore \quad 0\leqq |nr^n|=\dfrac{n}{\left(\dfrac{1}{|r|}\right)^n}\leqq \dfrac{n}{\dfrac{n(n-1)}{2}h^2}=\dfrac{2}{(n-1)h^2}$$

$$\lim_{n\to\infty}\dfrac{2}{(n-1)h^2}=0 \ \text{であるから} \qquad\qquad \leftarrow \text{はさみ打ち}$$

$$\lim_{n\to\infty}nr^n=0$$

研究 $\left\langle \lim\limits_{n\to\infty}\dfrac{n^p}{r^n}=0 \quad (r>1, \ p \text{ は自然数})\right\rangle$

$r=1+h \ (h>0)$ とおく．二項定理により $n\geqq p+1$ のとき

$$\begin{aligned}
r^n&=(1+h)^n\\
&={}_nC_0+{}_nC_1h+\cdots+{}_nC_{p+1}h^{p+1}+\cdots+{}_nC_nh^n\\
&\geqq {}_nC_{p+1}h^{p+1}\\
&=\dfrac{n(n-1)(n-2)\cdots(n-p)}{(p+1)!}h^{p+1}\\
&=(n \text{ の } p+1 \text{ 次式})
\end{aligned}$$

$$\therefore \quad 0\leqq \dfrac{n^p}{r^n}\leqq \dfrac{n^p}{n \text{ の } p+1 \text{ 次式}}$$

$$\therefore \quad \lim_{n\to\infty}\dfrac{n^p}{r^n}=0 \qquad\qquad \leftarrow \text{標問 4}(2)\text{の一般化}$$

この結果は，たとえば

$$\lim_{n\to\infty}\dfrac{n^{1000000000000000000000000000000000000000000000000}}{(1.00000000000000000000000000000000000000000001)^n}=0$$

であることを含んでいます！

すなわち，r^n は $r>1$ であるかぎり，あるところから先は爆発的に増加するということです．

演習問題

4-1 (1) 2以上の自然数 n に対して，$\sqrt[n]{n}=1+h_n$ とおくとき，標問 **4** の(1)を用いて，$0<h_n<\sqrt{\dfrac{2}{n-1}}$ が成り立つことを示せ．

(2) $\lim\limits_{n\to\infty}\sqrt[n]{n}$ を求めよ．

4-2 $a,\ b$ を正の定数とするとき，次の極限値を求めよ．

$$\lim_{n\to\infty}\sqrt[n]{a^n+b^n}$$

（広島大）

標問 **5** **漸化式と極限** (1)

2つの数列 $\{a_n\}$, $\{b_n\}$ は，$a_1=a$, $b_1=1-a$,

$$\begin{cases} a_{n+1}=aa_n+bb_n \\ b_{n+1}=(1-a)a_n+(1-b)b_n \end{cases} \quad (n=1, 2, \cdots)$$

を満たしている．ただし，a, b は実数である．

(1) $a_n+b_n=1$ を示し，a_{n+1} を a_n, a, b を用いて表せ．

(2) a_n を n, a, b を用いて表せ．

(3) 数列 $\{a_n\}$ が収束するような a, b を座標とする点 (a, b) の存在する範囲を図示せよ． (富山大)

精 講 $a_n+b_n=1$ を用いて b_n を消去すると，典型的な2項間漸化式

$$a_{n+1}=pa_n+q$$

が現れます．$p=1$ のときは，

$$a_{n+1}-a_n=q \quad (等差数列)$$

$p\neq1$ のときは，

$$a_{n+1}-\frac{q}{1-p}=p\left(a_n-\frac{q}{1-p}\right)$$

と変形することで一般項がわかります．

無限等比数列の収束条件は，標問 **3** で学びました．

解法のプロセス

a_n の2項間漸化式を導き一般項を求める

⇩

a_n の収束条件は

⇩

無限等比数列の収束条件に帰着

〈 **解 答** 〉

$$\begin{cases} a_{n+1}=aa_n+bb_n & \cdots\cdots① \\ b_{n+1}=(1-a)a_n+(1-b)b_n & \cdots\cdots② \end{cases}$$

(1) ①+② より

$$a_{n+1}+b_{n+1}=a_n+b_n$$

すなわち，$\{a_n+b_n\}$ は一定の数列であるから

$$a_n+b_n=a_1+b_1=a+(1-a)=1 \quad \cdots\cdots③$$

①と③より b_n を消去すると

$$a_{n+1}=aa_n+b(1-a_n)$$

$$\therefore \quad \boldsymbol{a_{n+1}=(a-b)a_n+b}$$

(2) (i) $a-b=1$ のとき，$a_{n+1}-a_n=b$ より

$$a_n=a_1+(n-1)b=a-b+bn$$

$$\therefore \quad \boldsymbol{a_n=1+bn}$$

(ⅱ) $a-b\neq1$ のとき,

$$a_{n+1}-\frac{b}{1-a+b}=(a-b)\Big(a_n-\frac{b}{1-a+b}\Big)$$

$$\therefore\quad a_n-\frac{b}{1-a+b}=(a-b)^{n-1}\Big(a_1-\frac{b}{1-a+b}\Big)\qquad\leftarrow a_1=a$$

$$=\frac{(1-a)(a-b)^n}{1-a+b}$$

$$\therefore\quad \boldsymbol{a_n=\frac{b+(1-a)(a-b)^n}{1-a+b}}\qquad\leftarrow a=1\ \text{のときは無条件で収束}$$

(3) $\{a_n\}$ が収束するのは次の場合である.

(ⅰ) $a-b=1$ のとき,$b=0$

$\qquad\therefore\quad a=1,\ b=0$

(ⅱ) $a-b\neq1$ のとき,

$\qquad a=1$ または $-1<a-b<1$

(ⅰ)または(ⅱ)を図示すると,右図の直線 $a=1$ と

斜線部分である.ただし,2点

$\qquad(1,\ 0)$ と $(1,\ 2)$

を含み,それ以外の2直線

$\qquad b=a\pm1$

上の点を除外する.

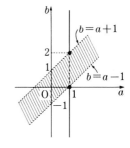

研究 〈$a_1=a,\ a_{n+1}=pa_n+q\ (n\geqq1)$ を満たす数列 a_n の極限〉

$p\neq1$ として,$\dfrac{q}{1-p}=\alpha$ とおき,$a\neq\alpha$ とします.$a=\alpha$ のときは

$a_n=\alpha\ (n\geqq1)$ となるので考えに入れる価値がありません.さらに,p の符号の違いは本質的でないので,$p>0$ とします.

$f(x)=px+q$ とおくと,数列 a_n の定義は

$\qquad a_{n+1}=f(a_n)$ ……㋐

と表せます.また,α は方程式

$\qquad x=f(x)$

の解です.この意味で α を $f(x)$ の均衡値といいます.$a_n\to A\ (n\to\infty)$

とすると,㋐より $A=f(A)$ となるので,極限値は必ず均衡値です.

㋐と $\alpha=f(\alpha)$ の差をとると

$$a_{n+1}-\alpha=f(a_n)-f(\alpha)$$

$$=pa_n+q-(p\alpha+q)$$

$$=p(a_n-\alpha)$$

$$\therefore\quad |a_{n+1}-\alpha|=p|a_n-\alpha|\qquad ……㋑$$

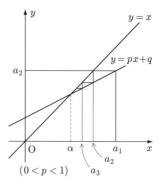

$(0<p<1)$

したがって，隣接 2 項 a_n, a_{n+1} と α の距離は

$$\begin{cases} 0<p<1 \ \text{ならば，縮まる} \\ p>1 \ \text{ならば，拡がる} \end{cases}$$

ことになります．これを繰り返せば，a_n は $0<p<1$ のときに限り収束して，$a_n \to \alpha$ $(n\to\infty)$ となることが分かります．a_n が収束する様子は図にすると一目で理解できます．$-1<p<0$ の場合の図もかいてみましょう．

　もっとも，$f(x)$ が 1 次式のときは一般項が分かるので，それをもとに議論できます．標問 **5** はそうして解きました．しかし，$f(x)$ が一般の関数の場合には，④を期待することができません．その代わりに

$$|a_{n+1}-\alpha|\leqq p|a_n-\alpha| \qquad \cdots\cdots\text{ⓒ}$$

とできないかと考えます．このとき，p の見当を付けるには，点 $(\alpha,\ f(\alpha))$ における $y=f(x)$ の接線 $y=g(x)=mx+k$ を考えるのが得策です．点 $(\alpha,\ f(\alpha))$ の十分近くでは，a_n の挙動は

$$b_{n+1}=g(b_n)$$

で定義される数列 b_n の挙動に近いはずだからです．$0<m<1$ なら，ⓒで $0<p<1$ なる p の存在することが期待されます．$-1<m<0$ のときも同様です．

演習問題

⑤-1　a は正の数，p, q はともに正の整数とし，$a_1=1$, $a_n{}^p a_{n-1}{}^q=a$ $(n\geqq2)$ を満たす正数列を $\{a_n\}$ とする．

(1)　a_n を a, p, q, n で表せ．

(2)　$p>q$ のとき，$\displaystyle\lim_{n\to\infty}a_n$ を求めよ．

⑤-2　$a_1=4$, $a_{n+1}=\dfrac{5a_n+3}{a_n+3}$ $(n\geqq1)$ を満たす数列 $\{a_n\}$ がある．

$b_n=\dfrac{a_n-3}{a_n+1}$ とおいて b_n を求めよ．また，$\displaystyle\lim_{n\to\infty}a_n$ を求めよ． （慶應義塾大）

⑤-3　数列 a_1, a_2, a_3, $\cdots$ が

$$\begin{cases} a_1=c \\ (2-a_n)a_{n+1}=1 \end{cases} \quad (n=1,\ 2,\ 3,\ \cdots)$$

によって定義されるとき，$\dfrac{1}{a_{n+1}-1}$ を $\dfrac{1}{a_n-1}$ で表して $\displaystyle\lim_{n\to\infty}a_n=1$ を証明せよ．ただし，$0<c<1$ とする． （東京女子大）

| 問 | **6** | **漸化式と極限 (2)** |

関数 $f(x)=\sqrt{2x+1}$ に対して，数列 $\{a_n\}$ を次で定義する．

$$a_1=5, \qquad a_{n+1}=f(a_n) \ (n=1, 2, 3, \cdots)$$

方程式 $f(x)=x$ の解を α とおく．

(1) 自然数 n に対して，$a_n>\alpha$ が成り立つことを示せ．

(2) 自然数 n に対して

$$a_{n+1}-\alpha \leqq r(a_n-\alpha)$$

が成り立つような定数 r のうち，$0<r<1$ を満たすものを1つ求めよ．

(3) 数列 $\{a_n\}$ が収束することを示し，その極限値を求めよ． （名古屋工業大）

→ 精講　(1), (2)　前問，**研究** で触れた一般
項が求まらないタイプです．そこで，
グラフを使って a_n の動きを追うと減少しながら α

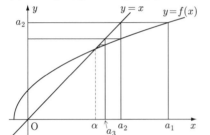

解法のプロセス

一般項が不明
⇩
収束すれば，$f(x)$ の均衡値 α
⇩
$|a_{n+1}-\alpha|\leqq r|a_n-\alpha|$ を満たす
$r(0<r<1)$ を探す
⇩
$|a_n-\alpha|\leqq r^{n-1}|a_1-\alpha|$
⇩
はさみ打ち

に収束することが見て取れます．これを定量的に
証明するときの要が(2)です．

$$a_{n+1}-\alpha=\boxed{}(a_n-\alpha)$$

と変形してから，うまく評価して

$$\boxed{}\leqq r<1$$

◀ (1)を帰納法で証明する際に自動
的に現れる

となる r を見つけます．$x=\alpha\ (-1+\sqrt{2})$ における $y=f(x)$ の接線の方程式は

$y=\dfrac{1}{\sqrt{2}+1}x+\sqrt{2}$ となるので，r として $\dfrac{1}{1+\sqrt{2}}$ に近い値がとれるはずです．

(3)　仮に，$a_{n+1}-\alpha=r(a_n-\alpha)$ だとすると，$a_n-\alpha=r^{n-1}(a_1-\alpha)$ となります．

$a_{n+1}-\alpha\leqq r(a_n-\alpha)$ のときは

$$a_n-\alpha\leqq r^{n-1}(a_1-\alpha)$$

となるだけのことで，本質的な違いはありません．

〈 解 答 〉

(1) $f(x)=x$, すなわち, $\sqrt{2x+1}=x$ より
$$x^2=2x+1, \quad x \geqq 0$$
$x^2-2x-1=0$ より, $x=1 \pm \sqrt{2}$. $x \geqq 0$ であるから
$$\alpha=1+\sqrt{2}$$
$a_n>\alpha$ $(n=1, 2, \cdots)$ ……① を n に関する数学的帰納法で示す.
$$a_1=5>1+\sqrt{2}=\alpha$$
次に, $a_k>\alpha$ と仮定すると

$a_{k+1}-\alpha=\sqrt{2a_k+1}-\alpha=\dfrac{2a_k+1-\alpha^2}{\sqrt{2a_k+1}+\alpha}$　　　　　　　← $\alpha^2=2\alpha+1$

$\qquad\qquad =\dfrac{2(a_k-\alpha)}{\sqrt{2a_k+1}+\alpha}>0$　　　……②　　← 仮定による

$\therefore \quad a_{k+1}>\alpha$
ゆえに, ①が成り立つ.

(2) ②より
$$a_{n+1}-\alpha=\frac{2}{\sqrt{2a_n+1}+\alpha}(a_n-\alpha) \quad \cdots\cdots ③$$
ここで, (1)より $a_n>\alpha$ であるから

$\dfrac{2}{\sqrt{2a_n+1}+\alpha} \leqq \dfrac{2}{\sqrt{2\alpha+1}+\alpha}=\dfrac{2}{\alpha+\alpha}=\dfrac{1}{\alpha}$　　　← $\alpha^2=2\alpha+1$

$\qquad\qquad\qquad\qquad\qquad\qquad\qquad\qquad ……④$

③, ④より
$$a_{n+1}-\alpha \leqq \frac{1}{\alpha}(a_n-\alpha) \qquad\qquad \cdots\cdots ⑤$$
ゆえに,

$r=\dfrac{1}{\alpha}=\dfrac{1}{1+\sqrt{2}} \; (<1)$　　　　　　← 精講の接線の傾きと同じ

とすることができる.

(3) $r=\dfrac{1}{\alpha}$ として⑤を繰り返し用いると

$a_n-\alpha \leqq r(a_{n-1}-\alpha)$　　　　　　　　← $a_{n-1}-\alpha \leqq r(a_{n-2}-\alpha)$

$\qquad \leqq r^2(a_{n-2}-\alpha)$

$\qquad \vdots$

$\qquad \leqq r^{n-1}(a_1-\alpha)$

$\therefore \quad 0<a_n-\alpha \leqq r^{n-1}(a_1-\alpha)$　　　　……⑥

$0<r<1$ より
$$r^{n-1}(a_1-\alpha) \to 0 \; (n \to \infty)$$

であるから，はさみ打ちの原理より
$$a_n \to \alpha = 1 + \sqrt{2} \quad (n \to \infty)$$
となる．

研究 〈②の導き方〉

$\alpha^2 = 2\alpha + 1$ に気が付く必要はありません．

$$\begin{aligned}
2a_k + 1 - \alpha^2 &= 2a_k + 1 - (3 + 2\sqrt{2}) \qquad \leftarrow \alpha = 1 + \sqrt{2} \text{ を代入}\\
&= 2a_k - (2 + 2\sqrt{2})\\
&= 2\{a_k - (1 + \sqrt{2})\}\\
&= 2(a_k - \alpha)
\end{aligned}$$

としてもよいのです．

〈評価④の方法〉

もっと粗く評価しても目的を達することができます．

例えば，$a_n > 0$ より

$$\frac{2}{\sqrt{2a_n + 1} + \alpha} \leqq \frac{2}{\sqrt{2 \cdot 0 + 1} + \alpha} = \frac{2}{1 + \alpha} = \frac{2}{2 + \sqrt{2}} < 1$$

あるいはもっと大まかに，$\sqrt{2a_n + 1} > 0$ より

$$\frac{2}{\sqrt{2a_n + 1} + \alpha} \leqq \frac{2}{0 + \alpha} = \frac{2}{1 + \sqrt{2}} < 1$$

これでもはさみ打ちの原理を使うのに不都合はありません．

なお，次の演習問題は数列を生み出す関数 $f(x)$ が n に依存するので標問とは違って見 $\qquad \leftarrow f(x) = \dfrac{nx^2 + 2n + 1}{x + 3n}$
えます．しかし，$f(x)$ は n に依存しない均
衡値をもつので，ほとんど同じように扱うこ
とができます．

演習問題

6 数列 $\{a_n\}$ は，$0 < a_1 < 1$，$a_{n+1} = \dfrac{na_n^2 + 2n + 1}{a_n + 3n}$ $(n = 1, 2, 3, \cdots)$ を満た
しているとする．

(1) $0 < a_n < 1$ $(n = 1, 2, 3, \cdots)$ であることを示せ．

(2) $1 - a_{n+1} < \dfrac{2}{3}(1 - a_n)$ $(n = 1, 2, 3, \cdots)$ であることを示し，$\displaystyle\lim_{n \to \infty} a_n$ を求め
よ．

(北海道大)

標問 **7** 漸化式と極限 (3)

$a_1=1$, $a_{n+1}=\sqrt{2a_n+1}-1$ ($n=1,\ 2,\ 3,\ \cdots$) とする.

(1) 次の不等式が成り立つことを証明せよ.

$$0<a_{n+1}<a_n$$

(2) 次の等式が成り立つことを証明せよ.

$$2a_n+\sum_{k=1}^{n}a_k{}^2=3$$

(3) 次の不等式が成り立つことを証明して, $\lim_{n\to\infty}a_n$ を求めよ.

$$a_n<\sqrt{\frac{3}{n}}$$

精講 まず $f(x)=\sqrt{2x+1}-1$ のグラフを見ると, a_n は減少しながら 0 に収束することが分かります. しかし, $f(x)$ の均衡値 $x=0$ における接線はちょうど $y=x$ です. したがって, $a_n\to 0$ $(n\to\infty)$ を前問の方法で証明することはできません. 実際, (3)は, 前問, 解答, ⑥と比較すれば分かるように, 本問の a_n が前問の a_n よりゆっくり収束することを暗示しています.

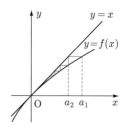

(1) 数学的帰納法がぴったりです.

(2) 本問の急所です. (1)で自然に現れる階差数列 $a_{n+1}-a_n$ と $a_n{}^2$ の関係を利用します.

(3) (1)と(2)を組み合わせて評価します. 難しくはありませんが馴れが必要です.

解法のプロセス

(2) $a_{n+1}-a_n$ と $a_n{}^2$ の関係に注目

(3) (1), (2)を用いて a_n を評価
⇩
$na_n{}^2<3$ を引き出す

〈 解 答 〉

$$a_{n+1}=\sqrt{2a_n+1}-1 \qquad \cdots\cdots①$$

(1) $a_n>0$ $(n=1,\ 2,\ \cdots)$ $\cdots\cdots②$ を数学的帰納法で示す.

$$a_1=1>0$$

である. 次に, $a_k>0$ と仮定すると, ①より

$$a_{k+1}=\sqrt{2a_k+1}-1>\sqrt{1}-1=0$$

ゆえに, ②が成り立つ.

さて, ①より

$$(a_{n+1}+1)^2 = 2a_n + 1$$

$$\therefore \quad 2(a_n - a_{n+1}) = a_{n+1}{}^2 \qquad \cdots\cdots ③$$

ここで, ②より $a_{n+1}{}^2 > 0$ であるから

$$a_{n+1} < a_n$$

以上で証明された.

(2) ③より

$$2(a_k - a_{k+1}) = a_{k+1}{}^2 \qquad \cdots\cdots ③'$$

$k=1,\ 2,\ \cdots,\ n-1$ について③′の和をとると

←$\sum\limits_{k=1}^{n-1}(a_k - a_{k+1}) = a_1 - a_n$

$$2(a_1 - a_n) = \sum_{k=1}^{n} a_k{}^2 - a_1{}^2$$

$a_1 = 1$ であるから

$$2a_n + \sum_{k=1}^{n} a_k{}^2 = 3 \qquad \cdots\cdots ④$$

←③を使って数学的帰納法で証明してもよい.

(3) (1), ④より

$$3 > \sum_{k=1}^{n} a_k{}^2 = a_1{}^2 + a_2{}^2 + \cdots + a_n{}^2$$

←$a_n > 0$ による

$$> a_n{}^2 + a_n{}^2 + \cdots + a_n{}^2 = n a_n{}^2$$

←$a_1{}^2 > a_2{}^2 > \cdots > a_n{}^2$ による

$$\therefore \quad 0 < a_n < \sqrt{\frac{3}{n}}$$

$\sqrt{\dfrac{3}{n}} \to 0 \ (n \to \infty)$ であるから

$$\lim_{n \to \infty} a_n = 0$$

研究 〈$a_{n+1} < r a_n,\ 0 < r < 1$ を満たす定数 r は存在しない〉

①より

$$a_{n+1} = \frac{(2a_n + 1) - 1}{\sqrt{2a_n + 1} + 1} = \frac{2}{\sqrt{2a_n + 1} + 1} a_n$$

において, $n \to \infty$ のとき, $a_n \to 0$ より

$$\frac{2}{\sqrt{2a_n + 1} + 1} \to 1$$

したがって

$$\frac{2}{\sqrt{2a_n + 1} + 1} < r < 1$$

を満たす定数 r は存在しません. つまり, 標問**6**と標問**7**の漸化式は外見は似ているけれども, 本質的に異なるということです.

〈$a_n \to 0$ ($n \to \infty$) の(2)に依らない別証〉

④に自分で気が付くのは難しそうです．そこで，④を使わずに $a_n \to 0$ ($n \to \infty$) を証明してみましょう．

$\dfrac{1}{a_n} = b_n$ とおくと，①より

← $\dfrac{1}{a_n} \to \infty$ を示す方針

$$\frac{1}{b_{n+1}} = \sqrt{\frac{2}{b_n} + 1} - 1$$

であるから

$$b_{n+1} = \frac{1}{\sqrt{\dfrac{2}{b_n} + 1} - 1} = \frac{\sqrt{\dfrac{2}{b_n} + 1} + 1}{\dfrac{2}{b_n}} = \frac{b_n + \sqrt{b_n^2 + 2b_n}}{2}$$

ここで

$$\sqrt{b_n^2 + 2b_n} > b_n + \frac{1}{2} \qquad \cdots\cdots\text{⑦}$$

← 両辺を2乗して，$b_n > 1$ に注意すれば確かめられる

であるから

$$b_{n+1} > b_n + \frac{1}{4}$$

ゆえに，

$$b_n = b_1 + \sum_{k=1}^{n-1} (b_{k+1} - b_k) > 1 + \frac{1}{4}(n-1) \to \infty \quad (n \to \infty)$$

$$\therefore \quad \lim_{n \to \infty} a_n = \lim_{n \to \infty} \frac{1}{b_n} = 0$$

⑦の右辺は，$b_n + \dfrac{1}{2}$ の代わりに，$b_n + \dfrac{1}{3}$，$b_n + \dfrac{1}{4}$ などとしても同じことです．

演習問題

7 a を実数とし，数列 $\{x_n\}$ を次の漸化式によって定める．

$$x_1 = a, \quad x_{n+1} = x_n + x_n^2 \quad (n = 1, 2, 3, \cdots)$$

(1) $a > 0$ のとき，数列 $\{x_n\}$ が発散することを示せ．

(2) $-1 < a < 0$ のとき，すべての正の整数 n に対して $-1 < x_n < 0$ が成り立つことを示せ．

(3) $-1 < a < 0$ のとき，数列 $\{x_n\}$ の極限を調べよ．

(東北大)

題 8 図形と極限

$\triangle A_1B_1C_1$ の内接円と辺 B_1C_1, C_1A_1, A_1B_1 との接点をそれぞれ A_2, B_2, C_2 として，$\triangle A_2B_2C_2$ をつくる．次に，$\triangle A_2B_2C_2$ の内接円と辺 B_2C_2, C_2A_2, A_2B_2 との接点をそれぞれ A_3, B_3, C_3 として，$\triangle A_3B_3C_3$ をつくる．こうして，次つぎに $\triangle A_nB_nC_n$ $(n=1, 2, 3, \cdots)$ をつくっていく．$\angle A_n$ の大きさを a_n とするとき

(1) a_{n+1} と a_n の関係を求めよ．

(2) n を限りなく大きくするとき，$\triangle A_nB_nC_n$ はどんな三角形に近づいていくか．

精講 図において，
$\angle APB = \angle AQB$
であり，$\angle AQB$ と $\angle BAT$ は
いずれも $\angle BAQ$ の余角だから
$\angle APB = \angle BAT$
が成立します．

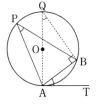

解法のプロセス

a_{n+1} と a_n の関係を求める
⇩
円の弦 AB と，その一端Aにおける接線とのなす角 $\angle BAT$ は，その角内にある弧 $\overgroup{AB}$ に対する円周角 $\angle APB$ に等しいことを使う

< 解 答 >

(1) 円の弦とその一端における円の接線のなす角は，その角内にある弧に対する円周角に等しいから
$$\angle A_nB_{n+1}C_{n+1} = \angle A_nC_{n+1}B_{n+1} = a_{n+1}$$
∴ $a_n + 2a_{n+1} = \pi$

∴ $\boldsymbol{a_{n+1} = -\dfrac{1}{2}a_n + \dfrac{\pi}{2}}$

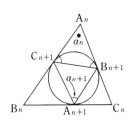

(2) (1)より
$$a_{n+1} - \frac{\pi}{3} = -\frac{1}{2}\left(a_n - \frac{\pi}{3}\right)$$

∴ $a_n - \dfrac{\pi}{3} = \left(-\dfrac{1}{2}\right)^{n-1}\left(a_1 - \dfrac{\pi}{3}\right)$

∴ $\displaystyle \lim_{n\to\infty} a_n = \lim_{n\to\infty}\left\{\frac{\pi}{3} + \left(-\frac{1}{2}\right)^{n-1}\left(a_1 - \frac{\pi}{3}\right)\right\} = \frac{\pi}{3}$

a_n と同様に $\angle B_n$, $\angle C_n$ の大きさも $\dfrac{\pi}{3}$ に近づくから，**$\triangle A_nB_nC_n$ は正三角形に限りなく近づく．**

標問 **9** **確率と極限**

> ある試合で「Aチームが勝った」という話を次の人に伝えるとき，前の人から聞いたとおりに話す確率を 0.95，聞いたのとは反対に話す確率を 0.05 とする．1番目の人が「Aチームが勝った」と聞いて2番目の人に話す．2番目の人が聞いた話を次の人に伝える．次つぎに伝えて n 番目の人が「Aチームが勝った」と聞く確率 P_n を求めよ．また，$\lim_{n \to \infty} P_n$ を求めよ．

精講 $n+1$ 番目の人が聞く話は，n 番目の人が聞いた話に依存します．図にしてみましょう．ただし，「　」は聞いた話の内容です．

解法のプロセス
> ある回の状態が，それ以前の状態に，確率的に依存する
> ⇩
> 漸化式の活用

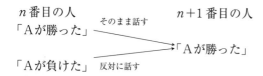

n 番目の人
「Aが勝った」 ――そのまま話す→ 　　$n+1$ 番目の人
　　　　　　　　　　　　　　　　　　　　　　　　「Aが勝った」
「Aが負けた」 反対に話す

これから P_n の2項間漸化式が導かれます．

〈 **解答** 〉

$n+1$ 番目の人が「Aチームが勝った」と聞くのは，
(i) n 番目の人が「Aチームが勝った」と聞いて，
そのとおりに $n+1$ 番目の人に伝える場合か，
または
(ii) n 番目の人が「Aチームが負けた」と聞いて，
これと反対の話を $n+1$ 番目の人に伝える場合
のいずれかである．ゆえに

$$P_{n+1} = P_n \times 0.95 + (1 - P_n) \times 0.05 \qquad \text{← (i)と(ii)は互いに排反}$$

$$\therefore \quad P_{n+1} = 0.9 P_n + 0.05$$

$$\therefore \quad P_{n+1} - 0.5 = 0.9(P_n - 0.5)$$

$P_1 = 1$ であるから

$$P_n - 0.5 = (0.9)^{n-1}(P_1 - 0.5) = 0.5(0.9)^{n-1}$$

$$\therefore \quad P_n = \boldsymbol{0.5\{1 + (0.9)^{n-1}\}}$$

また，$\lim_{n \to \infty} (0.9)^{n-1} = 0$ より

$$\lim_{n \to \infty} P_n = 0.5 = \frac{1}{2}$$

研究 〈P_n の極限は伝え方の確率に無関係〉

前の人から聞いたとおりに話す確率を a $(0<a<1)$ とすると，反対に話す確率は $1-a$ だから，漸化式は

$$P_{n+1}=aP_n+(1-a)(1-P_n)$$
$$=(2a-1)P_n+1-a$$

となります．これから

$$P_{n+1}-\frac{1}{2}=(2a-1)\Big(P_n-\frac{1}{2}\Big)$$

$$\therefore\quad P_n-\frac{1}{2}=(2a-1)^{n-1}\Big(P_1-\frac{1}{2}\Big)$$

$0<a<1$ より $-1<2a-1<1$ だから

$$\lim_{n\to\infty}P_n=\frac{1}{2}$$

つまり，どんな集団においてもその集団が十分大きければ，**噂の真偽は五分五分**だということです．

演習問題

9-1 1辺が a なる正三角形 ABC の辺 BC 上に点 A_1 をとり A_1 から AB 上に垂線 A_1C_1 を下ろし，C_1 から辺 AC に垂線 C_1B_1 を下ろし，さらに B_1 から辺 BC に垂線 B_1A_2 を下ろす．これを繰り返し，BC 上に点 A_2, A_3, A_4, …をつくるとき，$\displaystyle\lim_{n\to\infty}BA_n$ を求めよ．

(早稲田大)

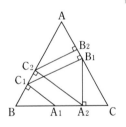

9-2 図のような正方形の 4 頂点 A, B, C, D を次の規則で移動する動点 Q がある．サイコロを振って 1 の目が出れば反時計回りに隣の頂点に移動し，1 以外の目が出れば時計回りに隣の頂点に移動する．Q は最初 A にあるものとし，n 回移動した後の位置を Q_n, $n=1, 2, \cdots,$ とする．$Q_{2n}=A$ である確率を a_n とおく．

(1) a_1 を求めよ．

(2) a_{n+1} を a_n を用いて表せ．

(3) $\displaystyle\lim_{n\to\infty}a_n$ を求めよ．

(1991 大阪大・改)

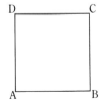

標問 **10** 無限級数の定義

次の無限級数の収束，発散を調べ，収束するものはその和を求めよ．

(1) $\displaystyle\sum_{n=1}^{\infty}\frac{1}{n(n+1)}$

(2) $\displaystyle\sum_{n=1}^{\infty}\frac{1}{n(n+1)(n+2)}$

(3) $\displaystyle\sum_{n=1}^{\infty}\frac{n}{n+1}$

(4) $\displaystyle\sum_{n=1}^{\infty}\frac{1}{\sqrt{n}+\sqrt{n+1}}$ （富山大）

精 講 無限級数 $\displaystyle\sum_{n=1}^{\infty}a_n$ の収束，発散は，第 n 項までの和

$$S_n=a_1+a_2+a_3+\cdots+a_n$$

からなる数列 $\{S_n\}$ の収束，発散によって定義します．

(1) 分数型の和は，一般に部分分数の差に直して計算します．

(2) (1)と同様です．$\dfrac{1}{n(n+1)}$ と $\dfrac{1}{(n+1)(n+2)}$ の差に直しましょう．

(3) 収束する無限級数の第 n 項は，0 に収束しなければなりません：

(*) $\displaystyle\sum_{n=1}^{\infty}a_n$ **が収束するならば，**$\displaystyle\lim_{n\to\infty}a_n=0$

実際，$\displaystyle\lim_{n\to\infty}S_n=S$ とすると，$a_n=S_n-S_{n-1}$ より

$$\lim_{n\to\infty}a_n=\lim_{n\to\infty}(S_n-S_{n-1})=S-S=0$$

となるからです．なお，(*)の対偶

$$\lim_{n\to\infty}a_n\neq0 \ \textbf{ならば，}\ \sum_{n=1}^{\infty}a_n \ \textbf{は発散する}$$

は，しばしば**発散の判定法**として利用されます．

(4) (*)の逆は成立しません！ その反例が本問です．無限級数が収束するためには，a_n はある閾値（いきち）よりも速く 0 に近づく必要があります．

分母を有理化して考えます．

解法のプロセス

(1) $\dfrac{1}{n(n+1)}$

$=\dfrac{1}{n}-\dfrac{1}{n+1}$

(2) $\dfrac{1}{n(n+1)}$ と

$\dfrac{1}{(n+1)(n+2)}$

の差に直す

(3) $\displaystyle\lim_{n\to\infty}a_n\neq0$ ならば

$\displaystyle\sum_{n=1}^{\infty}a_n$ は発散する

(4) 分母を有理化する

← 標問 **11** 研究 参照

〈 解 答 〉

(1) $\displaystyle\sum_{k=1}^{n}\frac{1}{k(k+1)}=\sum_{k=1}^{n}\left(\frac{1}{k}-\frac{1}{k+1}\right)$

$\qquad\qquad\qquad =1-\frac{1}{n+1}$

$\therefore\quad \displaystyle\sum_{n=1}^{\infty}\frac{1}{n(n+1)}=\lim_{n\to\infty}\left(1-\frac{1}{n+1}\right)=\boldsymbol{1}$

(2) $\displaystyle\sum_{k=1}^{n}\frac{1}{k(k+1)(k+2)}$

$=\displaystyle\sum_{k=1}^{n}\frac{1}{2}\left\{\frac{1}{k(k+1)}-\frac{1}{(k+1)(k+2)}\right\}$ ← 中括弧の中を通分すると, 分子$=k+2-k=2$

$=\frac{1}{2}\left\{\frac{1}{1\cdot2}-\frac{1}{(n+1)(n+2)}\right\}$

ゆえに,

$\displaystyle\sum_{n=1}^{\infty}\frac{1}{n(n+1)(n+2)}$

$=\displaystyle\lim_{n\to\infty}\frac{1}{2}\left\{\frac{1}{2}-\frac{1}{(n+1)(n+2)}\right\}=\boldsymbol{\frac{1}{4}}$

(3) $\displaystyle\lim_{n\to\infty}\frac{n}{n+1}=\lim_{n\to\infty}\frac{1}{1+\frac{1}{n}}=1\quad(\neq 0)$

ゆえに, $\displaystyle\sum_{n=1}^{\infty}\frac{n}{n+1}$ は**発散する**.   ← 発散の判定法

(4) $\displaystyle\sum_{k=1}^{n}\frac{1}{\sqrt{k}+\sqrt{k+1}}=\sum_{k=1}^{n}\left(\sqrt{k+1}-\sqrt{k}\right)$ ← 分母を有理化

$\qquad\qquad\qquad\qquad =\sqrt{n+1}-1\to\infty\ (n\to\infty)$

ゆえに, $\displaystyle\sum_{n=1}^{\infty}\frac{1}{\sqrt{n}+\sqrt{n+1}}$ は $+\infty$ に発散する.   ← $\displaystyle\lim_{n\to\infty}\frac{1}{\sqrt{n}+\sqrt{n+1}}=0$ しかし無限級数は発散する

演習問題

10 (1) すべての正の数 x について, 次の式が成り立つように定数 A, B を定めよ.

$$\frac{x+3}{x(x+1)}=\frac{A}{x}+\frac{B}{x+1}$$

(2) $a_n=\dfrac{n+3}{n(n+1)}\left(\dfrac{2}{3}\right)^n$ $(n=1,\ 2,\ 3,\ \cdots)$ のとき $\displaystyle\sum_{n=1}^{\infty}a_n$ を求めよ.

（芝浦工業大）

標問 **11** 調和級数

$$A_n=1+\frac{1}{2}+\frac{1}{3}+\cdots+\frac{1}{n} \quad (n=1,\ 2,\ 3,\ \cdots)$$

とおくとき，$\displaystyle\lim_{n\to\infty}(A_n-\log n)=C$ となることが知られている．ただし，log は自然対数で，C は正の定数である．これを利用して，

$$B_n=1+\frac{1}{3}+\frac{1}{5}+\cdots+\frac{1}{2n-1} \quad (n=1,\ 2,\ 3,\ \cdots)$$

とおくとき，数列 $\{B_n-K\log n\}$ が収束するように定数 K の値を定めよ．また，この極限値を C を用いて表せ． (防衛大)

精講 $C_n=A_n-\log n$ とおくと，条件は
$$C_n\to C \quad (n\to\infty)$$
です．そこで B_n と A_n との関係を調べましょう．

$$B_n=1+\frac{1}{2}+\frac{1}{3}+\cdots+\frac{1}{2n-1}+\frac{1}{2n}$$
$$\qquad -\left(\frac{1}{2}+\frac{1}{4}+\frac{1}{6}+\cdots+\frac{1}{2n}\right)$$
$$=A_{2n}-\frac{1}{2}\left(1+\frac{1}{2}+\frac{1}{3}+\cdots+\frac{1}{n}\right)$$
$$=A_{2n}-\frac{1}{2}A_n$$

上式に $A_n=C_n+\log n$ を代入すると，B_n と C_n の関係式が導けます．

解法のプロセス

$C_n=A_n-\log n\to C$ が条件
⇩
B_n と A_n の関係は？
⇩
$B_n=A_{2n}-\dfrac{1}{2}A_n$
⇩
$A_n=C_n+\log n$ を代入

〈 **解 答** 〉

$C_n=A_n-\log n$ とおくと
$$\begin{cases} A_n=C_n+\log n & \cdots\cdots① \\ \displaystyle\lim_{n\to\infty}C_n=C & \cdots\cdots② \end{cases}$$
また，B_n は A_n を用いて
$$B_n=A_{2n}-\frac{1}{2}A_n \qquad\qquad \cdots\cdots③ \qquad\qquad ← \boxed{精講}$$
と表せる．①，③より
$$B_n-K\log n \qquad\qquad\qquad ← ③を代入$$
$$=A_{2n}-\frac{1}{2}A_n-K\log n \qquad\qquad ← ①を代入$$

$$= (C_{2n}+\log 2n) - \frac{1}{2}(C_n+\log n) - K\log n$$

$$= C_{2n} - \frac{1}{2}C_n + (\log 2 + \log n) - \frac{1}{2}\log n - K\log n \qquad \text{← 発散する } \log n \text{ でまとめる}$$

$$= C_{2n} - \frac{1}{2}C_n + \log 2 + \left(\frac{1}{2}-K\right)\log n$$

ここで，②より

$$\lim_{n\to\infty} C_n = \lim_{n\to\infty} C_{2n} = C, \quad \lim_{n\to\infty}\log n = \infty$$

となるので，$\{B_n - K\log n\}$ の収束条件は

$$K - \frac{1}{2} = 0 \qquad \therefore \quad K = \frac{1}{2}$$

このとき，

$$\lim_{n\to\infty}\left(B_n - \frac{1}{2}\log n\right) = \frac{1}{2}C + \log 2$$

研究 〈自然対数〉

$$e = \lim_{n\to\infty}\left(1+\frac{1}{n}\right)^n = 2.71828\cdots$$

を底とする対数を自然対数といい，微分積分では通常底を省略します（標問 **18**）.

〈調和級数が発散する速さ〉

$a_n \to 0$ を満たす級数が必ずしも収束しないことを前問で学びました．本問によると

$$A_n = 1 + \frac{1}{2} + \frac{1}{3} + \cdots + \frac{1}{n} \fallingdotseq \log n + C \to \infty$$

となり，$\displaystyle\sum_{n=1}^{\infty}\frac{1}{n}$ も発散します．この級数はちょうど級数 $\displaystyle\sum\frac{1}{n^s}$ $(s>0)$ の収束と発散の境界にあたり

$$\sum_{n=1}^{\infty}\frac{1}{n^s} = \begin{cases} +\infty \text{ に発散} & (0<s\leq 1 \text{ のとき}) \\ \text{収束} & (s>1 \text{ のとき}) \end{cases}$$

← この形の級数では標問 **10** 精講 における閾値が，$s=1$ である

となることが知られています．標問 **80** の方法を使えば容易に確かめることができるので，学習が進んだら証明してみましょう.

次に，調和級数 $\displaystyle\sum_{n=1}^{\infty}\frac{1}{n}$ が発散する速さを調べてみます.

初めに 1 m のひもを置き，それに $\frac{1}{2}$ m のひもをつなぎ，さらに $\frac{1}{3}$ m のひもをつなぎ…，各回の操作を 1 秒間で行い，どんどんくり返していきます.

つないだひもの全長が 100 m に達するのに要する時間はどれほどでしょ

うか.

所要時間を n 秒とおくと, $C ≒ 0.58$ であることがわかっているので, $A_n ≒ \log n + C = 100$ より

$$n ≒ e^{100-C} ≒ e^{100} ≒ 10^{43}\ 秒$$

となります.

神の一撃で始まった宇宙の年齢は, 現在約 10^{17} 秒と推定されていますから, これは実に宇宙の歴史

$$\frac{10^{43}}{10^{17}} = 10^{26}\ 回分$$

に相当します!?

しかも 10^{43} 回目につなぐ 'ひも' の長さ 10^{-43} m は, 原子核の直径である 10^{-15} m と比べても圧倒的に小さくなってしまいます. つなぐ 'ひも' の正体は果たして何でしょうか.

しかし, それでも調和級数は正の無限大に発散します.

無限という大海原を航海するには, 羅針盤としての数学が必携のようです.

〈**演習問題 (11-2) の考え方**〉

〈調和級数が発散する速さ〉から, $\lim\limits_{n \to \infty} a_n = \infty$ となることは明らかです. 直接証明には標問 **10** の(4)が利用できます. この方法はよく使われるので十分練習しておきましょう. 後半は a_n と b_n を比べるために, $\dfrac{1}{\sqrt{2k+1}}$ を $\dfrac{1}{\sqrt{k}}$ を使ってはさみます.

演習問題

(11-1) $\displaystyle\sum_{n=1}^{\infty} a_n = 1,\ \lim_{n \to \infty} n a_n = 0$ ならば, $\displaystyle\sum_{n=1}^{\infty} n(a_n - a_{n+1}) = 1$ であることを証明せよ.

(お茶の水女子大)

(11-2) $a_n = \displaystyle\sum_{k=1}^{n} \dfrac{1}{\sqrt{k}}$, $b_n = \displaystyle\sum_{k=1}^{n} \dfrac{1}{\sqrt{2k+1}}$ とするとき, $\lim\limits_{n \to \infty} a_n$, $\lim\limits_{n \to \infty} \dfrac{b_n}{a_n}$ を求めよ.

(東京大)

問 **12** **無限等比級数**

初項 1 の 2 つの無限等比級数 $\displaystyle\sum_{n=1}^{\infty} a_n$, $\displaystyle\sum_{n=1}^{\infty} b_n$ がともに収束し,

$$\sum_{n=1}^{\infty} (a_n + b_n) = \frac{8}{3} \quad \text{および} \quad \sum_{n=1}^{\infty} a_n b_n = \frac{4}{5}$$

が成り立つ.このとき,$\displaystyle\sum_{n=1}^{\infty} (a_n + b_n)^2$ を求めよ.

(長崎大)

精講　a_n, b_n の公比をそれぞれ r, s とおくと

$$a_n = r^{n-1}, \quad b_n = s^{n-1}$$

$\displaystyle\sum_{n=1}^{\infty} a_n$, $\displaystyle\sum_{n=1}^{\infty} b_n$ は収束するから

$$|r| < 1, \quad |s| < 1$$

このとき

$$a_n b_n = (rs)^{n-1}, \quad |rs| < 1$$

よって,$\displaystyle\sum_{n=1}^{\infty} a_n b_n$ も収束する無限等比級数です.

また,一般に $\displaystyle\sum_{n=1}^{\infty} a_n$, $\displaystyle\sum_{n=1}^{\infty} b_n$ が収束するとき,

$\displaystyle\sum_{n=1}^{\infty} (a_n \pm b_n)$, $\displaystyle\sum_{n=1}^{\infty} c a_n$ も収束して

$$\begin{cases} \displaystyle\sum_{n=1}^{\infty} (a_n \pm b_n) = \sum_{n=1}^{\infty} a_n \pm \sum_{n=1}^{\infty} b_n \quad \text{(複号同順)} \\ \displaystyle\sum_{n=1}^{\infty} c a_n = c \sum_{n=1}^{\infty} a_n \quad \text{(c は n に無関係な定数)} \end{cases}$$

となります.いずれも定義から直ちに証明できるので一度は確かめて下さい.

ただし,当然ですが等式

$$\sum_{n=1}^{\infty} a_n b_n = \left(\sum_{n=1}^{\infty} a_n\right)\left(\sum_{n=1}^{\infty} b_n\right)$$

は成立しません.

解法のプロセス

$a_n = r^{n-1}$, $b_n = s^{n-1}$
とおく

⇓

収束条件は,
$|r| < 1$, $|s| < 1$

⇓

$a_n b_n = (rs)^{n-1}$
$|rs| < 1$ ゆえ
$\displaystyle\sum_{n=1}^{\infty} a_n b_n$ も収束

⇓

$\displaystyle\sum_{n=1}^{\infty} (a_n + b_n)$
$= \dfrac{1}{1-r} + \dfrac{1}{1-s}$
$\displaystyle\sum_{n=1}^{\infty} a_n b_n = \dfrac{1}{1-rs}$

〈　**解　答**　〉

初項1の無限等比級数 $\displaystyle\sum_{n=1}^{\infty} a_n$, $\displaystyle\sum_{n=1}^{\infty} b_n$ はいずれも

収束するので,

$$a_n = r^{n-1} \quad (|r|<1), \qquad b_n = s^{n-1} \quad (|s|<1)$$

とおける. このとき

$$\sum_{n=1}^{\infty} (a_n + b_n) = \sum_{n=1}^{\infty} a_n + \sum_{n=1}^{\infty} b_n$$
$$= \frac{1}{1-r} + \frac{1}{1-s}$$
$$= \frac{8}{3}$$

$$\therefore \quad 8rs - 5(r+s) + 2 = 0 \qquad \cdots\cdots ①$$

また, $a_n b_n = (rs)^{n-1}$, $|rs|<1$ であるから

$\displaystyle\sum_{n=1}^{\infty} a_n b_n$ も収束し

$$\sum_{n=1}^{\infty} a_n b_n = \frac{1}{1-rs}$$
$$= \frac{4}{5}$$

$$\therefore \quad rs = -\frac{1}{4} \qquad \cdots\cdots ②$$

②を①に代入すると

$$r+s = 0 \qquad \cdots\cdots ③$$

②, ③より

$$(r, s) = \left(\frac{1}{2}, \ -\frac{1}{2}\right) \text{ または } \left(-\frac{1}{2}, \ \frac{1}{2}\right)$$

いずれにしても

$$a_n{}^2 = \left(\frac{1}{4}\right)^{n-1}, \ a_n b_n = \left(-\frac{1}{4}\right)^{n-1}, \ b_n{}^2 = \left(\frac{1}{4}\right)^{n-1}$$

これから

$$\sum_{n=1}^{\infty} (a_n + b_n)^2 = \sum_{n=1}^{\infty} a_n{}^2 + 2\sum_{n=1}^{\infty} a_n b_n + \sum_{n=1}^{\infty} b_n{}^2$$
$$= \frac{1}{1-\frac{1}{4}} + 2 \cdot \frac{1}{1-\left(-\frac{1}{4}\right)} + \frac{1}{1-\frac{1}{4}}$$
$$= \frac{4}{3} + \frac{8}{5} + \frac{4}{3} = \frac{64}{15}$$

研究 〈無限等比級数の収束条件〉

初項 $a\,(\neq 0)$, 公比 r の無限等比級数

$$\sum_{n=1}^{\infty} ar^{n-1} = a + ar + ar^2 + \cdots + ar^{n-1} + \cdots$$

の収束条件を定義に基づいて調べましょう.

第 n 項までの和 S_n は

$$\begin{cases} r\neq 1 \text{ のとき, } S_n = \dfrac{a(1-r^n)}{1-r} \\ r=1 \text{ のとき, } S_n = na \end{cases}$$

したがって

$$\begin{cases} |r|<1 \text{ のとき, } r^n \to 0 \text{ より, } \lim_{n\to\infty} S_n = \dfrac{a}{1-r} \\ r=1 \text{ のとき, } |S_n|=n|a| \to \infty \quad \text{ゆえ, 発散} \\ r=-1 \text{ のとき, } r^n=(-1)^n \text{ が振動するので, 発散} \\ |r|>1 \text{ のとき, } |r^n| \to \infty \quad \text{ゆえ, 発散} \end{cases}$$

まとめれば

$$\sum_{n=1}^{\infty} ar^{n-1}\ (a\neq 0) \text{ は, } |r|<1 \text{ のときに限り収束して } \sum_{n=1}^{\infty} ar^{n-1} = \frac{a}{1-r}$$

演習問題

(12-1) 次の無限級数の和を求めよ.

(1) $1 - \dfrac{1}{3} + \dfrac{1}{3^2} - \dfrac{1}{3^3} + \cdots$ （東京都立大）

(2) $\displaystyle\sum_{n=1}^{\infty} \dfrac{1}{3^n} \cos\dfrac{n\pi}{2}$

(3) $\displaystyle\sum_{n=0}^{\infty} \left(\dfrac{1}{3^n} - \dfrac{1}{4^n} \right)$ （弘前大）

(4) $\displaystyle\sum_{n=1}^{\infty} \dfrac{1+2+2^2+\cdots+2^{n-1}}{3^n}$ （静岡県立大）

(12-2) 次の2つの無限級数

$$S = 1 + \frac{a}{2} + \frac{a^2}{2^2} + \cdots + \frac{a^n}{2^n} + \cdots$$

$$T = 1 - \frac{1}{2-a} + \frac{1}{(2-a)^2} - \cdots + \frac{(-1)^n}{(2-a)^n} + \cdots$$

がともに収束して, 和が等しくなるような a の値を求めよ. （お茶の水女子大）

(12-3) 次の無限級数の和を求めよ. ただし, $\displaystyle\lim_{n\to\infty}\dfrac{n}{3^n}=0$ は既知とする.

$$\frac{1}{3} + \frac{2}{3^2} + \frac{3}{3^3} + \cdots + \frac{n}{3^n} + \cdots$$

（東海大）

標問 **13** 図形と無限等比級数

> $0<a<1$ とする．座標平面上で原点 A_0 から出発して x 軸の正の方向に a だけ進んだ点を A_1 とする．次に A_1 で進行方向を反時計回りに $120°$ 回転し a^2 だけ進んだ点を A_2 とする．以後同様に A_{n-1} で反時計回りに $120°$ 回転して a^n だけ進んだ点を A_n とする．
>
> このとき点列 A_0, A_1, A_2, $\cdots$ の極限の座標を求めよ． （東京工業大）

精講 初めに図をかいて，題意をしっかり 理解しましょう．

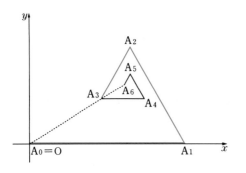

▶**解法のプロセス**

部分点列

   A_0, A_3, A_6, A_9, $\cdots$

に注目すると，

⇩

$\overrightarrow{A_0A_3}$
$\overrightarrow{A_3A_6}=a^3\overrightarrow{A_0A_3}$
$\overrightarrow{A_6A_9}=a^6\overrightarrow{A_0A_3}$
$\overrightarrow{A_9A_{12}}=a^9\overrightarrow{A_0A_3}$
   $\cdots$

ベクトル $\overrightarrow{A_kA_{k+1}}$ は，k を1つ増やすと $120°$ 回転して a 倍される

から

$\overrightarrow{A_{k+3}A_{k+4}}$ は $\overrightarrow{A_kA_{k+1}}$ と同じ向きに平行で長さが a^3 倍のベクトル

になります．それゆえ，折れ線 $A_3A_4A_5A_6$ は $A_0A_1A_2A_3$ を a^3 倍したものであり

$$\overrightarrow{A_3A_6}=a^3\overrightarrow{A_0A_3}$$

が成立します．

したがって，点列 A_0, A_1, A_2, $\cdots$ の極限点を A とおけば

$$\overrightarrow{OA}=(1+a^3+a^6+a^9+\cdots)\overrightarrow{A_0A_3}$$
$$=\frac{1}{1-a^3}\overrightarrow{A_0A_3}$$

となるはずです．

$$\overrightarrow{A_{k+3}A_{k+4}} = a^3 \overrightarrow{A_k A_{k+1}} \quad (k \geqq 0)$$

← 周期性に注目

であるから

$$\overrightarrow{A_{3k}A_{3k+1}} = (a^3)^k \overrightarrow{A_0 A_1}$$
$$\overrightarrow{A_{3k+1}A_{3k+2}} = (a^3)^k \overrightarrow{A_1 A_2}$$
$$\overrightarrow{A_{3k+2}A_{3k+3}} = (a^3)^k \overrightarrow{A_2 A_3}$$

ゆえに

$$\overrightarrow{OA_{3n}}$$

← 部分点列 $\{A_{3n}\}$ に注目

$$= \sum_{k=0}^{n-1} (\overrightarrow{A_{3k}A_{3k+1}} + \overrightarrow{A_{3k+1}A_{3k+2}} + \overrightarrow{A_{3k+2}A_{3k+3}})$$

$$= \sum_{k=0}^{n-1} a^{3k} (\overrightarrow{A_0 A_1} + \overrightarrow{A_1 A_2} + \overrightarrow{A_2 A_3})$$

$0 < a < 1$ より $0 < a^3 < 1$ であるから

$$\lim_{n \to \infty} \overrightarrow{OA_{3n}}$$

$$= \sum_{n=0}^{\infty} a^{3n} (\overrightarrow{A_0 A_1} + \overrightarrow{A_1 A_2} + \overrightarrow{A_2 A_3})$$

← 係数は公比 a^3 の無限
等比級数

$$= \frac{1}{1-a^3} \left\{ a \binom{1}{0} + \frac{a^2}{2} \binom{-1}{\sqrt{3}} + \frac{a^3}{2} \binom{-1}{-\sqrt{3}} \right\}$$

$$= \frac{a}{2(1-a^3)} \binom{2-a-a^2}{\sqrt{3}(a-a^2)}$$

$$= \frac{a}{2(1-a^3)} \binom{(2+a)(1-a)}{\sqrt{3}\,a(1-a)}$$

$$= \frac{a}{2(1+a+a^2)} \binom{2+a}{\sqrt{3}\,a} \qquad \cdots\cdots①$$

ここで

$$\overrightarrow{OA_{3n+1}} = \overrightarrow{OA_{3n}} + \overrightarrow{A_{3n}A_{3n+1}}$$
$$= \overrightarrow{OA_{3n}} + a^{3n} \overrightarrow{A_0 A_1}$$
$$\overrightarrow{OA_{3n+2}} = \overrightarrow{OA_{3n+1}} + \overrightarrow{A_{3n+1}A_{3n+2}}$$
$$= \overrightarrow{OA_{3n+1}} + a^{3n} \overrightarrow{A_1 A_2}$$

となるから

$$\lim_{n \to \infty} \overrightarrow{OA_{3n+1}} = \lim_{n \to \infty} \overrightarrow{OA_{3n+2}} = \lim_{n \to \infty} \overrightarrow{OA_{3n}}$$

ゆえに，求める点列 A_0, A_1, A_2, … の極限の座標は

$$\left(\frac{a(2+a)}{2(1+a+a^2)}, \ \frac{\sqrt{3}\,a^2}{2(1+a+a^2)} \right)$$

研 究　〈 **精講** をそのまま答案にしたら？〉
　　　　大減点されることはないでしょう．しかし，次のことは覚えておいて下さい．

　精講 を答案にすることは，解答を①でおしまいにすることと同じです．そして①は部分点列 $\{A_{3n}\}$ の極限点を求めたにすぎません．

　これをもとの点列 $\{A_n\}$ の極限点としてしまうところに弱点があります．
　一般に

部分列の収束はもとの数列の収束を意味しない

からです．

〈例〉　$a_n = (-1)^n$ は振動するが，$\displaystyle\lim_{n\to\infty} a_{2n} = 1$

　　したがって極限の基本

$$\lim_{n\to\infty} a_n = \alpha \iff \lim_{n\to\infty} a_{3n} = \lim_{n\to\infty} a_{3n+1} = \lim_{n\to\infty} a_{3n+2} = \alpha$$

に返って，すべての部分列が同じ極限値をもつことを示しておく方が安心です．

演習問題

(13-1)　3 辺が 3，4，5 である三角形 T_1 に内接する円を C_1，C_1 に内接する T_1 と相似な三角形を T_2，T_2 に内接する円を C_2 とし，以下同様に T_3，C_3，T_4，C_4，… をつくる．三角形 T_i の面積を S_i として $\displaystyle\sum_{i=1}^{\infty} S_i$ を求めよ．　　　　（工学院大）

(13-2)　1 辺が 1 の正三角形 $A_0B_0C_0$ をかく．次に，$A_0 = C_1$，辺 A_0B_0 の中点を B_1 とし，線分 B_1C_1 を 1 辺とする正三角形 $A_1B_1C_1$ を，A_1 が正三角形 $A_0B_0C_0$ の外にあるようにかく．次に，$A_1 = C_2$，辺 A_1B_1 の中点を B_2 とし，線分 B_2C_2 を 1 辺とする正三角形 $A_2B_2C_2$ を，A_2 が正三角形 $A_1B_1C_1$ の外にあるようにかく．以下これをくり返し，正三角形 $A_3B_3C_3$，$A_4B_4C_4$，… をかいていく．

(1)　$|\overrightarrow{C_0C_3}|$ を求めよ．

(2)　$\displaystyle\lim_{n\to\infty}|\overrightarrow{C_0C_{3n}}|$ を求めよ．　　　　（千葉大）

(13-3)　面積 1 の正三角形 A_1 から始めて，図のように図形 A_2，A_3，…… をつくる．ここで A_{n+1} は，A_n の各辺の三等分点を頂点にもつ正三角形を A_n の外側につけ加えてできる図形である．このとき次の問いに答えよ．

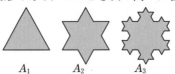

A_1　　　A_2　　　A_3

(1)　図形 A_n の辺の数 a_n を求めよ．

(2)　図形 A_n の面積を S_n とするとき，$\displaystyle\lim_{n\to\infty} S_n$ を求めよ．　　　　（香川大）

標問 14 循環小数

(1) 次の結果を循環小数で表せ.

$$0.1\dot{2}\times0.1\dot{3}\dot{2}$$

（札幌大）

(2) 十進法で表された小数 α $(0<\alpha<1)$ を k 進法の小数に直すということは，整数 k $(k\geqq2)$ に対して

$$\alpha=\frac{a_1}{k}+\frac{a_2}{k^2}+\cdots+\frac{a_n}{k^n}+\cdots \quad (\text{有限または無限})$$

$$0\leqq a_n<k \quad\quad (n=1,\ 2,\ 3,\ \cdots)$$

が成立するように各整数 a_n を決めることであり，これを

$$\alpha=0.a_1a_2\cdots a_n\cdots$$

と表す．また循環小数の場合は十進法と同様に $\alpha=0.a_1a_2a_3a_1a_2a_3\cdots\cdots$ を

$$\alpha=0.\dot{a_1}a_2\dot{a_3}$$

と表す．

十進法で表された $\dfrac{11}{26}$ を三進法で表すと，$0.\dot{b_1}b_2\dot{b_3}$ になるという．b_1, b_2, b_3 を求めよ.

（香川大）

精 講 十進法の無限小数
$$\alpha=0.a_1a_2a_3\cdots a_n\cdots$$
の値は，無限級数

$$\frac{a_1}{10}+\frac{a_2}{10^2}+\frac{a_3}{10^3}+\cdots+\frac{a_n}{10^n}+\cdots \quad\quad \cdots\cdots(*)$$

の和によって定義されます．したがって，この定義が意味をもつためには(*)がつねに収束しなければなりません.

ところが，初項から第 n 項までの和を S_n $(=0.a_1a_2a_3\cdots a_n)$ とすると，$\{S_n\}$ は単調に増加してその値は 1 を越えません：

$$S_1\leqq S_2\leqq\cdots\leqq S_n\leqq\cdots\leqq1$$

したがって，S_n は収束するしかないわけです.

← 直感的に理解できれば十分

標問 12 で述べた無限級数の計算公式と合わせてまとめると

無限小数はつねに収束し，それらの和，差，定数倍の演算を自由に行える

ことになります．ここでは十進法で説明しました
が何進法でも同じことです．

（1） 2つの循環小数を分数に直して計算したら，
割り算によって再び循環小数にもどします．

循環小数を分数に直すには循環節を消去して下
さい．

たとえば，$\alpha = 0.\dot{1}\dot{2}$ の場合

$$100\alpha = 12.\dot{1}\dot{2}$$

との差をとり

$$99\alpha = 12 \qquad \therefore \quad \alpha = \frac{4}{33}$$

（2） (1)と同様にして $\alpha = 0.\dot{b_1}b_2\dot{b_3}$ を分数に直
します．ただし，三進法であることに注意しまし
ょう．

$$\alpha = \frac{b_1}{3} + \frac{b_2}{3^2} + \frac{b_3}{3^3} + \frac{b_1}{3^4} + \frac{b_2}{3^5} + \frac{b_3}{3^6} + \cdots$$

より

$$3^3\alpha = 3^2 b_1 + 3 b_2 + b_3 + \frac{b_1}{3} + \frac{b_2}{3^2} + \frac{b_3}{3^3} + \cdots$$

2式の差をとると

$$26\alpha = 9 b_1 + 3 b_2 + b_3$$

が導けます．

> **解法のプロセス**
>
> 循環小数を分数に直すには
> ⇩
> 循環小数を含むすべての無限小数は収束するので
> ⇩
> 無限級数の計算公式が適用できる
> ⇩
> 加減法によって循環節を消去する

〈 解 答 〉

(1) $\alpha = 0.\dot{1}\dot{2}$ ……①

  $\beta = 0.\dot{1}3\dot{2}$ ……②

 とおくと

  $100\alpha = 12.\dot{1}\dot{2}$ ……③

  $1000\beta = 132.\dot{1}3\dot{2}$ ……④

 ③−①より

  $99\alpha = 12$

 $\therefore \quad \alpha = \frac{4}{33}$

 ④−②より

  $999\beta = 132$

 $\therefore \quad \beta = \frac{44}{333}$

ゆえに

$$\alpha\beta = \frac{4}{33} \times \frac{44}{333} = \frac{16}{999}$$

$$= 0.\dot{0}1\dot{6}$$

← 割り算を実行

(2)　$\alpha = 0.\dot{b_1}b_2\dot{b_3}_{(3)}$　　　　　　……①

← $\boxed{}_{(3)}$ は $\boxed{}$ が三進法であることを表す

両辺を 3^3 倍すると

$$27\alpha = b_1b_2b_3.\dot{b_1}b_2\dot{b_3}_{(3)}\qquad\text{……②}$$

②−① より

$$26\alpha = b_1b_2b_3_{(3)} = 9b_1 + 3b_2 + b_3$$

$\alpha = \dfrac{11}{26}$ だから

$$9b_1 + 3b_2 + b_3 = 11$$

ただし，$0 \leqq b_k < 3$ $(k=1,\ 2,\ 3)$ である．

b_3 は 11 を 3 で割った余りに等しいから

$$b_3 = 2$$

$$\therefore\quad 3b_1 + b_2 = 3$$

$$\therefore\quad b_1 = 1,\ \ b_2 = 0$$

← $9b_1 + 3b_2 + b_3$
$= 3(3b_1 + b_2) + b_3$
かつ，$0 \leqq b_3 < 3$

ゆえに

$$b_1 = 1,\ \ b_2 = 0,\ \ b_3 = 2$$

研究　〈(2)の別解〉

$$\frac{11}{26} = 0.b_1b_2b_3b_1b_2b_3\cdots$$

の両辺を 3 倍して

$$\frac{33}{26} = 1 + \frac{7}{26} = b_1.b_2b_3b_1b_2b_3\cdots$$

$$\therefore\quad b_1 = 1,\ \ \frac{7}{26} = 0.b_2b_3b_1b_2b_3\cdots\qquad\text{……⑦}$$

⑦を 3 倍して

$$\frac{21}{26} = b_2.b_3b_1b_2b_3\cdots$$

$$\therefore\quad b_2 = 0,\ \ \frac{21}{26} = 0.b_3b_1b_2b_3\cdots\qquad\text{……⑦}$$

⑦を 3 倍して

$$\frac{63}{26} = 2 + \frac{11}{26} = b_3.b_1b_2b_3\cdots$$

$$\therefore\quad b_3 = 2,\ \ \frac{11}{26} = 0.b_1b_2b_3\cdots\qquad\text{……⑦}$$

⑦はもとにもどっているので，以下，同じことのくり返しです．

〈小数による実数の分類〉

既約分数 $\dfrac{m}{n}$ で表された有理数を小数に直してみましょう．もし途中で割り切れれば有限小数です．ただし

$$0.24 = 0.239\dot{}$$

からわかるように，有限小数は循環小数の一種と考えられます．

どこまでも割り切れないとき，余りは

$$1, \ 2, \ \cdots, \ n-1$$

のいずれかですから，高々 n 回割れば同じ余りが現れ，そこから先はくり返しとなりやはり循環小数が得られます．

逆に，循環小数は本問の要領で必ず分数に直すことができるので，実数全体は小数を使って次のように分類されます．

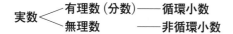

このことは覚えておきましょう．

演習問題

(14-1) 分数が有限小数となるのは，その分数を既約分数で表したとき，分母が 2 または 5 の素因数だけからなる場合に限ることを証明せよ．

(14-2) a, b は整数で $1 \leqq b < a \leqq 9$ とする．$\dfrac{b}{a} \leqq 0.\dot{b}\dot{a}$ となる a, b の値をすべて求めよ．

第2章 微分法とその応用

問 15 関数の極限

次の等式が成り立つように，定数 a, b の値を定めよ．ただし，(2)では $a>0$ とする．

(1) $\displaystyle \lim_{x \to 0} \frac{\sqrt{1+x}-(1+ax)}{x^2}=b$ （工学院大）

(2) $\displaystyle \lim_{x \to \infty} (\sqrt{ax^2+bx+1}-2x)=3$ （名城大）

精講 　無理関数を含む不定形は，数列の極限の場合と同様に（標問 **2**）有理化するのが原則です．

〈例 1 〉
$$\lim_{x \to 0} \frac{\sqrt{x^2+1}-\sqrt{x+1}}{x}$$
$$=\lim_{x \to 0} \frac{x(x-1)}{x(\sqrt{x^2+1}+\sqrt{x+1})}$$
$$=\lim_{x \to 0} \frac{x-1}{\sqrt{x^2+1}+\sqrt{x+1}}=-\frac{1}{2}$$

〈例 2 〉
$$\lim_{x \to \infty}(\sqrt{x^2+x+1}-x)$$
$$=\lim_{x \to \infty} \frac{x+1}{\sqrt{x^2+x+1}+x}$$
$$=\lim_{x \to \infty} \frac{1+\dfrac{1}{x}}{\sqrt{1+\dfrac{1}{x}+\dfrac{1}{x^2}}+1}=\frac{1}{2}$$

さらに，(1)では

$$\lim_{x \to a} \frac{f(x)}{g(x)}=A, \quad \lim_{x \to a} g(x)=0$$

が成り立っているとき

$$\lim_{x \to a} f(x)=\lim_{x \to a} g(x) \cdot \frac{f(x)}{g(x)}=0 \cdot A=0$$

となることに注目しましょう．

▶解法のプロセス

無理関数を含む不定形
⇩
有理化する

▶解法のプロセス

$\displaystyle \lim_{x \to a} \frac{f(x)}{g(x)}=A$ （有限値）

$\displaystyle \lim_{x \to a} g(x)=0$

⇩

$\displaystyle \lim_{x \to a} f(x)=0$

〈 **解　答** 〉

(1)　$b = \lim\limits_{x \to 0} \dfrac{1 + x - (1 + ax)^2}{x^2(\sqrt{1+x} + 1 + ax)}$　　　　　　← 有理化する

　　　$= \lim\limits_{x \to 0} \dfrac{(1 - 2a) - a^2 x}{x(\sqrt{1+x} + 1 + ax)}$

　$x \to 0$ のとき，分母 $\to 0$ となるから，分子 $\to 0$
である．

　　　　$\therefore \quad 1 - 2a = 0 \quad \therefore \quad a = \dfrac{1}{2}$

　よって

　　　　　$b = \lim\limits_{x \to 0} \dfrac{-1}{4\sqrt{1+x} + 4 + 2x} = -\dfrac{1}{8}$

　　　$\therefore \quad a = \dfrac{1}{2}, \ \ b = -\dfrac{1}{8}$

(2)　$3 = \lim\limits_{x \to \infty} \dfrac{ax^2 + bx + 1 - 4x^2}{\sqrt{ax^2 + bx + 1} + 2x}$　　　← 有理化した後，分母，分子を
　　　　　　　　　　　　　　　　　　　　　　　$x \, (>0)$ で割る

　　　$= \lim\limits_{x \to \infty} \dfrac{(a - 4)x + b + \dfrac{1}{x}}{\sqrt{a + \dfrac{b}{x} + \dfrac{1}{x^2}} + 2}$　　　　……①

　　よって，$a = 4$ であることが必要である．この　　← ① の右辺は
とき　　　　　　　　　　　　　　　　　　　　　　　　$a > 4$ のとき，
　　　　　　　　　　　　　　　　　　　　　　　　　　　　　　　$+\infty$ に発散
　　　　　　　　　　　　　　　　　　　　　　　　　　$0 < a < 4$ のとき，
　　　　　　　　　　　　　　　　　　　　　　　　　　　　　　　$-\infty$ に発散

　　　　$3 = \lim\limits_{x \to \infty} \dfrac{b + \dfrac{1}{x}}{\sqrt{4 + \dfrac{b}{x} + \dfrac{1}{x^2}} + 2} = \dfrac{b}{4}$

　　　$\therefore \quad a = 4, \ \ b = 12$

研究　　〈近似の考え方〉
　　　　(1)は，x が十分 0 に近いとき

　　　　　　　$\dfrac{\sqrt{1+x} - \left(1 + \dfrac{1}{2}x\right)}{x^2} \fallingdotseq -\dfrac{1}{8}$

　　　　　$\therefore \quad \sqrt{1+x} \fallingdotseq 1 + \dfrac{1}{2}x - \dfrac{1}{8}x^2$　……㋐

が成り立つことだと解釈できます．図形的には，すべての放物線のうちで
$y = 1 + \dfrac{1}{2}x - \dfrac{1}{8}x^2$ が，$y = \sqrt{x + 1}$ の $x = 0$ 付近の形に最も近いということ
です．

〈近似を用いた(2)の別解〉

㋐において x^2 の項を除いた近似式

$$\sqrt{1+x} \fallingdotseq 1 + \frac{1}{2}x$$

を利用すると，(2)の答えは容易に見当がつきます．
x が十分大きいとして

$$\sqrt{ax^2 + bx + 1} = \sqrt{ax^2\left(1 + \frac{b}{ax} + \frac{1}{ax^2}\right)}$$

$$\fallingdotseq \sqrt{a}\, x\sqrt{1 + \frac{b}{ax}}$$

$$\fallingdotseq \sqrt{a}\, x\left(1 + \frac{b}{2ax}\right)$$

$$= \sqrt{a}\, x + \frac{b}{2\sqrt{a}}$$

$$\therefore \quad \sqrt{a} = 2, \quad \frac{b}{2\sqrt{a}} = 3$$

$$\therefore \quad a = 4, \quad b = 12$$

← $\dfrac{1}{ax^2}$ は影響が小さい
ので無視する

← 近似式の利用

〈(2)の図形的意味〉

(2)は

$$\lim_{x \to \infty}\{\sqrt{4x^2 + 12x + 1} - (2x + 3)\} = 0$$

と直すことができます．

$$y = \sqrt{4x^2 + 12x + 1}$$

$$\iff 4\left(x + \frac{3}{2}\right)^2 - y^2 = 8, \quad y \geqq 0$$

となるので，直線 $y = 2x + 3$ は，双曲線
$y = \sqrt{4x^2 + 12x + 1}$ の漸近線です (標問 **126**)．

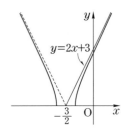

演習問題

(15) 次の極限値を求めよ．

$$\lim_{x \to -\infty}\left(3x + 1 + \sqrt{9x^2 + 4x + 1}\right)$$

(小樽商科大)

標問 **16** 連続関数

$f(x) = \lim\limits_{n \to \infty} \dfrac{x^{2n+1} + ax^2 + bx + 1}{x^{2n} + 1}$ がすべての実数 x について連続となるように a, b の値を定めよ.

精講 極限によって定義された関数の連続性が問題です. したがって, まず $f(x)$ を決めなければなりません.

本問の場合は, 分母が x^{2n} の項を含むので,

$|x|$ と 1 の大小関係で場合分け

すればうまくいきます.

極限関数は, 一般に区間ごとに異なる関数で表される「つぎはぎ関数」となります.

分数関数 (多項式で表せる関数を含む), 指数関数, 対数関数, 三角関数はその定義域で連続

であることに注意すると, 多くの場合, つぎはぎ関数の連続性は,

つなぎ目における連続性

に帰着します. それを調べるには, 連続であることの定義:

$$\lim_{x \to a} f(x) = f(a) \iff \lim_{x \to a+0} f(x) = \lim_{x \to a-0} f(x) = f(a)$$

にもどらなければなりません.

▶ 解法のプロセス

$$\lim_{n \to \infty} x^n$$
⇩
x と ± 1 の大小関係で場合分け

▶ 解法のプロセス

$f(x)$ が連続
⇩
多項式で表せる関数は連続だから
⇩
つなぎ目 $x = \pm 1$ で連続になるようにする

〈 **解 答** 〉

$$f(x) = \lim_{n \to \infty} \frac{x^{2n+1} + ax^2 + bx + 1}{x^{2n} + 1}$$

$$= \lim_{n \to \infty} \frac{x + \dfrac{ax^2 + bx + 1}{x^{2n}}}{1 + \dfrac{1}{x^{2n}}} \quad (x \neq 0)$$

← 分母, 分子を x^{2n} で割る

において

$$\lim_{n \to \infty} x^{2n} = \begin{cases} 0 & (|x| < 1) \\ \infty & (|x| > 1) \end{cases}$$

であるから

$$f(x)=\begin{cases} ax^2+bx+1 & (|x|<1) \\ \dfrac{a+b+2}{2} & (x=1) \\ \dfrac{a-b}{2} & (x=-1) \\ x & (|x|>1) \end{cases}$$

ゆえに，$f(x)$ がすべての実数 x に対して連続であるためには，$x=\pm 1$ で連続であることが必要十分である．

$x=1$ で連続であるための条件は

$$\lim_{x \to 1-0}(ax^2+bx+1)=\lim_{x \to 1+0}x=\frac{a+b+2}{2}$$

$\therefore\quad a+b=0$ ……①

$x=-1$ で連続であるための条件は

$$\lim_{x \to -1+0}(ax^2+bx+1)=\lim_{x \to -1-0}x=\frac{a-b}{2}$$

$\therefore\quad a-b=-2$ ……②

①，②より，

$a=-1,\ b=1$

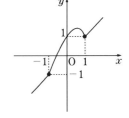

研 究　〈連続関数とは〉

　　関数 $f(x)$ は，$\displaystyle\lim_{x \to a}f(x)=f(a)$ が成り立つとき，**$x=a$ で連続**であるといい，ある区間の各点で連続のとき，その区間で連続，またはその区間における**連続関数**であるといいます．

　高校の範囲では，関数 $f(x)$ が区間 $(a,\ b)$ で連続とは

　　　$(a,\ b)$ における $f(x)$ のグラフがつながっていること

だと考えてよいです．

　逆に，不連続というのは，下図のようなイメージでとらえることができます．

　また，関数の極限に関する性質から，連続関数の全体は加減乗除および合成に関して閉じていることがわかります．

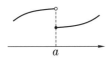
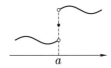

標問 **17** $\displaystyle \lim_{\theta \to 0} \frac{\sin\theta}{\theta} = 1$

k を正の定数とする. 曲線 $y = \cos kx$ と3直線

$$x = -\theta, \quad x = 0, \quad x = \theta \left(0 < \theta < \frac{\pi}{2k}\right)$$

との交点を通る円の中心を P とする. θ が0に近づくとき，P はどのような点に近づくか.

(東北大)

精講 　中心 P の座標を θ で表します．
　　　　曲線 $y = \cos kx$ は y 軸に関して対称だから，P は y 軸上にあることがわかります．

そこで，A$(0,\ 1)$, Q$(\theta,\ \cos k\theta)$ に対して P$(0,\ p)$ とおいて，関係式 PQ＝PA を p について解きます．

$\displaystyle \lim_{\theta \to 0} p$ を求めるには，$\displaystyle \lim_{\theta \to 0} \frac{\sin\theta}{\theta} = 1$ を利用します．

▶ 解法のプロセス ◀

P$(0,\ p)$ とおく
⇩
p を θ で表す
⇩
$\displaystyle \lim_{\theta \to 0} \frac{\sin\theta}{\theta} = 1$ を使う

〈 **解 答** 〉

$y = \cos kx$ 上の3点 A$(0,\ 1)$, Q$(\theta,\ \cos k\theta)$,
Q$'(-\theta,\ \cos k\theta)$ を通る円の中心は y 軸上にあるから，P$(0,\ p)$ とおける．
　PQ＝PA より

$$\theta^2 + (p - \cos k\theta)^2 = (1-p)^2$$
$$2(1-\cos k\theta)p = 1 - \cos^2 k\theta - \theta^2$$
$$\therefore\quad p = \frac{1}{2}\left(1 + \cos k\theta - \frac{\theta^2}{1-\cos k\theta}\right)$$

ここで

$$\frac{\theta^2}{1-\cos k\theta} = \frac{\theta^2(1+\cos k\theta)}{\sin^2 k\theta}$$
$$= \frac{1+\cos k\theta}{k^2}\left(\frac{k\theta}{\sin k\theta}\right)^2$$
$$\therefore\quad \lim_{\theta \to 0} p = \frac{1}{2}\left(2 - \frac{2}{k^2}\right) = 1 - \frac{1}{k^2}$$

ゆえに，**P は点 $\left(0,\ 1 - \dfrac{1}{k^2}\right)$ に近づく**．

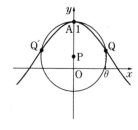

← 分母，分子×$(1+\cos k\theta)$

← $\displaystyle \lim_{\theta \to 0} \frac{\sin\theta}{\theta} = 1$ を使うために

$\dfrac{\Box\theta}{\sin\Box\theta}$ の□の部分をそろえる．あるいは $k\theta = \varphi$ とおいてもよい

研 究 $\left\langle \lim\limits_{\theta \to 0} \dfrac{\sin\theta}{\theta}=1 \ \text{となるわけ} \right\rangle$

　それは θ が弧度法で測った角だからです．弧度法は図の $\angle\mathrm{AOB}$ を，それが切り取る単位円弧の長さ $\overset{\frown}{\mathrm{AB}}$ で測る方法です．

$0<\theta<\dfrac{\pi}{2}$ のとき，$\triangle\mathrm{OAB}<$ 扇形 $\mathrm{OAB}<\triangle\mathrm{OAT}$

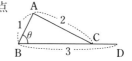

$\therefore \quad \dfrac{1}{2}\sin\theta<\pi\cdot\dfrac{\theta}{2\pi}<\dfrac{1}{2}\tan\theta$

$\therefore \quad \boldsymbol{\sin\theta<\theta<\tan\theta}$

この不等式の各辺を θ で割ると，$\dfrac{\sin\theta}{\theta}<1<\dfrac{1}{\cos\theta}\cdot\dfrac{\sin\theta}{\theta}$

$\therefore \quad \cos\theta<\dfrac{\sin\theta}{\theta}<1$

$\cos\theta\to 1\,(\theta\to +0)$ より，$\lim\limits_{\theta\to +0}\dfrac{\sin\theta}{\theta}=1$ となることがわかります．

　$\theta<0$ のときは，$-\theta=t\,(>0)$ とおくと

$$\lim_{\theta\to -0}\frac{\sin\theta}{\theta}=\lim_{t\to +0}\frac{\sin(-t)}{-t}=\lim_{t\to +0}\frac{\sin t}{t}=1$$

　以上から，$\lim\limits_{\theta\to 0}\dfrac{\sin\theta}{\theta}=1$ となります．

〈演習問題 17-2 の方針〉　おおまかに考えると簡単に結果が予想できます．厳密な解答を書くには，円の中心から小円を見込む角を設定するのがよい方法です．

演習問題

17-1　右図において，点Aおよび点Cは動点であり，点CはBD上を動く．$\mathrm{AB}=1$，$\mathrm{AC}=2$，$\mathrm{BD}=3$ とし，$\angle\mathrm{ABC}=\theta$ とする．

(1) $\mathrm{BC}=x$ として，x を θ を用いて表せ．

(2) 三角形 ABC の面積を $S(\theta)$ とするとき，

$\lim\limits_{\theta\to 0}\dfrac{S(\theta)}{\theta}$ を求めよ．

(3) $\lim\limits_{\theta\to 0}\dfrac{\mathrm{CD}}{\theta^2}$ を求めよ．

17-2　n を自然数とする．半径 $\dfrac{1}{n}$ の円を互いに重なり合わないように半径 1 の円に外接させる．このとき外接する円の最大個数を a_n とする．$\lim\limits_{n\to\infty}\dfrac{a_n}{n}$ を求めよ．

(東京工業大)

標問 **18** $\displaystyle\lim_{n\to\infty}\left(1+\frac{1}{n}\right)^n=e$

1より大きい自然数nに対して，曲線 $y=x^n$ を C とする．x軸上の正の部分に点Pをとり，Pを通ってx軸に直交する直線が曲線Cと交わる点を Q，Q における C の接線が x 軸と交わる点を R，R を通ってx軸に直交する直線がCと交わる点を S，S における C の接線が x 軸と交わる点をTとする．

(1) Pの座標を $(a,\ 0)$ とするとき，Rの座標をaを用いて表せ．

(2) $a_n=\dfrac{\triangle PQR \text{ の面積}}{\triangle RST \text{ の面積}}$ とおくとき，a_n の値を求めよ．

(3) $\displaystyle\lim_{n\to\infty}a_n$ を求めよ．

(東京電機大)

精講 (1) $P(a,\ 0)$から $R\left(\left(1-\dfrac{1}{n}\right)a,\ 0\right)$
となります．

(2) $\triangle PQR$ の面積は直ちにわかります．$\triangle RST$ の面積を知るために(1)と同じ計算をくり返す必要はありません．$\triangle PQR$ の面積の式で，a を $\left(1-\dfrac{1}{n}\right)a$ で置きかえます．

(3) a_n の式から $\displaystyle\lim_{n\to\infty}\left(1+\dfrac{1}{n}\right)^n=e$ を連想しましょう．$n-1$ を m とおくと見やすくなります．

解法のプロセス
$\triangle PQR$ を求める
⇩
a を $\left(1-\dfrac{1}{n}\right)a$ とおく
⇩
a_n を求める
⇩
$\displaystyle\lim_{n\to\infty}\left(1+\dfrac{1}{n}\right)^n=e$ を使う

〈 **解 答** 〉

(1) $Q(a,\ a^n)$ における接線の方程式は
$$y=na^{n-1}(x-a)+a^n$$
$y=0$ とおいて
$$\mathbf{R}\!\left(\boldsymbol{a}\!\left(1-\frac{1}{\boldsymbol{n}}\right),\ 0\right)$$

(2) $PR=\dfrac{a}{n}$，$PQ=a^n$ より
$$\triangle PQR=\frac{1}{2}\cdot\frac{a}{n}\cdot a^n=\frac{a^{n+1}}{2n}$$

a を $\left(1-\dfrac{1}{n}\right)a$ で置きかえて

$$\triangle RST=\frac{1}{2n}\left\{\left(1-\frac{1}{n}\right)a\right\}^{n+1}=\frac{a^{n+1}}{2n}\left(1-\frac{1}{n}\right)^{n+1}$$

← 計算しないで置きかえる

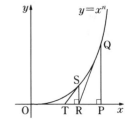

$$\therefore \quad a_n = \frac{1}{\left(1-\frac{1}{n}\right)^{n+1}} = \left(\frac{n}{n-1}\right)^{n+1}$$

(3) $n-1=m$ とおくと

$$\lim_{n\to\infty} a_n = \lim_{m\to\infty}\left(1+\frac{1}{m}\right)^{m+2}$$

$\blacktriangleleft \displaystyle\lim_{m\to\infty}\left(1+\frac{1}{m}\right)^m = e$

$$= \lim_{m\to\infty}\left(1+\frac{1}{m}\right)^m\left(1+\frac{1}{m}\right)^2 = e$$

研究 $\left\langle e \text{の定義}: \displaystyle\lim_{h\to 0}\frac{e^h-1}{h}=1 \right\rangle$

$f(x)=a^x\ (a>1)$ のグラフを見ると，$x=0$ で微分可能であること，すなわち点 $(0,1)$ で接線を引くことができ，その傾き

$$f'(0) = \lim_{h\to 0}\frac{a^h-1}{h}$$

が存在することは明らかと考えられます．

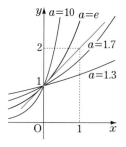

その値は a の大きさによって異なり，適当な大きさのとき $f'(0)=1$ となるはずです．このときの a の値を e と定めます．つまり，この本では

$$\lim_{h\to 0}\frac{e^h-1}{h}=1$$

を e の定義として採用します．

微分積分では，e を底とする対数を**自然対数**といい，底を省略する習慣があります．

演習問題

(18-1) $\displaystyle\lim_{h\to 0}\frac{e^h-1}{h}=1$ をもとにして，次の極限値を求めよ．

(1) $\displaystyle\lim_{x\to 0}(1+x)^{\frac{1}{x}}$ 　　(2) $\displaystyle\lim_{n\to\infty}\left(1+\frac{1}{n}\right)^n$ 　　(3) $\displaystyle\lim_{n\to\infty}\left(1+\frac{a}{n}\right)^n$ （a は定数）

(18-2) n を自然数とする．区間 $[0, n)$ にごく小さな砂粒を n 個でたらめに落とす実験を行った．どの砂粒についても，$[0,1)$, $[1,2)$, $\cdots$, $[n-1, n)$ のいずれの区間に落ちるかは同程度に確からしいとする．このとき，n 個のうちちょうど k 個の砂粒が区間 $[0,1)$ に落ちる確率を $P_n(k)$ とする．

(1) $P_n(k)$ を求めよ．

(2) $\displaystyle\lim_{n\to\infty}\frac{k!\cdot {}_nC_k}{n^k}$ を求めよ．また $\displaystyle\lim_{n\to\infty}P_n(k)$ を求めよ． 　　　　　（慶應義塾大）

標問 **19** **微分法の公式**

(1) 導関数の定義から説きおこして，(2) 積，商の微分法，(3) 合成関数の微分法，(4) 逆関数の微分法を順を追って説明し，(5) $y=a^x$ $(a>0,\ a\neq1)$ なる指数関数の導関数と，$y=\log_a x$ $(a>0,\ a\neq1)$ なる対数関数の導関数と，(6) $y=\sin x,\ y=\cos x,\ y=\tan x$ なる三角関数の導関数とを導け．ただし，次のことがらは証明せずに，その結果だけを使ってよい．

(i) $\displaystyle\lim_{h\to0}\frac{e^h-1}{h}=1$ （e は自然対数の底）

(ii) $\displaystyle\lim_{\theta\to0}\frac{\sin\theta}{\theta}=1$ （θ は弧度法で表された角） （和歌山県立医科大）

→ **精 講** 微分法の体系を問う問題です．初めての人は**解答**を読んで下さい．体系の展開の仕方はいろいろありますが，**解答**に示したのはその一例です．

以下，具体的な関数の導関数の公式を導く際に必要な基本事項を説明します．

（指数関数） 対数関数の定義から
$$a^x=e^{\log a^x}=e^{x\log a}$$
これがわかりにくければ
a^x の自然対数をとり
$$\log a^x=x\log a \qquad \therefore\quad a^x=e^{x\log a}$$
とすることもできます．

（三角関数） 加法定理
$$\sin(\alpha+\beta)=\sin\alpha\cos\beta+\cos\alpha\sin\beta$$
$$\sin(\alpha-\beta)=\sin\alpha\cos\beta-\cos\alpha\sin\beta$$
の差をとると
$$\sin(\alpha+\beta)-\sin(\alpha-\beta)=2\cos\alpha\sin\beta$$
次に，$\alpha+\beta=x,\ \alpha-\beta=y$ とおけば
$$\sin x-\sin y=2\cos\frac{x+y}{2}\sin\frac{x-y}{2}$$
これは差を積に直す公式です．

解法のプロセス

(5) (i) $\displaystyle\lim_{h\to0}\frac{e^h-1}{h}=1$

⇩

$(e^x)'=e^x$

(ii) $a^x=e^{x\log a}$

⇩

合成関数の微分法

⇩

$(a^x)'=a^x\log a$

(iii) $y=\log_a x$ より $x=a^y$

⇩

逆関数の微分法

⇩

$y'=\dfrac{1}{x\log a}$

(6) 差を積に直す公式

⇩

$\displaystyle\lim_{\theta\to0}\frac{\sin\theta}{\theta}=1$

⇩

$(\sin x)'=\cos x$

〈 **解 答** 〉

(1) **導関数の定義**

関数 $y=f(x)$ の定義域内のすべての x に対して,

$\displaystyle\lim_{h\to 0}\frac{f(x+h)-f(x)}{h}$ が存在するとき, $f(x)$ は微分可能であるという. この極限値を $f(x)$ の x における微分係数といい, $f'(x)$ で表す. これを x の関数とみたとき, $f(x)$ の導関数といい, y' あるいは $\dfrac{dy}{dx}$ とも書く.

(2) **積と商の微分法**

$f(x)$, $g(x)$ が微分可能であるとき

$$\begin{aligned}
\{f(x)g(x)\}' &= \lim_{h\to 0}\frac{f(x+h)g(x+h)-f(x)g(x)}{h}\\
&= \lim_{h\to 0}\left\{\frac{f(x+h)-f(x)}{h}g(x+h)+f(x)\frac{g(x+h)-g(x)}{h}\right\}\\
&= f'(x)g(x)+f(x)g'(x)
\end{aligned}$$

さらに, $g(x)\neq 0$ のとき

$$\begin{aligned}
\left\{\frac{f(x)}{g(x)}\right\}' &= \lim_{h\to 0}\frac{1}{h}\left\{\frac{f(x+h)}{g(x+h)}-\frac{f(x)}{g(x)}\right\}\\
&= \lim_{h\to 0}\frac{1}{h}\cdot\frac{f(x+h)g(x)-f(x)g(x+h)}{g(x)g(x+h)}\\
&= \lim_{h\to 0}\frac{1}{g(x)g(x+h)}\left\{\frac{f(x+h)-f(x)}{h}g(x)\right.\\
&\qquad\qquad\qquad\qquad\left. -f(x)\frac{g(x+h)-g(x)}{h}\right\}\\
&= \frac{f'(x)g(x)-f(x)g'(x)}{\{g(x)\}^2}
\end{aligned}$$

(3) **合成関数の微分法**

微分可能な関数 $y=f(x)$, $z=g(y)$ の合成関数 $z=g(f(x))$ について, $k=f(x+h)-f(x)$ とおくと, $k\to 0\,(h\to 0)$ だから ← 研究 参照

$$\begin{aligned}
\frac{dz}{dx} &= \lim_{h\to 0}\frac{g(f(x+h))-g(f(x))}{h}\\
&= \lim_{h\to 0}\frac{g(y+k)-g(y)}{k}\cdot\frac{k}{h}\\
&= \lim_{k\to 0}\frac{g(y+k)-g(y)}{k}\cdot\lim_{h\to 0}\frac{f(x+h)-f(x)}{h}\\
&= \frac{dz}{dy}\cdot\frac{dy}{dx}
\end{aligned}$$

(4) **逆関数の微分法**

　微分可能な関数 $y=f(x)$ の逆関数 $x=g(y)$ があって，$f'(x) \neq 0$ とする．

$$f(x+h)=f(x)+k=y+k$$

とおくと

$$g(y+k)=x+h=g(y)+h$$

となるから，

$$\frac{dx}{dy}=\lim_{k \to 0}\frac{g(y+k)-g(y)}{k}$$

$$=\lim_{h \to 0}\frac{h}{f(x+h)-f(x)}=\frac{1}{\dfrac{dy}{dx}}$$

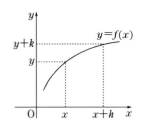

(5) **指数関数と対数関数の導関数**

$$(e^x)'=\lim_{h \to 0}\frac{e^{x+h}-e^x}{h}=e^x \lim_{h \to 0}\frac{e^h-1}{h}=e^x \qquad \text{◆ (i) による}$$

　合成関数の微分法により

$$(a^x)'=(e^{x\log a})'=e^{x\log a}(x\log a)'=a^x \log a$$

　次に，$y=\log_a x$ のとき $x=a^y$ となるから，逆関数の微分法により

$$\frac{dy}{dx}=\frac{1}{\dfrac{dx}{dy}}=\frac{1}{a^y \log a}$$

$$=\frac{1}{x\log a}$$

(6) **三角関数の導関数**

$$(\sin x)'=\lim_{h \to 0}\frac{\sin(x+h)-\sin x}{h}$$

$$=\lim_{h \to 0}\frac{1}{h} \cdot 2\cos\left(x+\frac{h}{2}\right)\sin\frac{h}{2}$$

$$=\lim_{h \to 0}\cos\left(x+\frac{h}{2}\right)\frac{\sin\dfrac{h}{2}}{\dfrac{h}{2}}=\cos x \qquad \text{◆ (ii) による}$$

　合成関数の微分法と商の微分法により

$$(\cos x)'=\left\{\sin\left(\frac{\pi}{2}-x\right)\right\}'=\left\{\cos\left(\frac{\pi}{2}-x\right)\right\}\left(\frac{\pi}{2}-x\right)'=-\sin x$$

$$(\tan x)'=\left(\frac{\sin x}{\cos x}\right)'=\frac{\cos^2 x+\sin^2 x}{\cos^2 x}=\frac{1}{\cos^2 x}$$

研究 〈微分可能ならば連続〉

実は**解答**で断らずに使いましたが，$f(x)$ が $x=a$ で微分可能ならばそこで**連続**となることが示せます.

実際，$f'(a)$ が存在すれば

$$\lim_{x \to a}\{f(x)-f(a)\}=\lim_{x \to a}(x-a)\frac{f(x)-f(a)}{x-a}=0 \cdot f'(a)=0$$

となるからです.

ただし，逆は成立しません. $f(x)=|x|$ は $x=0$ で連続ですが $f'(0)$ は存在しないからです.

〈対数微分法〉

$(\log x)'=\dfrac{1}{x}$ を認めると，$y=a^x$ は次のようにして微分できます.

自然対数をとり，$\log y=x\log a$. 次に x で微分すれば

$$\frac{y'}{y}=\log a \qquad \therefore \quad y'=a^x\log a$$

このような微分の仕方を対数微分法といいます.

〈三角関数の高次導関数〉

$$(\sin x)'=\cos x=\sin\left(x+\frac{\pi}{2}\right), \ \ (\cos x)'=-\sin x=\cos\left(x+\frac{\pi}{2}\right)$$

となるので，一般に $f(x)$ を n 回微分した関数を $f^{(n)}(x)$ と書く約束にしたがえば

$$(\sin x)^{(n)}=\sin\left(x+\frac{n\pi}{2}\right), \ \ (\cos x)^{(n)}=\cos\left(x+\frac{n\pi}{2}\right)$$

となります.

なお，演習問題 ⟨ 19 ⟩(4)については

$$(\log|x|)'=\frac{1}{x} \quad (標問 \mathbf{49}, \text{⟨精講⟩})$$

に注意します.

演習問題

⟨ 19 ⟩ 次の関数を微分せよ. ただし，(5), (6)では $x>0$ とする.

(1) $y=\sin^2 x \cos x$ 　　　　　　(2) $y=\dfrac{e^x-e^{-x}}{e^x+e^{-x}}$

(3) $y=\log(x+\sqrt{x^2+1})$ 　　　(4) $y=\log\left|\tan\dfrac{x}{2}\right|$

(5) $y=x^a$ (a は実数の定数) 　　(6) $y=x^x$

(7) $y=\sin x \ \left(|x|<\dfrac{\pi}{2}\right)$ の逆関数

標問 **20** 媒介変数表示された関数の微分法

$x = t - \sin t$, $y = 1 - \cos t$ とする.

$t = \dfrac{\pi}{3}$ のとき, $\dfrac{dy}{dx}$, $\dfrac{d^2y}{dx^2}$ の値を求めよ. (琉球大)

精 講 媒介変数表示された曲線
$$x = t + 1, \quad y = t^2 \quad \cdots\cdots \text{ⓐ}$$
の方程式は, これらから t を消去した
$$y = (x-1)^2 \quad \cdots\cdots \text{ⓑ}$$
で与えられます.

ⓐで表された x の関数 y の導関数を求めるためには, もちろんⓑを x で微分して
$$y' = 2(x-1)$$
とすればいいわけです.

ところが, 本問のように y を x の関数とみなすことができても, 実際に t を消去して x の具体的な関数として表せない場合があります.

このようなときに役立つのが, 媒介変数表示された関数の微分法です.

$x = f(t)$, $y = g(t)$ が微分可能で $f'(t) \neq 0$ のとき, $x = f(t)$ の逆関数 $t = f^{-1}(x)$ があれば, $y = g(f^{-1}(x))$ を合成関数と逆関数の微分法を用いて次のように微分できます.

$$\frac{dy}{dx} = \frac{dy}{dt} \cdot \frac{dt}{dx} \quad (\text{合成関数の微分法})$$

$$= \frac{dy}{dt} \cdot \frac{1}{\dfrac{dx}{dt}} \quad (\text{逆関数の微分法})$$

$$\therefore \quad \boldsymbol{\frac{dy}{dx} = \frac{\dfrac{dy}{dt}}{\dfrac{dx}{dt}}}$$

なお右辺の計算結果は, t の式のままでかまいません.

$y = f(x)$ を n 回続けて微分して得られる関数を第 n 次導関数といい

解法のプロセス

$$x = f(t), \quad y = g(t)$$
$$\Downarrow$$
$$y = g(f^{-1}(x)) \text{ とみる}$$
$$\Downarrow$$
$$\frac{dy}{dx} = \frac{\dfrac{dy}{dt}}{\dfrac{dx}{dt}}$$

解法のプロセス

$$\frac{d^2y}{dx^2} = \frac{d}{dx}\left(\frac{dy}{dx}\right)$$
$$\Downarrow$$
$$\frac{d^2y}{dx^2} = \frac{d}{dt}\left(\frac{dy}{dx}\right) \cdot \frac{dt}{dx}$$
$$\Downarrow$$
$$\frac{d^2y}{dx^2} = \frac{\dfrac{d}{dt}\left(\dfrac{dy}{dx}\right)}{\dfrac{dx}{dt}}$$

$$y^{(n)}, \quad \frac{d^n y}{dx^n}, \quad f^{(n)}(x)$$

などと表します. 2番目の記法を用いると, 第2
次導関数は

$$\frac{d^2 y}{dx^2} = \frac{d}{dx}\left(\frac{dy}{dx}\right) \qquad (定義)$$

$$= \frac{d}{dt}\left(\frac{dy}{dx}\right) \cdot \frac{dt}{dx} \qquad (合成関数の微分法)$$

$$= \frac{\dfrac{d}{dt}\left(\dfrac{dy}{dx}\right)}{\dfrac{dx}{dt}} \qquad (逆関数の微分法)$$

という手順で計算できます.

〈 **解 答** 〉

$\dfrac{dx}{dt} = 1 - \cos t, \ \dfrac{dy}{dt} = \sin t$ より

$$\frac{dy}{dx} = \frac{\sin t}{1 - \cos t} \qquad\qquad \cdots\cdots① \qquad \blacktriangleleft \frac{dy}{dx} = \dfrac{\dfrac{dy}{dt}}{\dfrac{dx}{dt}}$$

次に, $\dfrac{d^2 y}{dx^2} = \dfrac{\dfrac{d}{dt}\left(\dfrac{dy}{dx}\right)}{\dfrac{dx}{dt}}$ において, ①より

$$\frac{d}{dt}\left(\frac{dy}{dx}\right) = \frac{d}{dt}\left(\frac{\sin t}{1-\cos t}\right) = \frac{\cos t(1-\cos t) - \sin^2 t}{(1-\cos t)^2} \qquad \blacktriangleleft 商の微分法による$$

$$= \frac{\cos t - 1}{(1-\cos t)^2} = -\frac{1}{1-\cos t}$$

となるから

$$\frac{d^2 y}{dx^2} = -\frac{1}{(1-\cos t)^2} \qquad\qquad \cdots\cdots②$$

①, ②で, $t = \dfrac{\pi}{3}$ とおくと

$$\frac{dy}{dx} = \sqrt{3}, \quad \frac{d^2 y}{dx^2} = -4$$

演習問題

(20) $x = \cos\theta + \theta\sin\theta, \ y = \sin\theta - \theta\cos\theta$ とする.

$\dfrac{dy}{dx}, \ \dfrac{d^2 y}{dx^2}$ を θ の式で表せ.

標問 **21** 微分可能と連続

$$f(x)=\begin{cases} 0 & (x=0) \\ x\sin\dfrac{1}{x} & (x\neq0) \end{cases}, \quad g(x)=\begin{cases} 0 & (x=0) \\ x^2\sin\dfrac{1}{x} & (x\neq0) \end{cases} \quad \text{とする.}$$

(1) $f(x)$ は $x=0$ で連続であるが, $f'(0)$ は存在しないことを示せ.

(2) $g'(0)$ は存在するが, $g'(x)$ は $x=0$ で不連続であることを示せ.

精講 連続性, 微分可能性, いずれも定義に立ち返って考えます.

(1) $f(0)=0$ ですから, $x=0$ で連続であることは

$$\lim_{h\to0}f(h)=\lim_{h\to0}h\sin\frac{1}{h}=0$$

が成り立つことです. 問題は振動する $\sin\dfrac{1}{h}$ の

扱い方ですが, $\left|\sin\dfrac{1}{h}\right|\leqq1$ **を用いてはさみ打ち**

にします. $f'(0)$ が存在しないことを示すにも, 微分係数の定義にもとづいて, 三角関数の値の振動に注目することになります.

(2) ほぼ(1)と同様です. ただし, (1)の結果をうまく利用して簡潔な答案になるように心がけます.

▶解法のプロセス◀

(1) $x=0$ で連続(微分可能)
を示す
⇩
$f(0)=0$ だから
⇩
$\lim_{h\to0}f(h)=0$
$\left(\lim_{h\to0}\dfrac{f(h)}{h}$ が存在する$\right)$
を示す

〈 **解答** 〉

(1) $f(0)=0$ より

$$0\leqq|f(h)-f(0)|=|f(h)|=\left|h\sin\frac{1}{h}\right|\leqq|h|$$

$\quad\therefore\quad |f(h)-f(0)|\to0 \quad(h\to0)$

$\quad\therefore\quad f(h)\to f(0) \quad(h\to0)$

ゆえに, $f(x)$ は $x=0$ で連続である. 次に

$$\frac{f(h)-f(0)}{h}=\sin\frac{1}{h} \quad(h\neq0)$$

において, $\lim_{h\to0}\sin\dfrac{1}{h}$ は振動して有限な値に収束

しないから, $f'(0)$ は存在しない.

(2) (1)より

← はさみ打ち
$\left|\sin\dfrac{1}{h}\right|\leqq1$

← $h=\dfrac{2}{(2n+1)\pi}$ $(n:$整数$)$
とすると,
$\sin\dfrac{1}{h}=(-1)^n$

$$\lim_{h\to 0}\frac{g(h)-g(0)}{h}=\lim_{h\to 0}\frac{g(h)}{h}=\lim_{h\to 0}h\sin\frac{1}{h} \qquad \Leftarrow h\to 0 \text{ のとき } h\neq 0$$

$$=\lim_{h\to 0}f(h)=f(0)=0 \qquad \Leftarrow f(x) \text{ は } x=0 \text{ で連続}$$

ゆえに，$g'(0)$ は存在して

$$g'(x)=\begin{cases} 0 & (x=0) \\ 2x\sin\dfrac{1}{x}-\cos\dfrac{1}{x} & (x\neq 0) \end{cases}$$

$x\to 0$ のとき，(1) より $2x\sin\dfrac{1}{x}\to 0$ となるが，

$\cos\dfrac{1}{x}$ は振動するから $\lim_{x\to 0}g'(x)$ は存在しない．

すなわち，$g'(x)$ は $x=0$ で不連続である．

研究 $y=g(x)$ のグラフから，$g'(0)=0$ と予想されます．したがって $y=g'(x)$ のグラフから，$g'(x)$ は $x=0$ で不連続と予想されます．

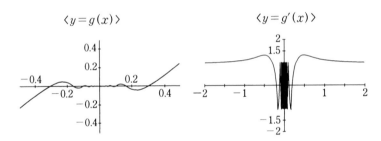

$\langle y=g(x)\rangle$ $\qquad$ $\langle y=g'(x)\rangle$

演習問題

(21-1) 関数 $f(x)$ はすべての実数に対して定義され，微分可能であって $f(0)=0$ となるものとする．このとき

$$g(x)=\begin{cases} \dfrac{f(x)}{x} & (x\neq 0 \text{ のとき}) \\ f'(0) & (x=0 \text{ のとき}) \end{cases}$$

とおけば，$g(x)$ は $x=0$ において連続になる．このことを，微分係数の定義を用いて証明せよ．

(21-2) 3つの正数 a, b, c が与えられたとき，次の極限値を求めよ．

(1) $\displaystyle\lim_{x\to 0}\frac{1}{x}\log\left(\frac{a^x+b^x+c^x}{3}\right)$ $\qquad$ (2) $\displaystyle\lim_{x\to 0}\left(\frac{a^x+b^x+c^x}{3}\right)^{\frac{1}{x}}$ （慶應義塾大）

標問 **22** 平均値の定理と関数の増減

$f(x)$ を $I=\{x|a<x<b\}$ で定義された関数とする.

$x_1<x_2$ となる I の任意の2数 x_1, x_2 に対してつねに $f(x_1)<f(x_2)$ が成立するとき, $f(x)$ は I で増加するという. また,

$x_1<x_2$ となる I の任意の2数 x_1, x_2 に対してつねに $f(x_1)\leqq f(x_2)$ が成立するとき, $f(x)$ は I で非減少であるという.

$f(x)$ が I で微分可能なとき, 次の命題は, それぞれ正しいか誤りか, 理由をつけて答えよ.

(1)　I でつねに $f'(x)>0$ ならば, $f(x)$ は I で増加する.

(2)　$f(x)$ が I で増加するならば, I でつねに $f'(x)>0$ である.

(3)　I でつねに $f'(x)\geqq0$ ならば, $f(x)$ は I で非減少である.

(4)　$f(x)$ が I で非減少であるならば, I でつねに $f'(x)\geqq0$ である.

(東京医科歯科大)

精講　導関数の符号と増減の関係は数学Ⅱで既習ですから, 正誤を直感的に判断することは難しくありません. それを証明するには次の**平均値の定理**が必要です.

> $f(x)$ が $a\leqq x\leqq b$ で連続, $a<x<b$ で微分可能ならば
> $$\frac{f(b)-f(a)}{b-a}=f'(c),\ a<c<b$$
> を満たす c が存在する.

等式の左辺は直線 AB の傾きを表すので,

グラフが滑らかなとき, 直線 AB に平行な接線をAとBの間で引くことができる

と理解しておけば十分です.

平均値の定理を使うと, 導関数の符号と関数の増減の関係を知ることができます. たとえば, $f'(x)>0$ のとき, $\dfrac{f(b)-f(a)}{b-a}=f'(c)>0$ となるので

$a<b$ ならば $f(a)<f(b)$

となることがわかります.

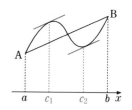

解法のプロセス

$$\frac{f(b)-f(a)}{b-a}=f'(c)$$
⇩
$f'(x)>0$ のとき
⇩
$a<b$ ならば $f(a)<f(b)$

〈 **解 答** 〉

(1) **正しい**

(証明) $a < x_1 < x_2 < b$ である任意の x_1, x_2 に
対し

$$\frac{f(x_2)-f(x_1)}{x_2-x_1}=f'(c), \quad x_1 < c < x_2$$ ◀ 平均値の定理

を満たす c が存在する. 条件より, $f'(c) > 0$
かつ $x_2 - x_1 > 0$ だから

$$f(x_2)-f(x_1)=f'(c)(x_2-x_1)>0$$
$$\therefore \quad f(x_1) < f(x_2)$$

したがって, $f(x)$ は I で増加する.

(2) **誤り**

(反例) $x_1 < x_2$ ならば $x_1{}^3 < x_2{}^3$ ゆえ,
$f(x)=x^3$ は増加するが, $f'(0)=0$ である.

(3) **正しい**

(証明) (1)の証明で, $f'(c) \geqq 0$ と修正すれば
$$f(x_1) \leqq f(x_2)$$
となる. したがって, $f(x)$ は I で非減少である.

(4) **正しい**

(証明) $h > 0$ のとき, $x+h > x$ より
$$f(x+h) \geqq f(x)$$ ◀ $f(x)$ は非減少
$$\therefore \quad \frac{f(x+h)-f(x)}{h} \geqq 0$$

$f(x)$ は微分可能だから, 上式で $h \to +0$ と
すると

$$f'(x)=\lim_{h\to +0}\frac{f(x+h)-f(x)}{h} \geqq 0$$ ◀ $f'(x)$ の存在は前提

第2章

演習問題

(**22**) 関数 $f(x)$ は区間 $[0, 1]$ において微分可能で, かつ, そこで $f'(x)$ は定
数でないとする. いま $f(0)=0$, $f(1)=1$ であるとき,

(1) $f(a)>a$ あるいは $f(a)<a$ であるような a が区間 $(0, 1)$ の中に存在す
ることを証明せよ.

(2) $f'(b)>1$, $f'(c)<1$ であるような b, c が区間 $(0, 1)$ の中に存在すること
を証明せよ.

標問 **23**　　**極大値・極小値**

> 関数 $f(x)=\dfrac{1}{x}-e^{-ax}$ が $x>0$ において2つの極値をもつとき，定数 a
>
> のとり得る値の範囲を求めよ．ただし，$\displaystyle\lim_{x\to\infty}\dfrac{x^2}{e^x}=0$ である．　　　（東京電機大）

精講　連続関数について

　　　増加から減少へ移るところで極大
　　　減少から増加へ移るところで極小

と定め，その値をそれぞれ**極大値**，**極小値**，まとめて**極値**といいます．したがって，$f(x)$ が微分可能のときは，山頂あるいは谷底での接線は水平でなければならず

　　$f(a)$ が極値ならば，$f'(a)=0$

が成り立ちます．

　注意すべきはこの命題の逆が成立しないことです．$f(a)$ が極値であるためには，$x=a$ の前後で $f'(x)$ の符号が変化しなければなりません．

　本問の場合

$$f'(x)=\frac{ax^2e^{-ax}-1}{x^2}$$

となりますが，$x^2>0$ ですから

$$g(x)=ax^2e^{-ax}-1$$

が $x>0$ の範囲で符号の変化を2回起こせばよいわけです．

　そこで，$y=g(x)$ のグラフを調べます．

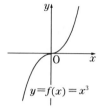

← $f(x)=x^3$ について，$f'(0)=0$ であるが $f(0)$ は極値でない

> **解法のプロセス**
>
> $f(x)$ が極値をもつ
> $\Downarrow$
> $f'(x)=\dfrac{g(x)}{x^2}$ の符号が変化
> $\Downarrow$
> $g(x)$ の符号が変化
> $\Downarrow$
> $y=g(x)$ のグラフをみる

〈　**解　答**　〉

　$f'(x)=-\dfrac{1}{x^2}+ae^{-ax}=\dfrac{ax^2e^{-ax}-1}{x^2}$

　したがって，$f(x)$ が極値をもつためには

　　$g(x)=ax^2e^{-ax}-1$

の符号が $x>0$ の範囲で変化すればよい．

　$a\leqq0$ のとき，$g(x)<0$ $(x>0)$ となるので

　　$a>0$

である．このとき

← 分母 $=x^2>0$

← $a\leqq0$ のとき，$g(x)$ の符号は変化しない

$$g'(x)=2axe^{-ax}-a^2x^2e^{-ax}$$
$$=ax(2-ax)e^{-ax}$$

より，$g(x)$ は表のように増減する．

$ax=t$ とおくと

$$\lim_{x \to \infty} g(x)=\lim_{t \to \infty}\left\{a\left(\frac{t}{a}\right)^2e^{-t}-1\right\}$$
$$=\lim_{t \to \infty}\left(\frac{1}{a}\cdot\frac{t^2}{e^t}-1\right)=-1$$

x	0	$\cdots$	$\dfrac{2}{a}$	$\cdots$	∞
$g'(x)$		$+$	0	$-$	
$g(x)$	-1	↗		↘	-1

← $g(0)$ と $\lim_{x \to \infty} g(x)$ の符号を調べる

かつ，$g(0)=-1$ であるから，$g(x)$ の符号が2回変化する条件は

$$g\left(\frac{2}{a}\right)=\frac{4}{a}e^{-2}-1>0 \qquad \therefore \quad 0<a<\frac{4}{e^2}$$

研 究 〈尖点（せんてん）も極値〉

　$f(x)=x|x-1|$ は $x=1$ で微分できませんが極小です．尖点で極値をとることがあるので注意しましょう．

〈演習問題 (23-2)，(1)の考え方〉

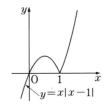

$y=x|x-1|$

　$f'(x)=\dfrac{-4x^2+2ax+4}{(x^2+1)^2}$ となるので，分子$=0$ を

解の公式を使って解くと $x=\dfrac{a\pm\sqrt{a^2+16}}{4}$．次に，増減を調べるというのが

基本です．これでも大した計算にはなりません．

　しかし，分子$=0$ の異符号の2解を $\alpha, \beta\,(\alpha<0<\beta)$ とおいて考えると，もっとスマートに解決します．

演習問題

(23-1) 　関数 $f(x)=x+a\cos x$ $(a>1)$ は $0<x<2\pi$ において極小値0をとる．この範囲における $f(x)$ の極大値を求めよ．

(室蘭工業大)

(23-2) 　すべての実数に対して定義された関数 $f(x)=\dfrac{4x-a}{x^2+1}$ （a は実数の定数）

について，次の問いに答えよ．
(1) 　$f(x)$ の極大値が1となるようにaの値を定めよ．
(2) 　aが(1)で定めた値をとるとき，$f(x)$ の値域を求めよ．

標問 **24** 減衰曲線の極値

> 関数 $f(x)=e^{ax}\sin x$ は $x=\dfrac{\pi}{4}$ で極大値をとる.
>
> (1) 定数 a の値を求めよ.
>
> (2) $x>0$ における $f(x)$ のすべての極大値の和を求めよ. （京都工芸繊維大）

精講 (1) 必要条件 $f'\!\left(\dfrac{\pi}{4}\right)=0$ から $a=-1$ と決まりますが，$f'(x)$ の符号が $x=\dfrac{\pi}{4}$ の前後で正から負に変化することを確かめて，十分であることを示さなければなりません.

(2) $f(x)=e^{-x}\sin x$ のグラフは，その振幅が e^{-x} に押さえられて非常に速く 0 に近づくので，**減衰曲線**と呼ばれます．このグラフの概形は覚えておきましょう.

解法のプロセス

$$f'\!\left(\dfrac{\pi}{4}\right)=0$$
⇩
$$a=-1$$
⇩
十分であることを確認

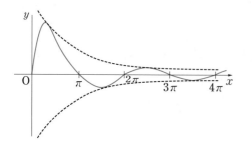

解法のプロセス

極大値は無限等比数列
⇩
|公比|<1
⇩
和の公式

ただし，上のグラフは $x\geqq\pi$ の部分が誇張されています．実際は大変速く減衰するので x 軸とほとんど重なって見えます.

$f(x)$ の極大値は公比 $e^{-2\pi}$ の無限等比数列をなします．そこで，収束条件を満たすことを確かめて

$$\frac{\text{初項}}{1-\text{公比}}$$

によって和を求めます.

(1) $f'(x) = ae^{ax}\sin x + e^{ax}\cos x$

$\qquad = e^{ax}(a\sin x + \cos x)$

$x = \dfrac{\pi}{4}$ で極大値をとるから

$$f'\left(\dfrac{\pi}{4}\right) = e^{\frac{\pi a}{4}} \cdot \dfrac{a+1}{\sqrt{2}} = 0 \qquad\qquad \text{◀ 単なる必要条件}$$

$\qquad \therefore \quad a = -1$

このとき

$\qquad f'(x) = e^{-x}(-\sin x + \cos x)$

$$\qquad\qquad = -\sqrt{2}\, e^{-x}\sin\left(x - \dfrac{\pi}{4}\right) \qquad \cdots\cdots ① \qquad \begin{array}{l}\text{◀ 符号の変化が見やすいように}\\\text{　合成する}\end{array}$$

となるから，$f'(x)$ の符号は $x = \dfrac{\pi}{4}$ の前後で

正から負に変化し，ここで極大である． $\qquad\qquad$ ◀ 十分であることを確認

$\qquad \therefore \quad a = -1$

(2) ①より，$x > 0$ で $f(x)$ が極大となるのは

$$x - \dfrac{\pi}{4} = 2n\pi \quad （n \text{は負でない整数}）$$

のときである．

$\qquad$ よって，極大値は

$$f\left(\dfrac{\pi}{4} + 2n\pi\right) = e^{-\left(\frac{\pi}{4} + 2n\pi\right)} \cdot \dfrac{1}{\sqrt{2}}$$

$$\qquad\qquad\qquad = \dfrac{e^{-\frac{\pi}{4}}}{\sqrt{2}}(e^{-2\pi})^n$$

となり，これらの総和は公比 $e^{-2\pi}$ の無限等比

級数をなす．$0 < e^{-2\pi} < 1$ であるから収束して

$$\sum_{n=0}^{\infty} \dfrac{e^{-\frac{\pi}{4}}}{\sqrt{2}}(e^{-2\pi})^n = \dfrac{e^{-\frac{\pi}{4}}}{\sqrt{2}\,(1 - e^{-2\pi})} \qquad \begin{array}{l}\text{無限等比級数の和の公式}\\\text{◀　} \dfrac{\text{初項}}{1 - \text{公比}}\end{array}$$

演習問題

(24) $y = e^{-\frac{3}{4}x}\sin x$ が $x = \alpha$ で極小値をとるとき，$\tan\alpha$，$\sin\alpha$ の値を求め
よ． $\qquad\qquad\qquad\qquad\qquad\qquad\qquad\qquad\qquad\qquad\qquad\qquad\qquad\qquad$ （上智大）

標問 **25** **2次導関数による極値の判定法**

関数 $f(x)=\cos 4x+a\cos x+b\sin x$ は, $f\left(\dfrac{\pi}{4}\right)=-33$, $f'\left(\dfrac{\pi}{4}\right)=0$ を満足するとする.

(1) a, b の値を求めよ.

(2) 関数 $f(x)$ は $x=\dfrac{\pi}{4}$ で極小になることを示せ. (福島県立医科大)

精講 (2) $f'(x)$ の因数分解を試みるのも立派な方針ですが, 計算が面倒です.
実は, 次のような極値の判定法があります.

$f'(a)=0$, $f''(a)>0$ ならば, $f(a)$ は極小値
$f'(a)=0$, $f''(a)<0$ ならば, $f(a)$ は極大値

です. ただし, いずれの場合も逆は成立しません.
反例は →研究 であげますが自分でも探してみて下さい.

解答ではこの判定法を利用することにします.

解法のプロセス

$f'(a)=0$ のとき
⇩
$f''(a)>0$ ならば
⇩
$f(a)$ は極小値

《 **解答** 》

(1) $f(x)=\cos 4x+a\cos x+b\sin x$
より

$$f'(x)=-4\sin 4x-a\sin x+b\cos x$$

$$\therefore \begin{cases} f\left(\dfrac{\pi}{4}\right)=-1+\dfrac{a+b}{\sqrt{2}}=-33 \\ f'\left(\dfrac{\pi}{4}\right)=\dfrac{-a+b}{\sqrt{2}}=0 \end{cases} \quad\cdots\cdots①$$

$$\therefore \quad a=b=-16\sqrt{2}$$

(2) (1)より

$$f'(x)=-4\sin 4x+16\sqrt{2}\,(\sin x-\cos x)$$ ← 因数分解する方法もある

$$\therefore \quad f''(x)=-16\cos 4x+16\sqrt{2}\,(\cos x+\sin x)$$

$$\therefore \quad f''\left(\dfrac{\pi}{4}\right)=16+32=48>0 \quad\cdots\cdots②$$

①, ②より, $f(x)$ は $x=\dfrac{\pi}{4}$ で極小になる.

研究 〈判定法の説明〉

$f'(a)=0$, $f''(a)>0$ とすると

$$f''(a)=\lim_{h\to 0}\frac{f'(a+h)-f'(a)}{h}=\lim_{h\to 0}\frac{f'(a+h)}{h}>0$$

よって，h が十分 0 に近いとき $\dfrac{f'(a+h)}{h}>0$ であり

$$\begin{cases} h<0 \text{ ならば，} f'(a+h)<0 \\ h>0 \text{ ならば，} f'(a+h)>0 \end{cases}$$

ゆえに，$f'(x)$ の符号は $x=a$ の前後で負から正に変化して，$f(a)$ は極小値となります．極大値についても同様です．

この判定法の逆は成立しません．たとえば，$f(x)=x^4$ は $x=0$ で極小値をもちますが，$f'(0)=f''(0)=0$ です．

〈(2)の別解〉

▶精講 でふれたように $f'(x)$ を因数分解してみましょう．

$$\begin{aligned}
f'(x)&=-4\sin 4x-16\sqrt{2}\,(\cos x-\sin x)\\
&=-8\sin 2x\cos 2x-16\sqrt{2}\,(\cos x-\sin x)\\
&=-8\sin 2x(\cos^2 x-\sin^2 x)-16\sqrt{2}\,(\cos x-\sin x)\\
&=-8(\cos x-\sin x)\{\sin 2x(\cos x+\sin x)+2\sqrt{2}\,\}\\
&=8\sqrt{2}\sin\left(x-\frac{\pi}{4}\right)\left\{2\sqrt{2}+\sqrt{2}\sin 2x\sin\left(x+\frac{\pi}{4}\right)\right\}\\
&=16\sin\left(x-\frac{\pi}{4}\right)\left\{2+\sin 2x\sin\left(x+\frac{\pi}{4}\right)\right\}
\end{aligned}$$

$2+\sin 2x\sin\left(x+\dfrac{\pi}{4}\right)>0$ だから，$f'(x)$ の符号は $\sin\left(x-\dfrac{\pi}{4}\right)$ の符号と

一致して，$f(x)$ が $x=\dfrac{\pi}{4}$ で極小になることがわかります．

演習問題

(25) 関数 $f(x)=e^{ax}\sin ax$ $(a\neq 0)$ について次の問いに答えよ．ただし e は自然対数の底である．

(1) $f''(x)$ を $Ae^{ax}\sin(ax+B)$ の形で表せ．ただし A, B は定数で $0\leq B<2\pi$ とする．

(2) $f(x)$ が $x=\dfrac{\pi}{4}$ で極小値をとるには a をどのようにすればよいか．

(神奈川大)

標問 **26** 曲線の凹凸と変曲点

関数 $f(x)=x(x+2)^2e^{-x}$ について，次の問いに答えよ．

(1) 増減を調べ，極値を求めよ．

(2) さらに，この関数の凹凸と変曲点を調べて，その概形をかけ．

ただし，$\lim_{x\to\infty}\dfrac{x^n}{e^x}=0$ $(n=1, 2, \cdots)$ は既知とする．

精講 (2) 区間 I で微分可能な関数 $f(x)$ について，

曲線 $y=f(x)$ の接線の傾き $f'(x)$ が x とともに増加するとき，$f(x)$ は I で **下に凸**

逆に，接線の傾き $f'(x)$ が x とともに減少するとき，$f(x)$ は I で **上に凸**

であるといい，ある点の前後で凹凸が変化するとき，その点を $f(x)$ の **変曲点** といいます．

さらに，$f(x)$ が第2次導関数をもつとき，接線の傾き $f'(x)$ の増減は $f''(x)$ の符号で決まるので

$f''(x)>0$ ならば，その区間で下に凸

$f''(x)<0$ ならば，その区間で上に凸

となります．したがって

$x=a$ が変曲点ならば，$f''(a)=0$

です．

概形はこの結果を使って根気よく調べます．

(i) 下に凸

(ii) 上に凸

解法のプロセス

曲線の凹凸
⇩
$f''(x)$ の符号を調べる

〈 **解 答** 〉

(1) $f'(x)=\{(x+2)^2+2x(x+2)\}e^{-x}-x(x+2)^2e^{-x}$
$\qquad =(x+2)(-x^2+x+2)e^{-x}$
$\qquad =-(x+2)(x+1)(x-2)e^{-x}$

よって，$f(x)$ は次のように増減する．

x	$-\infty$	$\cdots$	-2	$\cdots$	-1	$\cdots$	2	$\cdots$	∞
$f'(x)$		$+$	0	$-$	0	$+$	0	$-$	
$f(x)$	$-\infty$	$\nearrow$	0	$\searrow$	$-e$	$\nearrow$	$\dfrac{32}{e^2}$	$\searrow$	0

← $\lim_{x\to-\infty}f(x)=-\infty$ は明らか
$\lim_{x\to\infty}f(x)=0$ は $\lim_{x\to\infty}\dfrac{x^n}{e^x}=0$
よりわかる．x 軸は漸近線

ゆえに

$$\begin{cases} 極小値は, & -e \ (x=-1) \\ 極大値は, & 0 \ (x=-2),\ \dfrac{32}{e^2} \ (x=2) \end{cases}$$

(2) $f'(x)=(-x^3-x^2+4x+4)e^{-x}$ より

$$f''(x)=(-3x^2-2x+4)e^{-x}-(-x^3-x^2+4x+4)e^{-x}$$
$$=(x^3-2x^2-6x)e^{-x}=x(x-\alpha)(x-\beta)e^{-x}$$

ただし, α, β は, $x^2-2x-6=0$ の2解で

$$\alpha=1-\sqrt{7},\quad \beta=1+\sqrt{7}$$

したがって, $f(x)$ の凹凸は表のように変化し, グラフの概形は図のようになる.

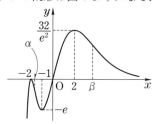

x	$\cdots$	α	$\cdots$	0	$\cdots$	β	$\cdots$
$f''(x)$	$-$	0	$+$	0	$-$	0	$+$
$f(x)$	$\cap$		$\cup$		$\cap$		$\cup$

研究 〈凹凸と極値〉

精講 の図(i)から分かるように, 下に凸であることは必ずしも極小値をもつことを意味しません. 上に凸の場合も極大値をもつとは限りません.

#〈凹凸の定義の拡張〉

連続関数 $f(x)$ まで凹凸の定義を拡張するにはどうすればよいのでしょうか.

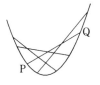

ある区間で, グラフ上の任意の2点 P, Q に対して, グラフがつねに線分 PQ の下方(上方)にあるとき, 関数はこの区間で下に凸(上に凸)であると定める

というのが1つの答えです. $f''(x)>0$ ならばこの意味で下に凸になることが平均値の定理を使って証明できます.

演習問題

(26-1) 次の関数の増減と凹凸を調べ, 曲線の概形をかけ.

(1) $y=xe^{-x}$ (富山大)

(2) $y=\dfrac{\log x}{x}$ (玉川大)

#(26-2) **研究** の #〈凹凸の定義の拡張〉で述べたことを証明せよ.

標問 **27** **漸近線のあるグラフ**

$f(x)=\sqrt[3]{x^3-x^2}$ とする.

(1) $\lim\limits_{|x|\to\infty}\{f(x)-(x+a)\}=0$ を満たす a の値を求めよ. またこのとき, 曲線 $y=f(x)$ と直線 $y=x+a$ の交点の座標を求めよ.

(2) $f(x)$ の増減と極値を調べて, $y=f(x)$ のグラフをかけ. （東北大）

精講 (1) $|x|$ が限りなく大きくなるとき, 曲線 $y=f(x)$ が限りなく近づく直線 $y=x+a$ （漸近線といいます）を求める問題です.

$$a=\lim_{|x|\to\infty}(\sqrt[3]{x^3-x^2}-x)$$

として a の値を決めればよいのですが, 右辺は $\infty-\infty$ の不定形です. これを解消するには標問 **15** で学んだ通り有理化します. ただし, 3乗根が関係するので少し工夫しなければなりません.

(2) $|x|$ が十分 0 に近いとき, x^3-x^2 の大部分を $-x^2$ が占めるので

$$f(x)\fallingdotseq\sqrt[3]{-x^2}=-x^{\frac{2}{3}}$$

とみてよいでしょう. したがって, $y=f(x)$ のグラフは原点付近で右図のような形をしています. さらに, (1)から, このグラフは原点から遠ざかるにつれて, 直線 $y=x-\dfrac{1}{3}$ に限りなく近づきます. 2つのことを合わせるとグラフの概形がわかります.

> 解法のプロセス
>
> グラフをかく
> ⇩
> 漸近線, 座標軸との交点, 対称性などから大まかにとらえる
> ⇩
> 増減, 極値などを詳細に調べる

← たとえば $x=0.001$ とおいてみよ

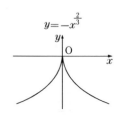

$y=-x^{\frac{2}{3}}$

〈 **解 答** 〉

(1) $a=\lim\limits_{|x|\to\infty}(\sqrt[3]{x^3-x^2}-x)$

$=\lim\limits_{|x|\to\infty}\dfrac{(x^3-x^2)-x^3}{(x^3-x^2)^{\frac{2}{3}}+x(x^3-x^2)^{\frac{1}{3}}+x^2}$

← $A-B=\dfrac{A^3-B^3}{A^2+AB+B^2}$

$=\lim\limits_{|x|\to\infty}\dfrac{-1}{\left(1-\dfrac{1}{x}\right)^{\frac{2}{3}}+\left(1-\dfrac{1}{x}\right)^{\frac{1}{3}}+1}=-\dfrac{1}{3}$

← 分母, 分子を x^2 で割る

$\therefore\quad a=-\dfrac{1}{3}$

交点は，$\sqrt[3]{x^3-x^2}=x-\dfrac{1}{3}$ の両辺を 3 乗して

$$x^3-x^2=x^3-x^2+\frac{1}{3}x-\frac{1}{27} \qquad \therefore \quad x=\frac{1}{9}$$

$\therefore \quad$ 交点 $\left(\dfrac{1}{9},\ -\dfrac{2}{9}\right)$

(2) $f'(x)=\dfrac{1}{3}(x^3-x^2)^{-\frac{2}{3}}(3x^2-2x)=\dfrac{3x-2}{3x^{\frac{1}{3}}(x-1)^{\frac{2}{3}}}$

← $x^{\frac{1}{3}}$ は $x=0$ の前後で符号が変化するが，$(x-1)^{\frac{2}{3}}\geqq0$

よって，$f(x)$ は表のように増減する.

x	$\cdots$	0	$\cdots$	$\dfrac{2}{3}$	$\cdots$	1	$\cdots$
$f'(x)$	+	$\begin{smallmatrix}\infty\\-\infty\end{smallmatrix}$	−	0	+	∞	+
$f(x)$	↗	0	↘	↗	0		↗

したがって

$x=0$ のとき，極大値は 0

$x=\dfrac{2}{3}$ のとき，極小値は $-\dfrac{\sqrt[3]{4}}{3}$

(1)で求めた漸近線も考えて，$y=f(x)$ のグラフは右図のようになる.

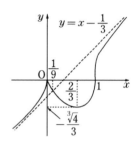

研究 〈漸近線の種類〉

(i) **y 軸に平行な漸近線** $x\to a+0$ または $x\to a-0$ のとき，$|f(x)|\to\infty$ ならば，直線 $x=a$ は漸近線です.

(ii) **有限な傾きの漸近線** $x\to\infty$ または $x\to-\infty$ のとき，$f(x)-(ax+b)\to0$ ならば，直線 $y=ax+b$ は漸近線です.

$a,\ b$ は次のようにして求めます.

$$\lim_{x\to\pm\infty}\frac{f(x)-(ax+b)}{x}=\lim_{x\to\pm\infty}\left(\frac{f(x)}{x}-a\right)=0 \text{ より, } a=\lim_{x\to\pm\infty}\frac{f(x)}{x}$$

この a に対して，$b=\lim_{x\to\pm\infty}(f(x)-ax)$ となります.

〈累乗関数〉 関数 $y=x^{\frac{1}{3}}$ は $x<0$ においても $\sqrt[3]{x}$ によって定義されているものとします. 標問 **30** でも同様です.

演習問題

(27) 次の関数の増減，極値，漸近線を調べてそのグラフをかけ.

(1) $y=\dfrac{x}{(x-1)^2}$ （名古屋市立大）　　(2) $y=\dfrac{(x-2)^3}{x^2}$ （小樽商科大）

標問 **28** **接線と法線**

2つの曲線 $y=ae^{bx}$, $y^2=8bx$ が点Pで接しているとする. ただし, $a>0$, $b>0$ とする. 点Pでの共通の接線がx軸と交わる点をA, 点Pを通りこの接線に垂直な直線がx軸と交わる点をBとする. このとき, 線分ABの長さが4になるようなaとbの値をそれぞれ求めよ. (長崎大)

精講 2曲線 $y=f(x)$ と $y=g(x)$ が点Pで接するとは

2曲線が点Pで接線を共有すること

です. Pのx座標を t とすれば, 2接線

$y=f'(t)(x-t)+f(t)$

$y=g'(t)(x-t)+g(t)$

が一致する条件は

$$f(t)=g(t),\ f'(t)=g'(t)$$

です.

本問は, 2曲線を $y=f(x)$, $y=g(x)$, 点Pのx座標を t とおくと, 求める未知数は, a, b, t の3つになります. これに対して, 条件も同じ数

$f(t)=g(t)$, $f'(t)=g'(t)$, AB=4

だけあるので, これらを a, b, t の連立方程式とみて解けばよいわけです.

また, 曲線 $y=f(x)$ 上の点Pを通り, Pにおける接線と直交する直線を**法線**といいます.

$f'(t)\neq0$ のとき, その方程式は次の式で与えられます.

$$y=-\frac{1}{f'(t)}(x-t)+f(t)$$

解法のプロセス

$y=f(x)$ と $y=g(x)$ が $x=t$ で接する

⇩

$$\begin{cases} f(t)=g(t) \\ f'(t)=g'(t) \end{cases}$$

⇩

条件 AB=4 を合わせて

⇩

a, b, t について解く

◆（接線の傾き）×（法線の傾き）=－1

〈 **解答** 〉

$y=ae^{bx}>0$ だから, $y>0$ で考えれば十分. そこで

$$f(x)=ae^{bx},\ g(x)=\sqrt{8bx}$$

とおくと

$$f'(x)=abe^{bx},\ g'(x)=\frac{4b}{\sqrt{8bx}}$$

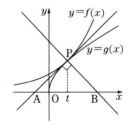

一方，点Pのx座標をtとおくと，2曲線がPで
接する条件は
$$f(t)=g(t), \quad f'(t)=g'(t)$$
であるから
$$\begin{cases} ae^{bt}=\sqrt{8bt} & \cdots\cdots ① \\ abe^{bt}=\dfrac{4b}{\sqrt{8bt}} & \cdots\cdots ② \end{cases}$$

②を①で割ると　　　　　　　　　　　　　　　← aを消去してみる
$$b=\frac{4b}{8bt}=\frac{1}{2t} \quad \therefore \quad bt=\frac{1}{2} \quad \cdots\cdots ③$$

③を①に代入すると
$$ae^{\frac{1}{2}}=2 \quad \therefore \quad a=\frac{2}{\sqrt{e}} \quad \cdots\cdots ④ \qquad ← \begin{cases} ① \\ ② \end{cases} \Longleftrightarrow \begin{cases} ③ \\ ④ \end{cases}$$

③より，$g(t)=2$，$g'(t)=2b$ となるから，点Pに
おける接線と法線の方程式はそれぞれ
$$y=2b(x-t)+2 \qquad\qquad\qquad\qquad ← 接線と法線の公式$$
$$y=-\frac{1}{2b}(x-t)+2$$

$y=0$ と連立して
$$\mathrm{A}\left(t-\frac{1}{b},\ 0\right),\ \mathrm{B}\left(t+4b,\ 0\right)$$

$\mathrm{AB}=4$ より
$$t+4b-\left(t-\frac{1}{b}\right)=4b+\frac{1}{b}=4$$
$$\therefore \quad 4b^2-4b+1=0 \quad \therefore \quad b=\frac{1}{2}$$

ゆえに，
$$a=\frac{2}{\sqrt{e}},\ b=\frac{1}{2}$$

演習問題

(28-1)　c を正の数とし，2曲線 $y=cx^{\frac{3}{2}}$ と $y=\sqrt{x}$ の原点でない交点をPと
する．それぞれの曲線のPにおける接線のなす鋭角が $30°$ となるように c の値
を定めよ．

(28-2)　2つの曲線 $y=cx^2$（c は定数），$y=\log x$ がともに1点P$(a,\ b)$ を通
り，これらの曲線のPにおける接線が一致しているとする．$a,\ b,\ c$ の値を求
めよ．
(立教大)

標問 **29** サイクロイドの法線

a は正の定数とする. 曲線 $x = a(\theta - \sin\theta)$, $y = a(1 - \cos\theta)$ $(0 < \theta < 2\pi)$ 上の $\theta(\neq\pi)$ に対応する点Pにおける法線が直線 $x = \pi a$ と交わる点をQ とする.

(1) Qの y 座標を θ で表せ.

(2) θ を π に近づけるときQはどのような点に近づくか. (中央大)

精講 (1) 媒介変数表示された関数の微分法 (標問 **20**)

$$\frac{dy}{dx} = \frac{\dfrac{dy}{d\theta}}{\dfrac{dx}{d\theta}}$$

によって，点Pにおける接線の傾きが計算できるので，これと直交する法線の方程式もわかります．

(2) 直接 $\theta \to \pi$ とするのは得策ではありません．$\theta - \pi = \varphi$ とおいて，$\varphi \to 0$ とする方が見通しよく計算できます．

0 を目標にせよ

は微分積分における定石の一つです．

> **解法のプロセス**
>
> $\theta - \pi = \varphi$ とおく
> ⇩
> Qの y 座標を φ で表す
> ⇩
> $\displaystyle\lim_{\varphi\to 0}\frac{\sin\varphi}{\varphi}=1$ を利用して極限値を求める

〈 **解 答** 〉

(1) $\dfrac{dx}{d\theta} = a(1-\cos\theta)$, $\dfrac{dy}{d\theta} = a\sin\theta$ より

$$\frac{dy}{dx} = \frac{\dfrac{dy}{d\theta}}{\dfrac{dx}{d\theta}} = \frac{\sin\theta}{1-\cos\theta}$$

← 媒介変数表示された関数の微分法

ゆえに，点Pにおける法線の方程式は

$$y = -\frac{1-\cos\theta}{\sin\theta}\{x - a(\theta-\sin\theta)\} + a(1-\cos\theta)$$

$x = \pi a$ とおくと，Qの y 座標は

$$y_Q = -\frac{1-\cos\theta}{\sin\theta}\{\pi a - a(\theta-\sin\theta)\} + a(1-\cos\theta)$$

$$= \frac{a(\theta-\pi)(1-\cos\theta)}{\sin\theta}$$

(2) $\theta-\pi=\varphi$ とおくと

$$y_Q=\frac{a\varphi\{1-\cos(\varphi+\pi)\}}{\sin(\varphi+\pi)}$$

$$=-a\frac{\varphi}{\sin\varphi}(1+\cos\varphi)$$

← 0を目標にするための置きかえ

$\theta\to\pi$ のとき，$\varphi\to0$ であるから

$$\lim_{\theta\to\pi}y_Q=-a\lim_{\varphi\to0}\frac{\varphi}{\sin\varphi}(1+\cos\varphi)=-2a$$

← $\lim_{\varphi\to0}\dfrac{\sin\varphi}{\varphi}=1$

ゆえに，**Qは点 $(\pi a,\ -2a)$ に限りなく近づく.**

研究 〈サイクロイドの概形〉

標間の曲線は，x 軸と原点で接している半径 a の円が，x 軸上をすべらないように回転するとき，初めに原点と重なっていた円周上の定点Pが描く軌跡です．この曲線を**サイクロイド**といいます．

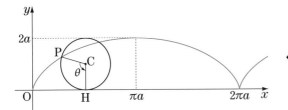

← 概形をかけるようにする

実際，$\overrightarrow{CP}$ から $\overrightarrow{CH}$ に至る角を θ とすると

$$\overline{OH}=\overset{\frown}{PH}=a\theta,\qquad \overrightarrow{CP}\ \text{の方向角}=-90°-\theta$$

← P＝O のとき $\theta=0$ として後は連続的に測る

これから

$$\overrightarrow{OP}=\overrightarrow{OC}+\overrightarrow{CP}=\begin{pmatrix}a\theta\\a\end{pmatrix}+a\begin{pmatrix}\cos(-90°-\theta)\\\sin(-90°-\theta)\end{pmatrix}$$

$$=\begin{pmatrix}a(\theta-\sin\theta)\\a(1-\cos\theta)\end{pmatrix}$$

となり，媒介変数表示が得られます．

演習問題

29 xy 平面上の曲線Cは，θ を媒介変数として

$$x=a(\cos\theta+\theta\sin\theta),\quad y=a(\sin\theta-\theta\cos\theta)$$

と表される．ただし，a は正の定数である．

(1) 曲線C上の θ に対応する点Pにおける法線 h の方程式を求めよ．

(2) 法線 h は円 $x^2+y^2=a^2$ に接することを示せ． （岩手大）

標問 **30** アステロイドの接線

曲線 $x^{\frac{2}{3}}+y^{\frac{2}{3}}=a^{\frac{2}{3}}$ 上の点を (x_0, y_0) とする. ただし, $a>0$, $x_0y_0\neq0$ とする.

(1) 点 (x_0, y_0) における接線の方程式は, $x_0^{-\frac{1}{3}}x+y_0^{-\frac{1}{3}}y=a^{\frac{2}{3}}$ となることを示せ.

(2) 点 (x_0, y_0) における接線と x 軸, y 軸との交点をそれぞれ P, Q とするとき, 線分 PQ の長さを求めよ.

精講 たとえば, $x^2+y^2=1$ において
y を x の関数とみて
両辺を x で微分すると合成関数の微分法により

$$2x+2y\frac{dy}{dx}=0 \qquad \therefore \quad \frac{dy}{dx}=-\frac{x}{y}$$

◀ $\dfrac{d}{dx}y^2=\left(\dfrac{d}{dy}y^2\right)\dfrac{dy}{dx}$
$=2y\dfrac{dy}{dx}$

となります. このように, x と y の関係式が与えられているだけで, 具体的に y が x の式で表されているわけではないとき, y を x の**陰関数**といい, これを上記のように微分する仕方を**陰関数の微分法**といいます. (1)は, 陰関数の微分法を使うと, 接線の傾きが容易に計算できます.

解法のプロセス

接線の傾き
⇩
陰関数の微分法を使う

〈 解 答 〉

(1) $x^{\frac{2}{3}}+y^{\frac{2}{3}}=a^{\frac{2}{3}}$ の両辺を x で微分すると

$$\frac{2}{3}x^{-\frac{1}{3}}+\frac{2}{3}y^{-\frac{1}{3}}\frac{dy}{dx}=0$$

◀ 陰関数の微分法

$$\therefore \quad \frac{dy}{dx}=-\left(\frac{x}{y}\right)^{-\frac{1}{3}}$$

ゆえに, 曲線上の点 (x_0, y_0) における接線の方程式は

$$y-y_0=-\left(\frac{x_0}{y_0}\right)^{-\frac{1}{3}}(x-x_0)$$

$$y_0^{-\frac{1}{3}}(y-y_0)+x_0^{-\frac{1}{3}}(x-x_0)=0$$

$$y_0^{-\frac{1}{3}}y+x_0^{-\frac{1}{3}}x=x_0^{\frac{2}{3}}+y_0^{\frac{2}{3}}=a^{\frac{2}{3}}$$

◀ (x_0, y_0) は曲線上の点

$$\therefore \quad x_0^{-\frac{1}{3}}x+y_0^{-\frac{1}{3}}y=a^{\frac{2}{3}}$$

(2) (1)より，$P(a^{\frac{2}{3}}x_0^{\frac{1}{3}},\ 0)$, $Q(0,\ a^{\frac{2}{3}}y_0^{\frac{1}{3}})$ となるから

$$PQ^2 = a^{\frac{4}{3}}(x_0^{\frac{2}{3}} + y_0^{\frac{2}{3}}) = a^{\frac{4}{3}} \cdot a^{\frac{2}{3}} = a^2$$

$$\therefore\quad PQ = a\ (一定)$$

研究 〈アステロイドの媒介変数表示〉

$x^{\frac{2}{3}} + y^{\frac{2}{3}} = a^{\frac{2}{3}}$ ……⑦ のグラフは，半径 $\dfrac{a}{4}$ の円が半径 a の円に

内接しながら滑らないように回転するとき，初めに点 $A(a,\ 0)$ と重なっていた内接円上の定点Pが描く軌跡です．この曲線を**アステロイド**といいます．

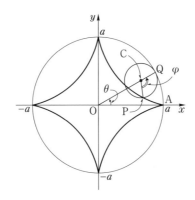

アステロイドの媒介変数表示を求めましょう．

$\angle AOQ = \theta$ とします．$\angle PCQ = \varphi$ とおくと，$\overparen{PQ} = \overparen{AQ}$ より，

$$\frac{a}{4}\varphi = a\theta \qquad \therefore\quad \varphi = 4\theta$$

これから $\overrightarrow{CP}$ の方向角は，$\theta - \varphi = -3\theta$ となるので ←

$$\overrightarrow{OP} = \overrightarrow{OC} + \overrightarrow{CP} = \frac{3a}{4}\begin{pmatrix} \cos\theta \\ \sin\theta \end{pmatrix} + \frac{a}{4}\begin{pmatrix} \cos(-3\theta) \\ \sin(-3\theta) \end{pmatrix}$$

$$= \frac{a}{4}\begin{pmatrix} 3\cos\theta + \cos 3\theta \\ 3\sin\theta - \sin 3\theta \end{pmatrix}$$

$$= \begin{pmatrix} a\cos^3\theta \\ a\sin^3\theta \end{pmatrix}$$

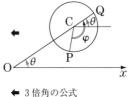

← 3倍角の公式
$$\begin{cases} \cos 3\theta = 4\cos^3\theta - 3\cos\theta \\ \sin 3\theta = 3\sin\theta - 4\sin^3\theta \end{cases}$$

$x = a\cos^3\theta$ と $y = a\sin^3\theta$ から θ を消去すると⑦が得られます．

演習問題

(30) 標問 **30**(2)を **研究** の媒介変数表示を用いて解け．

標問 **31** 最大・最小の基本

関数 $f(x)=2x-\sqrt{2}\sin x+\sqrt{6}\cos x$ の区間 $0\leqq x\leqq\pi$ における最大値と最小値を求めよ. (電気通信大)

精講 極大値が1つだからといって，それが最大値になるとは限りません．区間の端における値の方が大きいかもしれないからです.

連続関数の最大値は，すべての極大値と端点値の中で最も大きな値ということになります．一般に候補は有限個しかありませんから，値を比較して一番大きなものを選びだします.

最小値についても同様です.

解法のプロセス

極値を求める
⇩
端点値を含めて値を比較
⇩
最大，最小値が決まる

解答

$$f(x)=2x+\sqrt{2}(\sqrt{3}\cos x-\sin x)$$
$$=2x+2\sqrt{2}\cos\left(x+\frac{\pi}{6}\right)$$
$$\therefore\quad f'(x)=2-2\sqrt{2}\sin\left(x+\frac{\pi}{6}\right)$$

◀ 微分してから合成してもよい

$f'(x)=0\ (0\leqq x\leqq\pi)$ より

$$x+\frac{\pi}{6}=\frac{\pi}{4},\ \frac{3\pi}{4}\qquad\therefore\quad x=\frac{\pi}{12},\ \frac{7\pi}{12}$$

x	0	$\cdots$	$\dfrac{\pi}{12}$	$\cdots$	$\dfrac{7\pi}{12}$	$\cdots$	π
$f'(x)$		$+$	0	$-$	0	$+$	
$f(x)$	$\sqrt{6}$	↗	$\dfrac{\pi}{6}+2$	↘	$\dfrac{7\pi}{6}-2$	↗	$2\pi-\sqrt{6}$

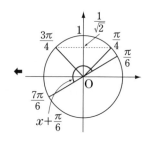

$f(x)$ は表のように増減し，$2<\sqrt{6}<3$ より
$7\pi<24<6(2+\sqrt{6})<30<11\pi$ であるから

$$\sqrt{6}>\frac{7\pi}{6}-2,\ \ 2\pi-\sqrt{6}>\frac{\pi}{6}+2$$

ゆえに

(最大値)$=\boldsymbol{2\pi-\sqrt{6}}$

(最小値)$=\dfrac{\boldsymbol{7\pi}}{\boldsymbol{6}}\boldsymbol{-2}$

◀ $2\pi-\sqrt{6}-\left(\dfrac{\pi}{6}+2\right)$
$=\dfrac{11\pi-6(2+\sqrt{6})}{6}>0$

$\dfrac{7\pi}{6}-2-\sqrt{6}$
$=\dfrac{7\pi-6(2+\sqrt{6})}{6}<0$

問 **32**　**三角関数の最大・最小** (1)

図において，OA，OB は半径 1 の円の互いに垂直な
2 つの半径，PQ は BO に平行で，四角形 PQQ'P' は
正方形である．図の斜線部分の面積を S とするとき，
次の問いに答えよ．

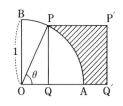

(1)　$\angle POQ = \theta \left(0 < \theta < \dfrac{\pi}{2} \right)$ とおいて，S を θ で表せ．

(2)　S が最大となるときの PQ の長さを求めよ．

(岡山大)

精講　(2)　(1)のまとめ方にもよりますが

$$\frac{dS}{d\theta} = \frac{1}{2}\cos 2\theta + \sin 2\theta - \frac{1}{2}$$

を導いたら

(ⅰ)　前問のように $\dfrac{1}{2}\cos 2\theta + \sin 2\theta$ を合成する

か，または

(ⅱ)　倍角公式を使って $\dfrac{1}{2}\cos 2\theta - \dfrac{1}{2} = -\sin^2\theta$

と変形して $S'(\theta)$ を因数分解します．

(ⅱ)の場合，$\tan\theta$ が現れるように

$$\frac{dS}{d\theta} = \sin\theta\cos\theta(2 - \tan\theta)$$

とすれば符号の変化が調べやすくなります．

ただし，$\tan\theta = 2$ を満たす角はわからないの
で $\theta = \alpha$ などとおくことになります．

解答では，(ⅱ)の方法を選択することにします．

解法のプロセス

$\dfrac{dS}{d\theta}$ を計算

⇩

合成

$\tan\theta$ が現れるように因数分解

⇩

わからない角は適当において増
減を調べる

〈　**解答**　〉

(1)　$S = (三角形\ OQP) + (正方形\ QQ'P'P) - (扇形\ OAP)$

$$= \frac{1}{2}\sin\theta\cos\theta + \sin^2\theta - \frac{1}{2}\theta$$

$$= \frac{1}{4}\sin 2\theta + \sin^2\theta - \frac{1}{2}\theta$$

(2)　$\dfrac{dS}{d\theta} = \dfrac{1}{2}\cos 2\theta + 2\sin\theta\cos\theta - \dfrac{1}{2}$

$$= \frac{1}{2}(1 - 2\sin^2\theta) + 2\sin\theta\cos\theta - \frac{1}{2}$$

$$=2\sin\theta\cos\theta-\sin^2\theta$$
$$=\sin\theta\cos\theta(2-\tan\theta)$$

← $\sin\theta(2\cos\theta-\sin\theta)$ として，括弧の中を合成してもよい

ゆえに，$\tan\theta=2$ を満たす θ を α $\left(0<\alpha<\dfrac{\pi}{2}\right)$ と

おくと，S' の符号は α の前後で正から負に変化する．

したがって，S は $\theta=\alpha$ で最大で，このとき

$$PQ=\sin\alpha=\frac{2}{\sqrt{5}}$$

←

研究 〈方針(i)による別解〉

$$\frac{dS}{d\theta}=\frac{1}{2}(2\sin 2\theta+\cos 2\theta)-\frac{1}{2}$$
$$=\frac{\sqrt{5}}{2}\sin(2\theta+\beta)-\frac{1}{2}$$
$$=\frac{\sqrt{5}}{2}\left\{\sin(2\theta+\beta)-\frac{1}{\sqrt{5}}\right\}$$

$\beta<2\theta+\beta<\pi+\beta$ より，S' の符号は $2\theta+\beta=\pi-\beta$，

すなわち $\theta=\dfrac{\pi}{2}-\beta$ の前後で正から負に変化して，S はここで最大

である．このとき

$$PQ=\sin\left(\frac{\pi}{2}-\beta\right)=\cos\beta=\frac{2}{\sqrt{5}}$$

演習問題

(32-1) xy 平面において，原点Oを通る互いに直交する2直線を引き，直線 $x=-1$ および直線 $x=3\sqrt{3}$ との交点を，それぞれP，Qとする．OP+OQ の最小値を求めよ．ただし，交点P，Qは $y>0$ の範囲にあるものとする．

(青山学院大)

(32-2) $0<\theta<\dfrac{\pi}{2}$ とする．xy 平面上において，動点Pは点 $A(\cos\theta,\ \sin\theta)$ を始点として

曲線 $x=\cos t,\ y=\sin t\quad(\theta\leqq t\leqq 2\pi-\theta)$

の上を点 $B(\cos(2\pi-\theta),\ \sin(2\pi-\theta))$ まで動き，次に，Bにおけるこの曲線の接線に沿って x 軸上の点Cまで直進し，さらに終点である原点まで直進するものとする．このとき，点Pが描く曲線の長さ $L(\theta)$ およびその最小値を求めよ．

問 **33** 　三角関数の最大・最小 ⑵

　AB=1，BC=2，CD=3，DA=4 の四角形 ABCD を K とする．K は条件

　　　⑴ ∠A，∠B，∠C，∠D はいずれも 0 と π の間にある

を満たしている．∠B=x，∠D=y，K の面積を S，α を $\cos\alpha=\dfrac{2}{3}$，

$0<\alpha<\dfrac{\pi}{2}$ で定まる実数とする．

⑴　$x+y$ のとり得る値の範囲を求めよ．

⑵　$\dfrac{dy}{dx}$ を x，y で表せ．

⑶　S が最大となるのは，K が円に内接するときであることを示せ．

（滋賀医科大，旭川医科大，法政大）

精講　⑴　AB+AD=CB+CD=5 より，x は $0<x<\pi$ の範囲を動き得るので，x に応じて y がどう動くか調べるのがよいでしょう．

　⑵　x と y の関係を知るには，△ACB と △ACD に余弦定理を適用します．

　⑶　K が円に内接することは，$x+y=\pi$ が成り立つことと同値です．

解法のプロセス

⑵　対角線 AC で K を分割して余弦定理を用いる

⇩

陰関数の微分法（標問 **30**）を使う

〈 解 答 〉

⑴　AB+AD=CB+CD=5 と条件⑴より，x は

　　　$0<x<\pi$

の範囲を動き得る．

　このとき，AC は x の増加関数で，y は AC の増加関数であるから，y は x の増加関数．

　したがって，

　　　y は x の連続な増加関数である．　……①

$x\to0$ のとき，$y\to0$

$x\to\pi$ のとき，AC$\to3$ となるので，K は AD を底辺とする二等辺三角形に近づく．よって，

　　　$y\to\alpha$

ゆえに，$x+y$ のとり得る値の範囲は

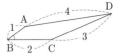

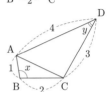

$$0 < x+y < \pi+\alpha \qquad \cdots\cdots ②$$

である．

(2) △ACB と △ACD に余弦定理を適用すると

$$AC^2 = 1^2 + 2^2 - 2\cdot 1\cdot 2\cos x$$
$$= 5 - 4\cos x \qquad \cdots\cdots ③$$
$$AC^2 = 3^2 + 4^2 - 2\cdot 3\cdot 4\cos y$$
$$= 25 - 24\cos y \qquad \cdots\cdots ④$$

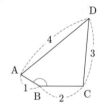

③，④より

$$24\cos y = 4\cos x + 20$$

両辺を x で微分して

$$-24\sin y\cdot \frac{dy}{dx} = -4\sin x$$

← y は x の陰関数とみなせる（標問 **30**）．

$$\therefore \quad \frac{dy}{dx} = \frac{\sin x}{6\sin y} \qquad \cdots\cdots ⑤$$

← $\dfrac{dy}{dx} > 0$ となるので，①が式で確認できる．(1)ははじめからこうしてもよい．

(3) $S = △ACB + △ACD$

$$= \frac{1}{2}\cdot 1\cdot 2\sin x + \frac{1}{2}\cdot 3\cdot 4\sin y = \sin x + 6\sin y$$

したがって，

$$\frac{dS}{dx} = \cos x + 6\cos y\cdot \frac{dy}{dx}$$

← ⑤を代入

$$= \cos x + \cos y\cdot \frac{\sin x}{\sin y} = \frac{\sin x\cos y + \cos x\sin y}{\sin y}$$

$$= \frac{\sin(x+y)}{\sin y}$$

← $\sin y > 0$

$x+y = \pi$ となるときの x の値を β とすると，S は右表のように増減する．

ゆえに，S が最大となるのは，$x+y = \pi$，すなわち，K が円に内接するときである．

x	(0)	$\cdots$	β	$\cdots$	(π)
$x+y$	(0)	$\cdots$	π	$\cdots$	$(\pi+\alpha)$
$\dfrac{dS}{dx}$		$+$	0	$-$	
S		↗		↘	

研究　〈一般化〉

　　周の長さが一定という条件に注目して本問を一般化すると

　　　長さが一定の自分自身と交わらない閉曲線 C が囲む

　　　面積は，いつ最大になるか

という問題が考えられます．その答えは予想通り

　　　曲線 C が円のとき

であることが知られています．

標問 | **34** | **指数・対数関数の最大・最小**

$x+y=1$, $x>0$, $y>0$ のとき, $z=x^x y^y$ の最小値を求めよ.

(名古屋工業大)

精講 条件式を使って1つの変数を消去すると, z は1変数関数になります.

つまり, $y=1-x$ より

$$z=x^x(1-x)^{1-x} \quad (0<x<1)$$

となりますが, 次に

$$\frac{dz}{dx}=(x^x)'(1-x)^{1-x}+x^x\{(1-x)^{1-x}\}'$$
$$=x\cdot x^{x-1}(1-x)^{1-x}+\cdots$$

としてはいけません.

$$(x^x)'=x\cdot x^{x-1}$$

は間違いです. 正しくは, 対数微分法 (標問 **19** の **研究**) を利用します.

解法のプロセス

1つの変数を消去
⇩
自然対数をとる
⇩
対数微分法を利用する

〈 **解 答** 〉

$y=1-x$ より

$$z=x^x(1-x)^{1-x} \quad\quad\quad\quad \cdots\cdots\text{①}$$

ただし, $x>0$, $y=1-x>0$ より

$$0<x<1$$

◀ 一般に, 変数を消去すると, 残った変数の変域は制限される

①の両辺の自然対数をとると

$$\log z = x\log x+(1-x)\log(1-x)$$

x で微分して

$$\frac{1}{z}\cdot\frac{dz}{dx}=\log x+1-\log(1-x)-1$$

$$\therefore \quad \frac{dz}{dx}=z\{\log x-\log(1-x)\}$$

◀ $\dfrac{d}{dx}\log z$
$=\left(\dfrac{d}{dz}\log z\right)\dfrac{dz}{dx}$

$z>0$, $\log x$ は増加関数だから, $\dfrac{dz}{dx}$ の符号は

$$x-(1-x)=2x-1$$

の符号と一致する. よって, z は右表のように増減

し, $x=\dfrac{1}{2}$ のとき最小である.

x	0	$\cdots$	$\dfrac{1}{2}$	$\cdots$	1
$\dfrac{dz}{dx}$		$-$	0	$+$	
z		↘		↗	

ゆえに, (z の最小値)$=\left(\dfrac{1}{2}\right)^{\frac{1}{2}}\left(\dfrac{1}{2}\right)^{\frac{1}{2}}=\dfrac{1}{2}$

研究 〈標問の一般化〉

「正数 x_1, x_2, $\cdots$, x_n が $x_1+x_2+\cdots+x_n=1$ を満たして動くとき,
$z_n=x_1{}^{x_1}x_2{}^{x_2}\cdots x_n{}^{x_n}$ は, $x_1=x_2=\cdots=x_n=\dfrac{1}{n}$ のとき, 最小値 $\dfrac{1}{n}$ をとる.」

ことになりそうです.

数学的帰納法で証明してみましょう.

$n=1$ のとき, 成り立つ.
$n=k$ のとき, 成り立つと仮定する.
$n=k+1$ のとき, $x_1+\cdots+x_k+x_{k+1}=1$ より
$$x_1+x_2+\cdots+x_k=1-x_{k+1}$$

$x_{k+1}=x$, $\dfrac{x_i}{1-x}=y_i$ $(i=1, 2, \cdots, k)$ とおくと, $y_i>0$, かつ
$$y_1+y_2+\cdots+y_k=1 \qquad \cdots\cdots\text{⑦}$$

よって, 仮定より

$$z_k=y_1{}^{y_1}y_2{}^{y_2}\cdots y_k{}^{y_k}\geqq\frac{1}{k}$$

◀ 等号の成立条件は
$y_1=y_2=\cdots=y_k=\dfrac{1}{k}$

すなわち

$$\log z_k=\sum_{i=1}^{k}y_i\log y_i\geqq-\log k \qquad \cdots\cdots\text{④}$$

このとき

$$\log z_{k+1}=\sum_{i=1}^{k}x_i\log x_i+x\log x$$

$$=\sum_{i=1}^{k}(1-x)y_i\log(1-x)y_i+x\log x$$

◀ 仮定④を使うために x_i を y_i で表す.

$$=\sum_{i=1}^{k}(1-x)y_i\{\log(1-x)+\log y_i\}+x\log x$$

$$=(1-x)\log(1-x)\sum_{i=1}^{k}y_i$$

◀ ⑦を適用

$$+(1-x)\sum_{i=1}^{k}y_i\log y_i$$

◀ ④を適用

$$+x\log x$$

$$\geqq(1-x)\log(1-x)-(1-x)\log k+x\log x \qquad \cdots\cdots\text{⑨}$$

⑨を $f(x)$ とおくと

$$f'(x)=-\log(1-x)-1+\log k+\log x+1$$

$$=\log kx-\log(1-x)$$

$f'(x)$ の符号は
$$kx-(1-x)=(k+1)x-1$$
の符号と一致するから，$f(x)$ は右表のよう
に増減する．

x	(0)	$\cdots$	$\dfrac{1}{k+1}$	$\cdots$	(1)
$f'(x)$		$-$		$+$	
$f(x)$		$\searrow$		$\nearrow$	

ゆえに，z_{k+1} は
$$y_1=y_2=\cdots=y_k=\frac{1}{k},$$
$$x=x_{k+1}=\frac{1}{k+1}$$
のとき，最小となる．このとき
$$x_i=(1-x)y_i=\frac{k}{k+1}\cdot\frac{1}{k}=\frac{1}{k+1}\quad(i=1,\ 2,\ \cdots,\ k)$$
であるから，z_{k+1} の最小値は
$$\underbrace{\left(\frac{1}{k+1}\right)^{\frac{1}{k+1}}\cdots\left(\frac{1}{k+1}\right)^{\frac{1}{k+1}}}_{k+1\text{個}}=\frac{1}{k+1}$$

以上で数学的帰納法によって証明されたことになります．

　この証明は大した工夫はいりませんが，面倒です．実は演習問題 (34-3) の
ような大変巧妙な証明が知られています．ただし，いつ最小になるか見当が
付かないとどうにもなりません．

演習問題

(34-1) $p>0$, $q>0$ とする．点 $(x,\ y)$ が曲線 $x^p+y^q=1\ (x>0,\ y>0)$ の上を
動くとき，$z=xy$ の最大値を求めよ． （青山学院大）

(34-2) 関数 $f(x)=\dfrac{e^x-e^{-x}}{(e^x+e^{-x})^3}$ の最大値を求めよ． （関西学院大）

(34-3) 正の実数 p_i, $q_i\ (i=1,\ 2,\ \cdots,\ n)$ が $\displaystyle\sum_{i=1}^{n}p_i=\sum_{i=1}^{n}q_i=1$ を満たすとき，
次の問いに答えよ．ただし，不等式 $\log x\leqq x-1$ を用いてよい．

(1) 不等式 $\displaystyle\sum_{i=1}^{n}p_i\log p_i\geqq\sum_{i=1}^{n}p_i\log q_i$ が成り立つことを証明せよ．

(2) $F=\displaystyle\sum_{i=1}^{n}p_i\log p_i$ の最小値を求めよ． （大分大）

標問 **35** **置きかえの工夫**

> 曲線 $y=\dfrac{1}{2}(e^x+e^{-x})$ 上の点Aにおける接線が x 軸と交わる点をBとする．点Aの x 座標を t $(t>0)$ とするとき，次の問いに答えよ．
>
> (1) 線分 AB の長さを t を用いて表せ．
>
> (2) 点Aがこの曲線上を動くとき，線分 AB の長さの最小値を求めよ．
>
> (香川大)

→ 精講　(1) 計算だけで押し切ることもできます．しかし

$$\begin{cases} f(x)=\dfrac{e^x+e^{-x}}{2} \\[2mm] f'(x)=\dfrac{e^x-e^{-x}}{2} \end{cases}$$

が満たす等式

$$\{f(x)\}^2-\{f'(x)\}^2=1$$

を利用して，$f(t)$, $f'(t)$ のまま考えるともっと見通しよく計算できます．

(2) うまく置きかえると微分すら必要ありません．このような簡易化は，定義域 I に対して

$$g\circ f(I)=g(f(I))$$

が成立すること，すなわち

　変数を置きかえると，関数のグラフは変化しても値域は変わらない

ことによって保証されます．

解法のプロセス
> ABを $f(t)$, $f'(t)$ で表す
> ⇩
> $\{f(t)\}^2-\{f'(t)\}^2=1$ を利用して計算する

← $\cos\theta$, $\sin\theta$ が $\cos^2\theta+\sin^2\theta=1$ を満たすことと類似

解法のプロセス
> $f'(t)=u$ とおく
> ⇩
> 相加平均と相乗平均の不等式を利用する

〈 **解 答** 〉

(1) $f(x)=\dfrac{e^x+e^{-x}}{2}$ とおくと

点 A$(t,\ f(t))$ における接線の方程式は

$$y=f'(t)(x-t)+f(t)$$

$y=0$ とおいて，点Bの x 座標は

$$x=t-\dfrac{f(t)}{f'(t)}$$

ゆえに，

$$\mathrm{AB}^2=\left\{\dfrac{f(t)}{f'(t)}\right\}^2+\{f(t)\}^2=\dfrac{\{f(t)\}^2[1+\{f'(t)\}^2]}{\{f'(t)\}^2}=\dfrac{\{f(t)\}^4}{\{f'(t)\}^2}$$ ← $\{f(t)\}^2-\{f'(t)\}^2=1$

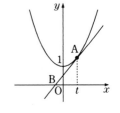

$f'(t) = \dfrac{e^t - e^{-t}}{2} > 0$ $(t > 0)$ だから

$$\mathrm{AB} = \frac{\{f(t)\}^2}{f'(t)} = \frac{(e^t + e^{-t})^2}{2(e^t - e^{-t})}$$

(2) $f'(t) = u$ とおくと，$\{f(t)\}^2 = u^2 + 1$ だから

$$\mathrm{AB} = \frac{u^2 + 1}{u} = u + \frac{1}{u}$$

◆ AB を t で微分すると
$\dfrac{(e^t + e^{-t})(e^{2t} + e^{-2t} - 6)}{2(e^t - e^{-t})^2}$
これから増減を調べてもよい

ただし，$t > 0$ より，$u > 0$ である.

$$\mathrm{AB} \geqq 2\sqrt{u \cdot \frac{1}{u}} = 2$$

◆ 相加平均と相乗平均の不等式

等号は $u = \dfrac{1}{u}$，すなわち $u = 1$ のとき成立する.

ゆえに，(AB の最小値)＝**2**

研究 〈双曲線関数とそのグラフ〉

$$f(x) = \frac{e^x + e^{-x}}{2} \quad \text{と} \quad f'(x) = \frac{e^x - e^{-x}}{2} \quad \text{を用}$$

いると，$u = f(x)$，$v = f'(x)$ とおくことによって
双曲線：$u^2 - v^2 = 1$

が媒介変数表示されるので，$f(x)$，$f'(x)$ は**双曲線
関数**と呼ばれています.

$y = f(x)$ と $y = f'(x)$ のグラフはかけるように
して下さい. とくに，$y = f(x)$ のグラフを**カテナリ
ー**といいます.

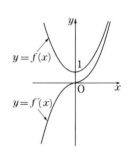

演習問題

(35-1) 楕円 $\dfrac{x^2}{a^2} + \dfrac{y^2}{b^2} = 1$ 上の点 $\mathrm{P}(a\cos\theta,\ b\sin\theta)$ $\left(0 < \theta < \dfrac{\pi}{2}\right)$ におけるこの

楕円の接線が，x 軸と y 軸とで切り取られる部分の長さ $L(\theta)$ の最小値を求め
よ. ただし，a，b は正の定数である. （新潟大）

(35-2) 長さ a の短針と長さ b の長針をもつ時計で，時刻 t における 2 つの針の
先端間の距離を $x(t)$ とする. ただし，時間は 1 時間を単位とし，$0 \leqq t < 12$ の
範囲で考える.

2 つの針が遠ざかるとき，または近づくときの速さ $\left|\dfrac{dx}{dt}\right|$ の最大値と，その

とき 2 つの針がなす角の余弦を求めよ. （慶應義塾大）

標問 **36** ## フェルマの法則

点Pは定点 $A(2, 1)$ から x 軸上の点Qまでは速さ $\sqrt{2}$ で，Qから定点 $B(0, -\sqrt{3})$ までは速さ1でそれぞれ直線運動をする．PがAから出発してBに最短時間で到達するようにQの座標を定めよ． (広島大)

精講 $Q(x, 0)$ とおいて所要時間を x の関数で表すと

$$f(x)=\frac{\sqrt{(x-2)^2+1}}{\sqrt{2}}+\sqrt{x^2+3}$$

$$f'(x)=\frac{x-2}{\sqrt{2}\sqrt{(x-2)^2+1}}+\frac{x}{\sqrt{x^2+3}}$$

次に，$f'(x)=0$ を解いて答えとするのは，物理的な理由があるとはいえ感心しません．

$f'(x)$ を通分した後，分子を有理化して誰が見ても符号の変化がわかるようにするのが理想です．

解法のプロセス

$Q(x, 0)$ とおく
⇩
所要時間を x で表す
⇩
導関数の符号の変化が見えるように工夫する

〈 **解 答** 〉

$Q(x, 0)$ とおき，所要時間を $f(x)$ とすると

$$f(x)=\frac{AQ}{\sqrt{2}}+\frac{QB}{1}$$

$$=\frac{\sqrt{(x-2)^2+1}}{\sqrt{2}}+\sqrt{x^2+3}$$

$$\therefore\quad f'(x)=\frac{x-2}{\sqrt{2}\sqrt{(x-2)^2+1}}+\frac{x}{\sqrt{x^2+3}}$$

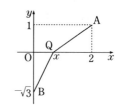

$f'(x)<0\ (x\leqq0)$，$f'(x)>0\ (x\geqq2)$ であるから，$0<x<2$ において考えれば十分である． ← より道すれば遠くなる

$$f'(x)=\frac{\sqrt{2}\,x\sqrt{(x-2)^2+1}-(2-x)\sqrt{x^2+3}}{\sqrt{2}\sqrt{(x-2)^2+1}\sqrt{x^2+3}}$$

分母，分子に

$$\sqrt{2}\,x\sqrt{(x-2)^2+1}+(2-x)\sqrt{x^2+3}\ (>0)$$ ← $0<x<2$

を掛けて分子を有理化すると，分母 >0 で

$$分子=2x^2\{(x-2)^2+1\}-(2-x)^2(x^2+3)$$ ← 分子を有理化

$$=x^4-4x^3+3x^2+12x-12$$

$$=(x-1)(x^3-3x^2+12)$$

となる．ここで，

$$x^3-3x^2+12=x^3+3(4-x^2)>0$$

◀ $y=x^3-3x^2+12$ のグラフを調べてもよい

ゆえに，$f'(x)$ の符号は，$0<x<2$ において $x=1$ の前後で負から正に変化し，ここで最小になる．

よって，**Q$(1,\ 0)$**

研究 〈屈折の法則〉

光の進み方は

1点から他の点に至る可能なすべての径路のうちで，最小の時間を要する径路をとる（フェルマの法則）

ことが知られています．これから屈折の法則を導いてみましょう．

いま透過速度のちがう2つの物体が l を境に接していて，光は速度 v_1 でAからPに進み，屈折した後は速度 v_2 でBまで進むものとします．

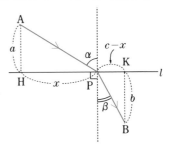

$$AH=a,\quad BK=b,\quad HK=c$$

とおき，$HP=x$ とすると

$$AP=\sqrt{x^2+a^2},\quad BP=\sqrt{(c-x)^2+b^2}$$

よって，光がAからBまで進むのに要する時間は

$$f(x)=\frac{\sqrt{x^2+a^2}}{v_1}+\frac{\sqrt{(c-x)^2+b^2}}{v_2}$$

$$\therefore\quad f'(x)=\frac{x}{v_1\sqrt{x^2+a^2}}-\frac{c-x}{v_2\sqrt{(c-x)^2+b^2}}=\frac{\sin\alpha}{v_1}-\frac{\sin\beta}{v_2}$$

x が0から c まで動くとき，α は増加し β は減少するから，$f'(x)$ は増加関数であり，しかも

$$f'(0)=-\frac{c}{v_2\sqrt{b^2+c^2}}<0,\qquad f'(c)=\frac{c}{v_1\sqrt{a^2+c^2}}>0$$

となるので，$f'(x_0)=0$ $(0<x_0<c)$ を満たす x_0 がただ1つ存在して，そこで $f(x)$ は最小になります．このとき

$$\frac{\sin\alpha}{v_1}=\frac{\sin\beta}{v_2}\qquad \therefore\quad \boldsymbol{\frac{\sin\alpha}{\sin\beta}=\frac{v_1}{v_2}}\qquad \cdots\cdots(*)$$

$(*)$を**屈折の法則**といい，比の値を**屈折率**といいます．

演習問題

36 xy 平面上に動点Pがある．Pは x 軸上では速さ $a\ (>1)$ で，それ以外のところでは速さ1で動くものとする．このとき動点Pが点 $A(0,\ 1)$ から点 $B(2,\ 0)$ へ行くのに要する最短時間を求めよ．

(千葉大)

標問 **37** **2変数の最大・最小**

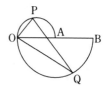

長さ1の線分 OA を直径とする上半円上の動点を P,
長さ2の線分 OB を直径とする下半円上の動点を Q と
し, △OPQ の面積を S とする.

(1) $\angle AOP = \theta$, $\angle BOQ = \varphi$ $\left(0 < \theta < \dfrac{\pi}{2},\ 0 < \varphi < \dfrac{\pi}{2}\right)$ と

するとき, S を θ と φ で表せ.

(2) S の最大値を求めよ.

精講 (1) 直径といえば, 対応する円周角

$\dfrac{\pi}{2}$ を連想します. このことから

OP, OQ の長さがわかるので, S は2辺夾角公式
を使って求められます.

(2) 2変数関数の最大, 最小問題では

一方の変数を固定せよ

が定石とされています. 1つの変数を固定して予
選を行い, 次に固定した変数を動かして決勝を行っ
て, 勝ち残ったものが最大値あるいは最小値と
いう方法です. ただし, 本問の場合,

$S = \cos\theta\cos\varphi\sin(\theta + \varphi)$

となり, θ と φ はいずれも2か所にあるので, こ
のまま一方の変数を固定しても考えやすくなるわ
けではありません.

そこで, いったん

$S = \dfrac{1}{2}\{\cos(\theta + \varphi) + \cos(\theta - \varphi)\}\sin(\theta + \varphi)$

と変形して, 変数を θ と φ から $\theta + \varphi$ と $\theta - \varphi$
に変換し, 初めに $\theta + \varphi$ を固定します.

> **解法のプロセス**
>
> 直径に対する円周角は $\dfrac{\pi}{2}$
>
> ⇩
>
> 2辺夾角公式

> **解法のプロセス**
>
> 変数を θ と φ から,
> $\theta + \varphi$ と $\theta - \varphi$ に変換
>
> ⇩
>
> $\theta + \varphi$ を固定して予選
>
> ⇩
>
> $\theta + \varphi$ を変化させて決勝

〈 **解 答** 〉

(1) $OP = OA\cos\theta = \cos\theta$
$OQ = OB\cos\varphi = 2\cos\varphi$
であるから

$S = \dfrac{1}{2}OP \cdot OQ \cdot \sin(\theta + \varphi) = \boldsymbol{\cos\theta\cos\varphi\sin(\theta + \varphi)}$

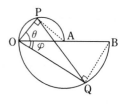

(2) (1)より

$$S=\frac{1}{2}\{\cos(\theta+\varphi)+\cos(\theta-\varphi)\}\sin(\theta+\varphi)$$

$\theta+\varphi$ を $0<\theta+\varphi<\pi$ の範囲で固定し
$\theta+\varphi=t$ とおくと,

$$\sin t>0$$

であるから, S は $\theta=\varphi$ のとき最大値

$$f(t)=\frac{1}{2}(\cos t+1)\sin t$$

$$=\frac{1}{2}(\sin t\cos t+\sin t)$$

をとる.

　次に, t を $0<t<\pi$ の範囲で動かす.

$$f'(t)=\frac{1}{2}(\cos^2t-\sin^2t+\cos t)$$

$$=\frac{1}{2}(2\cos^2t+\cos t-1)$$

$$=\left(\cos t-\frac{1}{2}\right)(\cos t+1)$$

　したがって, $f(t)$ は表のように変化し

$$t=\frac{\pi}{3}\qquad\therefore\quad\theta=\varphi=\frac{\pi}{6}$$

のとき最大になる.

　ゆえに, S の最大値は

$$f\left(\frac{\pi}{3}\right)=\frac{1}{2}\left(\frac{1}{2}+1\right)\frac{\sqrt{3}}{2}$$

$$=\frac{3\sqrt{3}}{8}$$

◀ $\theta+\varphi$ を固定し, $\theta-\varphi$ を変化させて予選

◀ $\theta-\varphi=s$ とおくと

$$\theta=\frac{t+s}{2},\quad\varphi=\frac{t-s}{2}$$

$0<\theta,\ \varphi<\dfrac{\pi}{2}$ より

$$0<t\pm s<\pi$$

$(s,\ t)$ の存在範囲は斜線部分

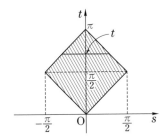

図より t を固定したときの s の動く範囲がわかる

t	0	$\cdots$	$\dfrac{\pi}{3}$	$\cdots$	π
$f'(t)$		$+$	0	$-$	
$f(t)$		↗		↘	

演習問題

37 楕円 $\dfrac{x^2}{a^2}+\dfrac{y^2}{b^2}=1\ (a>0,\ b>0)$ 上の異なる3点 A$(a,\ 0)$, B$(a\cos\alpha,$ $b\sin\alpha)$, C$(a\cos\beta,\ b\sin\beta)$ に対して, 三角形 ABC の面積をSとする.

(1) $S=\dfrac{ab}{2}|\sin\alpha-\sin\beta-\sin(\alpha-\beta)|$ を示せ.

(2) α を $0<\alpha\leqq\pi$ の範囲で固定し, β を $\alpha<\beta<2\pi$ の範囲で動かすときのS の最大値を $F(\alpha)$ とする. $F(\alpha)$ を求めよ.

(3) $0<\alpha\leqq\pi$ における $F(\alpha)$ の最大値を求めよ.

(金沢大)

標問 **38** 不等式の証明

　　次の各不等式を証明せよ.

(1) $\log x < \sqrt{x}$ $(x>0)$ 　　　　　　　　　　（お茶の水女子大）

(2) $3x < 2\sin x + \tan x$ $\left(0<x<\dfrac{\pi}{2}\right)$ 　　　　　　（筑波大）

(3) $\dfrac{2}{\pi}x \le \sin x$ $\left(0 \le x \le \dfrac{\pi}{2}\right)$

(4) $x\log x \ge (x-1)\log(x+1)$ $(x \ge 1)$

> **精講** 　不等式 $f(x)>g(x)$ を証明するには，原則として
> $$h(x)=f(x)-g(x)$$
> とおき，$y=h(x)$ のグラフが x 軸の上方にあることを示します. すなわち
> $$(h(x) \text{の最小値})>0$$
> を示すことになります.

解法のプロセス

$f(x)>g(x)$ の証明
⇩
$h(x)=f(x)-g(x)>0$
を示す
⇩
$(h(x)$ の最小値$)>0$
を示す

〈 **解 答** 〉

(1) $f(x)=\sqrt{x}-\log x$ $(x>0)$ とおく.

$$f'(x)=\frac{1}{2\sqrt{x}}-\frac{1}{x}=\frac{\sqrt{x}-2}{2x}$$

　　よって，$f(x)$ は表のように増減し，$x=4$ で最小となる.

　　$e>2$ より

$$f(4)=2-\log 4$$
$$=\log \frac{e^2}{4}>0$$

$\therefore$ $f(x)>0$ $(x>0)$

$\therefore$ $\log x < \sqrt{x}$ $(x>0)$

x	0	$\cdots$	4	$\cdots$
$f'(x)$		$-$	0	$+$
$f(x)$		$\searrow$		$\nearrow$

← $\dfrac{e^2}{4}>1$

(2) $f(x)=2\sin x + \tan x - 3x$ $\left(0<x<\dfrac{\pi}{2}\right)$

とおく.

$$f'(x)=2\cos x+\frac{1}{\cos^2 x}-3$$
$$=\frac{2\cos^3 x-3\cos^2 x+1}{\cos^2 x}$$

$$= \frac{(\cos x - 1)^2 (2\cos x + 1)}{\cos^2 x} > 0$$

よって，$f(x)$ は単調に増加し，$f(0)=0$ である ← $f(0)$ の符号を調べる
から

$$f(x) > 0 \quad \left(0 < x < \frac{\pi}{2}\right)$$

$$\therefore \quad 3x < 2\sin x + \tan x \quad \left(0 < x < \frac{\pi}{2}\right)$$

(3) $f(x) = \sin x - \dfrac{2}{\pi}x \quad \left(0 \leqq x \leqq \dfrac{\pi}{2}\right)$ とおく.

$$f'(x) = \cos x - \frac{2}{\pi}$$

$0 < \dfrac{2}{\pi} < 1$ より，$\cos\alpha = \dfrac{2}{\pi} \ \left(0 < \alpha < \dfrac{\pi}{2}\right)$ を満た ← 角がわからなければおく
す α がただ 1 つ存在し，表のように増減する.

さらに，$f(0) = f\left(\dfrac{\pi}{2}\right) = 0$ となるので

x	0	$\cdots$	α	$\cdots$	$\dfrac{\pi}{2}$
$f'(x)$		$+$	0	$-$	
$f(x)$		$\nearrow$		$\searrow$	

$$f(x) \geqq 0 \quad \left(0 \leqq x \leqq \frac{\pi}{2}\right)$$

$$\therefore \quad \frac{2}{\pi}x \leqq \sin x \quad \left(0 \leqq x \leqq \frac{\pi}{2}\right)$$

(4) $f(x) = x\log x - (x-1)\log(x+1) \quad (x \geqq 1)$
とおく.

$$f'(x) = \log x + 1 - \log(x+1) - \frac{x-1}{x+1}$$

$$= \log x - \log(x+1) + \frac{2}{x+1}$$

← 符号の変化がわからないので，
もう一度微分してみる

もう一度微分すると

$$f''(x) = \frac{1}{x} - \frac{1}{x+1} - \frac{2}{(x+1)^2}$$

$$= -\frac{x-1}{x(x+1)^2} \leqq 0 \quad (x \geqq 1)$$

よって，$f'(x)$ は単調に減少し ← $f'(1) = 1 - \log 2$
$= \log e - \log 2 > 0$
となるので，
$\displaystyle\lim_{x\to\infty} f'(x)$ の符号が問題

$$\lim_{x\to\infty} f'(x) = \lim_{x\to\infty}\left\{-(\log(x+1) - \log x) + \frac{2}{x+1}\right\}$$

$$= \lim_{x\to\infty}\left\{-\log\left(1 + \frac{1}{x}\right) + \frac{2}{x+1}\right\}$$

$$= 0$$

$$\therefore \quad f'(x) > 0 \quad (x \geqq 1)$$

ゆえに，$f(x)$ は $x \geqq 1$ で増加し，$f(1) = 0$ で

第2章

あるから

$$f(x) \geqq 0 \quad (x \geqq 1)$$

$$\therefore \quad x \log x \geqq (x-1) \log(x+1) \ (x \geqq 1)$$

研究　〈(3)の別解〉

(3)の不等式

$$\frac{2}{\pi} x \leqq \sin x \quad \left(0 \leqq x \leqq \frac{\pi}{2}\right)$$

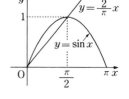

は，差をとらずに直接両辺のグラフの上下関係を見るとほとんど明らかです．答案には，グラフとともに

「$y = \sin x$ は $0 < x < \dfrac{\pi}{2}$ で上に凸だから」

と書いておけば完全です．

次の演習問題 **38** でも $g(x) = \log(x + \sqrt{1+x^2})$ と $y = \sin x$ のグラフをかくと

$$g'(x) = \frac{1}{\sqrt{1+x^2}} > 0, \ g''(x) = -\frac{x}{(\sqrt{1+x^2})^3} < 0$$

より，次のようになるはずです．

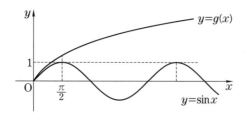

したがって，$x \geqq \dfrac{\pi}{2}$ では $g\left(\dfrac{\pi}{2}\right) > 1$ を示せばよく，$0 < x < \dfrac{\pi}{2}$ の場合だけが問題です．　　　　　　　　　　　　　　　　　$\longleftarrow$ (1)は(2)のヒント

演習問題

38　次の問いに答えよ．

(1)　$0 < x < \dfrac{\pi}{2}$ に対し，$x < \tan x$ となることを示せ．

(2)　$x > 0$ に対し，$\log(x + \sqrt{1+x^2}) > \sin x$ となることを示せ．ただし，対数は自然対数である．　　　　　　　　　　　　　　　　　　　　　　　　　　　(信州大)

問 39 e^x の不等式と，方程式の解の個数

(1) $x>0$ のとき，不等式 $e^x>1+x+\dfrac{x^2}{2}$ を証明せよ.

(2) $\lim\limits_{t\to-\infty} te^t$ を求めよ.

(3) a が定数のとき，方程式 $x\log x=a$ の実数解の個数を調べよ.

(富山大)

精講　(2) $t=-x$ とおいて，$t\to-\infty$ を $x\to\infty$ に変換すると

$$\lim_{t\to-\infty} te^t=-\lim_{x\to\infty}\frac{x}{e^x}$$

したがって，e^x と x の増加する速さを比べなければなりません. ところが，(1)の結果を，

e^x は少なくとも2次関数の速さで増加する

と読めば，極限値は0になることがわかります. きちんと証明するには，はさみ打ちの原理を使います.

(3) 実数解の個数を $y=x\log x$ と $y=a$ のグラフの共有点の個数ととらえます.

本問の場合，初めから右辺は文字定数 a だけですが，そうでない場合についても

できれば文字定数を分離する

方がやさしいことが多い，ということを覚えておきましょう.

> **解法のプロセス**
>
> $t=-x$ とおく
> ⇩
> $x\to\infty$ の場合に直す
> ⇩
> (1)を使ってはさみ打ち

> **解法のプロセス**
>
> 実数解の数
> ⇩
> 文字定数を分離して
> ⇩
> グラフの共有点の数を調べる

〈 **解答** 〉

(1) $f(x)=e^x-\left(1+x+\dfrac{x^2}{2}\right)\ (x>0)$ とおく.

$$f'(x)=e^x-(1+x)$$
$$f''(x)=e^x-1>0\ (x>0)$$

よって，$f'(x)$ は増加し，$f'(0)=0$ であるから

$$f'(x)>0\ (x>0)$$

よって，$f(x)$ は増加し，$f(0)=0$ であるから

$$f(x)>0\ (x>0)\qquad\therefore\ e^x>1+x+\frac{x^2}{2}\ (x>0)$$

← 増加だけでは $f(x)>0$ は示せない

(2) $t=-x$ とおく．$t \to -\infty$ のとき $x \to \infty$
であるから

$$\lim_{t \to -\infty} te^t = -\lim_{x \to \infty} \frac{x}{e^x}$$

◆ $x \to \infty$ の話に直す

(1)より

$$e^x > 1 + x + \frac{x^2}{2} > \frac{x^2}{2} \quad (x>0)$$

◆ e^x は $\frac{x^2}{2}$ 以上の速さで増大

となるので

$$0 < \frac{x}{e^x} < \frac{x}{\frac{x^2}{2}} = \frac{2}{x}$$

◆ はさみ打ち

$$\lim_{x \to \infty} \frac{2}{x} = 0 \quad \text{より，} \quad \lim_{x \to \infty} \frac{x}{e^x} = 0$$

$$\therefore \quad \lim_{t \to -\infty} te^t = \mathbf{0}$$

(3) $g(x) = x\log x$ とおく．$g'(x) = \log x + 1$
より，$g(x)$ は表のように増減する．ここで

$$\lim_{x \to \infty} g(x) = \infty$$

また，$\log x = t$ とおくと，(2)より

$$\lim_{x \to +0} g(x) = \lim_{t \to -\infty} te^t = 0$$

ゆえに，$y = g(x)$ のグラフは図のようになる．

x	0	$\cdots$	e^{-1}	$\cdots$
$g'(x)$		$-$	0	$+$
$g(x)$		$\searrow$	$-e^{-1}$	$\nearrow$

$g(x) = a$ の実数解の個数は，$y = g(x)$ と $y = a$
のグラフの共有点の数に等しいので

$$\begin{cases} \boldsymbol{a < -e^{-1}} \text{ のとき，} & \text{0個} \\ \boldsymbol{a = -e^{-1}} \text{ のとき，} & \text{1個} \\ \boldsymbol{-e^{-1} < a < 0} \text{ のとき，} & \text{2個} \\ \boldsymbol{a \geqq 0} \text{ のとき，} & \text{1個} \end{cases}$$

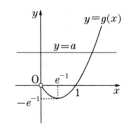

研究 〈(1)の不等式の一般化〉

(1)の不等式は，任意の負でない整数 k に対して，次のように拡張で
きます．

$$e^x > 1 + \frac{x}{1!} + \frac{x^2}{2!} + \frac{x^3}{3!} + \cdots + \frac{x^k}{k!} \quad (x>0) \qquad \cdots\cdots(*)$$

この不等式を示すために

$$f_k(x) = e^x - \left(1 + \frac{x}{1!} + \frac{x^2}{2!} + \frac{x^3}{3!} + \cdots + \frac{x^k}{k!} \right)$$

とおいて

$$f_k(x) > 0 \quad (x>0)$$

を k に関する数学的帰納法によって証明しましょう.

$k=0$ のときは成立するので，ある k での成立を仮定します.

このとき

$$f'_{k+1}(x)=\frac{d}{dx}\left\{e^x-\left(1+\frac{x}{1!}+\frac{x^2}{2!}+\frac{x^3}{3!}+\cdots+\frac{x^{k+1}}{(k+1)!}\right)\right\}$$

$$=e^x-\left(1+\frac{x}{1!}+\frac{x^2}{2!}+\cdots+\frac{x^k}{k!}\right)$$

$$=f_k(x)>0 \quad (\because \ 仮定)$$

よって，$f_{k+1}(x)$ は単調に増加し，$f_{k+1}(0)=0$ ですから

$$f_{k+1}(x)>0 \ (x>0)$$

以上で正しさが次々に移行することが保証され，負でない任意の整数 k に対して，$f_k(x)>0 \ (x>0)$ が成立します.

$\left\langle 任意の自然数 \ n \ に対して，\lim_{x \to \infty}\frac{x^n}{e^x}=0 \right\rangle$

わかりやすくいえば

どんなに大きな n についても，e^x は x^n より速く増加する

ということです.

この事実は，応用上極めて大切ですから，しっかり覚えて下さい．証明は標問の方法を真似ます.

不等式(∗)で，k をとくに $n+1$ とおくと

$$e^x>1+\frac{x}{1!}+\frac{x^2}{2!}+\cdots+\frac{x^{n+1}}{(n+1)!}>\frac{x^{n+1}}{(n+1)!} \ (x>0)$$

$$\therefore \quad 0<\frac{x^n}{e^x}<\frac{x^n}{\dfrac{x^{n+1}}{(n+1)!}}=\frac{(n+1)!}{x}$$

$\displaystyle\lim_{x \to \infty}\frac{(n+1)!}{x}=0$ より，$\displaystyle\lim_{x \to \infty}\frac{x^n}{e^x}=0$ となります.

演習問題

39 次の極限値を求めよ．ただし，n は自然数とする.

(1) $P=\displaystyle\lim_{x \to \infty}\frac{\log x}{\sqrt[n]{x}}$

(2) $Q=\displaystyle\lim_{x \to +0}\sqrt[n]{x}\,\log x$

標問 **40**　　接線の本数

> a を 0 でない実数とする．2 つの曲線 $y=e^x$ および $y=ax^2$ の両方に接する直線の本数を求めよ．
>
> （東北大）

精講　$y=e^x$ に対して接線の公式を適用し，その接線と $y=ax^2$ が接する条件は判別式によって処理します．

　接点の座標を $(t,\ e^t)$ とおくと，いま説明した手順で t に関する方程式が求まります．この方程式の解に対応する点で $y=e^x$ に接線を引くと，それが $y=ax^2$ にも接するわけです．したがって

　　接線の本数の問題は，方程式の解の個数を
　　調べることに帰着する

のですが，ここでちょっと注意が必要です．

　実は，異なる解に同一の接線が対応することがあります．

〈例〉

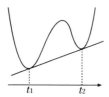

　このような場面がそうしばしば現れるわけではありませんが，心得ておきましょう．

解法のプロセス

$y=e^x$ の $x=t$ での接線の方程式を立てる

⇩

$y=ax^2$ と接する条件を判別式で処理

⇩

t の方程式を導き，解の個数を調べる

< **解　答** >

　$y=e^x$ の $(t,\ e^t)$ での接線の方程式は
$$y=e^t(x-t)+e^t$$
$y=ax^2$ と連立して y を消去すると
$$ax^2-e^tx+(t-1)e^t=0$$
両者が接する条件は，（判別式）$=0$ より
$$e^{2t}-4a(t-1)e^t=0$$
$$\therefore\quad a=\frac{e^t}{4(t-1)}$$
この方程式の解の個数が共通接線の本数に等しい．

◀ 傾き e^t は t の増加関数であるから，t と接線は 1 対 1 対応

◀ 文字定数は分離する

そこで, $f(t)=\dfrac{e^t}{4(t-1)}$ とおくと

$$f'(t)=\frac{(t-2)e^t}{4(t-1)^2}$$

さらに

$$\lim_{t \to 1\pm 0} f(t)=\pm\infty \quad (\text{複号同順})$$

$$\lim_{t \to -\infty} f(t)=0$$

$$\lim_{t \to \infty} f(t)=\infty$$

となるので, $f(t)$ は次表のように増減し, グラフは
図のようになる.

← 標問 **39**
e^t は $t-1$ より速く増大

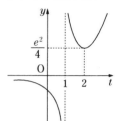

t	$(-\infty)$	$\cdots$	1	$\cdots$	2	$\cdots$	(∞)
$f'(t)$		$-$	$\dfrac{-\infty}{\infty}$	$-$	0	$+$	
$f(t)$	(0)	$\searrow$		$\searrow$	$\dfrac{e^2}{4}$	$\nearrow$	(∞)

これと直線 $y=a$ との共有点の個数を調べると,
求める共通接線の本数は表のようになる.

a	$\cdots$	0	$\cdots$	$\dfrac{e^2}{4}$	$\cdots$
本数	1		0	1	2

演習問題

40 曲線 $y=e^x$ に点 (a, b) から引き得る接線の本数を求めよ. (東京工業大)

標問 **41** **$\log(1+x)$ の不等式**

(1) $x>0$ のとき, $x-\dfrac{x^2}{2}<\log(1+x)<x$ であることを証明せよ.

(2) 次の値を求めよ.

$$\lim_{n\to\infty}\log\left\{\left(1+\frac{1}{n^2}\right)\left(1+\frac{2}{n^2}\right)\cdot\cdots\cdot\left(1+\frac{n}{n^2}\right)\right\}$$

（慶應義塾大）

精講 (2) すべての $k\,(=1,\ 2,\ \cdots,\ n)$ に対して $1+\dfrac{k}{n^2}\to1$ であるからといって

与式$=\log1=0$

になるとは限りません. 掛ける項数 n がどんどん大きくなるからです. そこで, 積を和に直し:

$$\lim_{n\to\infty}\sum_{k=1}^{n}\log\left(1+\frac{k}{n^2}\right)$$

加える項数 n の増加速度と $\log\left(1+\dfrac{k}{n^2}\right)$ が 0 に近づく速さを(1)を用いて比べます.

> **解法のプロセス**
>
> 積を和に直す
> ⇩
> (1)を用いて $\log\left(1+\dfrac{k}{n^2}\right)$ を評価する
> ⇩
> はさみ打ち

〈 **解 答** 〉

(1) $f(x)=\log(1+x)-\left(x-\dfrac{x^2}{2}\right)$ とおくと

$$f'(x)=\frac{1}{1+x}-(1-x)=\frac{x^2}{1+x}>0\quad(x>0)$$

よって, $f(x)$ は増加し, かつ $f(0)=0$ であるから, $f(x)>0\quad(x>0)$.

次に, $g(x)=x-\log(1+x)$ とおくと

$$g'(x)=1-\frac{1}{1+x}=\frac{x}{1+x}>0\quad(x>0)$$

よって, $g(x)$ は増加し, $g(0)=0$ であるから, $g(x)>0\quad(x>0)$.

ゆえに,

$$x-\frac{x^2}{2}<\log(1+x)<x\quad(x>0)\qquad\qquad\cdots\cdots①$$

(2) $\log\left\{\left(1+\dfrac{1}{n^2}\right)\left(1+\dfrac{2}{n^2}\right)\cdot\cdots\cdot\left(1+\dfrac{n}{n^2}\right)\right\}=\displaystyle\sum_{k=1}^{n}\log\left(1+\dfrac{k}{n^2}\right)\qquad\cdots\cdots②$

①において, $x=\dfrac{k}{n^2}$ とおくと

$$\frac{k}{n^2} - \frac{k^2}{2n^4} < \log\left(1 + \frac{k}{n^2}\right) < \frac{k}{n^2}$$

← 0に近づく速さをはかる

この不等式を，k を 1 から n まで動かして加える
と

$$\sum_{k=1}^{n}\left(\frac{k}{n^2} - \frac{k^2}{2n^4}\right) < \sum_{k=1}^{n}\log\left(1 + \frac{k}{n^2}\right) < \sum_{k=1}^{n}\frac{k}{n^2}$$

← はさみ打ち

$$\therefore \quad \frac{1}{n^2}\cdot\frac{n(n+1)}{2} - \frac{1}{2n^4}\cdot\frac{n(n+1)(2n+1)}{6}$$
$$< \sum_{k=1}^{n}\log\left(1 + \frac{k}{n^2}\right) < \frac{1}{n^2}\cdot\frac{n(n+1)}{2}$$

$$\therefore \quad \frac{1}{2}\left(1 + \frac{1}{n}\right) - \frac{1}{12n}\left(1 + \frac{1}{n}\right)\left(2 + \frac{1}{n}\right)$$
$$< \sum_{k=1}^{n}\log\left(1 + \frac{k}{n^2}\right) < \frac{1}{2}\left(1 + \frac{1}{n}\right)$$

← つり合いがとれて有限値に収束

$n \to \infty$ とすると，$\dfrac{1}{2} \leqq \lim\limits_{n\to\infty}\sum\limits_{k=1}^{n}\log\left(1 + \dfrac{k}{n^2}\right) \leqq \dfrac{1}{2}$ となるので，②より

$$\lim_{n\to\infty}\log\left\{\left(1 + \frac{1}{n^2}\right)\left(1 + \frac{2}{n^2}\right)\cdots\cdots\left(1 + \frac{n}{n^2}\right)\right\} = \boldsymbol{\frac{1}{2}}$$

研究　標問の(2)を改変すると，

$$\lim_{n\to\infty}\log\left\{\left(1 + \frac{1}{n^3}\right)\left(1 + \frac{2}{n^3}\right)\cdots\cdots\left(1 + \frac{n}{n^3}\right)\right\} = 0$$
$$\lim_{n\to\infty}\log\left\{\left(1 + \frac{1}{n^{\frac{3}{2}}}\right)\left(1 + \frac{2}{n^{\frac{3}{2}}}\right)\cdots\cdots\left(1 + \frac{n}{n^{\frac{3}{2}}}\right)\right\} = \infty$$

となります．各因子が 1 に近づく速さに応じて極限値が変化することに注意
しましょう．

演習問題

(41-1)　(1)　$x > 0$ のとき，不等式 $x - \dfrac{x^2}{2} < \log(1+x) < x - \dfrac{x^2}{2} + \dfrac{x^3}{3}$ を証明せ
よ．
(防衛大)

(2)　(1)の不等式を利用して，自然対数 $\log 1.1$ の値を小数第 3 位まで求めよ．
(電気通信大)

(41-2)　(1)　標問 **38**(1)を用いて $\lim\limits_{x\to\infty}\dfrac{\log x}{x} = 0$ を示し，$y = \dfrac{\log x}{x}$ のグラフの
概形を描け．

(2)　正の数 a に対して，$a^x = x^a$ となる正の数 x は何個あるか．

(3)　e を自然対数の底，π を円周率とするとき，e^π と π^e とはどちらが大きい
か．
(滋賀医科大)

標問 **42** 三角関数の不等式

関数 $f(x)$ はすべての実数 x に対して $f''(x) = -f(x)$ を満たし，かつ $f(0) = 1$，$f'(0) = 0$ とする．次のことがらを証明せよ．

(1) すべての実数 x に対して，$\{f(x)\}^2 + \{f'(x)\}^2 = 1$ が成り立つ．

(2) 正の実数 x に対して $1 - \dfrac{x^2}{2} \leqq f(x) \leqq 1 - \dfrac{x^2}{2} + \dfrac{x^4}{24}$ が成り立つ．

(3) $f(x) = 0$ は区間 $0 < x < 2$ にただ1つの解をもつ． (東京学芸大)

精講 かなり難しい問題です．

まず，$\cos x$ がすべての条件
$$\begin{cases} f''(x) = -f(x) \\ f(0) = 1, \ f'(0) = 0 \end{cases} \quad \cdots\cdots(*)$$
を満たすことに気づいたでしょうか．

$f(x) = \cos x$ だとすると

(2)はとにかくとして，(1)と(3)はほとんど明らかです．しかし，答案に

$f(x) = \cos x$ だから

と書くわけにはいきません．(*)を満たす関数が $\cos x$ に限るという保証がないからです．

したがって，$f(x) = \cos x$ と考えて見通しを立てたら，証明には **$\cos x$ が顔を出さないように** します．

(1) $F(x) = \{f(x)\}^2 + \{f'(x)\}^2$ が定数であることを示すには
$$F(x) \text{ が定数} \iff F'(x) = 0$$
に注意します．

(2) (1)から
$$|f(x)| \leqq 1, \ |f'(x)| \leqq 1$$
が成り立つことを用います．

(3) $f(x) = \cos x$ だとすれば，$\dfrac{\pi}{2} < 2 < \pi$ より
$$\begin{cases} f'(x) < 0 \ (0 < x < 2) \\ f(0) > 0, \ f(2) < 0 \end{cases}$$
となるので，同じ不等式が成り立つと予想されます．(2)の過程をよくみて，証明の手立てを探しましょう．

解法のプロセス

(1) $F(x) = \{f(x)\}^2 + \{f'(x)\}^2$
が定数

⇩

$F'(x) = 0$ を示す

⇩

$f(0) = 1$，$f'(0) = 0$ より定数が決まる

解法のプロセス

(2) $g(x) = f(x) - \left(1 - \dfrac{x^2}{2}\right)$ とおく

⇩

(1)より，$|f(x)| \leqq 1$

⇩

$g''(x)$ の符号が決まる

解法のプロセス

(3) $\begin{cases} f'(x) < 0 \ (0 < x < 2) \\ f(0) > 0, \ f(2) < 0 \end{cases}$
と予想される

⇩

(2)をよくみる

$$f''(x) = -f(x) \qquad \cdots\cdots①$$

(1) $F(x) = \{f(x)\}^2 + \{f'(x)\}^2$ とおく. ①より

$$F'(x) = 2f(x)f'(x) + 2f'(x)f''(x)$$
$$= 2f'(x)\{f(x) + f''(x)\} = 0$$

← $F'(x) = 0$ を示す

$$\therefore \quad F(x) = C \text{ (一定)}$$

$F(0) = \{f(0)\}^2 + \{f'(0)\}^2 = 1$ だから, $C = 1$

← 定数の値を決める

$$\therefore \quad F(x) = \{f(x)\}^2 + \{f'(x)\}^2 = 1$$

(2) $g(x) = f(x) - \left(1 - \dfrac{x^2}{2}\right)$ とおく.

$$g'(x) = f'(x) + x$$
$$g''(x) = f''(x) + 1 = 1 - f(x) \ (\because \ ①) \quad \cdots\cdots②$$

← $g'(x)$ の符号がわかりそうにないのでもう一度微分

(1)より

$$\{f(x)\}^2 \leqq \{f(x)\}^2 + \{f'(x)\}^2 = 1$$
$$\therefore \quad -1 \leqq f(x) \leqq 1 \qquad \cdots\cdots③$$

②, ③より

$$g''(x) \geqq 0 \ (x \geqq 0)$$

よって $g'(x)$ は単調に増加し, $g'(0) = f'(0) = 0$
であるから

$$g'(x) \geqq 0 \ (x \geqq 0)$$

よって $g(x)$ は単調に増加し, $g(0) = f(0) - 1 = 0$
であるから

$$g(x) \geqq 0 \ (x \geqq 0)$$

次に, $h(x) = 1 - \dfrac{x^2}{2} + \dfrac{x^4}{24} - f(x)$ とおく.

$$h'(x) = -x + \dfrac{x^3}{6} - f'(x) \qquad \cdots\cdots④$$

$$h''(x) = -1 + \dfrac{x^2}{2} - f''(x) = f(x) - \left(1 - \dfrac{x^2}{2}\right) \geqq 0$$

← ①と証明ずみの $g(x) \geqq 0$ を利用する

よって, $h'(x)$ は増加し, $h'(0) = -f'(0) = 0$ ゆえ

$$h'(x) \geqq 0 \ (x \geqq 0) \qquad \cdots\cdots⑤$$

よって, $h(x)$ は増加し, $h(0) = 1 - f(0) = 0$ ゆえ

$$h(x) \geqq 0 \ (x \geqq 0)$$

以上で不等式は証明された.

(3) ④, ⑤より, $0 < x < 2$ において

$$f'(x) \leqq -x + \dfrac{x^3}{6} = \dfrac{x(x^2 - 6)}{6} < 0$$

← 最後の難所

ゆえに $f(x)$ は単調減少である. さらに

$$\begin{cases} f(0)=1 \\ f(2) \leqq 1 - \dfrac{2^2}{2} + \dfrac{2^4}{24} = -\dfrac{1}{3} < 0 \quad (\because \quad (2)) \end{cases}$$

であるから，$f(x)=0$ は $0<x<2$ にただ 1 つの
解をもつ.

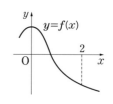

研究 〈(1)から $f(x)=\cos x$ を示す〉

$$\{f(x)\}^2 + \{f'(x)\}^2 = 1$$

より，点 $(f(x),\ f'(x))$ は単位円周上に
あるので

$$f(x)=\cos\theta \quad \cdots\cdots ㋐, \quad f'(x)=\sin\theta \quad \cdots\cdots ㋑$$

と表せます. ㋐を x で微分すると

$$f'(x) = \frac{d}{d\theta}(\cos\theta)\frac{d\theta}{dx} = -\sin\theta \cdot \frac{d\theta}{dx} \quad \cdots\cdots ㋒$$

㋑, ㋒より

$$\frac{d\theta}{dx} = -1 \qquad \therefore \quad \theta = -x + C$$

$$\therefore \quad f(x)=\cos(-x+C),\ f'(x)=\sin(-x+C)$$

$f(0)=1,\ f'(0)=0$ だから

$$\cos C = 1, \quad \sin C = 0$$

$$\therefore \quad C = 2n\pi \quad (n は整数)$$

ゆえに

$$f(x) = \cos(-x+2n\pi) = \cos(-x) = \cos x$$

となります.

このように証明できれば，(2)以降で $f(x)=\cos x$ とすることができます.

演習問題

42 関数 $f(x) = \dfrac{\sin x}{x} \ (0 < x \leqq \pi)$ について,

(1) $\displaystyle\lim_{x \to +0} f(x)$, $f'(\pi)$ の値を求めよ. また，$f'(x)$ の符号を求めよ.

(2) $x \geqq 0$ における次の 2 つの不等式を証明せよ.

$$x - \frac{1}{6}x^3 \leqq \sin x \leqq x, \quad 1 - \frac{1}{2}x^2 \leqq \cos x \leqq 1 - \frac{1}{2}x^2 + \frac{1}{24}x^4$$

(3) $\displaystyle\lim_{x \to +0} f'(x)$ の値を求めて，$y=f(x)$ のグラフの概形をかけ. (山梨大)

問 **43** 多変数の不等式

a, b は $b \geqq a > 0$ を満足する実数とするとき，次の不等式が成り立つことを証明せよ．

$$\log b - \log a \geqq \frac{2(b-a)}{b+a}$$

（お茶の水女子大）

精講 $0 < a \leqq x$ のとき，不等式

$$\log x - \log a \geqq \frac{2(x-a)}{x+a}$$

を証明せよ，といわれたら

$$f(x) = \log x - \log a - \frac{2(x-a)}{x+a}$$

とおいて $f(x)$ の増減を調べることになります．

本問では意図的に

一方だけを変数とみる

ことによって，1変数の不等式の証明問題に直します．

変数とみる文字の選び方は，問題にもよりますが

導関数が簡単になる文字を選ぶ

というのがひとつの目安です．本問の場合は，a, b いずれでも大差ありません．

解法のプロセス

a または b を変数とみて

⇩

差をとり増減を調べる

解答

b を x とおき

$$f(x) = \log x - \log a - \frac{2(x-a)}{x+a}$$

$$= \log x - \log a - 2 + \frac{4a}{x+a} \quad (x \geqq a > 0)$$

とする．

$$f'(x) = \frac{1}{x} - \frac{4a}{(x+a)^2} = \frac{(x-a)^2}{x(x+a)^2} \geqq 0$$

より $f(x)$ は単調増加で，かつ $f(a) = 0$ であるから

$$f(x) \geqq 0 \quad (x \geqq a) \qquad \therefore \quad f(b) \geqq 0 \quad (b \geqq a)$$

$$\therefore \quad \log b - \log a \geqq \frac{2(b-a)}{b+a} \quad (b \geqq a > 0)$$

← b を変数とみる．ただし，必ずしも b を x とおく必要はない

← もとにもどす

研究 〈aを変数とみる〉

　今度はaを変数とみます．わかりやすいように**解答**を真似て，aをxで置きかえ

$$g(x)=\log b-\log x-\frac{2(b-x)}{b+x}$$

$$=\log b-\log x+2-\frac{4b}{b+x} \quad (0<x\leqq b)$$

とします．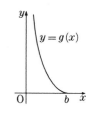

$$g'(x)=-\frac{1}{x}+\frac{4b}{(x+b)^2}=-\frac{(x-b)^2}{x(x+b)^2}\leqq 0$$

より $g(x)$ は単調減少で，$g(b)=0$ だから

$$g(x)\geqq 0 \quad (0<x\leqq b)$$

となります．

〈もうひとつの見方〉

$$\log b-\log a-\frac{2(b-a)}{b+a}$$

$$=\log\frac{b}{a}-\frac{2\left(\dfrac{b}{a}-1\right)}{\dfrac{b}{a}+1}$$

← $\dfrac{b}{a}$ を変数とみる

と変形して，$\dfrac{b}{a}=x$ とおきます．ただし，$0<a\leqq b$ より，$x\geqq 1$ です．

　そこで

$$f(x)=\log x-\frac{2(x-1)}{x+1}$$

とおいて，$f(x)\geqq 0 \ (x\geqq 1)$ を示せばよいわけです．計算は自分でやってみましょう．

演習問題

43 a, b, c は正の実数，$c>1$ のとき，

$$(a+b)^c\leqq 2^{c-1}(a^c+b^c)$$

を証明せよ．また，等号はどのようなときに成り立つか．

問 **44** 　**不等式の成立条件**

不等式 $1-\alpha x^2 \leqq \cos x$ が任意の実数 x に対して成り立つような定数 α の範囲を求めよ.　　　　　　　　　　　　　　　　　　　　　　　　　（早稲田大）

第2章

精講　図形的には, $y=\cos x$ の下方に納まる限界の放物線を求めることが問題です. そこで, 標問 **39** の方針にしたがって文字定数を分離し:

$$\alpha \geqq \frac{1-\cos x}{x^2}$$

右辺の関数の最大値を求めるという考え方もできますが, 面倒です.

ここは, 単に

$$f(x)=\cos x+\alpha x^2-1 \geqq 0$$

が成り立つような α の範囲を求めると考えた方が簡単です. その際, $f(x)$ は偶関数なので, x の変域を $x \geqq 0$ に制限できることに注意します.

また,

$$f'(x)=-\sin x+2\alpha x$$

の符号の変化はわかりにくいので, もう一度微分するのがよいでしょう.

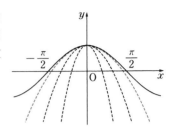

解法のプロセス

右辺－左辺$=f(x)$ とおく
⇩
変域を $x \geqq 0$ に制限
⇩
$f'(x)$ はわかりにくいので
$f''(x)$ を調べる

〈　**解　答**　〉

$\alpha \leqq 0$ とすると

$$1-\alpha x^2 \geqq 1 > \cos x$$

を満たす x があるので, $\alpha > 0$ である.

◆ たとえば $x=\dfrac{\pi}{2}$

不等式の両辺は偶関数だから

$$f(x)=\cos x+\alpha x^2-1 \geqq 0 \quad (x \geqq 0)$$

◆ x の変域を制限する

が成り立つ α の範囲が求めるものである.

$$f'(x)=-\sin x+2\alpha x$$
$$f''(x)=-\cos x+2\alpha$$

◆ $f'(x)$ の符号は不明なので $f''(x)$ を調べる

(i) $2\alpha \geqq 1$ のとき,

$f''(x) \geqq 0$ より $f'(x)$ は単調増加で, $f'(0)=0$ であるから

$$f'(x) \geqq 0 \quad (x \geqq 0)$$

よって, $f(x)$ は単調増加で, $f(0)=0$ であるから

$f(x) \geqq 0 \ (x \geqq 0)$

(ii) $0 < 2\alpha < 1$ のとき，

$$f''(x_0) = -\cos x_0 + 2\alpha = 0 \ \left(0 < x_0 < \frac{\pi}{2}\right)$$

を満たす x_0 が存在して

$f''(x) < 0 \ (0 < x < x_0)$

となる．すなわち，$f'(x)$ は $0 < x < x_0$ で減少し，
$f'(0) = 0$ であるから

$f'(x) < 0 \ (0 < x < x_0)$

よって，$f(x)$ は $0 < x < x_0$ で減少し，$f(0) = 0$
であるから，$f(x) < 0 \ (0 < x < x_0)$

これは，$f(x) \geqq 0 \ (x \geqq 0)$ に反する．

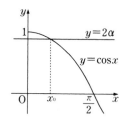

(i)，(ii)より，求める α の範囲は，$2\alpha \geqq 1$

$$\therefore \quad \alpha \geqq \frac{1}{2}$$

← $0 < 2\alpha < 1$ のとき不適である
　ことを示さないと不完全

研究 〈$f'(x)$ の符号を直接調べる〉

$y = 2\alpha x$ と $y = \sin x$ のグラフを利用して
$f'(x) = 2\alpha x - \sin x$

の符号を直接調べることができます．

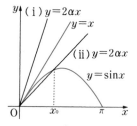

まず，$y = \sin x$ のグラフが $0 \leqq x \leqq \pi$ で上に
凸であることと，原点における接線が $y = x$ で
あることに注意します．

(i) $2\alpha \geqq 1$ のとき，

接線との傾きの比較から，
$f'(x) = 2\alpha x - \sin x \geqq 0 \ (x \geqq 0)$ となります．

(ii) $0 < 2\alpha < 1$ のとき，

$f'(x_0) = 0 \ (0 < x_0 < \pi)$ を満たす x_0 が存在して，$f'(x) < 0 \ (0 < x < x_0)$ が
成立します．

以下，**解答**と同様です．

演習問題

(44) 不等式 $\log(1+x) \leqq x - \dfrac{x^2}{2} + ax^3$ がすべての $x \geqq 0$ に対して成り立つ
ような実数 a の範囲を求めよ．

問 45 ニュートン法

関数 $f(x)=x^2-2$ で示される曲線上の点 $(x_n,\ f(x_n))$ における接線と x 軸との交点の x 座標を x_{n+1} とする $(n=1,\ 2,\ \cdots)$. このようにして得られる数列 $\{x_n\}$ について，次の問いに答えよ. ただし，$x_1>\sqrt{2}$ とする.

(1) x_{n+1} を x_n を用いて表せ.

(2) $x_n>\sqrt{2}$ であることを示せ.

(3) 数列 $\{x_n\}$ は $\sqrt{2}$ に収束することを示せ. (和歌山県立医科大)

精講 指示通りに数列 $x_1,\ x_2,\ x_3,\ \cdots$ を作図すると，x_n がどんどん $f(x)=0$ の解 $\sqrt{2}$ に近づいていくことがわかります.

このように，接線を利用して解の近似値を求める仕方を**ニュートン法**といいます.

(1) $y=x^2-2$ の接線は，$y \le x^2-2$ の範囲にあるから，原点を通りません. つまり，$x_n \neq 0$ です. これから数列 $\{x_n\}$ が確定することが分かります.

(2) 数学的帰納法が有効です.

(3) 証明の骨子は標問 **6** ですでに学びました.
$$|x_{n+1}-\sqrt{2}\,| \le r|x_n-\sqrt{2}\,|$$
を満たす定数 $r\ (0<r<1)$ を見つけて
$$0 \le |x_n-\sqrt{2}\,| \le r^{n-1}|x_1-\sqrt{2}\,|$$
を導き，はさみ打ちにします.

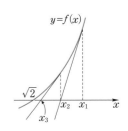

◀ $x_1>\sqrt{2}$ と合わせて

解法のプロセス

$|x_{n+1}-\sqrt{2}\,| \le r|x_n-\sqrt{2}\,|$
を満たす $r(0<r<1)$ を探す
⇩
$0 \le |x_n-\sqrt{2}\,| \le r^{n-1}|x_1-\sqrt{2}\,|$
として，はさみ打ち

〈 **解 答** 〉

(1) 点 $(x_n,\ f(x_n))$ における接線の方程式は
$$\begin{aligned} y&=2x_n(x-x_n)+x_n{}^2-2\\ &=2x_nx-(x_n{}^2+2) \end{aligned}$$

◀ $f'(x)=2x$

$y=0$ とおくと，$x_n \neq 0$ より
$$x=\frac{x_n{}^2+2}{2x_n}$$
したがって
$$x_{n+1}=\frac{1}{2}\left(x_n+\frac{2}{x_n}\right)$$

(2) $x_1>\sqrt{2}$. そこで，あるＮに対して $x_n>\sqrt{2}$ が成り立つと仮定すると

◀ 数学的帰納法を使う

$$x_{n+1}-\sqrt{2}=\frac{x_n{}^2+2}{2x_n}-\sqrt{2}=\frac{x_n{}^2-2\sqrt{2}\,x_n+2}{2x_n}$$

$$=\frac{(x_n-\sqrt{2})^2}{2x_n}>0 \qquad \cdots\cdots①$$

ゆえに，数学的帰納法により，すべての自然数 n に対して，$x_n>\sqrt{2}$

(3)　①より

$$x_{n+1}-\sqrt{2}=\frac{x_n-\sqrt{2}}{2x_n}(x_n-\sqrt{2})$$

$$=\frac{1}{2}\Big(1-\frac{\sqrt{2}}{x_n}\Big)(x_n-\sqrt{2}) \quad \cdots\cdots②$$

◀ $x_{n+1}-\sqrt{2}$
$=\boxed{}(x_n-\sqrt{2})$
の形に変形

(2)より

$$0<\frac{1}{2}\Big(1-\frac{\sqrt{2}}{x_n}\Big)<\frac{1}{2} \qquad \cdots\cdots③$$

◀ $\boxed{}$ の絶対値 $<r\,(<1)$ を満たす r を見つける

②，③より

$$x_{n+1}-\sqrt{2}<\frac{1}{2}(x_n-\sqrt{2})$$

◀ この種の解法の基本形

$$\therefore\quad 0<x_n-\sqrt{2}<\Big(\frac{1}{2}\Big)^{n-1}(x_1-\sqrt{2})$$

◀ はさみ打ち

$\displaystyle\lim_{n\to\infty}\Big(\frac{1}{2}\Big)^{n-1}(x_1-\sqrt{2})=0$ であるから

$$\lim_{n\to\infty}x_n=\sqrt{2}$$

研究　$x_1=\dfrac{3}{2}$ として，(1)の結果を使い実際に計算すれば

$$x_2=\frac{17}{12}=1.416666\cdots,\quad x_3=\frac{577}{408}=1.414215\cdots$$

x_3 で $\sqrt{2}$ との差はすでに 10^{-5} より小さくなります．

演習問題

45　$f(x)=\dfrac{1}{2}\cos x$ とする．

(1)　$x=f(x)$ はただ1つの解をもつことを証明せよ．

(2)　任意の $x,\ y$ に対し $|f(x)-f(y)|\leqq\dfrac{1}{2}|x-y|$ が成り立つことを証明せよ．

(3)　任意の a に対して，$a_0=a,\ a_n=f(a_{n-1})\ (n\geqq1)$ で定められる数列 $\{a_n\}$ は，$x=f(x)$ の解に収束することを証明せよ．

(三重大)

46 速度・加速度

動点Pの座標 $(x,\ y)$ が時刻 t の関数として

$$x=e^t\cos t,\quad y=e^t\sin t$$

で表されるとき，次の問いに答えよ．ただし，Oは座標原点である．

(1) 速度ベクトル $\vec{v}$ と $\overrightarrow{\mathrm{OP}}$ とのなす角 θ を求めよ．

(2) 加速度ベクトル $\vec{a}$ と $\overrightarrow{\mathrm{OP}}$ とのなす角 φ を求めよ．

第2章

精講 動点 P$(x,\ y)$ の位置ベクトルを $\vec{p}$ とします．Pの速度，加速度はそれ

ぞれベクトル

$$\begin{aligned}
\vec{v}&=\lim_{\varDelta t\to 0}\frac{\vec{p}(t+\varDelta t)-\vec{p}(t)}{\varDelta t}\\
&=\lim_{\varDelta t\to 0}\left(\frac{x(t+\varDelta t)-x(t)}{\varDelta t},\ \frac{y(t+\varDelta t)-y(t)}{\varDelta t}\right)\\
&=\left(\frac{dx}{dt},\ \frac{dy}{dt}\right)\\
\vec{a}&=\left(\frac{d^2x}{dt^2},\ \frac{d^2y}{dt^2}\right)
\end{aligned}$$

によって与えられます．

したがって，$\vec{v}$ はPの描く軌跡に接し，進行方向を向くことがわかります．

(1) 直接 $\overrightarrow{\mathrm{OP}}=\vec{p}$ と $\vec{v}$ のなす角 θ を求めることができないので，内積を利用して

$$\cos\theta=\frac{\vec{p}\cdot\vec{v}}{|\vec{p}||\vec{v}|}$$

を計算し，次に θ の値を定めます．

(2) (1)と同様です．

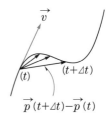

> 解法のプロセス
>
> $\vec{v}$ を計算する
> ⇩
> 内積を用いて $\cos\theta$ を求める
> ⇩
> θ を決定する

〈 **解 答** 〉

(1) $\overrightarrow{\mathrm{OP}}=\vec{p}$ とおく．

$x=e^t\cos t,\ y=e^t\sin t$ より

$$\frac{dx}{dt}=e^t(\cos t-\sin t),\ \frac{dy}{dt}=e^t(\sin t+\cos t)\quad\cdots\cdots(*)$$

$$\therefore\ \begin{cases}\vec{p}=e^t(\cos t,\ \sin t)\\ \vec{v}=e^t(\cos t-\sin t,\ \sin t+\cos t)\end{cases}$$

ゆえに

$$|\vec{p}| = e^t$$

$$|\vec{v}| = e^t\sqrt{(\cos t - \sin t)^2 + (\sin t + \cos t)^2}$$

$$= \sqrt{2}\, e^t$$

$$\vec{p} \cdot \vec{v} = e^{2t}\{\cos t(\cos t - \sin t) + \sin t(\sin t + \cos t)\}$$

$$= e^{2t}$$

したがって,

$$\cos\theta = \frac{\vec{p} \cdot \vec{v}}{|\vec{p}||\vec{v}|} = \frac{e^{2t}}{e^t \cdot \sqrt{2}\, e^t} = \frac{1}{\sqrt{2}} \qquad \therefore \quad \theta = \frac{\pi}{4}$$

(2)　$\vec{v}$ の各成分をさらに t で微分する.

$$\frac{d^2x}{dt^2} = e^t(\cos t - \sin t) + e^t(-\sin t - \cos t)$$

$$= -2e^t\sin t$$

$$\frac{d^2y}{dt^2} = e^t(\sin t + \cos t) + e^t(\cos t - \sin t)$$

$$= 2e^t\cos t$$

$$\therefore \quad \vec{a} = 2e^t(-\sin t,\ \cos t)$$

ゆえに,

$$\vec{p} \cdot \vec{a} = 2e^{2t}(-\sin t\cos t + \sin t\cos t) = 0 \qquad \therefore \quad \varphi = \frac{\pi}{2}$$

研究　〈別の見方〉

(1)の計算結果(*)

$$\frac{dx}{dt} = x - y, \quad \frac{dy}{dt} = x + y$$

を変形すると

$$\frac{dx}{dt} = \sqrt{2}\left(x\cos\frac{\pi}{4} - y\sin\frac{\pi}{4}\right)$$

$$\frac{dy}{dt} = \sqrt{2}\left(x\sin\frac{\pi}{4} + y\cos\frac{\pi}{4}\right)$$

◀ 複素数平面の
演習問題 112-3 を参照

すなわち, $\vec{p}$ を時間微分することは, $\vec{p}$ を原点のまわりに $\dfrac{\pi}{4}$ 回転して $\sqrt{2}$ 倍することを意味します. したがって, もう一度時間微分して得られる加速度は, $\vec{p}$ を原点のまわりに $\dfrac{\pi}{2}$ 回転した後2倍したものです.

演習問題

(46)　水面上 30 m の岸壁の頂から, 58 m の綱で船を引き寄せる. 毎秒 4 m の速さで綱をたぐると, 2秒後の船の速度および加速度はいくらか. (早稲田大)

xy 平面上の曲線 $y=\sin x$ に沿って，図
のように左から右に進む動点Pがある．Pの
速さが一定 V（$V>0$）であるとき，Pの加速
度ベクトル $\vec{a}$ の大きさの最大値を求めよ．

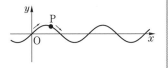

ただし，Pの速さとはPの速度ベクトル $\vec{v}=(v_1,\ v_2)$ の大きさであり，また
t を時間として，$\vec{a}=\left(\dfrac{dv_1}{dt},\ \dfrac{dv_2}{dt}\right)$ である． （東京大）

精講 速さが一定ですから，$\vec{v}$ は向きだけ
が変化します．よって，$|\vec{a}|$ は $\vec{v}$ の
向きの時間に対する変化率の大きさに比例するは
ずです． ……(*)
したがって，$|\vec{a}|$ が最大となるのは，曲線 $y=\sin x$
の曲がり方の強度が最大のところ，すなわち，頂
上と谷底のところに違いありません．
　見当が付いたら，あとはしっかり計算します．

解法のプロセス

P$(x,\ y)$ の速さが一定
⇩
$\dfrac{dx}{dt}$ が x の式で表せる
⇩
$|\vec{a}|$ が x の式で表せる

〈 **解　答** 〉

P$(x,\ y)$，$y=\sin x$ より

$$v_1=\frac{dx}{dt}\ (>0) \qquad\qquad \cdots\cdots ①$$
　　◆ Pは左から右へ進む

$$v_2=\frac{dy}{dt}=\frac{dy}{dx}\cdot\frac{dx}{dt}=\cos x\cdot\frac{dx}{dt} \qquad \cdots\cdots ②$$

ゆえに，$|\vec{v}|=V$ より
　　◆ $V=\sqrt{v_1{}^2+v_2{}^2}$

$$\sqrt{1+\cos^2 x}\,\frac{dx}{dt}=V$$

$$\therefore\quad \frac{dx}{dt}=V(1+\cos^2 x)^{-\frac{1}{2}} \qquad \cdots\cdots ③$$

したがって，①，③より

$$\frac{dv_1}{dt}=\frac{d}{dt}\left(\frac{dx}{dt}\right)$$

$$=-\frac{1}{2}V(1+\cos^2 x)^{-\frac{3}{2}}2\cos x(-\sin x)\frac{dx}{dt}$$

$$=V\sin x\cos x(1+\cos^2 x)^{-\frac{3}{2}}\frac{dx}{dt}$$

第2章

$$= V^2 \sin x \cos x (1+\cos^2 x)^{-2} \qquad \cdots\cdots ④$$

一方，②，③，④より

$$\frac{dv_2}{dt} = -\sin x \left(\frac{dx}{dt}\right)^2 + \cos x \cdot \frac{d}{dt}\left(\frac{dx}{dt}\right)$$

← 右辺第2項には④を代入

$$= -V^2 \sin x (1+\cos^2 x)^{-1}$$
$$+ V^2 \sin x \cos^2 x (1+\cos^2 x)^{-2}$$
$$= -V^2 \sin x (1+\cos^2 x)^{-2} \qquad \cdots\cdots ⑤$$

④，⑤より

$$|\vec{\alpha}|^2 = V^4 \sin^2 x \cos^2 x (1+\cos^2 x)^{-4}$$
$$+ V^4 \sin^2 x (1+\cos^2 x)^{-4}$$

← $|\vec{\alpha}|^2 = \left(\frac{dv_1}{dt}\right)^2 + \left(\frac{dv_2}{dt}\right)^2$

$$= V^4 \sin^2 x (1+\cos^2 x)^{-3}$$
$$= V^4 \frac{1-\cos^2 x}{(1+\cos^2 x)^3}$$

$|\vec{\alpha}|^2$ は $\cos^2 x$ $(0 \leqq \cos^2 x \leqq 1)$ の減少関数である
から，$\cos^2 x = 0$，すなわち，$\cos x = 0$ のとき $|\vec{\alpha}|$ は
最大で

← $x = \frac{\pi}{2} + n\pi$ （n は整数）

$$(|\vec{\alpha}| \text{ の最大値}) = V^2$$

となる．

研究 〈別解〉

精講，(*)に従って，$\vec{v}$ の向きをそれ
が x 軸の正の向きとなす角 θ $\left(-\dfrac{\pi}{2} < \theta < \dfrac{\pi}{2}\right)$
で表すと，計算量を軽減することができます．

$\vec{v} = (V\cos\theta,\ V\sin\theta)$ を時間 t で微分すると

$$\vec{\alpha} = \left(-V\sin\theta \cdot \frac{d\theta}{dt},\ V\cos\theta \cdot \frac{d\theta}{dt}\right)$$

$$\therefore\ |\vec{\alpha}|^2 = V^2 \left(\frac{d\theta}{dt}\right)^2 \qquad \cdots\cdots ㋐$$

← 確かに $|\vec{\alpha}|$ は $\left|\dfrac{d\theta}{dt}\right|$ に比例する

一方，点 $P(x,\ \sin x)$ における $\vec{v}$ の傾き
$\tan\theta$ と接線の傾き $\cos x$ は等しいから

$$\tan\theta = \cos x \qquad \cdots\cdots ㋑$$

㋑を t で微分すると

$$\frac{1}{\cos^2\theta} \cdot \frac{d\theta}{dt} = -\sin x \cdot \frac{dx}{dt}$$

よって

$$\left(\frac{d\theta}{dt}\right)^2 = \cos^4\theta (1-\cos^2 x)\left(\frac{dx}{dt}\right)^2$$

← $\dfrac{dx}{dt} = V\cos\theta$ と㋑

$$= \cos^4\theta(1-\tan^2\theta)(V\cos\theta)^2$$
$$= V^2(1-\tan^2\theta)(\cos^2\theta)^3 \qquad \leftarrow \cos^2\theta = \frac{1}{1+\tan^2\theta}$$
$$= V^2\frac{1-\tan^2\theta}{(1+\tan^2\theta)^3}$$

これを㋐に代入すると

$$|\vec{\alpha}|^2 = V^4\frac{1-\tan^2\theta}{(1+\tan^2\theta)^3} \qquad \leftarrow \text{㋑より, } 0 \leq \tan^2\theta \leq 1$$

右辺は $\tan^2\theta$ の減少関数であるから,
$\tan\theta=0$ のとき $\qquad\qquad \leftarrow$ すなわち, $\cos x=0$ のとき

$$(|\vec{\alpha}| \text{ の最大値}) = V^2$$

〈$\sin x$ と $|\vec{\alpha}|$ のグラフ〉

右図は, $y=\sin x$ と,

$$|\vec{\alpha}| = V^2\sqrt{\frac{1-\cos^2 x}{(1+\cos^2 x)^3}} \quad \text{(青線)}$$

のグラフを同時に描いたものです.
ただし, $V=1$ としてあります.

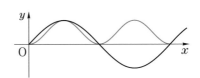

第2章

演習問題

(47-1) 机上に高さ 10 の空の容器がある. この容器に単位時間あたり v の一定
の割合で水を注入する. 水面の上昇する速さは, 水面の高さ h の関数として

$$\frac{\sqrt{2+h}}{\log(2+h)} \ (0 \leq h \leq 10)$$

で与えられるものとする. 水面の面積が最大となるときの水面の高さを求めよ.

(1992 大阪大・改)

(47-2) 点Pが曲線 $y=\dfrac{e^x+e^{-x}}{2}$ の上を運動している. その速さはつねに毎秒

1であり, 速度ベクトルの x 成分はつねに正である.

(1) 点Pが点 $(0, 1)$ を通過してからの時間を t 秒とするとき, $\dfrac{d}{dt}\left(\dfrac{e^x-e^{-x}}{2}\right)$

の値を求めよ. また, 点Pの x 座標を t で表せ.

(2) 点Pにおけるこの曲線の接線と x 軸との交点をQとする. 点Pが点 $(0, 1)$
を通過してから2秒後の点Qの速さを求めよ.

(北海道大)

第3章　積分法とその応用

標問 **48** 微分積分法の基本定理

$f(t)$ を連続関数とする．区間 $a \leqq t \leqq b$ を n 個の小区間

$$a = t_0 < t_1 < t_2 < \cdots < t_{n-1} < t_n = b$$

に分け，$t_{k-1} \leqq s_k \leqq t_k$ を満たす s_k $(k=1, 2, \cdots, n)$ を任意にとる．これら
を用いてつくられる和

$$\sum_{k=1}^{n} f(s_k)(t_k - t_{k-1})$$

は，すべての小区間の幅が 0 に近づくように $n \to \infty$ として分割を限りなく
細かくすれば，一定の値に近づくことが知られている．この極限値を

$$\int_a^b f(t)\,dt$$

と書く．

このとき，$f(t)$ の原始関数を $F(t)$ とすれば

$$\int_a^b f(t)\,dt = F(b) - F(a)$$

が成り立つ．

$F(t)$ を数直線上を運動する点Pの時刻 t における位置，$f(t)$ $(=F'(t))$
を速度とみてこのことを説明せよ．

精講 等式

$$\int_a^b f(x)\,dx = F(b) - F(a)$$

を**微分積分法の基本定理**といいます．細かく分け
たものの総和の極限が，単に原始関数の値の差と
して計算できることを保証するからです．面積や
体積，あるいは速度から変位を簡単に求めること
ができるのはこの定理のおかげです．問題ごとに
いちいち極限値

$$\lim_{n \to \infty} \sum_{k=1}^{n} f(s_k)(t_k - t_{k-1})$$

を計算する煩わしさを考えれば実に有難い定理で
す．

17世紀後半，西欧の自然哲学界には2人の巨人がそびえ立っていました．

ニュートン（英，1642〜1727）は地上の落体の運動と天界の惑星の運行が同じ万有引力から引き起こされることを見抜いて，これらを統一的に説明しました．一方大陸では，万能の人ライプニッツ（独，1646〜1716）が普遍記号学を提唱し，人間の思考一般を記号化して計算可能にする夢のような理論を構想していたのです．

⬅ Newton

⬅ Leibniz

⬅ 人工知能の起源

第3章

基本定理はこの2人によってほとんど同時に発見され，これを契機として近代数学は爆発的な勢いで発展することになります．

本問では，基本定理を運動学的に解釈して，直感的に理解することが目標です．

滑らかな運動は，微小時間に限れば，等速度運動すると考えられます．したがって，速度が $f(t)$ のとき，微小時間 Δt 内に $f(t)\Delta t$ だけ移動するとみてよいでしょう．これらを次々に加えると，$a \leqq t \leqq b$ での位置の変化 $F(b)-F(a)$ に等しくなるはずです．

解法のプロセス

微小時間 Δt 内では等速運動
⇩
$f(t)\Delta t$ だけ移動
⇩
総和は $F(b)-F(a)$

〈 **解 答** 〉

点Pは各微小区間 $t_{k-1} \leqq t \leqq t_k$ 内でほぼ等速度 $f(s_k)$ で動くから

$$f(s_k)(t_k - t_{k-1})$$

だけ移動すると考えられる．

$$\therefore \quad F(t_k) - F(t_{k-1}) \fallingdotseq f(s_k)(t_k - t_{k-1}) \quad \cdots\cdots①$$

①を $k=1,\ 2,\ \cdots,\ n$ について加えると

$$F(b) - F(a) \fallingdotseq \sum_{k=1}^{n} f(s_k)(t_k - t_{k-1}) \quad \cdots\cdots②$$

$n \to \infty$ として各微小時間の幅を 0 に近づければ，極限において①の等号が成立するから，②の等号も成立して

$$F(b) - F(a) = \lim_{n \to \infty} \sum_{k=1}^{n} f(s_k)(t_k - t_{k-1})$$

$$= \int_a^b f(t)\,dt$$

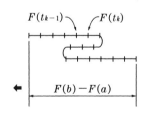

⬅

$$\sum_{k=1}^{n} \{F(t_k) - F(t_{k-1})\}$$
$$= F(t_n) - F(t_0)$$
$$= F(b) - F(a)$$

研究　〈微分と積分の関係〉

$a<b$ の場合をもとにして

$$\begin{cases} a=b \ \text{のとき,} \ \displaystyle\int_a^b f(t)\,dt=0 \\ a>b \ \text{のとき,} \ \displaystyle\int_a^b f(t)\,dt=-\int_b^a f(t)\,dt \end{cases}$$

と定めれば，定積分がすべての場合に定義され数学Ⅱで学んだ計算法則がそのまま成り立ちます．

本問において，積分の上端 b を変数 x に変えて微分すると

$$\frac{d}{dx}\int_a^x f(t)\,dt=\frac{d}{dx}\{F(x)-F(a)\}=F'(x)=f(x)$$

すなわち，微分と積分は互いに逆演算の関係にあることがわかります．

こちらの方を基本定理ということもあります．

〈定積分のイメージ〉

定積分 $\displaystyle\int_a^b f(t)\,dt$ の定義は標問に示した通りですが，もっと大らかに分割を限りなく細かくするとき，t_k-t_{k-1} と $\sum$ がそれぞれ dt と $\int$ に変化するとみて

$f(t)$ と dt を掛けた微小量 $f(t)\,dt$ を
a から b まで滑らかに足したものが積分

だと考えてよいでしょう．

直感的な理解は積分を応用していく上でとても
大切です．たとえば

$f(t)$ が高さのとき，$f(t)\,dt$ は微小面積

$f(t)$ が断面積のとき，$f(t)\,dt$ は微小体積

を表すので，それを a から b まで滑らかに加えた

$$\int_a^b f(t)\,dt$$

はそれぞれ面積，体積になります．このような考
え方を**区分求積**といいます．

そして，$f(t)$ の原始関数 $F(t)$ がわかれば，基
本定理によってその値

$F(b)-F(a)$

が求まります．

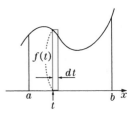

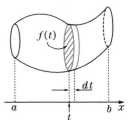

問 49　基本的な積分 (1)

次の不定積分を求めよ.

(1) $\displaystyle\int \frac{2-4x}{\sqrt[3]{x}}\,dx$

(2) $\displaystyle\int \frac{x}{\sqrt{x+2}-\sqrt{2}}\,dx$

(3) $\displaystyle\int \frac{1}{3-2x}\,dx$

(4) $\displaystyle\int (e^{3x}+2^x)\,dx$

(5) $\displaystyle\int \tan^2 x\,dx$

(6) $\displaystyle\int \sin^2 x\,dx$

(7) $\displaystyle\int \cos^4 x\,dx$

(8) $\displaystyle\int \sin 3x\cos x\,dx$

第3章

精講　微分の公式 (標問 **19**) を逆さ読みすることで以下の積分の基本公式が得られます.

① $\displaystyle\int x^r\,dx = \frac{x^{r+1}}{r+1}+C \quad (r\neq -1)$

② $\displaystyle\int \frac{1}{x}\,dx = \log|x|+C$

③ $\displaystyle\int e^x\,dx = e^x+C$

④ $\displaystyle\int a^x\,dx = \frac{a^x}{\log a}+C \quad (a>0,\ a\neq 1)$

⑤ $\displaystyle\int \cos x\,dx = \sin x+C$

⑥ $\displaystyle\int \sin x\,dx = -\cos x+C$

⑦ $\displaystyle\int \frac{1}{\cos^2 x}\,dx = \tan x+C$

②は説明が必要でしょう. $x<0$ のとき

$$(\log|x|)' = \{\log(-x)\}' = \frac{1}{-x}(-x)' = \frac{1}{x}$$

となるので, $x>0$ のときと合わせて②が成立します.

本問では, $F'(x)=f(x)$ のとき

$$\int f(ax+b)\,dx = \frac{1}{a}F(ax+b)+C$$

であることを使えば直ちに基本公式に帰着するものだけを扱います.

解法のプロセス

(1) ①による

(2) 分母を有理化

(3) ②による

(4) ③, ④による

(5) $1+\tan^2 x = \dfrac{1}{\cos^2 x}$
　　と⑦による

(6) 次数下げ

(7) 次数下げをくり返す

(8) 積を和に直して, 次数を下げる

なお,
　　三角関数の積分は次数を下げる
のが原則です.

〈 解　答 〉

(1) $\displaystyle\int\frac{2-4x}{\sqrt[3]{x}}dx=\int\left(2x^{-\frac{1}{3}}-4x^{\frac{2}{3}}\right)dx$

$\displaystyle=3x^{\frac{2}{3}}-\frac{12}{5}x^{\frac{5}{3}}+C$

(2) $\displaystyle\int\frac{x}{\sqrt{x+2}-\sqrt{2}}dx=\int\frac{x(\sqrt{x+2}+\sqrt{2})}{(x+2)-2}dx$　　　←分母を有理化

$\displaystyle=\int\left\{(x+2)^{\frac{1}{2}}+\sqrt{2}\right\}dx$

$\displaystyle=\frac{2}{3}(x+2)^{\frac{3}{2}}+\sqrt{2}\,x+C$

(3) $\displaystyle\int\frac{1}{3-2x}dx$　　　←$3-2x$ をかたまりとみる

$\displaystyle=-\frac{1}{2}\log|3-2x|+C$

(4) $\displaystyle\int(e^{3x}+2^x)dx$　　　←$\int 2^x dx=\int e^{x\log2}dx$ と直してもよい

$\displaystyle=\frac{1}{3}e^{3x}+\frac{2^x}{\log2}+C$

(5) $\displaystyle\int\tan^2 x\,dx=\int\left(\frac{1}{\cos^2 x}-1\right)dx$　　　←$1+\tan^2 x=\dfrac{1}{\cos^2 x}$

$=\tan x-x+C$

(6) $\displaystyle\int\sin^2 x\,dx=\int\frac{1-\cos2x}{2}dx$　　　←半角の公式

$\displaystyle=\frac{1}{2}x-\frac{1}{4}\sin2x+C$

(7) $\displaystyle\int\cos^4 x\,dx=\int\left(\frac{1+\cos2x}{2}\right)^2 dx$　　　←半角の公式

$\displaystyle=\frac{1}{4}\int(1+2\cos2x+\cos^2 2x)dx$　　　←再び半角の公式

$\displaystyle=\frac{1}{4}\int\left(1+2\cos2x+\frac{1+\cos4x}{2}\right)dx$

$\displaystyle=\int\left(\frac{3}{8}+\frac{1}{2}\cos2x+\frac{\cos4x}{8}\right)dx$

$\displaystyle=\frac{3}{8}x+\frac{1}{4}\sin2x+\frac{1}{32}\sin4x+C$

(8) $\displaystyle\int \sin 3x \cos x\,dx$

$\quad = \dfrac{1}{2}\displaystyle\int(\sin 4x + \sin 2x)\,dx$

$\quad = -\dfrac{1}{8}\cos 4x - \dfrac{1}{4}\cos 2x + C$

$\quad\Leftarrow \sin\alpha\cos\beta$
$\quad = \dfrac{1}{2}\{\sin(\alpha+\beta)+\sin(\alpha-\beta)\}$

研究 〈三角関数の公式〉
　　　以下の諸公式は使えるようにしましょう.

2倍角の公式
$$\begin{cases} \sin 2\alpha = 2\sin\alpha\cos\alpha \\ \cos 2\alpha = \cos^2\alpha - \sin^2\alpha \\ \qquad\quad = 2\cos^2\alpha - 1 \quad \cdots\cdots ⑦ \\ \qquad\quad = 1 - 2\sin^2\alpha \quad \cdots\cdots ④ \end{cases}$$

半角の公式
$$\begin{cases} \cos^2\alpha = \dfrac{1+\cos 2\alpha}{2} \\[2mm] \sin^2\alpha = \dfrac{1-\cos 2\alpha}{2} \end{cases}$$

$\Leftarrow$ ⑦による

$\Leftarrow$ ④による

3倍角の公式
$$\begin{cases} \sin 3\alpha = 3\sin\alpha - 4\sin^3\alpha \\ \cos 3\alpha = 4\cos^3\alpha - 3\cos\alpha \end{cases}$$

$\Leftarrow \sin(2\alpha+\alpha)$ を展開

$\Leftarrow \cos(2\alpha+\alpha)$ を展開

積を和・差に変える公式
$$\sin\alpha\cos\beta = \dfrac{1}{2}\{\sin(\alpha+\beta)+\sin(\alpha-\beta)\}$$

etc.

$\Leftarrow$ 右辺を展開

和・差を積に変える公式
$$\sin A + \sin B = 2\sin\dfrac{A+B}{2}\cos\dfrac{A-B}{2}$$

etc.

$\Leftarrow$ 上式で
$\alpha+\beta=A,\ \alpha-\beta=B$ とおく

〈(8)の別解〉
標問 **50** の方法を先取りして次のようにしてもよい.

$\quad\displaystyle\int \sin 3x \cos x\,dx$

$\quad = \displaystyle\int(3\sin x - 4\sin^3 x)(\sin x)'\,dx$

$\quad = \dfrac{3}{2}\sin^2 x - \sin^4 x + C$

第3章

標問 **50** **基本的な積分** (2)

次の不定積分を求めよ.

(1) $\displaystyle\int \frac{x^2}{\sqrt{x^3+2}}dx$

(2) $\displaystyle\int \frac{e^x}{\sqrt{e^x+1}}dx$

(3) $\displaystyle\int \sin^3 x\,dx$

(4) $\displaystyle\int \sin^2 x\cos^3 x\,dx$

(5) $\displaystyle\int \tan x\,dx$

(6) $\displaystyle\int \frac{1}{x\log x}dx$

精講 本問では，次の2つの公式で計算できる積分の練習をします.

① $\displaystyle\int \{f(x)\}^r f'(x)\,dx = \frac{\{f(x)\}^{r+1}}{r+1}+C$
$$(r \neq -1)$$

② $\displaystyle\int \frac{f'(x)}{f(x)}dx = \log|f(x)|+C$

いずれも右辺を微分すると左辺の被積分関数と一致します.

公式を適用する際には

被積分関数を $f(x)$ と $f'(x)$ に分ける

と考えればよいでしょう. ある部分を $f(x)$ とみたとき，残りの部分が $f'(x)$ になるように $f(x)$ を選びます.

▶解法のプロセス

(1), (2) ①による

(3), (4) 奇数乗に注目して，①を使う

(5) $\cos x$, $\sin x$ で表して，②を使う

(6) ②による

――――〈 **解答** 〉――――

(1) $\displaystyle\int \frac{x^2}{\sqrt{x^3+2}}dx$ ← $x^2=\dfrac{1}{3}(x^3+2)'$

$=\displaystyle\frac{1}{3}\int (x^3+2)^{-\frac{1}{2}}(x^3+2)'\,dx$

$=\displaystyle\frac{2}{3}(x^3+2)^{\frac{1}{2}}+C$ ← これを答えにしてもよい

$=\displaystyle\frac{2}{3}\sqrt{x^3+2}+C$ ← 微分して検算する

(2) $\displaystyle\int \frac{e^x}{\sqrt{e^x+1}}dx = \int (e^x+1)^{-\frac{1}{2}}(e^x+1)'\,dx$ ← $e^x=(e^x+1)'$

$=2\sqrt{e^x+1}+C$

(3) $\displaystyle\int \sin^3 x \, dx = \int (1-\cos^2 x) \sin x \, dx$ ← 奇数乗に注目

    $\displaystyle = -\int (1-\cos^2 x)(\cos x)' \, dx$ ← $\sin x = -(\cos x)'$

    $\displaystyle = \frac{1}{3} \cos^3 x - \cos x + C$

(4) $\displaystyle\int \sin^2 x \cos^3 x \, dx$ ← 奇数乗に注目

    $\displaystyle = \int \sin^2 x (1-\sin^2 x) \cos x \, dx$ ← $\cos x = (\sin x)'$

    $\displaystyle = \int (\sin^2 x - \sin^4 x)(\sin x)' \, dx$

    $\displaystyle = \frac{1}{3} \sin^3 x - \frac{1}{5} \sin^5 x + C$

(5) $\displaystyle\int \tan x \, dx = \int \frac{\sin x}{\cos x} \, dx$

    $\displaystyle = -\int \frac{(\cos x)'}{\cos x} \, dx$

    $\displaystyle = -\log|\cos x| + C$ ← 公式

(6) $\displaystyle\int \frac{1}{x\log x} \, dx = \int \frac{(\log x)'}{\log x} \, dx$ ← $\dfrac{1}{x} = (\log x)'$

    $\displaystyle = \log|\log x| + C$

研究 (3) 3倍角の公式
$$\sin 3x = 3\sin x - 4\sin^3 x$$
を利用して次数を下げて
$$\int \sin^3 x \, dx = \int \frac{3\sin x - \sin 3x}{4} \, dx$$
$$= -\frac{3}{4}\cos x + \frac{1}{12}\cos 3x + C$$
とすることもできます. 結果が違うようにみえますが
$$\cos 3x = 4\cos^3 x - 3\cos x$$
を代入すれば一致します.

演習問題

50 次の定積分を計算せよ.

(1) $\displaystyle\int_0^{\frac{\pi}{2}} \frac{\sin x \cos x}{1+\sin^2 x} \, dx$ (東京電機大)

(2) $\displaystyle\int_0^1 \frac{x}{1+x^2} \log(1+x^2) \, dx$ (東海大)

標問 **51** 分数関数の積分

次の不定積分を求めよ.

(1) $\displaystyle\int \frac{1}{4-x^2}\,dx$

(2) $\displaystyle\int \frac{x^3+2x^2-6}{x^2+x-2}\,dx$

(3) $\displaystyle\int \frac{9x^2}{(x-1)^2(x+2)}\,dx$

(4) $\displaystyle\int \frac{x^3+x^2+1}{x^2(x^2+1)}\,dx$

→ **精 講**　分数関数を積分するには，必要ならば割り算によって多項式と真分数式（分子が分母より低次の分数式）の和に直し，次にその真分数式を部分分数に分けます.

〈**例 1**〉　$\dfrac{1}{x(x+1)}$ を部分分数 $\dfrac{1}{x}$ と $\dfrac{1}{x+1}$ に分けて

$$\int \frac{1}{x(x+1)}\,dx = \int\left(\frac{1}{x}-\frac{1}{x+1}\right)dx$$
$$= \log|x|-\log|x+1|+C$$
$$= \log\left|\frac{x}{x+1}\right|+C$$

数学Ⅲで扱う真分数式は，次のようにして部分分数の和に直すことができます.

分母を実数の範囲で因数分解すると，n を自然数，$a \neq 0$ として
　(A)　$(ax+b)^n$
または
　(B)　$ax^2+bx+c \quad (b^2-4ac<0)$
の形をしたいくつかの互いに素な多項式の積になります. このとき，(A)型からは

$$\frac{c_1}{ax+b}+\frac{c_2}{(ax+b)^2}+\cdots+\frac{c_n}{(ax+b)^n}$$

(B)型からは

$$\frac{px+q}{ax^2+bx+c}$$

という形の部分分数が現れます.

解法のプロセス

(1) 例1と同じ

(2) 割り算して
　　　⇩
　　部分分数に分ける

(3) $\dfrac{a}{x-1}+\dfrac{b}{(x-1)^2}+\dfrac{c}{x+2}$
とおく

(4) $\dfrac{a}{x}+\dfrac{b}{x^2}+\dfrac{cx+d}{x^2+1}$
とおく

← (A)型に対する分数の分子は定数

← (B)型に対する分数の分子は高々1次式

〈例2〉

$$\frac{x^7+1}{x^2(x-2)^3(x^2+1)(x^2+2x+2)}$$

$$=\frac{a}{x}+\frac{b}{x^2}+\frac{c}{x-2}+\frac{d}{(x-2)^2}+\frac{e}{(x-2)^3}+\frac{px+q}{x^2+1}+\frac{rx+s}{x^2+2x+2}$$

とおいてすべての係数を決定できる.

〈 解 答 〉

(1) $\displaystyle\int\frac{1}{4-x^2}dx=\int\frac{1}{(2+x)(2-x)}dx$

$\displaystyle=\frac{1}{4}\int\left(\frac{1}{2+x}+\frac{1}{2-x}\right)dx$

$\displaystyle=\frac{1}{4}(\log|2+x|-\log|2-x|)+C$ 　　← $(\log|2-x|)'=\dfrac{-1}{2-x}$ に注意

$\displaystyle=\frac{1}{4}\log\left|\frac{2+x}{2-x}\right|+C$

(2) $\displaystyle\frac{x^3+2x^2-6}{x^2+x-2}=x+1+\frac{x-4}{x^2+x-2}$ 　　← 割り算して真分数式に直す

$\displaystyle=x+1+\frac{x-4}{(x+2)(x-1)}$

$\displaystyle\frac{x-4}{(x+2)(x-1)}=\frac{a}{x+2}+\frac{b}{x-1}$

とおくと

$x-4=a(x-1)+b(x+2)$
$=(a+b)x-a+2b$ 　　← (3), (4)ではこの計算を省略し, 結果のみを示す

∴ $a+b=1,\ -a+2b=-4$

∴ $a=2,\ b=-1$

ゆえに

$\displaystyle\int\frac{x^3+2x^2-6}{x^2+x-2}dx=\int\left(x+1+\frac{2}{x+2}-\frac{1}{x-1}\right)dx$

$\displaystyle=\frac{1}{2}x^2+x+2\log|x+2|-\log|x-1|+C$

$\displaystyle=\frac{1}{2}x^2+x+\log\frac{(x+2)^2}{|x-1|}+C$

(3) $\displaystyle\frac{9x^2}{(x-1)^2(x+2)}=\frac{a}{x-1}+\frac{b}{(x-1)^2}+\frac{c}{x+2}$ 　　← 分子はすべて定数

とおく.

係数比較により

$$a=5, \quad b=3, \quad c=4$$

ゆえに

$$\int \frac{9x^2}{(x-1)^2(x+2)} \, dx$$

$$= \int \left\{ \frac{5}{x-1} + \frac{3}{(x-1)^2} + \frac{4}{x+2} \right\} dx$$

$$= 5\log|x-1| - \frac{3}{x-1} + 4\log|x+2| + C$$

$$= \log(x+2)^4 |x-1|^5 - \frac{3}{x-1} + C$$

(4) $\dfrac{x^3+x^2+1}{x^2(x^2+1)} = \dfrac{a}{x} + \dfrac{b}{x^2} + \dfrac{cx+d}{x^2+1}$

◀ x^2+1 に対する分数の分子
は高々1次式

とおく. 係数比較により

$$a=0, \quad b=1, \quad c=1, \quad d=0$$

ゆえに

$$\int \frac{x^3+x^2+1}{x^2(x^2+1)} \, dx = \int \left(\frac{1}{x^2} + \frac{x}{x^2+1} \right) dx$$

$$= \int \left\{ \frac{1}{x^2} + \frac{1}{2} \cdot \frac{(x^2+1)'}{x^2+1} \right\} dx$$

◀ $\int \dfrac{f'(x)}{f(x)} dx$
$= \log|f(x)| + C$

$$= -\frac{1}{x} + \frac{1}{2} \log(x^2+1) + C$$

研 究 $\left\langle I = \displaystyle\int \frac{px+q}{ax^2+bx+c} \, dx \quad (b^2-4ac<0) \text{ について} \right\rangle$

不定積分 I は, 分子が分母の導関数の定数倍, すなわち

$$px+q = k(2ax+b)$$

と表せる場合には次のようになります.

$$I = k \int \frac{2ax+b}{ax^2+bx+c} \, dx = k \log|ax^2+bx+c| + C$$

これ以外のときは高校数学の範囲内では計算できません. しかし, 定積分
ならば値を知ることができることもあります. (標問 **55**)

演習問題

（51） 次の定積分の値を求めよ.

(1) $\displaystyle\int_{-1}^{0} \frac{1}{(x-1)(x-2)^2} \, dx$

(小樽商科大)

(2) $\displaystyle\int_{0}^{1} \frac{x^2-2x+3}{(x+1)(x^2+1)} \, dx$

問 **52**　**置換積分**

次の不定積分を求めよ.

(1) $\displaystyle\int \frac{x}{\sqrt{2x+1}}\,dx$　　(2) $\displaystyle\int \frac{x^3}{\sqrt{1+x^2}}\,dx$

(3) $\displaystyle\int \frac{1}{e^x+1}\,dx$　　(4) $\displaystyle\int \tan^3 x\,dx$

精講　$\displaystyle\int f(x)\,dx$ において, $x=g(t)$ とおくと, 合成関数の微分法より

$$\frac{d}{dt}\int f(x)\,dx = \frac{d}{dx}\left(\int f(x)\,dx\right)\frac{dx}{dt}$$
$$= f(x)g'(t)$$
$$= f(g(t))g'(t)$$

これから置換積分の公式

$$\int f(x)\,dx = \int f(g(t))g'(t)\,dt$$

が得られます.

右辺の積分がやさしくなるように, うまく $g(t)$ を選びます.

解法のプロセス

(1) $\sqrt{2x+1}=t$ とおく

(2) $\sqrt{1+x^2}=t$ とおく

(3) $e^x=t$ とおく

(4) $\tan x=t$ とおく

← 右辺は
$$\int f(x)\frac{dx}{dt}\,dt$$
とかくこともある

第3章

〈　**解　答**　〉

(1) $\sqrt{2x+1}=t$ とおくと, $x=\dfrac{t^2-1}{2}$

$\dfrac{dx}{dt}=t$ より $dx=t\,dt$ となるので　　← 便宜的に分数式とみてよい

$$\int \frac{x}{\sqrt{2x+1}}\,dx = \int \frac{t^2-1}{2t}\cdot t\,dt$$
$$=\frac{1}{2}\int (t^2-1)\,dt = \frac{1}{6}t^3-\frac{1}{2}t+C$$
$$=\frac{1}{3}(x-1)\sqrt{2x+1}+C$$

← 最後は x の式に直す

(2) $\sqrt{1+x^2}=t$ とおくと, $x^2=t^2-1$

$\dfrac{dt}{dx}=\dfrac{x}{\sqrt{1+x^2}}$ より $\dfrac{x}{\sqrt{1+x^2}}\,dx=dt$

となるから

$$\int \frac{x^3}{\sqrt{1+x^2}}\,dx = \int x^2\cdot\frac{x}{\sqrt{1+x^2}}\,dx$$

$$= \int (t^2-1)\,dt = \frac{1}{3}t^3 - t + C$$

$$= \frac{1}{3}(x^2-2)\sqrt{x^2+1} + C$$

(3)　$e^x = t$ とおくと，$x = \log t$ より

$$\frac{dx}{dt} = \frac{1}{t} \qquad \therefore \quad dx = \frac{1}{t}\,dt$$

ゆえに

$$\int \frac{1}{e^x+1}\,dx = \int \frac{1}{t(t+1)}\,dt$$

$$= \int \left(\frac{1}{t} - \frac{1}{t+1} \right) dt \qquad\qquad \text{◀ 部分分数に分ける}$$

$$= \log t - \log(t+1) + C \qquad\qquad \text{◀ } t = e^x > 0$$

$$= \log \frac{e^x}{e^x+1} + C$$

(4)　$\tan x = t$ とおくと，

$$\frac{dt}{dx} = \frac{1}{\cos^2 x} = 1 + \tan^2 x = 1 + t^2 \text{ より}$$

$$dx = \frac{dt}{1+t^2}$$

ゆえに

$$\int \tan^3 x\,dx = \int \frac{t^3}{1+t^2}\,dt \qquad\qquad \text{◀ 割り算}$$

$$= \int \left(t - \frac{t}{1+t^2} \right) dt$$

$$= \frac{1}{2}t^2 - \frac{1}{2}\log(1+t^2) + C \qquad\qquad \text{◀ } \int \frac{f'(x)}{f(x)}\,dx$$
$$\qquad\qquad\qquad\qquad\qquad\qquad\qquad = \log|f(x)| + C$$

$$= \frac{1}{2}\tan^2 x - \frac{1}{2}\log(1+\tan^2 x) + C \qquad \text{◀ これを答えにしてもよい}$$

$$= \frac{1}{2}\tan^2 x + \log|\cos x| + C$$

研究　$g(x)$ の選び方はいろいろあるのが普通です．本問では，それぞれ

(1)　$2x+1 = t$　　(2)　$1+x^2 = t$　　(3)　$e^x+1 = t$

とおいても計算することができます．

演習問題

(52)　$\displaystyle \int \frac{1}{2+3e^x+e^{2x}}\,dx$ を求めよ． （東京理科大）

問 53 部分積分

次の不定積分を求めよ.

(1) $\displaystyle\int x e^x dx$

(2) $\displaystyle\int x^2 e^{-x} dx$

(3) $\displaystyle\int x \cos^2 x\, dx$

(4) $\displaystyle\int x^2 \sin x\, dx$

(5) $\displaystyle\int \log x\, dx$

(6) $\displaystyle\int \log (x+3)\, dx$

(7) $\displaystyle\int (\log x)^2\, dx$

(8) $\displaystyle\int \dfrac{\log (1+x)}{x^2} dx$

精講　置換積分は合成関数の微分法の読み替えでしたが, 積の微分法を読み替えると部分積分法になります.

$$\{f(x)g(x)\}' = f'(x)g(x) + f(x)g'(x)$$

を積分して

$$f(x)g(x) = \int f'(x)g(x)dx + \int f(x)g'(x)dx$$

これから部分積分の公式

$$\int \overset{\text{積分}}{f'(x)}g(x)\,dx = f(x)g(x) - \int f(x)\underset{\text{微分}}{g'(x)}\,dx$$

が従います. この積分法が役立つのは, 主に被積分関数の形が

$$x^n \times \begin{cases} \text{指数関数} \\ \text{三角関数} \\ \text{対数関数} \end{cases}$$

のいずれかのときであり,

　　指数関数と三角関数は $f'(x)$ とみて積分する
　　対数関数は $g(x)$ とみて微分する

方針で適用します.

解法のプロセス

(1) $x(e^x)'$ とみる

(2) $x^2(-e^{-x})'$ とみて始め, 2回くり返す

(3) $\cos^2 x$ の次数を下げてから計算

(4) $x^2(-\cos x)'$ とみて始め, 2回くり返す

(5) $(x)'\log x$ とみる

(6) $(x+3)'\log(x+3)$ とみる

(7) $(x)'(\log x)^2$ とみて始め, 2回くり返す

(8) $\left(-\dfrac{1}{x}\right)'\log(1+x)$ とみる

〈 **解 答** 〉

(1) $\displaystyle\int xe^x\,dx=\int x(e^x)'\,dx$

$\displaystyle=xe^x-\int e^x\,dx=(x-1)e^x+C$

(2) $\displaystyle\int x^2e^{-x}\,dx=\int x^2(-e^{-x})'\,dx$

$\displaystyle=x^2(-e^{-x})-\int 2x(-e^{-x})\,dx$ ← もう一度部分積分

$\displaystyle=-x^2e^{-x}-2\int x(e^{-x})'\,dx$

$\displaystyle=-x^2e^{-x}-2\left(xe^{-x}-\int e^{-x}\,dx\right)$

$=-(x^2+2x+2)e^{-x}+C$

(3) $\displaystyle\int x\cos^2x\,dx=\int x\cdot\frac{1+\cos 2x}{2}\,dx$ ← 初めに次数を下げる

$\displaystyle=\frac{1}{2}\left\{\int x\,dx+\int x\left(\frac{1}{2}\sin 2x\right)'\,dx\right\}$

$\displaystyle=\frac{1}{2}\left(\frac{1}{2}x^2+x\cdot\frac{1}{2}\sin 2x-\int\frac{1}{2}\sin 2x\,dx\right)$

$\displaystyle=\frac{1}{4}x^2+\frac{1}{4}x\sin 2x+\frac{1}{8}\cos 2x+C$

(4) $\displaystyle\int x^2\sin x\,dx=\int x^2(-\cos x)'\,dx$

$\displaystyle=x^2(-\cos x)-\int 2x(-\cos x)\,dx$

$\displaystyle=-x^2\cos x+2\int x(\sin x)'\,dx$ ← もう一度部分積分

$\displaystyle=-x^2\cos x+2\left(x\sin x-\int\sin x\,dx\right)$

$=-x^2\cos x+2x\sin x+2\cos x+C$

(5) $\displaystyle\int\log x\,dx=\int(x)'\log x\,dx$

$\displaystyle=x\log x-\int x\cdot\frac{1}{x}\,dx=x\log x-x+C$ ← 公式として覚える

(6) $\displaystyle\int\log(x+3)\,dx=\int(x+3)'\log(x+3)\,dx$

$\displaystyle=(x+3)\log(x+3)-\int(x+3)\cdot\frac{1}{x+3}\,dx$

$=(x+3)\log(x+3)-x+C$

(7) $\displaystyle\int (\log x)^2\,dx=\int (x)'(\log x)^2\,dx$

$\displaystyle =x(\log x)^2-\int x\cdot 2\log x\cdot\frac{1}{x}\,dx$

$\displaystyle =x(\log x)^2-2\int \log x\,dx$ ← 2回目は(5)を使う

$\displaystyle =x(\log x)^2-2(x\log x-x)+C$

$\displaystyle =\boldsymbol{x(\log x)^2-2x\log x+2x+C}$

(8) $\displaystyle\int \frac{\log (1+x)}{x^2}\,dx=\int \left(-\frac{1}{x}\right)'\log (1+x)\,dx$

$\displaystyle =-\frac{1}{x}\log (1+x)-\int \left(-\frac{1}{x}\right)\frac{1}{1+x}\,dx$ ← 部分分数に分ける

$\displaystyle =-\frac{1}{x}\log (1+x)+\int \left(\frac{1}{x}-\frac{1}{1+x}\right)dx$

$\displaystyle =-\frac{1}{x}\log (1+x)+\log|x|-\log|1+x|+C$

$\displaystyle =\boldsymbol{-\frac{1}{x}\log (1+x)+\log\left|\frac{x}{1+x}\right|+C}$

研究 (6)は次のように計算することもできます.

$$\int \log (x+3)\,dx=\int (x)'\log (x+3)\,dx$$

$$=x\log (x+3)-\int \frac{x}{x+3}\,dx$$ ← 割って真分数式に直す

$$=x\log (x+3)-\int \left(1-\frac{3}{x+3}\right)dx$$

$$=x\log (x+3)-x+3\log (x+3)+C$$

しかし，割らないですむ分だけ解答の仕方の方が楽です.

演習問題

(53) 次の定積分を計算せよ.

(1) $\displaystyle\int_0^{\frac{\pi}{2}}x^2\cos^2 x\,dx$ （立教大）

(2) $\displaystyle\int_0^1\log (x+\sqrt{1+x^2})\,dx$

標問 **54** $e^{ax}\cos bx$, $e^{ax}\sin bx$ **の積分**

$ab \neq 0$ のとき，次の不定積分を求めよ．

$$I = \int e^{ax}\cos bx\, dx$$

精講 e^{ax} は何回微分しても定数倍しか変化しません．一方，$\cos bx$ は 2 回微分すると定数倍の違いを除いてもとにもどります：

$$(\cos bx)'' = (-b\sin bx)' = -b^2\cos bx$$

このことから，部分積分を 2 度くり返すと I の 1 次方程式が導かれます．

ただし，部分積分の公式の $f'(x)$ とみなす関数（e^{ax} または $\cos bx$）は，2 回とも同じものを選択しないと意味のある方程式を得ることができません．

解法のプロセス

部分積分を 2 回くり返す
⇩
I の 1 次方程式

〈 **解 答** 〉

$$I = \int e^{ax}\cos bx\, dx$$

$$= \int \left(\frac{1}{a}e^{ax}\right)'\cos bx\, dx$$

← $\int e^{ax}\left(\frac{1}{b}\sin bx\right)' dx$ から出発してもよい

$$= \frac{1}{a}e^{ax}\cos bx - \int \frac{1}{a}e^{ax}(-b\sin bx)\, dx$$

$$= \frac{1}{a}e^{ax}\cos bx + \frac{b}{a}\int e^{ax}\sin bx\, dx \qquad \cdots\cdots(*)$$

$$= \frac{1}{a}e^{ax}\cos bx + \frac{b}{a}\int \left(\frac{1}{a}e^{ax}\right)'\sin bx\, dx$$

← $\int e^{ax}\left(-\frac{1}{b}\cos bx\right)' dx$ とすると何も得られない

$$= \frac{1}{a}e^{ax}\cos bx$$
$$\quad + \frac{b}{a}\left(\frac{1}{a}e^{ax}\sin bx - \int \frac{1}{a}e^{ax}\cdot b\cos bx\, dx\right)$$

$$= \frac{1}{a}e^{ax}\cos bx + \frac{b}{a^2}e^{ax}\sin bx - \frac{b^2}{a^2}\int e^{ax}\cos bx\, dx$$

$$= \frac{1}{a^2}e^{ax}(a\cos bx + b\sin bx) - \frac{b^2}{a^2}I$$

$$\therefore \quad I = \frac{e^{ax}}{a^2+b^2}(a\cos bx + b\sin bx) + C$$

研究 $\left\langle J = \int e^{ax} \sin bx \, dx\ \text{と組にして計算する}\right\rangle$

解答中の(*)より,

$$I = \frac{1}{a} e^{ax} \cos bx + \frac{b}{a} J \qquad \cdots\cdots\text{⑦}$$

一方, J から始めると,

$$J = \int \left(\frac{1}{a} e^{ax}\right)' \sin bx \, dx \qquad\qquad \leftarrow I\,\text{に合わせる}$$

$$= \frac{1}{a} e^{ax} \sin bx - \int \frac{1}{a} e^{ax} \cdot b \cos bx \, dx$$

$$= \frac{1}{a} e^{ax} \sin bx - \frac{b}{a} I \qquad \cdots\cdots\text{④}$$

⑦, ④より J を消去すると,

$$I = \frac{1}{a} e^{ax} \cos bx + \frac{b}{a}\left(\frac{1}{a} e^{ax} \sin bx - \frac{b}{a} I\right)$$

$$\therefore\quad \frac{a^2 + b^2}{a^2} I = \frac{e^{ax}}{a^2}(a \cos bx + b \sin bx)$$

$$\therefore\quad I = \frac{e^{ax}}{a^2 + b^2}(a \cos bx + b \sin bx) + C$$

この方法も 2 回部分積分することに変わりありません.

〈演習問題 54 (2)の考え方〉

(1)から $e^\pi > 21$ を示せばよいことがわかります. そこで与えられた近似値を使って安直に評価すると

$$e^\pi > (2.71)^3 = 19.90\cdots$$

うまくいきません. したがって, π の小数点以下が関与しているはずです. では

$$e^\pi = e^{3.14\cdots} = e^3 \cdot e^{0.14\cdots}$$

としたとき, $e^{0.14\cdots}$ の部分を計算するにはどうすればよいのでしょうか. 出題者は「接線を使って小さな工夫ができますか」と聞いています.

演習問題

54 次の各問いに答えよ. ただし, $\pi = 3.14\cdots$ は円周率, $e = 2.71\cdots$ は自然対数の底である.

(1) 定積分 $\displaystyle\int_0^\pi e^x \sin^2 x \, dx$ の値を求めよ.

(2) $\displaystyle\int_0^\pi e^x \sin^2 x \, dx > 8$ を示せ.

(東京大)

標問 **55** **置換定積分**

次の定積分を求めよ.

(1) $\displaystyle\int_0^2 \frac{1}{\sqrt{16-x^2}}\,dx$

(2) $\displaystyle\int_{-2}^1 \sqrt{4-x^2}\,dx$

(3) $\displaystyle\int_0^4 x\sqrt{4x-x^2}\,dx$

(4) $\displaystyle\int_0^2 \frac{1}{x^2+4}\,dx$

(5) $\displaystyle\int_0^1 \frac{1}{x^3+1}\,dx$

(6) $\displaystyle\int_{\frac{\pi}{3}}^{\frac{\pi}{2}} \frac{1}{\sin\theta}\,d\theta$

精 講 $F(x)=\displaystyle\int f(x)\,dx$ において

$x=g(t)$ とおくと,置換積分法により

$$F(g(t))=\int f(g(t))g'(t)\,dt$$

となるのでした.したがって

$$a=g(\alpha),\ \ b=g(\beta)$$

のとき,

$$\int_\alpha^\beta f(g(t))g'(t)\,dt=\Big[F(g(t))\Big]_\alpha^\beta$$

$$=F(g(\beta))-F(g(\alpha))$$

$$=F(b)-F(a)=\int_a^b f(x)\,dx$$

が成り立ちます.まとめると

$x=g(t)$ **とおくとき,**

$\quad a=g(\alpha),\ \ b=g(\beta)$

ならば

$$\int_a^b f(x)\,dx=\int_\alpha^\beta f(g(t))g'(t)\,dt \qquad \cdots\cdots(*)$$

この計算法を**置換定積分**といいます.

もちろん,(*) の右辺の方が左辺よりも積分が容易になるように $g(t)$ を選びます.その代表的な方針として次の2つが知られています.

$\sqrt{a^2-x^2}$ **を含む積分では**

$$x=a\sin\theta\ \left(|\theta|\leqq\frac{\pi}{2}\right)\textbf{とおく}$$

▶解法のプロセス◀

(1) $x=4\sin\theta$ とおく

(2) $x=2\sin\theta$ とおく

(3) $x\sqrt{4x-x^2}$
$\quad =x\sqrt{4-(x-2)^2}$
$\qquad\qquad \Downarrow$
$\quad x-2=2\sin\theta$ とおく

(4) $x=2\tan\theta$ とおく

(5) 部分分数に分解
$\qquad\qquad \Downarrow$
$\quad$ 次の3積分に帰着
$$\int_0^1 \frac{1}{x+1}\,dx$$
$$\int_0^1 \frac{2x-1}{x^2-x+1}\,dx$$
$$\int_0^1 \frac{1}{x^2-x+1}\,dx$$

(6) 分母,分子に $\sin\theta$ を掛けて
$\qquad\qquad \Downarrow$
$\quad \cos\theta=t$ とおく

$\dfrac{1}{x^2+a^2}$ を含む積分では

$$x=a\tan\theta\ \left(|\theta|<\dfrac{\pi}{2}\right)\ とおく$$

◇ 解 答 ◇

(1) $x=4\sin\theta$ とおくと　　　　　　　　　← $|\theta|\leqq\dfrac{\pi}{2}$

$x:0\to2$ のとき $\theta:0\to\dfrac{\pi}{6}$, $dx=4\cos\theta\,d\theta$

$$\int_0^2\dfrac{1}{\sqrt{16-x^2}}\,dx=\int_0^{\frac{\pi}{6}}\dfrac{1}{4\cos\theta}\cdot4\cos\theta\,d\theta$$

$$=\int_0^{\frac{\pi}{6}}d\theta=\dfrac{\pi}{6}$$

(2) $x=2\sin\theta$ とおくと　　　　　　　　　← $|\theta|\leqq\dfrac{\pi}{2}$

$x:-2\to1$ のとき $\theta:-\dfrac{\pi}{2}\to\dfrac{\pi}{6}$, $dx=2\cos\theta\,d\theta$

$$\int_{-2}^1\sqrt{4-x^2}\,dx=\int_{-\frac{\pi}{2}}^{\frac{\pi}{6}}4\cos^2\theta\,d\theta$$　　← 次数を下げる

$$=\int_{-\frac{\pi}{2}}^{\frac{\pi}{6}}2(1+\cos2\theta)\,d\theta$$

$$=\Big[2\theta+\sin2\theta\Big]_{-\frac{\pi}{2}}^{\frac{\pi}{6}}=\dfrac{4\pi}{3}+\dfrac{\sqrt{3}}{2}$$

(3) $\displaystyle\int_0^4 x\sqrt{4x-x^2}\,dx=\int_0^4 x\sqrt{4-(x-2)^2}\,dx$

$x-2=2\sin\theta$ とおくと　　　　　　　　　← $|\theta|\leqq\dfrac{\pi}{2}$

$x:0\to4$ のとき $\theta:-\dfrac{\pi}{2}\to\dfrac{\pi}{2}$, $dx=2\cos\theta\,d\theta$

$$\int_0^4 x\sqrt{4x-x^2}\,dx$$

$$=\int_{-\frac{\pi}{2}}^{\frac{\pi}{2}}(2+2\sin\theta)\cdot4\cos^2\theta\,d\theta$$　← $\sin\theta\cos^2\theta$ は奇関数ゆえ,

$$\hspace{6cm}\int_{-\frac{\pi}{2}}^{\frac{\pi}{2}}\sin\theta\cos^2\theta\,d\theta=0$$

$$=8\int_{-\frac{\pi}{2}}^{\frac{\pi}{2}}\cos^2\theta\,d\theta$$

$$=8\int_0^{\frac{\pi}{2}}(1+\cos2\theta)\,d\theta$$　　← $f(x)$ が偶関数のとき

$$\hspace{5cm}\int_{-a}^a f(x)\,dx=2\int_0^a f(x)\,dx$$

$$=\Big[8\theta+4\sin2\theta\Big]_0^{\frac{\pi}{2}}$$

$$=4\pi$$

第3章

(4) $x=2\tan\theta$ とおくと   ← $|\theta|<\dfrac{\pi}{2}$

$x:0\to 2$ のとき $\theta:0\to\dfrac{\pi}{4}$, $dx=\dfrac{2}{\cos^2\theta}d\theta$

$$\int_0^2\frac{1}{x^2+4}dx=\int_0^{\frac{\pi}{4}}\frac{1}{4(1+\tan^2\theta)}\cdot\frac{2}{\cos^2\theta}d\theta$$

$$=\frac{1}{2}\int_0^{\frac{\pi}{4}}d\theta=\boldsymbol{\frac{\pi}{8}}$$

(5) $\dfrac{1}{x^3+1}=\dfrac{a}{x+1}+\dfrac{bx+c}{x^2-x+1}$ とおくと   ← x^2-x+1 の分子は，高々 1次式

$a=\dfrac{1}{3}$, $b=-\dfrac{1}{3}$, $c=\dfrac{2}{3}$ ← 係数を比較して求める

$$\int_0^1\frac{1}{x^3+1}dx=\frac{1}{3}\int_0^1\left(\frac{1}{x+1}+\frac{-x+2}{x^2-x+1}\right)dx$$

$$=\frac{1}{3}\int_0^1\left\{\frac{1}{x+1}+\frac{1}{2}\cdot\frac{(-2x+1)+3}{x^2-x+1}\right\}dx$$ ← 分子から $(x^2-x+1)'=2x-1$ を引き出す

$$=\frac{1}{3}\int_0^1\left\{\frac{1}{x+1}-\frac{1}{2}\cdot\frac{(x^2-x+1)'}{x^2-x+1}\right\}dx$$

$$+\frac{1}{2}\int_0^1\frac{1}{x^2-x+1}dx$$

$$=\frac{1}{3}\left[\log(x+1)-\frac{1}{2}\log(x^2-x+1)\right]_0^1$$ ← $\displaystyle\int\frac{f'(x)}{f(x)}dx=\log|f(x)|+C$

$$+\frac{1}{2}\int_0^1\frac{1}{\left(x-\frac{1}{2}\right)^2+\frac{3}{4}}dx$$ ← $\dfrac{1}{x^2+a^2}$ を含む積分は $x=a\tan\theta$ とおく

$x-\dfrac{1}{2}=\dfrac{\sqrt{3}}{2}\tan\theta$ とおくと   ← $|\theta|<\dfrac{\pi}{2}$

$x:0\to 1$ のとき $\theta:-\dfrac{\pi}{6}\to\dfrac{\pi}{6}$, $dx=\dfrac{\sqrt{3}}{2}\cdot\dfrac{1}{\cos^2\theta}d\theta$

$$\int_0^1\frac{1}{x^3+1}dx$$

$$=\frac{1}{3}\log 2+\frac{1}{2}\int_{-\frac{\pi}{6}}^{\frac{\pi}{6}}\frac{4}{3}\cdot\frac{1}{1+\tan^2\theta}\cdot\frac{\sqrt{3}}{2\cos^2\theta}d\theta$$

$$=\frac{1}{3}\log 2+\frac{\sqrt{3}}{3}\int_{-\frac{\pi}{6}}^{\frac{\pi}{6}}d\theta$$

$$=\boldsymbol{\frac{1}{3}\log 2+\frac{\sqrt{3}}{9}\pi}$$

(6) $\displaystyle\int_{\frac{\pi}{3}}^{\frac{\pi}{2}}\frac{1}{\sin\theta}d\theta=\int_{\frac{\pi}{3}}^{\frac{\pi}{2}}\frac{\sin\theta}{1-\cos^2\theta}d\theta$ ← 分母，分子に $\sin\theta$ を掛ける

$\cos\theta=t$ とおくと

$\theta : \dfrac{\pi}{3} \to \dfrac{\pi}{2}$ のとき $t : \dfrac{1}{2} \to 0$, $-\sin\theta\,d\theta = dt$

$$\int_{\frac{\pi}{3}}^{\frac{\pi}{2}} \frac{1}{\sin\theta}\,d\theta = \int_{\frac{1}{2}}^{0} \frac{1}{1-t^2}(-dt)$$

$$= \int_{0}^{\frac{1}{2}} \frac{1}{(1+t)(1-t)}\,dt \qquad\qquad \Leftarrow 部分分数に分ける$$

$$= \frac{1}{2}\int_{0}^{\frac{1}{2}} \left(\frac{1}{1+t} + \frac{1}{1-t}\right)dt \qquad \Leftarrow \int \frac{1}{1-t}\,dt$$
$$\qquad\qquad\qquad\qquad\qquad\qquad\qquad = -\log|1-t| + C$$
$$\qquad\qquad\qquad\qquad\qquad\qquad\qquad に注意$$

$$= \frac{1}{2}\left[\log\left|\frac{1+t}{1-t}\right|\right]_{0}^{\frac{1}{2}}$$

$$= \boldsymbol{\frac{1}{2}\log 3}$$

第3章

研究 〈円の積分〉

(2)の被積分関数は

$$y = \sqrt{4-x^2} \iff x^2 + y^2 = 4, \ y \geqq 0$$

ゆえ，上半円を表します．そこで積分を斜線部分
の面積とみて計算すると

$$\int_{-2}^{1}\sqrt{4-x^2}\,dx = (扇形)+(三角形)$$

$$= \frac{4\pi}{3} + \frac{\sqrt{3}}{2}$$

〈$\cos\theta$，$\sin\theta$ の分数式の積分〉

$\tan\dfrac{\theta}{2} = t$ とおくと，$\cos\theta = \dfrac{1-t^2}{1+t^2}$，$\sin\theta = \dfrac{2t}{1+t^2}$ ◀

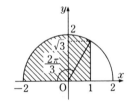

$$\begin{cases} \cos\theta = \dfrac{\cos^2\dfrac{\theta}{2} - \sin^2\dfrac{\theta}{2}}{\cos^2\dfrac{\theta}{2} + \sin^2\dfrac{\theta}{2}} \\[2mm] \sin\theta = \dfrac{2\sin\dfrac{\theta}{2}\cos\dfrac{\theta}{2}}{\cos^2\dfrac{\theta}{2} + \sin^2\dfrac{\theta}{2}} \end{cases}$$

また $dt = \dfrac{1}{2\cos^2\dfrac{\theta}{2}}\,d\theta = \dfrac{1+t^2}{2}\,d\theta$ より，$d\theta = \dfrac{2}{1+t^2}\,dt$

右辺の分子・分母を
$\cos^2\dfrac{\theta}{2}$ で割る

となるので，t の分数関数の積分に帰着します．

演習問題

(55-1) $\tan\dfrac{\theta}{2} = t$ とおいて，標問 **55**(6)の定積分の値を求めよ．

(55-2) $x = \dfrac{\pi}{2} - t$ とおいて，定積分 $I = \displaystyle\int_{0}^{\frac{\pi}{2}} \frac{\sin x}{\sin x + \cos x}\,dx$ の値を求めよ．

（弘前大）

標問 **56** $\sin^n x$ **の定積分**

n を 0 または正の整数とし，$a_n = \displaystyle\int_0^{\frac{\pi}{2}} \sin^n x \, dx$ とおくとき，

(1) 等式 $a_n = \dfrac{n-1}{n} a_{n-2} \ (n \geqq 2)$ が成り立つことを示せ．

(2) a_n を n の式で表せ． （関西医科大）

▶**精 講** (1) a_n を標問 **49** のような仕方で次々に次数を下げて求めることはとてもできません．そこで，隣接 2 項の関係を調べる方針に切り換えて

$$a_n = \int_0^{\frac{\pi}{2}} \sin^{n-1} x (-\cos x)' \, dx$$

とみて部分積分すると，隣接ではなく隔接 2 項の関係が得られます．

(2) したがって，n が奇数，偶数の場合に分けて答えなければなりません．結果は公式です．

解法のプロセス

$\sin^n x = \sin^{n-1} x (-\cos x)'$ とみて

⇩

部分積分

⇩

漸化式を導く

〈 **解 答** 〉

(1) $a_n = \displaystyle\int_0^{\frac{\pi}{2}} \sin^{n-1} x (-\cos x)' \, dx$ ← 出だしを覚える

$= \left[\sin^{n-1} x (-\cos x) \right]_0^{\frac{\pi}{2}} - \displaystyle\int_0^{\frac{\pi}{2}} (n-1) \sin^{n-2} x \cos x (-\cos x) \, dx$

$= (n-1) \displaystyle\int_0^{\frac{\pi}{2}} \sin^{n-2} x (1 - \sin^2 x) \, dx$

$= (n-1) \left(\displaystyle\int_0^{\frac{\pi}{2}} \sin^{n-2} x \, dx - \int_0^{\frac{\pi}{2}} \sin^n x \, dx \right)$

$= (n-1)(a_{n-2} - a_n)$

$\therefore \quad a_n = \dfrac{n-1}{n} a_{n-2} \ (n \geqq 2)$

(2) (i) **n が偶数のとき**，$a_0 = \displaystyle\int_0^{\frac{\pi}{2}} dx = \dfrac{\pi}{2}$．$n \geqq 2$ ならば

$a_n = \dfrac{n-1}{n} a_{n-2} = \dfrac{n-1}{n} \cdot \dfrac{n-3}{n-2} a_{n-4}$

$= \dfrac{n-1}{n} \cdot \dfrac{n-3}{n-2} \cdots\cdots \dfrac{3}{4} \cdot \dfrac{1}{2} \cdot a_0$

$$= \frac{n-1}{n} \cdot \frac{n-3}{n-2} \cdots \frac{3}{4} \cdot \frac{1}{2} \cdot \frac{\pi}{2}$$

(ii) **n が奇数のとき,** $a_1 = \int_0^{\frac{\pi}{2}} \sin x\, dx = 1.$ $n \geq 3$ ならば

$$a_n = \frac{n-1}{n} \cdot \frac{n-3}{n-2} \cdots \frac{4}{5} \cdot \frac{2}{3} a_1$$

$$= \frac{n-1}{n} \cdot \frac{n-3}{n-2} \cdots \frac{4}{5} \cdot \frac{2}{3} \cdot 1$$

■**研 究**　〈$a_n \to 0$ となる速さ〉

$0 \leq x < \dfrac{\pi}{2}$ のとき $\displaystyle\lim_{n\to\infty} \sin^n x = 0$ であることから,$\displaystyle\lim_{n\to\infty} a_n = 0$

となりそうです.そこで a_n が 0 に近づく速さを見積もってみましょう.

(1)より $na_n = (n-1)a_{n-2}$. この式の両辺に a_{n-1} を掛けて

$$na_n a_{n-1} = (n-1)a_{n-1}a_{n-2} = \cdots\cdots = 1 \cdot a_1 \cdot a_0 = \frac{\pi}{2} \qquad \cdots\cdots ⑦$$

一方,標問 **76**, ▶精講 の不等式と積分の関係を先取りすれば,$n \geq 2$ のとき $0 < \sin^n x < \sin^{n-1} x < \sin^{n-2} x \left(0 < x < \dfrac{\pi}{2} \right)$ であることより

$$0 < a_n < a_{n-1} < a_{n-2} = \frac{n}{n-1}a_n \qquad\qquad ← 等号は(1)による$$

$$\therefore \quad \frac{n-1}{n} < \frac{a_n}{a_{n-1}} < 1 \qquad\qquad ← \lim_{n\to\infty}\frac{n-1}{n}=1$$

$$\therefore \quad \lim_{n\to\infty} \frac{a_n}{a_{n-1}} = 1 \qquad \cdots\cdots ④$$

⑦,④より $\displaystyle\lim_{n\to\infty} na_n^2 = \lim_{n\to\infty} na_n a_{n-1} \cdot \frac{a_n}{a_{n-1}} = \frac{\pi}{2}$ となるから

$$\lim_{n\to\infty} \sqrt{n}\, a_n = \sqrt{\frac{\pi}{2}}$$

したがって,$n \to \infty$ のとき,a_n は $\dfrac{1}{\sqrt{n}}$ 程度の速さで 0 に近づきます.

演習問題

(56-1)　n を 0 または正の整数とし,$b_n = \displaystyle\int_0^{\frac{\pi}{2}} \cos^n x\, dx$ とおくとき,b_n を n の式で表せ.

(56-2)　負でない整数 n に対して,$I_n = \displaystyle\int_0^{\frac{\pi}{4}} \tan^n x\, dx$ とおく.

(1) $I_{n+2} + I_n$ を計算せよ.　　(2) I_5, I_6 を求めよ.　　　　(新潟大)

標問 **57** ベータ関数

自然数 p, q に対し，$B(p, q)=\int_0^1 x^{p-1}(1-x)^{q-1}dx$ と定義する．

(1) $q>1$ のとき，部分積分により次の等式を証明せよ．

$$B(p, q)=\frac{q-1}{p}B(p+1, q-1)$$

(2) (1)の結果を用いて，次の等式を証明せよ．

$$B(p, q)=\frac{(p-1)!(q-1)!}{(p+q-1)!}$$

(大阪工業大)

精講 (1) $B(p, q)$ が $B(p+1, q-1)$ に変化するとき，p は増え，q は減ることから部分積分の仕方が決まります．

もちろん，x^{p-1} を積分し，$(1-x)^{q-1}$ を微分します．

(2) (1)を用いてどんどん q を減らしていくと，最後にはある n に対して

$$B(n, 1)=\int_0^1 x^{n-1}dx=\frac{1}{n}$$

となります．

解法のプロセス

(1) $\int_0^1\left(\frac{x^p}{p}\right)'(1-x)^{q-1}dx$
として部分積分

(2) (1)をくり返し使って
q を1まで減らす

《 **解答** 》

(1) $B(p, q)=\int_0^1\left(\frac{x^p}{p}\right)'(1-x)^{q-1}dx$ ← p を増やし q を減らす

$=\left[\frac{x^p}{p}(1-x)^{q-1}\right]_0^1-\int_0^1\frac{x^p}{p}\cdot(q-1)(1-x)^{q-2}(-1)dx$ ← $q>1$ に注意

$=\frac{q-1}{p}\int_0^1 x^p(1-x)^{q-2}dx$

$=\frac{q-1}{p}B(p+1, q-1)$

(2) (1)をくり返し用いると

$B(p, q)=\frac{q-1}{p}B(p+1, q-1)$

$=\frac{q-1}{p}\cdot\frac{q-2}{p+1}B(p+2, q-2)$

$=\frac{q-1}{p}\cdot\frac{q-2}{p+1}\cdots\cdots\frac{1}{p+q-2}\cdot B(p+q-1, 1)$

← $\frac{b}{a}B(c, b)$ においてつねに
$a+b=p+q-1$
$c+b=p+q$

$$=\frac{(q-1)!\,(p-1)!}{(p+q-2)!}\int_0^1 x^{p+q-2}dx$$

← $\displaystyle\int_0^1 x^{p+q-2}dx=\frac{1}{p+q-1}$

$$=\frac{(q-1)!\,(p-1)!}{(p+q-1)!}$$

研究 $\left\langle I=\displaystyle\int_\alpha^\beta (x-\alpha)^m(x-\beta)^n dx\right\rangle$　　　← $m,\ n$ は自然数

応用として I を計算してみましょう.

$B(p,\ q)$ と積分区間をそろえるために, $t=\dfrac{x-\alpha}{\beta-\alpha}$ とおくと

$x-\alpha=(\beta-\alpha)t$

$x-\beta=(\beta-\alpha)t+\alpha-\beta=-(\beta-\alpha)(1-t)$

$dx=(\beta-\alpha)dt$

↖ xt 平面で
$(\alpha,\ 0)$ と $(\beta,\ 1)$
を結ぶ直線

よって

$$I=\int_0^1 \{(\beta-\alpha)t\}^m\{-(\beta-\alpha)(1-t)\}^n\cdot(\beta-\alpha)dt$$

$$=(-1)^n(\beta-\alpha)^{m+n+1}\int_0^1 t^m(1-t)^n dt$$

$$=(-1)^n(\beta-\alpha)^{m+n+1}B(m+1,\ n+1)$$

$$=(-1)^n\frac{m!\,n!}{(m+n+1)!}(\beta-\alpha)^{m+n+1}$$

とくに $m=n=1$ のときは, 数学Ⅱでお馴染みの公式

$$\int_\alpha^\beta (x-\alpha)(x-\beta)\,dx=-\frac{(\beta-\alpha)^3}{6}$$

と一致します. また, $B(p,\ q)$ と演習問題 57 の $F(n)$ は

$$B(p,\ q)=\frac{F(p)F(q)}{F(p+q)}$$

← $B(p,\ q)$ をベータ関数
$F(n)$ をガンマ関数
という

という関係で結ばれます.

演習問題

57 $0\le x<\infty$ で定義された連続関数 $f(x)$ に対して, $\displaystyle\lim_{m\to\infty}\int_0^m f(x)dx$ が存在するとき, $\displaystyle\int_0^\infty f(x)dx$ と書くことにする.

n を自然数とするとき, 次の等式が成り立つことを証明せよ.

ただし, $\displaystyle\lim_{x\to\infty}e^{-x}x^n=0$ は既知とする.

(1) $F(n)=\displaystyle\int_0^\infty e^{-x}x^{n-1}dx$ とするとき, $F(n+1)=nF(n)$

(2) (1)の $F(n)$ について, $F(n+1)=n!$

標問 **58** **絶対値記号，周期と定積分**

(1) $\displaystyle\int_0^{\frac{2\pi}{3}}|\sin 3x+\cos 3x-1|dx$ を求めよ． （東京海洋大）

(2) n は正の整数，a と b は 0 でない実数とする．次の積分を求めよ．

$$I=\int_0^{\pi}|a\cos nx+b\sin nx|dx$$ （青山学院大）

精講 (1) 絶対値記号を含む定積分は，これを外さないと計算できないので，中身を合成して符号の変化を調べます．

(2) (1)と同じ方針で計算すれば

$$I=\sqrt{a^2+b^2}\int_0^{\pi}|\sin(nx+\alpha)|dx$$

しかし，まだ符号の変化を調べるのが面倒です．
そこで

$$nx+\alpha=t$$

とおくと，

$$I=\frac{\sqrt{a^2+b^2}}{n}\int_\alpha^{n\pi+\alpha}|\sin t|dt$$

さらに

積分区間の幅が被積分関数の周期の倍数であるとき，定積分の値は積分区間を平行移動しても変わらない（演習問題 58 ）

ことから，

$$I=\frac{\sqrt{a^2+b^2}}{n}\int_0^{n\pi}|\sin t|dt$$

ここまで変形できれば解決したようなものです．

解法のプロセス

中身を合成して
⇩
絶対値記号を外す

解法のプロセス

$a\cos nx+b\sin nx$
$=\sqrt{a^2+b^2}\sin(nx+\alpha)$
⇩
$nx+\alpha=t$ とおく
⇩
積分区間を $0\leqq t\leqq n\pi$ に移動する
⇩
$I=\dfrac{\sqrt{a^2+b^2}}{n}\displaystyle\int_0^{n\pi}|\sin t|dt$

〈 **解 答** 〉

(1) $\sin 3x+\cos 3x-1$

$=\sqrt{2}\left\{\sin\left(3x+\dfrac{\pi}{4}\right)-\dfrac{1}{\sqrt{2}}\right\}$

となるので，右図より

$\sin 3x+\cos 3x-1>0 \ \left(0<x<\dfrac{\pi}{6}\right)$

$\sin 3x+\cos 3x-1<0 \ \left(\dfrac{\pi}{6}<x<\dfrac{2\pi}{3}\right)$

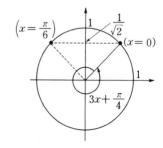

ゆえに

$$\int_0^{\frac{2\pi}{3}} |\sin 3x + \cos 3x - 1|\,dx$$

$$= \int_0^{\frac{\pi}{6}} (\sin 3x + \cos 3x - 1)\,dx - \int_{\frac{\pi}{6}}^{\frac{2\pi}{3}} (\sin 3x + \cos 3x - 1)\,dx$$

$$= \left[-\frac{\cos 3x}{3} + \frac{\sin 3x}{3} - x \right]_0^{\frac{\pi}{6}} - \left[-\frac{\cos 3x}{3} + \frac{\sin 3x}{3} - x \right]_{\frac{\pi}{6}}^{\frac{2\pi}{3}}$$

$$= 2\left(\frac{1}{3} - \frac{\pi}{6} \right) + \frac{1}{3} - \left(-\frac{1}{3} - \frac{2\pi}{3} \right)$$

$$= \boldsymbol{\frac{\pi + 4}{3}}$$

(2) ベクトル $(b,\ a)$ が x 軸の正の向きとなす角
を α とすると

$$I = \int_0^\pi |a\cos nx + b\sin nx|\,dx$$

$$= \sqrt{a^2 + b^2} \int_0^\pi |\sin(nx + \alpha)|\,dx$$

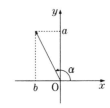

次に $nx + \alpha = t$ とおくと

$$I = \sqrt{a^2 + b^2} \int_\alpha^{n\pi + \alpha} |\sin t| \cdot \frac{1}{n}\,dt$$

$$= \frac{\sqrt{a^2 + b^2}}{n} \int_\alpha^{n\pi + \alpha} |\sin t|\,dt$$

↰ コサインに合成してもよい

$|\sin t|$ の周期は π だから

$$I = \frac{\sqrt{a^2 + b^2}}{n} \int_0^{n\pi} |\sin t|\,dt$$

$$= \frac{\sqrt{a^2 + b^2}}{n} \cdot n\int_0^\pi |\sin t|\,dt$$

$$= \sqrt{a^2 + b^2} \int_0^\pi \sin t\,dt$$

$$= \boldsymbol{2\sqrt{a^2 + b^2}}$$

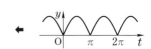

演習問題

58 n を整数，$f(x)$ を周期が p の連続関数とするとき，任意の実数 α に対
して，次の式が成り立つことを証明せよ．

$$\int_\alpha^{np + \alpha} f(x)\,dx = \int_0^{np} f(x)\,dx$$

第3章

標問 **59** ## 接する2曲線と面積

曲線 $C: y = \sqrt{3}\, e \log x$ がある．ここで，対数は自然対数で，e はその底とする．

(1) 原点Oから曲線Cに引いた接線の方程式を求めよ．

(2) (1)における接線の接点をAとする．曲線Cの下側にあって，x軸と点Bで接し，かつAで曲線Cと共通の接線をもつ円の中心をPとする．

　曲線Cとx軸および円の劣弧（短い方の弧）ABで囲まれた図形の面積を求めよ． (東北大)

> **精講** 区分求積で定義された積分を使って面積を表す方法は標問 **48** の **研究**
> で説明しました．
>
> (1) 接点の座標をおき，接線の公式を適用して原点を通ることから座標を決定します．
>
> (2) 境界の一部が円弧からなる図形の面積は，それに対する中心角がわからないと計算できません．
>
> 本問の場合 $\angle OAP = \angle OBP = 90°$ であり，(1)より $\angle AOB = 60°$ がわかるので，$\angle APB = 120°$ となります．
>
> あとは問題の図形を面積が計算しやすいいくつかの図形に分解すれば解決します．

解法のプロセス

扇形が関係する面積
⇩
中心角を求める
⇩
できるだけ簡単な図形の組合せに直す

〈 **解 答** 〉

(1) 点 $\mathrm{A}\,(t,\ \sqrt{3}\, e \log t)$ での接線の方程式は

$$y = \frac{\sqrt{3}\, e}{t}(x - t) + \sqrt{3}\, e \log t$$

$$= \frac{\sqrt{3}\, e}{t} x + \sqrt{3}\, e(\log t - 1)$$

これが原点を通ることから

$$\log t = 1$$

$$\therefore\quad t = e$$

$\mathrm{A}\,(e,\ \sqrt{3}\, e)$ ゆえ接線の方程式は

$$y = \sqrt{3}\, x$$

← 接点の座標をおく

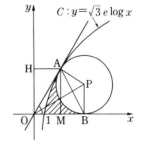

(2) (1)より ∠AOB=60° であるから, △OAB は
1辺の長さが $2e$ の正三角形である.

← OA=OB

OB の中点をMとし, 線分 AM, 曲線 C, x 軸
が囲む図形の面積を S_1 とすると

← S_1=(長方形 OMAH)
$\quad -\displaystyle\int_0^{\sqrt{3}e} e^{\frac{y}{\sqrt{3}e}} dy$
でもよい

$$S_1=\int_1^e \sqrt{3}\,e\log x\,dx$$
$$=\sqrt{3}\,e\Big[x\log x-x\Big]_1^e$$
$$=\sqrt{3}\,e$$

また, ∠POB=30° より PB=$2e\tan 30°=\dfrac{2e}{\sqrt{3}}$

となるので, 台形 AMBP の面積を S_2 とすると

$$S_2=\frac{1}{2}(AM+PB)MB$$
$$=\frac{e}{2}\Big(\sqrt{3}\,e+\frac{2e}{\sqrt{3}}\Big)$$
$$=\frac{5\sqrt{3}}{6}e^2$$

さらに, 扇形 PAB の面積 S_3 は ∠APB=120°
であるから

$$S_3=\frac{1}{3}\pi PB^2=\frac{4\pi e^2}{9}$$

← どんな方法でも, この扇形の
面積計算は避けられない

ゆえに, 求める面積 S は
$$S=S_1+S_2-S_3$$
$$=\sqrt{3}\,e+\Big(\frac{5\sqrt{3}}{6}-\frac{4\pi}{9}\Big)e^2$$

第3章

演習問題

59-1 2つの曲線 $y=2\log x$ と $y=ax^2$ がある点で共通の接線をもつとする.

(1) 定数 a の値, および接点の座標を求めよ.

(2) この2つの曲線と x 軸で囲まれた図形の面積を求めよ. (学習院大)

59-2 曲線 $y=-\log(ax)$ $(a>0)$ と, 原点を中心とするある円とが x 座標が
1となる点で接している. このとき, 次の問いに答えよ. ただし, 対数は自然
対数とする.

(1) a の値を求めよ.

(2) 曲線, 円および x 軸の正の部分で囲まれる部分の面積 S を求めよ.

標問 **60** 減衰曲線が囲む図形の面積

曲線 $y=e^{-x}\sin x$ と x 軸との交点を原点 O から正の方向に順に $P_0=O$, P_1, P_2, … とする.

(1) この曲線と線分 P_nP_{n+1} とで囲まれた部分の面積 S_n を求めよ.

(2) $\displaystyle\sum_{n=0}^{\infty} S_n$ を求めよ. （東京女子大）

精講 減衰曲線と x 軸が囲む図形の面積 S_n は等比数列をなします.

$$S_n=\left|\int_{n\pi}^{(n+1)\pi} e^{-x}\sin x\,dx\right|$$

は直接計算することもできますが, $x-n\pi=t$ とおいて $0\leqq t\leqq\pi$ での積分に直す方が簡単です.

▶解法のプロセス

$$S_n=\left|\int_{n\pi}^{(n+1)\pi} e^{-x}\sin x\,dx\right|$$
$$\Downarrow$$
$0\leqq x\leqq\pi$ での積分に直す

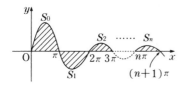

◀ グラフは誇張してある
（標問 **24**）

〈 **解 答** 〉

(1) $\displaystyle S_n=\left|\int_{n\pi}^{(n+1)\pi} e^{-x}\sin x\,dx\right|$

$\displaystyle =\int_{n\pi}^{(n+1)\pi} e^{-x}|\sin x|\,dx$

$x-n\pi=t$ とおくと

$\displaystyle S_n=\int_0^{\pi} e^{-n\pi-t}|\sin(t+n\pi)|\,dt$

$\displaystyle =e^{-n\pi}\int_0^{\pi} e^{-t}\sin t\,dt$

◀ $\begin{cases}\sin(n\pi+t)=(-1)^n\sin t\\ \sin t\geqq 0\quad(0\leqq t\leqq\pi)\end{cases}$

ここで

$\displaystyle S_0=\int_0^{\pi} e^{-t}\sin t\,dt$

$\displaystyle =\int_0^{\pi} (-e^{-t})'\sin t\,dt$

$\displaystyle =\left[-e^{-t}\sin t\right]_0^{\pi}+\int_0^{\pi} e^{-t}\cos t\,dt$

$\displaystyle =\int_0^{\pi} (-e^{-t})'\cos t\,dt$

$$= \Big[-e^{-t}\cos t \Big]_0^\pi - \int_0^\pi e^{-t}\sin t\,dt$$

$$= e^{-\pi} + 1 - S_0$$

$$\therefore \quad S_0 = \frac{e^{-\pi}+1}{2}$$

ゆえに

$$S_n = e^{-n\pi}S_0 = \frac{e^{-\pi}+1}{2}e^{-n\pi}$$

(2) $0 < e^{-\pi} < 1$ ゆえ，無限等比級数は収束して

$$\sum_{n=0}^{\infty} S_n = \frac{e^{-\pi}+1}{2} \cdot \frac{1}{1-e^{-\pi}} = \frac{e^{\pi}+1}{2(e^{\pi}-1)}$$

第3章

研究 〈S_n を直接計算する〉

$I_n = \displaystyle\int_{n\pi}^{(n+1)\pi} e^{-x}\sin x\,dx$ を置換せずに積分して**解答**と比較してみましょう．$\cos k\pi = (-1)^k$ に注意して

$$I_n = \Big[e^{-x}(-\cos x) \Big]_{n\pi}^{(n+1)\pi} - \int_{n\pi}^{(n+1)\pi} (-e^{-x})(-\cos x)\,dx$$

$$= -e^{-(n+1)\pi}(-1)^{n+1} + e^{-n\pi}(-1)^n - \int_{n\pi}^{(n+1)\pi} e^{-x}\cos x\,dx$$

$$= (-1)^n e^{-n\pi}(e^{-\pi}+1) - \Big\{ \Big[e^{-x}\sin x \Big]_{n\pi}^{(n+1)\pi} - \int_{n\pi}^{(n+1)\pi}(-e^{-x})\sin x\,dx \Big\}$$

$$= (-1)^n(e^{-\pi}+1)e^{-n\pi} - I_n$$

$$\therefore \quad I_n = (-1)^n \frac{e^{-\pi}+1}{2}e^{-n\pi}$$

$$\therefore \quad S_n = |I_n| = \frac{e^{-\pi}+1}{2}e^{-n\pi}$$

$(-1)^n$ が早い段階で取れる分だけ**解答**の方がスッキリしています．

演習問題

60 関数 $f(x)$ は，$0 \leqq x \leqq 2$ の範囲で $f(x) = 1 - |x-1|$ と表され，すべての実数 x に対して $f(x+2) = f(x)$ を満たしている．

(1) $y = f(x)$ のグラフの概形を描け．

(2) 曲線 $y = e^{-2x}f(x)$ の $2n-2 \leqq x \leqq 2n$ $(n=1,\ 2,\ \cdots)$ の部分と x 軸が囲む図形の面積 S_n を求めよ．

(3) $\displaystyle\sum_{n=1}^{\infty} S_n$ を求めよ． (東北大)

標問 **61** ## 面積の2等分

曲線 $y = \sin x$ $(0 \leqq x \leqq \pi)$ と x 軸とで囲まれる部分の面積を，曲線 $y = a\sin\dfrac{x}{2}$ $(a > 0)$ によって2等分するためには，定数 a の値をいくらにすればよいか．

(青山学院大)

精講　どんな解法でも両曲線の交点，すなわち $\sin x = a\sin\dfrac{x}{2}$ の解を知る必要があります．ところがこの方程式は解けません．それは方程式の解 α が，私達の知っている関数だけを使って，a の式で表すことができないという意味です．

解法のプロセス

方程式が解けない
⇩
解をおく

しかし，解 α は

$$\sin\alpha = a\sin\frac{\alpha}{2}$$

によって完全に特徴付けられます．したがって，問題が解けるものならば，この情報だけで処理できるはずです．

〈 **解　答** 〉

2曲線の交点の x 座標を α $(0 < \alpha < \pi)$ とおくと

$$a\sin\frac{\alpha}{2} = \sin\alpha$$

$$= 2\sin\frac{\alpha}{2}\cos\frac{\alpha}{2}$$

$$\therefore \quad \cos\frac{\alpha}{2} = \frac{a}{2} \qquad\qquad \cdots\cdots①$$

◀ 交点の x 座標をおく

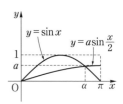

面積が2等分される条件は

$$\int_0^\alpha \left(\sin x - a\sin\frac{x}{2}\right)dx = \frac{1}{2}\int_0^\pi \sin x\,dx$$

$$1 - \cos\alpha + 2a\left(\cos\frac{\alpha}{2} - 1\right) = 1$$

$$\therefore \quad 2\left(1 - \cos^2\frac{\alpha}{2}\right) + 2a\left(\cos\frac{\alpha}{2} - 1\right) = 1$$

◀ $\cos\alpha = 2\cos^2\dfrac{\alpha}{2} - 1$

①を代入して

$$2\left(1 - \frac{a^2}{4}\right) + 2a\left(\frac{a}{2} - 1\right) = 1$$

◀ $\cos\dfrac{\alpha}{2}$ を消去

$$a^2-4a+2=0 \qquad \therefore \quad a=2\pm\sqrt{2}$$

①より $\dfrac{a}{2}=\cos\dfrac{\alpha}{2}<1$, すなわち $a<2$ であるから ← 不適な解を除く

$$a=2-\sqrt{2}$$

研究 〈念のため〉
　　　　問題を改変します．2曲線

$$C_1 : y=\sin x \ (0\leqq x\leqq\pi), \ C_2 : y=a\sin\frac{x}{2} \ (0\leqq x\leqq\pi)$$

に対して，C_1 と C_2 が囲む部分の面積を S_1 とし，C_1，C_2 と直線 $x=\pi$ が囲む部分の面積を S_2 とするとき，いつ $S_1=S_2$ となるかを考えます．

$$\int_0^\alpha\left(\sin x-a\sin\frac{x}{2}\right)dx=\int_\alpha^\pi\left(a\sin\frac{x}{2}-\sin x\right)dx \quad \cdots\cdots⑦$$

　上式の両辺を計算しても解けます，しかし遠回りです．計算過程で α の関与する部分が消えてしまいますが，それは計算しないでも予めわかることです．

　実際，⑦を変形すると

$$\int_0^\alpha\left(\sin x-a\sin\frac{x}{2}\right)dx+\int_\alpha^\pi\left(\sin x-a\sin\frac{x}{2}\right)dx=0$$

$$\therefore \quad \int_0^\pi\left(\sin x-a\sin\frac{x}{2}\right)dx=0 \quad \cdots\cdots④$$

となるからです．しかし，④の被積分関数の符号が $x=\alpha$ の前後で逆転することを考えると，⑦を経由しなくとも，④が $S_1=S_2$ と同値であることは明らかです．

　したがって，普通は④から始めて

$$\left[-\cos x+2a\cos\frac{x}{2}\right]_0^\pi=2-2a=0$$

$$\therefore \quad a=1$$

とします．

演習問題

61 直線 $y=k$（k は定数で $-1<k<1$）と曲線 $y=\cos x$（$0\leqq x\leqq4\pi$）とで囲まれる 3 つの図形の面積の和が最小となるように，k の値を定めよ．

標問 **62** サイクロイドが囲む図形の面積

座標平面において,
$$x=\theta-\sin\theta, \quad y=1-\cos\theta \ (0\le\theta\le\pi)$$
が定める曲線を C とする. a を $0\le a\le\pi$ なる実数
とし, 2 直線 $x=a, \ y=0$, および曲線 C で囲まれた
部分の面積と, 2 直線 $x=a, \ y=2$ および曲線 C で
囲まれた部分の面積の和 (図の斜線部分) を S とする. a の関数 S の最小値
およびそのときの a の値を求めよ. (琉球大)

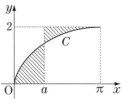

精 講 区分求積の考え方から
$$S=\int_0^a y\,dx+\int_a^\pi (2-y)\,dx$$
となりますが, 困ったことに y を x の式で表すこ
とができません. つまり, このままでは計算でき
ないわけです.

そこで, **θ に関する積分に置換**します.
$$S=\int_0^\square y\frac{dx}{d\theta}d\theta+\int_\square^\pi (2-y)\frac{dx}{d\theta}d\theta$$

このとき, $\dfrac{dx}{d\theta}=1-\cos\theta\ge0$ より x は単調に増

加するので, $x=0, \ x=\pi$ にそれぞれ $\theta=0$,
$\theta=\pi$ が対応することは明らかです. しかし,
$$x=\theta-\sin\theta=a$$
を満たす θ を求めることはできません. このよう
なときは前問で学んだように解をおくのでした.

なお, 媒介変数が消去できる場合には消去した
方が簡単なこともあります.

解法のプロセス

媒介変数表示された曲線が囲む
図形の面積

⇩

媒介変数が
消去できない

⇩

媒介変数の
積分に置換

媒介変数が
消去できる

⇩

消去した方が楽な
こともある

〈 **解 答** 〉

$$S=\int_0^a y\,dx+\int_a^\pi (2-y)\,dx$$

$\dfrac{dx}{d\theta}=1-\cos\theta\ge0$ より x は単調に増加するから

$$x=\alpha-\sin\alpha=a \ (0\le\alpha\le\pi) \qquad \cdots\cdots ①$$
を満たす α がただ 1 つ存在する. ゆえに,

$$S = \int_0^\alpha y \frac{dx}{d\theta} d\theta + \int_\alpha^\pi (2-y) \frac{dx}{d\theta} d\theta$$

← $\begin{array}{c|c} x & 0 \to a \\ \hline \theta & 0 \to \alpha \end{array}$, $\begin{array}{c|c} x & a \to \pi \\ \hline \theta & \alpha \to \pi \end{array}$

$$= \int_0^\alpha (1-\cos\theta)(1-\cos\theta) d\theta$$

$$+ \int_\alpha^\pi (1+\cos\theta)(1-\cos\theta) d\theta$$

$$= \int_0^\alpha \left(1 - 2\cos\theta + \frac{1+\cos 2\theta}{2}\right) d\theta$$

← 次数下げ

$$+ \int_\alpha^\pi \left(1 - \frac{1+\cos 2\theta}{2}\right) d\theta$$

$$= \left[\frac{3\theta}{2} - 2\sin\theta + \frac{\sin 2\theta}{4}\right]_0^\alpha + \left[\frac{\theta}{2} - \frac{\sin 2\theta}{4}\right]_\alpha^\pi$$

$$= \alpha - 2\sin\alpha + \frac{\sin 2\alpha}{2} + \frac{\pi}{2} \qquad \cdots\cdots ②$$

したがって

$$\frac{dS}{d\alpha} = 1 - 2\cos\alpha + \cos 2\alpha$$

$$= 2\cos\alpha(\cos\alpha - 1)$$

となり，S は次表のように増減する．

α	0	$\cdots$	$\dfrac{\pi}{2}$	$\cdots$	π
$\dfrac{dS}{d\alpha}$		$-$	0	$+$	
S		$\searrow$		$\nearrow$	

S は $\alpha = \dfrac{\pi}{2}$ で最小となる．このとき①，②より

$$a = \frac{\pi}{2} - 1, \ (S \text{の最小値}) = \pi - 2$$

演習問題

(62-1) t が $-1 \leqq t \leqq 1$ の範囲で変化するとき，$x = t^2 - 1$，$y = t(t^2 - 1)$ で表される xy 平面上の曲線の概形を描け．また，この曲線によって囲まれる部分の面積を求めよ． (電気通信大)

(62-2) 平面上で $x = \cos^3 t$，$y = \sin^3 t$ $(0 \leqq t \leqq 2\pi)$ によって定まる閉曲線によって囲まれる部分の面積を求めよ．

第3章

63 カージオイドが囲む図形の面積

O-xy 平面上の点 A$(-1,\ 0)$ を中心とする半径1
の円 C 上の点 P における接線へ，原点 O から下ろし
た垂線の足を Q とする．点 P が，O を出発点とし，
C 上を角速度1ラジアン/秒で反時計回りに回転し
て1周するとき，Q の描く曲線 Γ の概形は図のよう
になる．

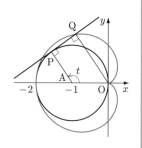

(1) t 秒後の Q の位置 $(x(t),\ y(t))$ を求めよ．

(2) Q の x 座標の最大値を求めよ．

(3) Γ が囲む図形の面積 S を求めよ． （大阪工業大）

精講 (3) (1)より
$$\begin{cases} x=(1-\cos t)\cos t \\ y=(1-\cos t)\sin t \end{cases}$$

となります．t を消去することはできますが，複
雑で使いものになりません．したがって，面積 S
は t の積分として計算します．

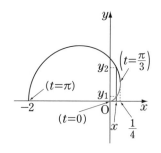

Q の描く図形が x 軸に関して対称なので，その
上方にある部分の面積を求めて2倍することにし
ましょう．

曲線上の点 $(x,\ y)$ について，y を x の関数とみると，$0 \leqq x \leqq \dfrac{1}{4}$ のとき x に対
して y が2つ対応します．そこで図のように $y_1,\ y_2$ とおいて区別します．ところ
が y_1 と y_2 を t の関数とみると，それらは同じ式
$(1-\cos t)\sin t$ で表され，変域だけが異なるこ
とに注目しましょう．すなわち，媒介変数 t から
みた場合，変域の違いが y_1 と y_2 を区別する根拠
になるわけです．

したがって

解法のプロセス

x に2つの y が対応する

⇩

区別して立式

⇩

媒介変数に関する積分に置換
する

$$\frac{S}{2}=\int_{-2}^{\frac{1}{4}} y_2\,dx-\int_0^{\frac{1}{4}} y_1\,dx$$

$$=\int_{\pi}^{\frac{\pi}{3}} y_2\frac{dx}{dt}dt-\int_0^{\frac{\pi}{3}} y_1\frac{dx}{dt}dt$$

← t の式として，$y_1=y_2=y$

$$=-\left\{\int_0^{\frac{\pi}{3}} y\frac{dx}{dt}\,dt+\int_{\frac{\pi}{3}}^{\pi} y\frac{dx}{dt}\,dt\right\}$$

← 積分区間がつながる

$$=-\int_0^\pi y\frac{dx}{dt}dt$$

解答はここから始めます.

第3章

(1) P$(-1+\cos t,\ \sin t)$, $\overrightarrow{\mathrm{AP}}=(\cos t,\ \sin t)$
より，接線の方程式は
$$\cos t\{x-(-1+\cos t)\}+\sin t(y-\sin t)=0$$
$$\therefore\ \ x\cos t+y\sin t=1-\cos t \qquad\cdots\cdots①$$
一方，直線 OQ の方程式は
$$x\sin t-y\cos t=0 \qquad\cdots\cdots②$$ ◀ $y=x\tan t$ より
①，②を連立して解くと
$$\begin{cases} x(t)=x=(1-\cos t)\cos t \\ y(t)=y=(1-\cos t)\sin t \end{cases}$$

(2) (1)より
$$x(t)=-\left(\cos t-\frac{1}{2}\right)^2+\frac{1}{4}$$

よって，$\cos t=\dfrac{1}{2}$ のとき，$x(t)$ の最大値は $\dfrac{1}{4}$

(3) 曲線 $\varGamma$ は x 軸に関して対称であるから，x 軸の
上側にある部分に注目して，$0\leqq t\leqq\pi$ とする．こ ◀ $\begin{cases} x(-t)=x(t) \\ y(-t)=-y(t) \end{cases}$
の範囲で $x(t)$ が最大となるのは，$t=\dfrac{\pi}{3}$ のとき
である．
そこで，◀精講◀ のように考えると
$$\frac{S}{2}=-\int_0^\pi y\frac{dx}{dt}dt$$
$$=-\int_0^\pi (1-\cos t)\sin t(-\sin t+2\cos t\sin t)dt$$
$$=-\int_0^\pi \sin^2 t(-2\cos^2 t+3\cos t-1)dt$$
$$=\int_0^\pi\left(\frac{1}{2}\sin^2 2t-3\sin^2 t\cos t+\sin^2 t\right)dt$$
$$=\int_0^\pi\left\{\frac{1-\cos 4t}{4}-3\sin^2 t(\sin t)'+\frac{1-\cos 2t}{2}\right\}dt$$
$$=\left[\frac{3t}{4}-\frac{\sin 4t}{16}-\sin^3 t-\frac{\sin 2t}{4}\right]_0^\pi=\frac{3\pi}{4}$$
$$\therefore\ \ S=\frac{3\pi}{2}$$

研 究　〈扇形による区分求積〉
　　　　(3)を**解答**とはまったく別の方法で計算してみましょう.
　t が Δt だけ変化したときの S の微小変化量は, 半径
$OQ=1-\cos t$, 中心角 Δt の扇形で近似できるから

$$\Delta S=\frac{1}{2}(1-\cos t)^2\Delta t$$

ゆえに

$$\frac{S}{2}=\frac{1}{2}\int_0^\pi(1-\cos t)^2dt$$

$$\therefore\quad S=\int_0^\pi\left(1-2\cos t+\frac{1+\cos 2t}{2}\right)dt$$

$$=\left[\frac{3t}{2}-2\sin t+\frac{\sin 2t}{4}\right]_0^\pi=\frac{3\pi}{2}$$

◀ 計算量を軽減できる

　この方法は, 曲線が
　$x=r(t)\cos t,\ y=r(t)\sin t$
という形に媒介変数表示されるとき有効です.

演習問題

(63)　原点を O とし, 平面上の 2 点 A$(0,\ 1)$, B$(0,\ 2)$
をとる. OB を直径とし点 $(1,\ 1)$ を通る半円を $\varGamma$ と
する. 長さ π の糸が一端を O に固定して, $\varGamma$ に巻きつ
けてある. この糸の他端 P を引き, それが x 軸に到達
するまで, ゆるむことなくほどいてゆく. 糸と半円と
の接点を Q とし, ∠BAQ の大きさを t とする.

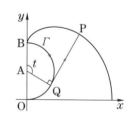

(1)　ベクトル $\overrightarrow{\text{OP}}$ を t を用いて表せ.
(2)　P が描く曲線と, x 軸および y 軸で囲まれた図形の面積を求めよ.

(早稲田大)

| 問 | **64** | **楕円が囲む図形の面積** |

方程式 $x^2-xy+y^2=3$ の表す曲線を C とする.

(1) 曲線 C を原点のまわりに $-45°$ 回転した曲線の方程式を求め，それを利用して曲線 C の概形をかけ.

(2) 曲線 C の第 1 象限にある部分が，x 軸，y 軸と囲む図形の面積を求めよ.

(東京大・改)

精講　(1)　点 (x, y) を原点のまわりに角 θ だけ回転した点が (X, Y) のとき

$$\begin{cases} X = x\cos\theta - y\sin\theta \\ Y = x\sin\theta + y\cos\theta \end{cases}$$

という関係が成立します.（演習問題 112-3）

(2)　直線 $y=\pm x$ を新しい座標軸にとり，(1)を活用するか，あるいは(1)を曲線の概形を知るために利用するに止め，方程式を y について解きます.

解法のプロセス

2次曲線 $f(x, y)=0$ の囲む面積

⇩

標準形に直す

または y について解く

〈 **解　答** 〉

$$x^2-xy+y^2=3 \qquad \cdots\cdots ①$$

(1)　点 (x, y) を原点のまわりに $-45°$ 回転した点を (X, Y) とすると

$$\begin{cases} x = X\cos45° - Y\sin45° \\ y = X\sin45° + Y\cos45° \end{cases}$$

$$\therefore \quad x = \frac{X-Y}{\sqrt{2}}, \quad y = \frac{X+Y}{\sqrt{2}}$$

これらを ①：$(x+y)^2 - 3xy = 3$ に代入して

$$2X^2 - 3\frac{X^2-Y^2}{2} = 3$$

$$\therefore \quad \frac{X^2}{6} + \frac{Y^2}{2} = 1 \qquad \cdots\cdots ②$$

楕円②を原点のまわりに $45°$ 回転してもとにもどすと曲線 C の概形は右図のようになる.

(2)　直線 $y=\pm x$ をそれぞれ X，Y 軸にとると，曲線 C の $Y \geqq 0$ の部分の方程式は②より

$$Y = \sqrt{2 - \frac{X^2}{3}} = \frac{1}{\sqrt{3}}\sqrt{6 - X^2}$$

求める面積 S は，図の斜線部分の 2 倍だから

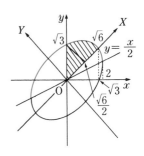

$$S = 2\left\{\frac{1}{2}\left(\frac{\sqrt{6}}{2}\right)^2 + \frac{1}{\sqrt{3}}\int_{\frac{\sqrt{6}}{2}}^{\sqrt{6}}\sqrt{6-X^2}\,dX\right\}$$

$$= \frac{3}{2} + \frac{2}{\sqrt{3}}\int_{\frac{\pi}{6}}^{\frac{\pi}{2}}\sqrt{6}\,\cos\theta\cdot\sqrt{6}\,\cos\theta\,d\theta \qquad \blacktriangleleft X=\sqrt{6}\sin\theta \text{ とおいた}$$

$$= \frac{3}{2} + 2\sqrt{3}\int_{\frac{\pi}{6}}^{\frac{\pi}{2}}(1+\cos 2\theta)\,d\theta \qquad \blacktriangleleft 次数下げ$$

$$= \frac{3}{2} + 2\sqrt{3}\left[\theta + \frac{\sin 2\theta}{2}\right]_{\frac{\pi}{6}}^{\frac{\pi}{2}} = \frac{3}{2} + 2\sqrt{3}\left(\frac{\pi}{3} - \frac{\sqrt{3}}{4}\right) = \frac{2\sqrt{3}}{3}\pi$$

研究 〈y について解く〉
①を y について解くと
$$y = \frac{x \pm \sqrt{x^2 - 4(x^2-3)}}{2} = \frac{x}{2} \pm \frac{\sqrt{3}}{2}\sqrt{4-x^2}$$

両者は直線 $y = \dfrac{x}{2}$ を境として，それぞれ上半分と下半分を表します．

$$\therefore\quad S = 2\int_0^{\sqrt{3}}\left\{\left(\frac{x}{2} + \frac{\sqrt{3}}{2}\sqrt{4-x^2}\right) - x\right\}dx$$

計算量は**解答**の方法と大差ありません．

〈楕円を円に変換する方法（標問 124 →研究 ）〉
　図形を Y 軸方向に $\sqrt{3}$ 倍すると，楕円Cは
半径 $\sqrt{6}$ の円に移され，同時に斜線部分は青
線で囲まれた扇形に移されます．よって

$$\sqrt{3}\left(\frac{S}{2}\right) = \frac{1}{6}\cdot\pi(\sqrt{6})^2 = \pi$$

$$\therefore\quad S = \frac{2\sqrt{3}}{3}\pi$$

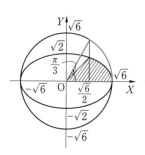

演習問題

(64-1) 連立不等式 $\dfrac{x^2}{4} + y^2 \leqq 1$, $\left(1 + \dfrac{\sqrt{3}}{2}\right)x + y \leqq 1$ の表す領域の面積を求めよ．

(早稲田大)

(64-2) 不等式 $\dfrac{x^2}{12} + \dfrac{y^2}{4} \leqq 1$ で定まる領域をDとする．原点を中心としDを正の
向きに $45°$ 回転させるとき，Dの点が通る点全体は平面上の 1 つの領域をつく
る．この領域の第 1 象限にある部分の面積を求めよ． (東京工業大)

問 **65** 双曲線関数と面積

双曲線 $x^2-y^2=1$ の上に点 $P(p, q)$ （ただし，$p \geq 1$，$q \geq 0$）をとり $p=\dfrac{e^\theta+e^{-\theta}}{2}$ （$\theta \geq 0$）とおけば，

(1) $q=\dfrac{e^\theta-e^{-\theta}}{2}$ となることを示せ．

(2) 原点 $O(0, 0)$ と $P(p, q)$ とを結ぶ直線，x 軸，および双曲線によって囲まれる図形の面積が $\dfrac{1}{2}\theta$ であることを証明せよ． （青山学院大）

精講 (2) 標問 **35** で，双曲線 $x^2-y^2=1$ 上の点 (p, q) は，双曲線関数
$$p=\frac{e^\theta+e^{-\theta}}{2}, \quad q=\frac{e^\theta-e^{-\theta}}{2}$$
によって媒介変数表示されることを学びました．本問は媒介変数 θ の図形的意味を明らかにします．

積分計算では(1)を活用します．

解法のプロセス

面積 S を x の積分で立式
⇩
$x=\dfrac{e^t+e^{-t}}{2}$ とおいて，t の積分に置換する

〈 **解答** 〉

(1) $p^2-q^2=1$ より
$$q^2=p^2-1=\left(\frac{e^\theta+e^{-\theta}}{2}\right)^2-1=\left(\frac{e^\theta-e^{-\theta}}{2}\right)^2$$

$q \geq 0$ であるから
$$q=\frac{e^\theta-e^{-\theta}}{2}$$

(2) 問題の面積を S とすると
$$S=\frac{1}{2}pq-\int_1^p y\,dx \qquad \cdots\cdots(*)$$

$x=\dfrac{e^t+e^{-t}}{2}$ とおくと，$x:1 \to p$

のとき $t:0 \to \theta$ であるから
$$S=\frac{1}{2}pq-\int_0^\theta y\frac{dx}{dt}dt$$
$$=\frac{1}{2}\cdot\frac{e^\theta+e^{-\theta}}{2}\cdot\frac{e^\theta-e^{-\theta}}{2}-\int_0^\theta\frac{e^t-e^{-t}}{2}\cdot\frac{e^t-e^{-t}}{2}dt$$

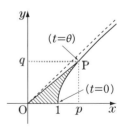

第3章

$$= \frac{e^{2\theta} - e^{-2\theta}}{8} - \frac{1}{4} \int_0^\theta (e^{2t} + e^{-2t} - 2) dt$$

$$= \frac{e^{2\theta} - e^{-2\theta}}{8} - \frac{1}{4} \left[\frac{e^{2t} - e^{-2t}}{2} - 2t \right]_0^\theta$$

$$= \frac{\theta}{2}$$

> **研究** 〈三角関数との類似〉
>
> 単位円 $x^2 + y^2 = 1$ 上の点 $P(p, q)$ に対
>
> して，斜線を引いた扇形の面積を $\frac{\theta}{2}$ とすると，
>
> 中心角は θ だから
> $$p = \cos\theta, \quad q = \sin\theta$$
> となります．本問との類似性は明らかでしょう．
>
> したがって，三角関数は円関数というべきかもしれません．

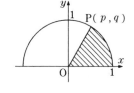

$\left\langle \int \sqrt{x^2 - 1}\, dx \text{ を求める} \right\rangle$

(*)より，

$$\int_1^p \sqrt{x^2 - 1}\, dx = \frac{1}{2} p\sqrt{p^2 - 1} - \frac{\theta}{2} \qquad \cdots\cdots\text{㋐}$$

ここで，

$$p = \frac{e^\theta + e^{-\theta}}{2}, \quad q = \sqrt{p^2 - 1} = \frac{e^\theta - e^{-\theta}}{2}$$

の辺々を加えて

$$p + \sqrt{p^2 - 1} = e^\theta$$

$$\therefore \quad \theta = \log(p + \sqrt{p^2 - 1}) \qquad \cdots\cdots\text{㋑}$$

㋑を㋐に代入して，p を x に置きかえると

$$\int \sqrt{x^2 - 1}\, dx = \frac{1}{2} \left\{ x\sqrt{x^2 - 1} - \log(x + \sqrt{x^2 - 1}) \right\} + C$$

これも双曲線関数の効用の1つです．

ただし，結果を覚える必要はありません．

演習問題

(65) $x = \dfrac{e^t - e^{-t}}{2}$ と置きかえることにより，$\displaystyle\int \sqrt{x^2 + 1}\, dx$ を求めよ．(北海道大)

問 **66** **面積と極限**

n は 2 以上の自然数とする．関数 $y=e^x$ ……(ア)，$y=e^{nx}-1$ ……(イ)
について以下の問いに答えよ．

(1) (ア)と(イ)のグラフは第 1 象限においてただ 1 つの交点をもつことを示せ．

(2) (1)で得られた交点の x 座標を a_n としたとき $\lim_{n\to\infty} a_n$ と $\lim_{n\to\infty} na_n$ を求めよ．

(3) 第 1 象限内で(ア)と(イ)のグラフおよび y 軸で囲まれた部分の面積を S_n と
する．このとき $\lim_{n\to\infty} nS_n$ を求めよ．　　　　　　　　　　　　　（東京工業大）

第3章

精講　(2) グラフ
をかくと
$a_n \to 0$ となることが容
易にわかります．これを
証明するには
$$0 \leqq a_n \leqq b_n \quad \cdots\cdots(*),$$
$$b_n \to 0$$
となる b_n を見つければ

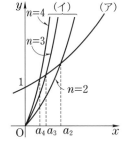

よいのですが，最も簡単な $\dfrac{1}{n}$ でどうかと山を張
るのが 1 つの方法です．ただし，(*)はすべての自
然数について成り立つ必要はありません．十分大
きな n について成り立てば十分です．

(3) nS_n を計算すると，$\infty \times 0$ 型の不定形
$$n(e^{a_n}-1)$$
が現れます．これを解消するには，e の定義
$\lim_{h\to 0}\dfrac{e^h-1}{h}=1$ を利用します．

解法のプロセス

(2) $a_n \to 0$ と予想
　　　　⇩
a_n と，たとえば $\dfrac{1}{n}$ を比較
　　　　⇩
na_n と a_n の関係を使う

(3) nS_n の不定形の部分に注目
　　　　⇩
標問 **18** →研究 の e の定
義：
$$\lim_{h\to 0}\frac{e^h-1}{h}=1$$
を思い出す

――――――――〈　**解　答**　〉――――――――

(1) $f(x)=e^x-(e^{nx}-1)$ とおく．$x>0$ において
$$f'(x)=e^x-ne^{nx}=e^x\{1-ne^{(n-1)x}\}<0$$
よって，$f(x)$ は $x>0$ で単調に減少し，かつ
$$f(0)=1,$$
$$f(1)=e-e^n+1\leqq 1+e-e^2=1-e(e-1)<0$$
ゆえに，(ア)と(イ)のグラフは第 1 象限でただ 1 つの
交点をもつ．

← $n \geqq 2$ より，$x>0$ で
$ne^{(n-1)x} > 1$

(2) $f\left(\dfrac{1}{n}\right)=e^{\frac{1}{n}}+1-e$, かつ $\displaystyle\lim_{n\to\infty}e^{\frac{1}{n}}=1$ より，

十分大きいすべての n に対して

$$f\left(\dfrac{1}{n}\right)<0$$

であるから

$$0<a_n<\dfrac{1}{n}$$

したがって

$$a_n\to 0 \quad (n\to\infty)$$

このとき，$f(a_n)=0$ より

$$e^{na_n}=e^{a_n}+1 \qquad\qquad\cdots\cdots\text{①}$$

であるから

$$na_n=\log(e^{a_n}+1)\to\log 2 \quad (n\to\infty)$$

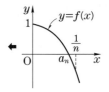

← この式の利用が急所

(3) $S_n=\displaystyle\int_0^{a_n}\{e^x-(e^{nx}-1)\}dx=\left[e^x-\dfrac{e^{nx}}{n}+x\right]_0^{a_n}$

$$=e^{a_n}-1-\dfrac{e^{na_n}-1}{n}+a_n$$

したがって

$$nS_n=n(e^{a_n}-1)-e^{na_n}+1+na_n$$

$$=na_n\dfrac{e^{a_n}-1}{a_n}-e^{na_n}+1+na_n$$

$$\to\log 2-2+1+\log 2=2\log 2-1$$

$$(n\to\infty)$$

← $a_n\to 0$ ゆえ
$\dfrac{e^{a_n}-1}{a_n}\to 1$

演習問題

66 n を 2 以上の自然数とする．

$$f(x)=\sin x-nx^2+x$$

とおくとき，次の問いに答えよ．

(1) 方程式 $f(x)=0$ は $0<x<\dfrac{\pi}{2}$ の範囲に解をただ 1 つもつことを示せ．

(2) (1)における解を x_n とする．$\displaystyle\lim_{n\to\infty}x_n=0$ であることを示し，$\displaystyle\lim_{n\to\infty}nx_n$ を求めよ．

(神戸大)

67　回転体の体積 (1)

a, b を正の実数とする．空間内の 2 点 A$(a, 0, 0)$，B$(0, b, 1)$ を通る直線を l とする．直線 l を z 軸のまわりに 1 回転して得られる図形を M とする．

(1)　z 座標の値が t であるような直線 l 上の点 P の座標を求めよ．

(2)　図形 M と yz 平面が交わって得られる図形の方程式を求め図示せよ．

(3)　図形 M と 2 つの平面 $z=0$ と $z=1$ で囲まれた立体の体積 V を求めよ．

(北海道大)

> **精講**　回転体を回転軸に直交する平面で切ると，断面は円あるいは同心円で囲まれた図形になります．
>
> 体積はこの面積に微小な厚さを掛けたものを回転軸に沿って足すと求まります．
>
> 回転体の体積を計算するためには
>
> **断面の外径と内径**
>
> がわかれば十分で，回転体の概形をまえもって知る必要はありません．

> 解法のプロセス
>
> 回転体の体積
> ⇩
> 回転軸に直交する平面で切る
> ⇩
> 断面は円の囲む図形

解　答

(1)　直線 l 上の点 (x, y, z) は s を媒介変数として
$$(x, y, z)=\overrightarrow{\mathrm{OA}}+s\overrightarrow{\mathrm{AB}}$$
$$=(a, 0, 0)+s(-a, b, 1)$$
$$=(a(1-s), bs, s)$$
とおける．$z=t$ のとき，$s=t$ であるから
$$\mathbf{P}(\boldsymbol{a(1-t)}, \boldsymbol{bt}, \boldsymbol{t})$$

(2)　Q$(0, 0, t)$ とする．M の平面 $z=t$ による切り口は，Q を中心とする半径 QP の円だから，M の t による媒介変数表示は
$$\begin{cases} z=t \\ x^2+y^2=\mathrm{QP}^2=a^2(1-t)^2+b^2t^2 \end{cases} \quad \cdots\cdots①$$
t を消去して M の方程式は
$$x^2+y^2=a^2(1-z)^2+b^2z^2$$
$$=(a^2+b^2)z^2-2a^2z+a^2$$

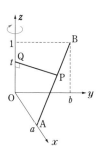

← t を動かしてできるアニメーションが M

ゆえに，M と yz 平面との交わりは，$x=0$ とおいて

$$y^2=(a^2+b^2)z^2-2a^2z+a^2$$
$$=(a^2+b^2)\left(z-\frac{a^2}{a^2+b^2}\right)^2+\frac{a^2b^2}{a^2+b^2}$$

図示すると右図の双曲線である．

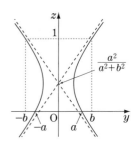

(3) ①より

$$V=\pi\int_0^1\{a^2(1-t)^2+b^2t^2\}dt$$
$$=\frac{\pi}{3}(a^2+b^2)$$

研 究 〈回転体の形〉

M は(2)の双曲線を z 軸のまわりに回転してできる右図のような曲面です．この曲面を一葉双曲面といいます．M と2平面 $z=0$，$z=1$ が囲む立体は，能楽で用いられる「つづみ」という楽器によく似ています．

Bの座標を $(b\cos\theta,\ b\sin\theta,\ h)$ $(h>0)$ とし，2平面を $z=0$，$z=h$ として一般化すると

$$V=\frac{\pi}{3}(a^2+b^2+ab\cos\theta)h$$

となります．とくに $\theta=0$ のときは円錐台の体積

$$V=\frac{\pi}{3}(a^2+b^2+ab)h$$

を表します．

演習問題

67 長さ4の線分が第1象限内にあり，その両端はそれぞれ x 軸と y 軸上にあるものとする．この線分を含む直線 l を回転軸として，原点に中心をもつ半径1の円 C を回転させた立体の体積を V とする．ただし，l と C は共有点をもたないものとする．

V を最大にするような線分の位置とそのときの V の値を求めよ． （上智大）

標問 **68** 回転体の体積 (2)

(1) $\int_0^\pi x^2\cos x\,dx$ の値を求めよ.

(2) 曲線 $y=\sin x$ $(0\le x\le\pi)$ と x 軸で囲まれた部分 F を, y 軸のまわりに回転したとき得られる立体の体積を求めよ.

精講 本問の場合,**解答**の図の x_1, x_2 は y の関数として具体的に表せないので

$$V=\pi\int_0^1(x_2{}^2-x_1{}^2)dy$$

を直接計算することができません. そこで x の積分に置換して,標問 **63** の方法で計算します.

研究ではまったく違った求積の仕方を紹介しましょう.

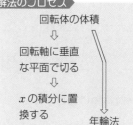

解法のプロセス

回転体の体積
⇩
回転軸に垂直な平面で切る
⇩
x の積分に置換する
年輪法

〈 **解 答** 〉

(1) $\int_0^\pi x^2\cos x\,dx$

$=\left[x^2\sin x\right]_0^\pi-2\int_0^\pi x\sin x\,dx$

$=2\left\{\left[x\cos x\right]_0^\pi-\int_0^\pi\cos x\,dx\right\}$

$=-2\pi$

← 2回部分積分する

(2) $y=\sin x_1=\sin x_2$ $\left(0\le x_1\le\dfrac{\pi}{2}\le x_2\le\pi\right)$

とすると,求める体積 V は

$V=\pi\int_0^1 x_2{}^2dy-\pi\int_0^1 x_1{}^2dy$ ……①

$=\pi\int_\pi^{\frac{\pi}{2}}x_2{}^3\dfrac{dy}{dx_2}dx_2-\pi\int_0^{\frac{\pi}{2}}x_1{}^2\dfrac{dy}{dx_1}dx_1$

$=-\pi\int_{\frac{\pi}{2}}^\pi x^2\dfrac{dy}{dx}dx-\pi\int_0^{\frac{\pi}{2}}x^2\dfrac{dy}{dx}dx$

$=-\pi\int_0^\pi x^2\dfrac{dy}{dx}dx$

$=-\pi\int_0^\pi x^2\cos x\,dx$

$=2\pi^2$

← ここから始めてもよい

← (1)

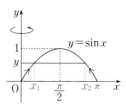

研究　〈年輪法による別解〉

　　　樹木の年輪のように，薄い皮を重ねることによって求積してみましょう.

　半径 x，高さ $\sin x$，厚さ Δx の薄い皮を y 軸に平行に切り開いて長方形の板にすると，その体積は $2\pi x \cdot \sin x \cdot \Delta x$ です. そこで，これらを回転軸に近い方から滑らかに足すと，回転体の体積 V が求められます.

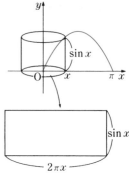

$$V=\int_0^\pi 2\pi x\sin x\,dx$$
$$=2\pi\left\{\left[x(-\cos x)\right]_0^\pi+\int_0^\pi\cos x\,dx\right\}=2\pi^2$$

↖ 部分積分が1回だけですむ

#〈**対称軸に注目する**〉

　F が回転軸に平行な直線 $x=\dfrac{\pi}{2}$ に関して対称であることに注目すると，**解答**の①から

$$V=2\pi\int_0^1\frac{x_1+x_2}{2}\cdot(x_2-x_1)\,dy$$

← $\dfrac{x_1+x_2}{2}=\dfrac{\pi}{2}$

$$=\pi^2\int_0^1(x_2-x_1)\,dy$$

← 積分は F の面積を表す

$$=\pi^2\int_0^\pi\sin x\,dx=2\pi^2$$

とすることができます. 一般化してみましょう：

　面積 S の図形 F が，回転軸と平行で回転軸との距離が r の対称軸をもち，F が回転軸と共有点をもたないとき，回転体の体積は $V=2\pi rS$ となります (パップス・ギュルダンの定理).

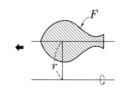

　これを使って演習問題 ⑥⑦ を見直しましょう.

演習問題

⑥⑧-1　曲線 $y=\dfrac{\log x}{x}$ と直線 $x=e$ および x 軸で囲まれた図形を x 軸のまわりに1回転してできる立体の体積を求めよ.　　　　　　　　　（中央大）

⑥⑧-2　$0\leqq x\leqq\dfrac{\pi}{4}$ のとき，2つの曲線 $y=\sin x$，$y=\cos x$ および y 軸で囲まれる部分を y 軸のまわりに回転してできる立体の体積を求めよ.

#⑥⑧-3　**研究** のパップス・ギュルダンの定理を証明せよ.

問 69 斜回転体の体積

Oを原点とし，点Aの座標を $(1, 1)$ とする．放物線 $y=x^2$ と線分OAで囲まれた部分を，線分OAのまわりに回転させて得られる回転体の体積を求めよ．

(東京女子大)

精講 回転軸を座標軸に重ねるのも1つの考え方です．

放物線を原点のまわりに $-45°$ 回転すると

$$y^2-(2x+\sqrt{2})y+x^2-\sqrt{2}\,x=0$$

$$\therefore\quad y=x+\frac{1}{\sqrt{2}}\pm\sqrt{2\sqrt{2}\,x+\frac{1}{2}}$$

問題の部分は直線 $y=x+\dfrac{1}{\sqrt{2}}$ の下方にあるので

$$V=\pi\int_0^{\sqrt{2}}\Big(x+\frac{1}{\sqrt{2}}-\sqrt{2\sqrt{2}\,x+\frac{1}{2}}\Big)^2dx$$

となりますが，計算はかなり大変です．

そこで，とりあえず**解答**の図のように

$$V=\pi\int_0^{\sqrt{2}}Y^2dX$$

と立式することにしましょう．

Y を X で表す方針は結局上で説明したことと同じです．しかし

Qの x 座標の積分に置換する

と計算がずいぶん楽になります．

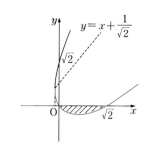

解法のプロセス

斜回転体の体積
⇩
回転軸を座標
軸に重ねる
回転軸を座標軸にとる
⇩
半径の終点の x 座標の積分に置換する

⟨ **解 答** ⟩

図のように，P，Q，R，Hをとり

OP$=X$，PQ$=Y$，OH$=x$

とすると，体積 V は

$$V=\pi\int_0^{\sqrt{2}}Y^2dX$$

2つの三角形PQR，HROは直角二等辺三角形であるから

$$Y=\frac{QR}{\sqrt{2}}=\frac{x-x^2}{\sqrt{2}}$$

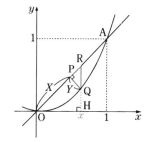

$$X = \text{OR} - Y = \sqrt{2}\,x - \frac{x - x^2}{\sqrt{2}} = \frac{x + x^2}{\sqrt{2}}$$

さらに，$X : 0 \to \sqrt{2}$ のとき $x : 0 \to 1$ である
から

$$V = \pi \int_0^1 Y^2 \frac{dX}{dx} dx = \pi \int_0^1 \left(\frac{x - x^2}{\sqrt{2}} \right)^2 \frac{1 + 2x}{\sqrt{2}} dx$$

$$= \frac{\sqrt{2}\,\pi}{4} \int_0^1 (2x^5 - 3x^4 + x^2) dx$$

$$= \frac{\sqrt{2}\,\pi}{4} \left(\frac{1}{3} - \frac{3}{5} + \frac{1}{3} \right)$$

$$= \frac{\sqrt{2}\,\pi}{60}$$

＃ ▶研 究　〈解法の一般化〉

　　図のように，曲線 $y = f(x)$ と直線
$y = mx$ $(m = \tan \theta)$ が囲む図形を，直線
$y = mx$ のまわりに回転して得られる立体の体
積 V を計算してみることにします．

$$V = \pi \int_a^b Y^2 \frac{dX}{dx} dx$$

において

$$Y = (mx - f(x)) \cos \theta, \qquad X = \frac{x}{\cos \theta} - (mx - f(x)) \sin \theta$$

であるから

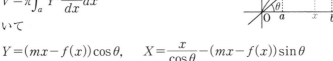

$$V = \pi \int_a^b (mx - f(x))^2 \cos^2 \theta \left\{ \frac{1}{\cos \theta} - (mx - f(x))' \sin \theta \right\} dx$$

$$= \pi \int_a^b (mx - f(x))^2 \cos \theta\, dx - \pi \left[\frac{(mx - f(x))^3}{3} \cos^2 \theta \sin \theta \right]_a^b$$

$$= \pi \int_a^b (mx - f(x))^2 \cos \theta\, dx$$

$$\therefore \quad \boldsymbol{V = \left\{ \pi \int_a^b (mx - f(x))^2 dx \right\} \cos \theta} \quad \left(0 < \theta < \frac{\pi}{2} \right)$$

この結果は検算に役立ちます．

演習問題

69 曲線 $\sqrt{x} + \sqrt{y} = 1$ と x 軸，y 軸で囲まれた部分を，直線 $y = x$ のまわ
りに回転してできる回転体の体積を求めよ． (電気通信大)

第3章

問 70　非回転体の体積 (1)

座標空間において，2点 P$(2, 0, 0)$, Q$(2, 0, 9)$ を結ぶ線分 PQ を z 軸のまわりに回転して得られる曲面を S とする．

(1) 曲面 S と平面 $z=0$ および，平面 $z=3-3x$ で囲まれる立体の体積を求めよ．

(2) 曲面 S のうち，平面 $z=3-3x$ の下側にある部分の面積を求めよ．

精講 (1) 立体が回転体ではないので，断面がなるべく簡単な図形になるような切り方を探します．

どの座標軸に直交する平面で切っても計算できますが，x 軸に直交する平面による断面はつねに長方形ですから，これが最もやさしそうです．

切り方が決まったら問題の立体を式で表して

$$\begin{cases} \text{円柱の内部：} & x^2+y^2 \leqq 4 \\ xy \text{ 平面の上方：} & z \geqq 0 \\ \text{平面 } z=3-3x \text{ の下方：} & z \leqq 3-3x \end{cases}$$

あとは式の操作だけで処理します．

(2) 図において，弧 $\overset{\frown}{\text{PH}}$ の長さを s とおいて，HK を s の関数で表し，それを積分するという方法もあります．

しかし，**解答**では $\angle\text{POH}=\theta$ が $\varDelta\theta$ だけ変化したとき，線分 HK が描く図形を面積

$$\text{HK} \cdot 2\varDelta\theta$$

の長方形で近似して，それを滑らかに加えて計算することにします．

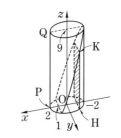

▶**解法のプロセス**

非回転体の体積
⇩
単純な断面が出る切り方を探す
⇩
立体をできるだけ式で表し，それを使って考える

═══════════ **解 答** ═══════════

(1) 立体は

$$x^2+y^2 \leqq 4, \quad 0 \leqq z \leqq 3-3x$$

と表せる．平面 $x=t$ $(-2 \leqq t \leqq 1)$ による断面は

$$t^2+y^2 \leqq 4, \quad 0 \leqq z \leqq 3-3t$$

$$\therefore \quad |y| \leqq \sqrt{4-t^2}, \quad 0 \leqq z \leqq 3-3t$$

断面積は $6(1-t)\sqrt{4-t^2}$ であるから，求める体積は

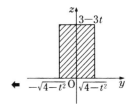

$$V = 6\int_{-2}^{1}(1-t)\sqrt{4-t^2}\,dt$$

$t = 2\sin\theta$ とおくと， $t : -2 \to 1$ のとき

$\theta : -\dfrac{\pi}{2} \to \dfrac{\pi}{6}$ であるから

$$V = 6\int_{-\frac{\pi}{2}}^{\frac{\pi}{6}}(1-2\sin\theta)\cdot 2\cos\theta\cdot 2\cos\theta\,d\theta$$

$$= \int_{-\frac{\pi}{2}}^{\frac{\pi}{6}}\{12(1+\cos 2\theta)-48\cos^2\theta\sin\theta\}\,d\theta$$

$$= \left[12\theta+6\sin 2\theta+16\cos^3\theta\right]_{-\frac{\pi}{2}}^{\frac{\pi}{6}}$$

$$= 8\pi+9\sqrt{3}$$

← $V = 6\displaystyle\int_{-2}^{1}\sqrt{4-t^2}\,dt$
　　　$-6\displaystyle\int_{-2}^{1}t\sqrt{4-t^2}\,dt$
第1項は，標問 **55**，▸研究
第2項は， $\left[2(4-t^2)^{\frac{3}{2}}\right]_{-2}^{1}$
としてもよい

(2) 平面 $z = 3-3x$ ……① の下側にある円周
上の点Hに対して， $\angle POH = \theta$ とおくと
　　　$H(2\cos\theta,\ 2\sin\theta,\ 0)$
Hでの xy 平面の垂線と平面①の交点をKとす
ると
$$HK = 3-6\cos\theta\left(\frac{\pi}{3}\le\theta\le\frac{5\pi}{3}\right)$$

θ が $\varDelta\theta$ だけ変化するとき，Hは長さ $2\varDelta\theta$ の円
弧を描くので，線分 HK が描く図形は，面積
　　　$HK\cdot 2\varDelta\theta = (3-6\cos\theta)\cdot 2\varDelta\theta$
の長方形で近似される．ゆえに，求める面積は
$$\int_{\frac{\pi}{3}}^{\frac{5\pi}{3}}(3-6\cos\theta)\cdot 2\,d\theta$$

$$= 6\left[\theta-2\sin\theta\right]_{\frac{\pi}{3}}^{\frac{5\pi}{3}}$$

$$= 8\pi+12\sqrt{3}$$

← $\displaystyle\int_{\frac{\pi}{3}}^{\frac{5\pi}{3}}(3-6\cos\theta)\,d\theta$
としないように

演習問題

70 xyz 空間において，不等式
　　　$0\le z\le 1+x+y-3(x-y)y,\ \ 0\le y\le 1,\ \ y\le x\le y+1$
のすべてを満足する $x,\ y,\ z$ を座標にもつ点全体がつくる立体の体積を求めよ．

(東京大)

71　非回転体の体積 (2)

　xz 平面上の放物線 $z=1-x^2$ を A とする．次に yz 平面上の放物線 $z=1-2y^2$ を B とする．B を，その頂点が曲線 A 上を動くように空間内で平行移動させる．そのとき B が描く曲面を S とする．

　S と xy 平面とで囲まれる部分の体積 V を求めよ．

精講　x 軸に直交する平面で切るのが自然なようです．

　平面 $x=t$ による曲面 S の切り口を yz 平面上に正射影したものは，B と合同で頂点の z 座標が $1-t^2$ の放物線ですから，方程式は
$$z=-2y^2+1-t^2$$
となります．

　体積 V は，この放物線と y 軸が囲む図形の面積 $S(t)$ を求め，$S(t)\,dt$ を -1 から 1 まで滑らかに足せばよいわけです．

　しかし，z 軸に直交する平面で切れば楕円になりそうだ，と気づけばもっと簡単です．

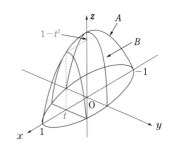

解法のプロセス

いろいろな切り方を試す
⇩
$x=t$ で切ると
放物線

$z=t$ で切ると
楕円

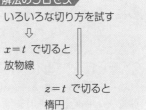

解答

　S と xy 平面が囲む立体を平面 $x=t$（$|t|\leqq1$）で切ると，断面は放物線
$$z=-2y^2+1-t^2$$
と y 軸が囲む図形である．その面積を $S(t)$ とすると，$\sqrt{\dfrac{1-t^2}{2}}=\alpha$ として

$$\begin{aligned}
S(t)&=\int_{-\alpha}^{\alpha}(-2y^2+1-t^2)\,dy\\
&=2\int_{0}^{\alpha}(-2y^2+1-t^2)\,dy\\
&=-\frac{4}{3}\alpha^3+2(1-t^2)\alpha\\
&=\frac{2\sqrt{2}}{3}(\sqrt{1-t^2})^3
\end{aligned}$$

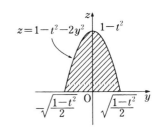

ゆえに

$$V=\int_{-1}^{1}S(t)\,dt=\frac{4\sqrt{2}}{3}\int_{0}^{1}(\sqrt{1-t^2})^3dt$$

← $\sqrt{a^2-x^2}$ を含む積分は $x=a\sin\theta$ とおく

$t=\sin\theta$ とおくと，$t:0\to1$ のとき

$\theta:0\to\dfrac{\pi}{2}$，$dt=\cos\theta\,d\theta$ であるから

$$V=\frac{4\sqrt{2}}{3}\int_{0}^{\frac{\pi}{2}}\cos^4\theta\,d\theta$$

← 演習問題 56-1

$$=\frac{4\sqrt{2}}{3}\left(\frac{3\cdot1}{4\cdot2}\cdot\frac{\pi}{2}\right)$$

$$=\frac{\sqrt{2}}{4}\pi$$

研究　〈z 軸に直交する平面で切る〉

曲面 S は，平面 $x=t$ 上の放物線

$$\begin{cases} x=t \\ z=-2y^2+1-t^2 \end{cases}$$

の描く軌跡です．

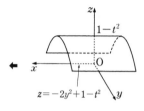

したがって，その方程式は媒介変数 t を消去することにより

$$z=1-x^2-2y^2 \qquad \therefore \quad x^2+2y^2=1-z$$

この曲面を平面 $z=t\ (0\leqq t<1)$ で切り，断面を xy 平面上に正射影すると

$$x^2+2y^2=1-t$$

この楕円が囲む図形の面積は

$$\pi\sqrt{1-t}\cdot\sqrt{\frac{1-t}{2}}=\frac{\pi}{\sqrt{2}}(1-t)$$

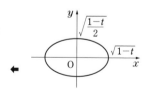

← 楕円 $\dfrac{x^2}{a^2}+\dfrac{y^2}{b^2}=1$ の囲む面積は，πab

ゆえに，求める体積は

$$V=\frac{\pi}{\sqrt{2}}\int_{0}^{1}(1-t)dt=\frac{\sqrt{2}}{4}\pi$$

演習問題

71 xyz 空間の 2 点 A$(0,\ 1,\ 1)$，B$(0,\ -1,\ 1)$ を結ぶ線分を L とし，xy 平面における円板 $x^2+y^2\leqq1$ を D とする．点 P が L 上を動き，点 Q が D 上を動くとき，線分 PQ が動いてできる立体を K とする．平面 $z=t\ (0\leqq t\leqq1)$ による立体 K の切り口の面積 $S(t)$ と，K の体積 V を求めよ．　　　　　（東北大）

問	**72**	**断面の境界が円弧を含む立体の体積**

　D を半径 1 の円板，C を yz 平面の原点を中心とする半径 1 の円周とする．D が次の条件(a), (b)を共に満たしながら xyz 空間を動くとき，D が通過する部分の体積 V を求めよ．

(a)　D の中心は C 上にある．

(b)　D が乗っている平面はつねに z 軸と直交する．　　　　　（東京工業大）

精講　　x 軸に直交する平面で切る方法も考えられますが，条件(b)を見ると z 軸に直交する平面で切る方が簡単そうです．このとき切り口は 2 円を重ねた形をしているので，断面積を求めるためには，扇形の面積を知らなければなりません．したがって，**中心角を設定すること**が必要です．

解法のプロセス
> 断面積を計算する
> ⇩
> 扇形の面積が必要
> ⇩
> 中心角をおく

《　**解　答**　》

　D の描く立体は xy 平面に関して対称だから，$z \geqq 0$ の部分を考える．

　平面 $z = t$ $(0 \leqq t \leqq 1)$ による切り口の面積 $S(t)$ は，図の P, Q に対して　$\angle \mathrm{OPQ} = \theta$ $\left(0 \leqq \theta \leqq \dfrac{\pi}{2}\right)$ とおくと

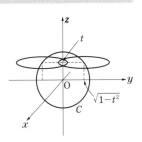

$$S(t) = 2\,\text{つの円} - 2 \times \left(\!\!\!\begin{array}{c} \\ \end{array}\right.$$

$$= 2\pi - 2\left(\frac{1}{2}\cdot 1^2 \cdot 2\theta - t\sqrt{1-t^2}\right)$$

$$= 2(\pi - \theta + t\sqrt{1-t^2})$$

$t = \sin\theta$ であるから

$$S(t) = 2(\pi - \theta + \sin\theta\cos\theta)$$

ゆえに

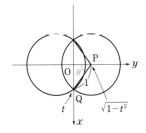

$$\frac{V}{2} = \int_0^1 S(t)\,dt = \int_0^{\frac{\pi}{2}} 2(\pi - \theta + \sin\theta\cos\theta)\cos\theta\,d\theta$$

$$= 2\int_0^{\frac{\pi}{2}} \{(\pi - \theta)\cos\theta + \sin\theta\cos^2\theta\}\,d\theta$$

ここで

$$\int_0^{\frac{\pi}{2}}(\pi-\theta)\cos\theta\,d\theta=\Big[(\pi-\theta)\sin\theta\Big]_0^{\frac{\pi}{2}}-\int_0^{\frac{\pi}{2}}(-\sin\theta)d\theta=\frac{\pi}{2}+1$$

$$\int_0^{\frac{\pi}{2}}\sin\theta\cos^2\theta\,d\theta=\Big[\frac{-\cos^3\theta}{3}\Big]_0^{\frac{\pi}{2}}=\frac{1}{3}$$

となるから

$$V=4\Big(\frac{\pi}{2}+1+\frac{1}{3}\Big)=2\pi+\frac{16}{3}$$

研究　〈x軸に直交する平面で切る〉

　　平面 $x=u$ $(0\leqq u\leqq1)$ による断面は長さ $2\sqrt{1-u^2}$ の y 軸に平行な線分が，その中点を単位円に沿って1周させるときに描く図形です．

　　図のように θ（解答の θ とは別物）をとると，断面積 $T(u)$ は

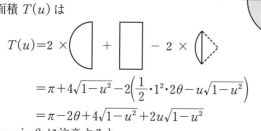

$$T(u)=2\times\ \bigg(\!\!\!\!\!\!\!\!\!\! \quad\quad\ \ \bigg)+\ \bigg(\quad\quad\bigg)-\ 2\times\ \bigg(\quad\bigg)$$

$$=\pi+4\sqrt{1-u^2}-2\Big(\frac{1}{2}\cdot1^2\cdot2\theta-u\sqrt{1-u^2}\Big)$$

$$=\pi-2\theta+4\sqrt{1-u^2}+2u\sqrt{1-u^2}$$

$u=\sin\theta$ に注意すると

$$T(u)=\pi-2\theta+4\cos\theta+2\sin\theta\cos\theta$$

これらを

$$\frac{V}{2}=\int_0^1 T(u)\,du=\int_0^{\frac{\pi}{2}}T(u)\frac{du}{d\theta}d\theta$$

に代入して V を求めることができます．

演習問題

72　xyz 空間において，平面 $z=0$ 上の原点を中心とする半径2の円を底面とし，点 $(0,\ 0,\ 1)$ を頂点とする円錐を A とする．次に，平面 $z=0$ 上の点 $(1,\ 0,\ 0)$ を中心とする半径1の円を H，平面 $z=1$ 上の点 $(1,\ 0,\ 1)$ を中心とする半径1の円を K とする．H と K を2つの底面とする円柱を B とする．円錐 A と円柱 B の共通部分を C とする．$0\leqq t\leqq1$ を満たす実数 t に対し，平面 $z=t$ による C の切り口の面積を $S(t)$ とする．

(1)　$0\leqq\theta\leqq\dfrac{\pi}{2}$ とする．$t=1-\cos\theta$ のとき，$S(t)$ を θ で表せ．

(2)　C の体積 $\displaystyle\int_0^1 S(t)\,dt$ を求めよ．　　　　　　　　（東京大）

問 **73** 媒介変数表示された曲線の長さ

平面上に座標 $(2\cos t+\cos 2t,\ 2\sin t-\sin 2t)$ で表される点Pがある．t が $0\leqq t\leqq 2\pi$ の範囲で変わるとき，点Pの描く曲線の長さを求めよ． （千葉大）

精 講 **研究**の⑦あるいは⑦で表される曲線の長さ l については，それぞれ次の公式が基本的です．

$$\begin{cases} l=\displaystyle\int_{\alpha}^{\beta}\sqrt{\left(\dfrac{dx}{dt}\right)^2+\left(\dfrac{dy}{dt}\right)^2}\,dt \\ l=\displaystyle\int_{a}^{b}\sqrt{1+\left(\dfrac{dy}{dx}\right)^2}\,dx \end{cases}$$

本問の場合

$$\left(\dfrac{dx}{dt}\right)^2+\left(\dfrac{dy}{dt}\right)^2=16\sin^2\dfrac{3t}{2}$$

となりますが，うっかり

$$l=\int_0^{2\pi}\sqrt{\left(\dfrac{dx}{dt}\right)^2+\left(\dfrac{dy}{dt}\right)^2}\,dt$$

$$=4\int_0^{2\pi}\sin\dfrac{3t}{2}\,dt$$

としないように注意しましょう．実は

$$\sin\dfrac{3t}{2}<0\quad\left(\dfrac{2\pi}{3}<t<\dfrac{4\pi}{3}\right)$$

です．

解法のプロセス

$$l=\int_0^{2\pi}\sqrt{\left(\dfrac{dx}{dt}\right)^2+\left(\dfrac{dy}{dt}\right)^2}\,dt$$
$$\Downarrow$$
$$\left(\dfrac{dx}{dt}\right)^2+\left(\dfrac{dy}{dt}\right)^2$$
$$=16\sin^2\dfrac{3t}{2}$$
$$\Downarrow$$
$\sin\dfrac{3t}{2}$ の符号の変化に注意

$\left|\sin\dfrac{3t}{2}\right|$ の周期に注目できればもっと簡単

第3章

〈 解 答 〉

$$\dfrac{dx}{dt}=-2\sin t-2\sin 2t=-2(\sin t+\sin 2t)$$

$$\dfrac{dy}{dt}=2\cos t-2\cos 2t=2(\cos t-\cos 2t)$$

よって

$$\left(\dfrac{dx}{dt}\right)^2+\left(\dfrac{dy}{dt}\right)^2=4\{2-2(\cos 2t\cos t-\sin 2t\sin t)\}$$

$$=8\{1-\cos(2t+t)\}\qquad\text{← 加法定理の逆さ読み}$$

$$=16\sin^2\dfrac{3t}{2}$$

ゆえに，求める長さ l は

$$l=\int_0^{2\pi}\sqrt{\left(\dfrac{dx}{dt}\right)^2+\left(\dfrac{dy}{dt}\right)^2}\,dt=4\int_0^{2\pi}\left|\sin\dfrac{3t}{2}\right|dt$$

$\left|\sin\dfrac{3t}{2}\right|$ の周期は $\dfrac{2\pi}{3}$ であるから，l は

← $|\sin x|$ の周期は π

$0\leqq t\leqq\dfrac{2\pi}{3}$ に対応する部分の長さの 3 倍である．

したがって

$$l=12\int_0^{\frac{2\pi}{3}}\left|\sin\frac{3t}{2}\right|dt$$

← $0\leqq t\leqq\dfrac{2\pi}{3}$ において

$$=12\int_0^{\frac{2\pi}{3}}\sin\frac{3t}{2}dt$$

$\sin\dfrac{3t}{2}\geqq 0$

$$=12\left[-\frac{2}{3}\cos\frac{3t}{2}\right]_0^{\frac{2\pi}{3}}$$

$$=12\left(\frac{2}{3}+\frac{2}{3}\right)=\boldsymbol{16}$$

研究 〈曲線の長さの公式〉

曲線 $C:x=x(t),\ y=y(t)\ \ (\alpha\leqq t\leqq\beta)\ \ \cdots\cdots㋐$

の長さを l とします．

$\alpha\leqq t\leqq\beta$ を n 個の小区間

$$\alpha=t_0<t_1<t_2<\cdots<t_{n-1}<t_n=\beta$$

に分割し

$$P_k(x(t_k),\ y(t_k))\ \ (k=0,\ 1,\ \cdots,\ n)$$

とおくと

$$P_kP_{k+1}=\sqrt{(x(t_{k+1})-x(t_k))^2+(y(t_{k+1})-y(t_k))^2}$$

平均値の定理により

$$x(t_{k+1})-x(t_k)=x'(s_k)(t_{k+1}-t_k)$$

$$y(t_{k+1})-y(t_k)=y'(s_k)(t_{k+1}-t_k)$$

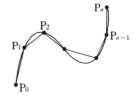

を満たす $s_k\ (t_k<s_k<t_{k+1})$ が存在するから

← 不備な点があるが気にしないこと

$$P_kP_{k+1}=\sqrt{x'(s_k)^2+y'(s_k)^2}\ (t_{k+1}-t_k)$$

となります．

次に，すべての小区間の幅が 0 に近づくように $n\to\infty$ とすると，折れ線 $P_0P_1P_2\cdots P_{n-1}P_n$ の長さは l に限りなく近づくと考えられるので，定積分の定義により次の式が成立します．

$$l=\lim_{n\to\infty}\sum_{k=0}^{n-1}\sqrt{x'(s_k)^2+y'(s_k)^2}\ (t_{k+1}-t_k)$$

$$=\int_\alpha^\beta\sqrt{\left(\frac{dx}{dt}\right)^2+\left(\frac{dy}{dt}\right)^2}\,dt$$

肝心なのは，

　　曲線の長さは内接折れ線の長さの極限として
　　求められる

ということです.

　　曲線の方程式が

　　　$y=f(x)$ $(a \leqq x \leqq b)$　　　　　……㋑

　で与えられたときは

　　　$x=t,$　　$y=f(t)$

　と考えれば

$$l=\int_a^b \sqrt{1+\left(\frac{dy}{dt}\right)^2}\,dt$$

$$=\int_a^b \sqrt{1+\left(\frac{dy}{dx}\right)^2}\,dx$$

となります.

〈**本問の曲線の概形**〉

　本問の曲線は,半径3の円に内接する半径1の
円が滑らないように転がるとき,初めに点$(3,\ 0)$
にあった動円上の定点が描く軌跡です.

　図のような媒介変数 t に対して

$$\begin{cases} x=2\cos t+\cos 2t \\ y=2\sin t-\sin 2t \end{cases}$$

◆標問 **30**
　参照

が成り立つことを確かめて下さい.

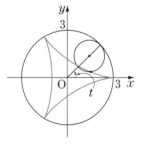

　この図を見ると,l の計算過程で周期 $\dfrac{2\pi}{3}$ の現

れる理由がよくわかります.

演習問題

(73-1)　次の曲線の長さ l を求めよ.ただし,$0 \leqq \theta \leqq 2\pi$ とする.

(1)　$x=\theta-\sin\theta,\ y=1-\cos\theta$　　(サイクロイド)

(2)　$x=\cos^3\theta,\ y=\sin^3\theta$　　(アステロイド)

(73-2)　xy 平面で原点を中心とする半径2の円を A,点 $(3,\ 0)$ を中心とする半径1の円を B とする.B が A の周上を,反時計まわりに,滑らずに転がって,もとの位置にもどるとき,初めに $(2,\ 0)$ にあった B 上の点 P の描く曲線を C とする.原点と円 B の中心を結ぶ半直線が x 軸となす角を θ とするとき,点 P の座標を θ で表し曲線 C の長さ l を求めよ.(エピサイクロイド)　　(東京工業大)

標問 **74** カテナリーとその伸開線の長さ

$f(x)=\dfrac{e^x+e^{-x}}{2}$ とする. 曲線 $y=f(x)$ 上の点 P$(t,\ f(t))$ $(t\geqq0)$ における接線に点H$(t,\ 0)$ から下ろした垂線の足をQとする.

(1) 曲線 $y=f(x)$ 上の点 A$(0,\ f(0))$ からPまでの弧の長さ $\overset{\frown}{\mathrm{AP}}$ は $f'(t)$ に等しいことを示せ.

(2) PとQの距離 $\overline{\mathrm{PQ}}$ は $\overset{\frown}{\mathrm{AP}}$ に等しいことを示せ.

(3) t が $0\leqq t\leqq1$ の範囲を変化するとき, Qの描く曲線の長さを求めよ.

(室蘭工業大)

精講 $f(x)=\dfrac{e^x+e^{-x}}{2}$ と $f'(x)=\dfrac{e^x-e^{-x}}{2}$

の間には

$\begin{cases} \{f(x)\}^2-\{f'(x)\}^2=1 \quad (\text{標問 }\mathbf{35}) \\ f''(x)=f(x) \Longleftrightarrow \displaystyle\int f(x)\,dx=f'(x)+C \end{cases}$

◀ $\begin{cases} \cos^2x+\sin^2x=1 \\ (\cos x)''=-\cos x \end{cases}$ と類似

という関係があります. カテナリーの計量問題では, これらの関係式を使って計算量を軽減することができます.

(1), (2)の趣旨は, カテナリーにまきつけた糸の端が初めにAにあるとして, 糸がたるまないようにほぐしていくとき, 糸の先端の描く軌跡がQの軌跡と一致することを示すことです.

このようにして得られる曲線を**伸開線**といいます.

解法のプロセス

$f(x)=\dfrac{e^x+e^{-x}}{2}$

⇩

$\begin{cases} \{f(x)\}^2-\{f'(x)\}^2=1 \\ f''(x)=f(x) \end{cases}$

を利用して計算を簡略化

〈 **解 答** 〉

(1) $\overset{\frown}{\mathrm{AP}}=\displaystyle\int_0^t\sqrt{1+\{f'(x)\}^2}\,dx$

◀ 曲線の長さの公式

　 $=\displaystyle\int_0^t f(x)\,dx$

◀ $\{f(x)\}^2-\{f'(x)\}^2=1$

　 $=\Big[\,f'(x)\,\Big]_0^t$

◀ $\displaystyle\int f(x)\,dx=f'(x)+C$

　 $=f'(t)$

◀ $f'(0)=0$

(2) 直線 QH の方程式は

　 $y=-\dfrac{1}{f'(t)}\,(x-t)$

$$\therefore\quad x-t+f'(t)y=0 \qquad\cdots\cdots①$$

P$(t,\ f(t))$ ゆえ，点と直線の距離の公式により

$$\overline{\mathrm{PQ}}=\frac{|t-t+f'(t)f(t)|}{\sqrt{1+\{f'(t)\}^2}}=\frac{f(t)f'(t)}{f(t)}=f'(t)$$

$$\therefore\quad \widehat{\mathrm{AP}}=\overline{\mathrm{PQ}}$$

(3) Pでの接線の方程式は

$$y=f'(t)(x-t)+f(t) \qquad\cdots\cdots②$$

①，②を連立して解くと

$$x=t-\frac{f'(t)}{f(t)},\qquad y=\frac{1}{f(t)}$$

ゆえに，

$$\left(\frac{dx}{dt}\right)^2+\left(\frac{dy}{dt}\right)^2$$

$$=\left[1-\frac{\{f(t)\}^2-\{f'(t)\}^2}{\{f(t)\}^2}\right]^2+\left[-\frac{f'(t)}{\{f(t)\}^2}\right]^2$$

$$=\left[\frac{\{f'(t)\}^2}{\{f(t)\}^2}\right]^2+\left[\frac{f'(t)}{\{f(t)\}^2}\right]^2$$

$$=\frac{\{f'(t)\}^2[\{f'(t)\}^2+1]}{\{f(t)\}^4}=\frac{\{f'(t)\}^2\{f(t)\}^2}{\{f(t)\}^4}$$

$$=\left\{\frac{f'(t)}{f(t)}\right\}^2$$

したがって，求める長さは

$$\int_0^1\sqrt{\left(\frac{dx}{dt}\right)^2+\left(\frac{dy}{dt}\right)^2}\,dt=\int_0^1\frac{f'(t)}{f(t)}\,dt$$

$$=\Big[\log f(t)\Big]_0^1=\left[\log\frac{e^t+e^{-t}}{2}\right]_0^1$$

$$=\log\frac{e+e^{-1}}{2}$$

← $\begin{cases}|\overrightarrow{\mathrm{PQ}}|=f'(t)\\ \overrightarrow{\mathrm{PQ}}/\!\!/-(1,\ f'(t))\end{cases}$ より $\overrightarrow{\mathrm{OQ}}=\overrightarrow{\mathrm{OP}}+\overrightarrow{\mathrm{PQ}}$ を計算してもよい

← 第1項分子，$f''(t)=f(t)$

← $\{f(t)\}^2-\{f'(t)\}^2=1$

← 曲線の長さの公式

演習問題

(74-1) 曲線 $y=\log(2\sin x)$ $(0<x<\pi)$ の概形をかき，この曲線の $y\geqq0$ の部分の長さ l を求めよ． （岡山大）

(74-2) 曲線 $y=1-x^2$ $(0\leqq x\leqq1)$ を C とする．C を y 軸のまわりに1回転したとき C が通過する曲面を S とする．C の微小部分（長さ ds）が通過する S の微小部分 dS の面積は $2\pi x\,ds$ であるとして，S の面積を計算せよ． （宇都宮大）

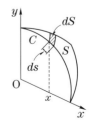

標問 **75** **定積分と無限級数** (1)

n 個の自然数 $n,\ n+1,\ n+2,\ \cdots,\ n+(n-1)$ の相加平均を A_n, 相乗平均を B_n, 調和平均を C_n とする. すなわち,

$$A_n = \frac{n+(n+1)+\cdots+(2n-1)}{n}$$

$$B_n = \sqrt[n]{n(n+1)(n+2)\cdots(2n-1)}$$

$$C_n = \frac{n}{\dfrac{1}{n}+\dfrac{1}{n+1}+\cdots+\dfrac{1}{2n-1}}$$

であるとき,

(1) $\displaystyle \lim_{n\to\infty}\frac{n}{C_n},\ \lim_{n\to\infty}\frac{B_n}{n}$ を求めよ.

(2) $\displaystyle \lim_{n\to\infty}\frac{A_n}{B_n},\ \lim_{n\to\infty}\frac{A_n}{C_n}$ を求めよ.

(上智大)

精講 区分求積による定積分の定義を用いて極限値を計算する問題です. 標問 **48** では定積分を最も一般的に定義しました. ここではその特殊な場合を使います.

区間 $a \le x \le b$ をとくに n 等分することにして, s_k を t_{k-1} または t_k に等しくとれば, 次式が成立します.

$$\lim_{n\to\infty}\frac{b-a}{n}\sum_{k=0}^{n-1}f\left(a+k\frac{b-a}{n}\right)$$
$$=\lim_{n\to\infty}\frac{b-a}{n}\sum_{k=1}^{n}f\left(a+k\frac{b-a}{n}\right)=\int_a^b f(x)dx$$

さらに, $a=0,\ b=1$ に限定すると

$$\lim_{n\to\infty}\frac{1}{n}\sum_{k=0}^{n-1}f\left(\frac{k}{n}\right)=\lim_{n\to\infty}\frac{1}{n}\sum_{k=1}^{n}f\left(\frac{k}{n}\right)=\int_0^1 f(x)dx$$

原理的にはこれで十分です.

(1) $\displaystyle \lim_{n\to\infty}\frac{B_n}{n}$ を直接定積分で表すことはできません. 初めに自然対数をとり, 和の形に直します.

(2) (1)は $B_n,\ C_n$ の増大速度を n を基準にして測っているので, これを利用して

解法のプロセス

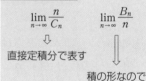

$\displaystyle \lim_{n\to\infty}\frac{n}{C_n}$　　$\displaystyle \lim_{n\to\infty}\frac{B_n}{n}$

⇩　　　　　　　　⇩

直接定積分で表す

　　　　　　　積の形なので

　　　　　　　　　⇩

自然対数をとり, 和の形に直して定積分で表す

◀ 何故なら積分区間 $[a,\ b]$ は置換して $[0,\ 1]$ に直せる

$$\frac{A_n}{B_n}=\frac{A_n}{n}\cdot\frac{n}{B_n}, \quad \frac{A_n}{C_n}=\frac{A_n}{n}\cdot\frac{n}{C_n}$$

とします.

〈　解　答　〉

(1)　$\displaystyle\lim_{n\to\infty}\frac{n}{C_n}=\lim_{n\to\infty}\left(\frac{1}{n}+\frac{1}{n+1}+\cdots+\frac{1}{2n-1}\right)$

$\displaystyle\qquad=\lim_{n\to\infty}\sum_{k=0}^{n-1}\frac{1}{n+k}$ ← $\dfrac{1}{n}$ をとり出す

$\displaystyle\qquad=\lim_{n\to\infty}\frac{1}{n}\sum_{k=0}^{n-1}\frac{1}{1+\dfrac{k}{n}}$ ← $f\left(\dfrac{k}{n}\right)=\dfrac{1}{1+\dfrac{k}{n}}$ とみる

$\displaystyle\qquad=\int_0^1\frac{1}{1+x}dx=\Big[\log(1+x)\Big]_0^1$

$\qquad=\boldsymbol{\log 2}$ ← C_n は $\dfrac{n}{\log 2}$ と同じ程度の速さで増加することを意味する

$$\frac{B_n}{n}=\sqrt[n]{1\cdot\left(1+\frac{1}{n}\right)\cdot\left(1+\frac{2}{n}\right)\cdots\cdots\left(1+\frac{n-1}{n}\right)}$$

より

$\displaystyle\quad\lim_{n\to\infty}\log\frac{B_n}{n}=\lim_{n\to\infty}\frac{1}{n}\sum_{k=0}^{n-1}\log\left(1+\frac{k}{n}\right)$ ← $f\left(\dfrac{k}{n}\right)=\log\left(1+\dfrac{k}{n}\right)$ とみる

$\displaystyle\quad=\int_0^1\log(1+x)dx$

$\displaystyle\quad=\Big[(1+x)\log(1+x)-x\Big]_0^1$ ← $\displaystyle\int(1+x)'\log(1+x)dx$ として部分積分

$\displaystyle\quad=2\log 2-1=\log\frac{4}{e}$

$\displaystyle\quad\therefore\ \lim_{n\to\infty}\frac{B_n}{n}=\boldsymbol{\frac{4}{e}}$ ← B_n は $\dfrac{4}{e}n$ と同じ程度の速さで増加することを意味する

(2)　$A_n=\dfrac{1}{n}\cdot\dfrac{n\{n+(2n-1)\}}{2}=\dfrac{3n-1}{2}$ ← 等差数列の和の公式

より

$\displaystyle\quad\lim_{n\to\infty}\frac{A_n}{n}=\frac{3}{2}$

ゆえに,

$\displaystyle\quad\lim_{n\to\infty}\frac{A_n}{B_n}=\lim_{n\to\infty}\frac{A_n}{n}\cdot\frac{n}{B_n}=\frac{3}{2}\cdot\frac{e}{4}=\boldsymbol{\frac{3}{8}e}$

$\displaystyle\quad\lim_{n\to\infty}\frac{A_n}{C_n}=\lim_{n\to\infty}\frac{A_n}{n}\cdot\frac{n}{C_n}=\boldsymbol{\frac{3}{2}\log 2}$

研究 〈調和平均について〉

いま，AB＝BC＝1 なる点 A，B，C があり，動点Pは AB 間，BC 間をそれぞれ速さ v_1，v_2 で動くものとします．このとき，AC 間を移動するのに要する時間は，$\dfrac{1}{v_1}+\dfrac{1}{v_2}$．これが AC 間を一定の速さ v で動いたときの所要時間に等しいとすると

$$\frac{1}{v_1}+\frac{1}{v_2}=\frac{2}{v} \qquad \therefore \quad v=\frac{2}{\dfrac{1}{v_1}+\dfrac{1}{v_2}}$$

v を v_1 と v_2 の調和平均といいます．本問の調和平均はこれを n 個の場合に拡張したものです．

2つの正数 a，b に対する3種類の平均の間には，不等式

$$\frac{a+b}{2}\geqq\sqrt{ab}\geqq\frac{2}{\dfrac{1}{a}+\dfrac{1}{b}}$$

が成り立ち，2つの等号はいずれも $a=b$ のときに限り成立することが確かめられます．したがって，$\displaystyle\lim_{n\to\infty}\frac{A_n}{B_n}>1$，$\displaystyle\lim_{n\to\infty}\frac{A_n}{C_n}>1$ は初めから予想されることですが，本問によって，n が十分大きいとき，次が成り立ちます．

$$A_n:B_n:C_n\fallingdotseq 1:\frac{8}{3e}:\frac{2}{3\log 2}\fallingdotseq 1:0.98:0.96$$

演習問題

(75-1) 次の極限値を求めよ．

$$\lim_{n\to\infty}\left(\frac{{}_{3n}\mathrm{C}_n}{{}_{2n}\mathrm{C}_n}\right)^{\frac{1}{n}}$$

(東京工業大)

(75-2) O を原点とする xyz 空間に点 $\mathrm{P}_k\left(\dfrac{k}{n},\ 1-\dfrac{k}{n},\ 0\right)$，$k=0,\ 1,\ \cdots,\ n$ をとる．また，z 軸上 $z\geqq 0$ の部分に，点 Q_k を線分 $\mathrm{P}_k\mathrm{Q}_k$ の長さが1になるようにとる．三角錐 $\mathrm{OP}_k\mathrm{P}_{k+1}\mathrm{Q}_k$ の体積を V_k とおいて，極限 $\displaystyle\lim_{n\to\infty}\sum_{k=0}^{n-1}V_k$ を求めよ．

(東京大)

(75-3) 自然数 n に対して

$$P_n=\left(1+\frac{1}{\sqrt{4n^2-1^2}}\right)\left(1+\frac{1}{\sqrt{4n^2-2^2}}\right)\cdots\left(1+\frac{1}{\sqrt{4n^2-n^2}}\right)$$

とおく．標問 **41**，(1)を用いて極限 $\displaystyle\lim_{n\to\infty}P_n$ を求めよ．

(信州大)

問 **76**　**定積分と無限級数** (2)

(1)　自然数 n に対して

$$R_n(x)=\frac{1}{1+x}-\{1-x+x^2-\cdots+(-1)^nx^n\}$$

とするとき，$\displaystyle\lim_{n\to\infty}\int_0^1 R_n(x)dx$ と $\displaystyle\lim_{n\to\infty}\int_0^1 R_n(x^2)dx$ を求めよ.

(2)　(1)を利用して，次の無限級数の和を求めよ.

(ⅰ)　$1-\dfrac{1}{2}+\dfrac{1}{3}-\dfrac{1}{4}+\cdots+(-1)^n\dfrac{1}{n+1}+\cdots$

(ⅱ)　$1-\dfrac{1}{3}+\dfrac{1}{5}-\dfrac{1}{7}+\cdots+(-1)^n\dfrac{1}{2n+1}+\cdots$

（札幌医科大）

→ 精講　(1)　とりあえず等比数列の和の公式でまとめると

$$R_n(x)=\frac{1}{1+x}-\frac{1-(-x)^{n+1}}{1+x}$$
$$=\frac{(-x)^{n+1}}{1+x}$$

積分区間 $0\leqq x\leqq 1$ から $x=1$ を除いた範囲で

$$\lim_{n\to\infty}x^{n+1}=0,\ \text{すなわち},\ \lim_{n\to\infty}R_n(x)=0$$

これから $\displaystyle\lim_{n\to\infty}\int_0^1 R_n(x)dx=0$ が成り立つと予想されます．しかし，

$$\lim_{n\to\infty}\int_0^1 R_n(x)dx=\int_0^1\lim_{n\to\infty}R_n(x)dx=0$$

とすることは許されません．一般に

　　積分と極限の順序は交換できない

からです．

　そこで，不等式と定積分の関係

　　$f(x)\leqq g(x)\ (a\leqq x\leqq b)$ のとき

　　$\displaystyle\int_a^b f(x)dx\leqq\int_a^b g(x)dx$

を利用して，はさみ打ちにしてみましょう．その際

　　0 に近づくもとを引き出す

ように評価するのが1つの方針です．

　(2)　$R_n(x)$ を 0 から 1 まで積分した値は，無限

解法のプロセス

$R_n(x)=\dfrac{(-x)^{n+1}}{1+x}$ と変形

⇩

$x^{n+1}\to 0\ (0\leqq x<1)$ より，極限=0 と予想

⇩

$\displaystyle\int_0^1 R_n(x)dx$ から，x^{n+1} の積分を引き出して，はさみ打ちにする

級数(i)の部分和と極限の誤差であることがわかります. $\lim_{n \to \infty} \int_0^1 R_n(x^2)dx$ と無限級数(ii)についてもまったく同様です.

〈 解 答 〉

(1) 等比数列の和の公式により

$$R_n(x) = \frac{1}{1+x} - \frac{1-(-x)^{n+1}}{1+x} = (-1)^{n+1}\frac{x^{n+1}}{1+x}$$

ゆえに

$$\left|\int_0^1 R_n(x)dx\right| = \int_0^1 \frac{x^{n+1}}{1+x}dx$$

◀ $x \geqq 0$ より, $\dfrac{x^{n+1}}{1+x} \leqq x^{n+1}$

$$\leqq \int_0^1 x^{n+1}dx = \frac{1}{n+2}$$

$$\therefore \quad 0 \leqq \left|\int_0^1 R_n(x)dx\right| \leqq \frac{1}{n+2}$$

$\lim_{n \to \infty}\dfrac{1}{n+2} = 0$ であるから

$$\lim_{n \to \infty}\int_0^1 \boldsymbol{R_n(x)dx = 0}$$

$R_n(x^2) = (-1)^{n+1}\dfrac{x^{2n+2}}{1+x^2}$ より

$$0 \leqq \left|\int_0^1 R_n(x^2)dx\right| = \int_0^1 \frac{x^{2n+2}}{1+x^2}dx$$

$$\leqq \int_0^1 x^{2n+2}dx = \frac{1}{2n+3}$$

$\lim_{n \to \infty}\dfrac{1}{2n+3} = 0$ であるから

$$\lim_{n \to \infty}\int_0^1 \boldsymbol{R_n(x^2)dx = 0}$$

(2) (i) $\displaystyle\int_0^1 R_n(x)dx$

$$= \int_0^1 \left\{\frac{1}{1+x} - (1-x+x^2-\cdots+(-1)^nx^n)\right\}dx$$

$$= \left[\log(1+x) - \left\{x - \frac{x^2}{2} + \frac{x^3}{3} - \cdots + \frac{(-1)^nx^{n+1}}{n+1}\right\}\right]_0^1$$

$$= \log 2 - \left\{1 - \frac{1}{2} + \frac{1}{3} - \cdots + \frac{(-1)^n}{n+1}\right\}$$

◀ 括弧の中は部分和 S_{n+1}

$n \to \infty$ とすると, (1)より

$$\sum_{n=0}^{\infty}\frac{(-1)^n}{n+1} = \boldsymbol{\log 2}$$

◀ メルカトール級数という

(ii) 同様に，$R_n(x^2)=\dfrac{1}{1+x^2}-\{1-x^2+x^4-\cdots+(-1)^n x^{2n}\}$

の両辺を 0 から 1 まで積分した後，$n\to\infty$ とすると，(1)より

$$\sum_{n=0}^{\infty}\frac{(-1)^n}{2n+1}=\int_0^1\frac{dx}{1+x^2} \qquad \text{◄ } x=\tan\theta \text{ とおく}$$

$$=\int_0^{\frac{\pi}{4}}\frac{1}{1+\tan^2\theta}\cdot\frac{1}{\cos^2\theta}d\theta$$

$$=\int_0^{\frac{\pi}{4}}d\theta=\frac{\pi}{4} \qquad \text{◄ ライプニッツ級数という}$$

研究 〈(i)の和を求めるもう１つの方法〉
　前問の区分求積を利用して和を求めることもできます．

$$S_{2n}=1-\frac{1}{2}+\frac{1}{3}-\frac{1}{4}+\cdots-\frac{1}{2n}$$

$$=1+\frac{1}{2}+\frac{1}{3}+\cdots+\frac{1}{2n}-2\left(\frac{1}{2}+\frac{1}{4}+\cdots+\frac{1}{2n}\right)$$

$$=1+\frac{1}{2}+\frac{1}{3}+\cdots+\frac{1}{2n}-\left(1+\frac{1}{2}+\cdots+\frac{1}{n}\right)$$

$$=\frac{1}{n+1}+\frac{1}{n+2}+\cdots+\frac{1}{2n}=\sum_{k=1}^n\frac{1}{n+k}=\frac{1}{n}\sum_{k=1}^n\frac{1}{1+\frac{k}{n}}$$

$S_{2n+1}=S_{2n}+\dfrac{1}{2n+1}$ だから

$$\lim_{n\to\infty}S_{2n}=\lim_{n\to\infty}S_{2n+1}=\int_0^1\frac{1}{1+x}dx=\log 2$$

演習問題

(76) n を負でない整数とし，$I_n=\displaystyle\int_0^{\frac{\pi}{4}}\tan^n x\,dx$ とおくと，$I_n+I_{n+2}=\dfrac{1}{n+1}$

が成り立つ．（演習問題 (56-2)）

(1) $\displaystyle\lim_{n\to\infty}I_n=0$ であることを示せ．

(2) 無限級数 $\displaystyle\sum_{n=0}^{\infty}\frac{(-1)^n}{2n+1}$ の和を求めよ．

#(3) $\displaystyle\sum_{n=0}^{\infty}\frac{(-1)^n}{n+1}$ の和を求めよ． （千葉工業大）

第3章

標問 **77** 定積分と無限級数 (3)

$$a_n = \int_0^1 \frac{(1-x)^{n-1}}{(n-1)!} e^x dx \quad (n=1,\ 2,\ 3,\ \cdots) \text{ とおくとき,}$$

(1) $0 < a_n < \dfrac{e}{n!}$ $(n \geqq 1)$ であることを示せ.

(2) $a_n = e - \left\{ 1 + \dfrac{1}{1!} + \dfrac{1}{2!} + \cdots + \dfrac{1}{(n-1)!} \right\}$ $(n \geqq 1)$ であることを示せ.

(3) (1)と(2)により, 次の無限級数の和を求めよ.

$$1 + \frac{1}{1!} + \frac{1}{2!} + \frac{1}{3!} + \cdots$$

(新潟大)

精講 (1) $e^x \leqq e\,(0 \leqq x \leqq 1)$ に気が付けば解決します.

(2) 自然数 n に関する命題の証明だから, 数学的帰納法を使いましょう. a_{n+1} と a_n の関係は部分積分によって導かれます.

(3) (1)と(2)の結果を合わせます.

解法のプロセス

数学的帰納法
⇓
部分積分によって
a_{n+1} を a_n で表す

〈 **解 答** 〉

(1) $e^x \leqq e\,(0 \leqq x \leqq 1)$ より

$$0 \leqq \frac{(1-x)^{n-1}}{(n-1)!} e^x \leqq \frac{(1-x)^{n-1}}{(n-1)!} e \quad (0 \leqq x \leqq 1)$$

← 2つの等号は $x=1$ のときに限り成立

ゆえに

$$0 < \int_0^1 \frac{(1-x)^{n-1}}{(n-1)!} e^x dx < e \int_0^1 \frac{(1-x)^{n-1}}{(n-1)!} dx$$

$$= e \left[-\frac{(1-x)^n}{n!} \right]_0^1 = \frac{e}{n!}$$

← 上述の注意から, 積分すると等号はとれる

$$\therefore \quad 0 < a_n < \frac{e}{n!}$$

(2) 数学的帰納法で証明する.

$n=1$ のとき, $a_1 = \int_0^1 e^x dx = e-1$, 右辺 $= e-1$

より成立する.

次に, ある n での成立を仮定すると

$$a_{n+1} = \int_0^1 \frac{(1-x)^n}{n!} (e^x)' dx$$

← 部分積分して a_n と連絡をつける

$$= \left[\frac{(1-x)^n}{n!} e^x \right]_0^1 - \int_0^1 \left\{ -\frac{(1-x)^{n-1}}{(n-1)!} \right\} e^x dx$$

$$= -\frac{1}{n!} + a_n$$

$$= e - \left\{ 1 + \frac{1}{1!} + \frac{1}{2!} + \cdots + \frac{1}{(n-1)!} + \frac{1}{n!} \right\}$$　　←仮定を用いた

よって，$n+1$ のときも成立する.

ゆえに，すべての自然数 n について成立することが示された.

(3)　(1)より，$a_n \to 0 \,(n \to \infty)$ であるから，(2)において $n \to \infty$ とすると

$$1 + \frac{1}{1!} + \frac{1}{2!} + \frac{1}{3!} + \cdots + \frac{1}{n!} + \cdots = e$$　　← e の近似値が求められる

第3章

研究　〈e は無理数〉

本問を用いると e は無理数であることが証明されます.

e が有理数だと仮定して $e = \dfrac{q}{p}$ (p, q は自然数) とおきます.

$(n-1)! a_n = b_n$ とすると，$n-1 \geqq p$ のとき

$$b_n = (n-1)! \left\{ \frac{q}{p} - \left(1 + \frac{1}{1!} + \frac{1}{2!} + \cdots + \frac{1}{(n-1)!} \right) \right\}$$

は整数です.

ところが，$0 < a_n < \dfrac{e}{n!}$ の辺々に $(n-1)!$ を掛けると

$$0 < b_n < \frac{e}{n}$$

したがって $n \to \infty$ とするとき，b_n は正の整数であるにもかかわらず $b_n \to 0$ となるから矛盾です.

よって，e は無理数です.

演習問題

(77)　自然数 n について $a_n = \dfrac{1}{n!} \displaystyle\int_1^e (\log x)^n dx$ とする.

(1)　$0 \leqq a_n \leqq \dfrac{e-1}{n!}$ となることを示せ.

(2)　$n \geqq 2$ について $a_n = \dfrac{e}{n!} - a_{n-1}$ が成り立つことを示せ.

(3)　$n \geqq 2$ について $S_n = \displaystyle\sum_{k=2}^n \frac{(-1)^k}{k!}$ とする. S_n を a_n を用いて表し，$\displaystyle\lim_{n \to \infty} S_n$ を求めよ.

(和歌山大)

標問 **78** **定積分と不等式** (1)

n を自然数とし

$$a_n = \int_0^1 \frac{dx}{\sqrt{1+x^n}}, \quad b_n = \int_0^1 \log(\sqrt{1+x^n}+1)\,dx$$

とおく. ただし, 対数は自然対数とする.

(1) 実数 $t \geqq 1$ に対し, 次の不等式が成り立つことを示せ.

$$\log t \leqq t-1$$

(2) 次の不等式が成り立つことを示せ.

$$0 \leqq b_n - \log 2 \leqq \frac{1}{4(n+1)}$$

(3) $\dfrac{d}{dx}\log(\sqrt{1+x^n}+1) = \dfrac{n}{2x}\left(1 - \dfrac{1}{\sqrt{1+x^n}}\right)$ を示せ.

#(4) 極限値 $\displaystyle\lim_{n\to\infty} n(1-a_n)$ を求めよ. (東北大)

精 講 (2) $0 < x < 1$ のとき, $x^n \to 0$ $(n \to \infty)$ ですから, $b_n \to \log 2$ となることは容易に見当が付きます. 証明は x^n を引き出すように変形するのでした (標問 **76**). そのために(1)の不等式を利用します.

(4) $a_n \to 1$ $(n \to \infty)$ は予想できますが, それだけでは解決しません. (3)を用いて b_n と連絡を付けます.

解法のプロセス

(2) (1)を用いて, x^n を取り出すように評価

(4) (3)を用いて, b_n と関連付けるために部分積分

解 答

(1) $f(t) = t-1-\log t$ とおく.

$$f'(t) = 1 - \frac{1}{t} = \frac{t-1}{t} \geqq 0 \quad (t \geqq 1)$$

しかも $f(1) = 0$ であるから, $f(t) \geqq 0$ $(t \geqq 1)$

$\therefore \quad \log t \leqq t-1 \quad (t \geqq 1)$ ……①

(2) $0 \leqq x \leqq 1$ のとき, $\sqrt{1+x^n} \geqq 1$ であるから

$$b_n \geqq \int_0^1 \log 2\, dx = \log 2 \quad \text{……②}$$

一方,

$b_n - \log 2$

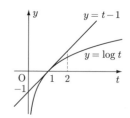

◀ ①で直接 $t = \sqrt{1+x^n}+1$ とおいても, $t \geqq 2$ だから, ①の評価が甘くて役立たない

$$= \int_0^1 \log(\sqrt{1+x^n}+1)\,dx - \int_0^1 \log 2\,dx$$

$$= \int_0^1 \log \frac{\sqrt{1+x^n}+1}{2}\,dx$$

←①で，$t = \dfrac{\sqrt{1+x^n}+1}{2}$ とおく．n が大きいとき，$t\,(\geqq 1)$ は 1 に近い値をとる．

$$\leqq \int_0^1 \left(\frac{\sqrt{1+x^n}+1}{2} - 1 \right) dx$$

$$= \int_0^1 \frac{\sqrt{1+x^n}-1}{2}\,dx = \int_0^1 \frac{x^n}{2(\sqrt{1+x^n}+1)}\,dx$$

←$\sqrt{1+x^n}\geqq 1$ を用いて x^n を引き出す

$$\leqq \int_0^1 \frac{x^n}{4}\,dx = \frac{1}{4(n+1)} \qquad \cdots\cdots ③$$

②，③より

$$0 \leqq b_n - \log 2 \leqq \frac{1}{4(n+1)} \qquad \cdots\cdots ④$$

(3) $\dfrac{d}{dx} \log(\sqrt{1+x^n}+1)$

$$= \frac{1}{\sqrt{1+x^n}+1} \cdot \frac{nx^{n-1}}{2\sqrt{1+x^n}} = \frac{nx^{n-1}(\sqrt{1+x^n}-1)}{2x^n\sqrt{1+x^n}}$$

$$= \frac{n}{2x}\left(1 - \frac{1}{\sqrt{1+x^n}} \right) \qquad \cdots\cdots ⑤$$

(4) $1 - a_n$

$$= \int_0^1 \left(1 - \frac{1}{\sqrt{1+x^n}} \right) dx$$

←⑤を適用する

$$= \int_0^1 \frac{2}{n} x \cdot \frac{d}{dx} \log(\sqrt{1+x^n}+1)\,dx$$

←急所．部分積分する

$$= \frac{2}{n} \left\{ \Big[x \log(\sqrt{1+x^n}+1) \Big]_0^1 - \int_0^1 \log(\sqrt{1+x^n}+1)\,dx \right\}$$

$$= \frac{2}{n} \{ \log(\sqrt{2}+1) - b_n \}$$

$\therefore\quad n(1-a_n) = 2\{\log(\sqrt{2}+1) - b_n\}$

④より，$b_n \to \log 2\ (n \to \infty)$ であるから

$$\lim_{n \to \infty} n(1-a_n) = 2\log \frac{\sqrt{2}+1}{2}$$

演習問題

(78) $\dfrac{2}{\pi}x \leqq \sin x \ \left(0 \leqq x \leqq \dfrac{\pi}{2} \right)$ （標問 **38**(3)）を利用して，次の不等式を証明せよ．

$$1 - \frac{1}{e} \leqq \int_0^{\frac{\pi}{2}} e^{-\sin x}\,dx \leqq \frac{\pi}{2}\left(1 - \frac{1}{e} \right)$$

（立教大）

第3章

標問 **79** 定積分と不等式 (2)

(1) 関数 $f(x)$ が $0 \leqq x \leqq 1$ で連続でつねに正であるとき，任意の実数 t に対して

$$F(t) = \int_0^1 \left(t\sqrt{f(x)} + \frac{1}{\sqrt{f(x)}} \right)^2 dx \geqq 0$$

が成立することを用いて次の不等式を証明せよ．

$$\int_0^1 f(x)dx \cdot \int_0^1 \frac{1}{f(x)} dx \geqq 1$$

(2) 次の不等式を証明せよ．

$$\frac{1}{e-1} \leqq \int_0^1 \frac{1}{1+x^2 e^x} dx < \frac{\pi}{4}$$

精講 (1) $a > 0$ のとき，任意の実数 t に対して

$$F(t) = at^2 + 2bt + c \geqq 0$$

が成り立つための条件は，放物線 $y = F(t)$ が t 軸と接するかまたは共有点をもたないこと，すなわち $F(t) = 0$ の判別式が

$$b^2 - ac \leqq 0$$

を満たすことです．

(2) 定積分の値を求めることができないので，被積分関数を評価する必要があります．右側の不等式は

$$\int_0^1 \frac{1}{1+x^2 e^x} dx < \int_0^1 \frac{1}{1+x^2} dx = \frac{\pi}{4}$$

とします．左側は $f(x) = 1 + x^2 e^x$ とおいて(1)を適用してみましょう．

解法のプロセス

(1) $F(t) = 0$ の判別式を D とすると，

$$D \leqq 0$$

(2) 右側は，$e^x \geqq 1$ として評価する．

左側は，(1)の不等式で，$f(x) = 1 + x^2 e^x$ とおく

〈 **解 答** 〉

(1) 任意の実数 t に対して

$$F(t) = t^2 \int_0^1 f(x)dx + 2t + \int_0^1 \frac{1}{f(x)} dx \geqq 0$$

が成立し，$\int_0^1 f(x)dx > 0$ であるから，$F(t) = 0$ の判別式を D とすると

$$\frac{D}{4} = 1 - \int_0^1 f(x)dx \cdot \int_0^1 \frac{1}{f(x)} dx \leqq 0$$

$$\therefore \quad \int_0^1 f(x)dx \cdot \int_0^1 \frac{1}{f(x)}dx \geq 1$$

(2) $0 \leq x \leq 1$ において $e^x \geq 1$ であるから，$1 + x^2 e^x \geq 1 + x^2$

$$\therefore \quad \int_0^1 \frac{1}{1+x^2 e^x}dx < \int_0^1 \frac{1}{1+x^2}dx = \frac{\pi}{4} \qquad \text{◀} \; x = \tan\theta \text{ とおいて置換積分}$$

次に，(1)の不等式で $f(x) = 1 + x^2 e^x$ とおくと

$$\int_0^1 \frac{1}{1+x^2 e^x}dx = \int_0^1 \frac{1}{f(x)}dx \geq \frac{1}{\displaystyle\int_0^1 f(x)dx} = \frac{1}{\displaystyle\int_0^1 (1+x^2 e^x)dx}$$

ここで

$$\int_0^1 (1+x^2 e^x)dx = \Big[x + (x^2 - 2x + 2)e^x\Big]_0^1 \qquad \text{◀ 第2項は2回部分積分する}$$
$$= e - 1$$

したがって

$$\int_0^1 \frac{1}{1+x^2 e^x}dx \geq \frac{1}{e-1} \qquad \text{◀} \; \begin{cases} \dfrac{1}{e-1} \fallingdotseq 0.582 \\[2mm] \dfrac{\pi}{4} \fallingdotseq 0.785 \end{cases}$$

以上で証明された．

研究 〈(1)の別証：定数を変数とみる〉

$$g(t) = \int_0^t f(x)dx \cdot \int_0^t \frac{1}{f(x)}dx \quad (0 \leq t \leq 1) \quad \text{とおきます．}$$

$$g'(t) = f(t)\int_0^t \frac{1}{f(x)}dx + \frac{1}{f(t)}\int_0^t f(x)dx$$
$$= \int_0^t \left\{\frac{f(t)}{f(x)} + \frac{f(x)}{f(t)}\right\}dx$$
$$\geq \int_0^t 2\sqrt{\frac{f(t)}{f(x)} \cdot \frac{f(x)}{f(t)}}dx = 2t \qquad \text{◀ 相加平均と相乗平均の不等式}$$

この不等式を t について 0 から $x\,(0 \leq x \leq 1)$ まで積分すれば

$$g(x) - g(0) \geq x^2$$
$$\therefore \quad g(x) \geq x^2 + g(0) = x^2$$

上式で $x = 1$ とおくと

$$g(1) = \int_0^1 f(x)dx \cdot \int_0^1 \frac{1}{f(x)}dx \geq 1$$

演習問題

(79) $f(x)$ を区間 $a \leq x \leq b$ で単調に増加する連続な関数とするとき，次の不等式を証明せよ．

$$\int_a^b xf(x)dx \geq \frac{a+b}{2}\int_a^b f(x)dx \qquad \text{（愛知教育大）}$$

第3章

標問 **80** **定積分と不等式** (3)

$$S=1+\frac{1}{\sqrt{2}}+\frac{1}{\sqrt{3}}+\cdots+\frac{1}{\sqrt{100}}$$ の整数部分を求めよ.

（兵庫県立大）

精講 $\dfrac{1}{\sqrt{n}}$ $(n=1,\ 2,\ \cdots,\ 100)$ を順次計

算して加える方法は，電卓でも使わないかぎり大
変です.

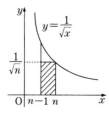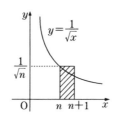

解法のプロセス

級数の評価
⇩
各項を長方形の柱の面積とみる
⇩
積分を利用する

そこで，図のように
　　級数の各項を長方形の面積と解釈し
　　積分を用いて評価する
方法で考えます. これは定石の1つです.

解 答

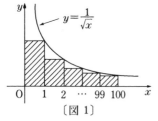
〔図1〕

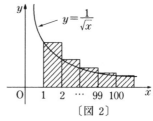
〔図2〕

　S は斜線部分の面積を表すから，図1より

$$S<1+\int_1^{100}\frac{1}{\sqrt{x}}dx=1+\left[2\sqrt{x}\ \right]_1^{100}=19 \quad\cdots\cdots①$$

一方，図2より

$$S>\int_1^{100}\frac{1}{\sqrt{x}}dx=\left[2\sqrt{x}\ \right]_1^{100}=18 \qquad\cdots\cdots②$$

◆ $S>\int_1^{100}\dfrac{1}{\sqrt{x}}dx+\dfrac{1}{\sqrt{100}}$
とすると 研究 の評価と
同じになる

①，②より

$$18<S<19 \qquad\cdots\cdots③$$

ゆえに

(Sの整数部分)＝**18**

🔖 **研 究** 〈図のかわりに式でやると〉

自然数 n に対して，$n \leqq x \leqq n+1$ のとき

$$\frac{1}{\sqrt{n+1}} \leqq \frac{1}{\sqrt{x}} \leqq \frac{1}{\sqrt{n}}$$

上式の各辺を x について n から $n+1$ まで積分すると

$$\frac{1}{\sqrt{n+1}} < \int_n^{n+1} \frac{1}{\sqrt{x}} dx < \frac{1}{\sqrt{n}} \qquad \leftarrow \int_n^{n+1} dx = 1$$

この不等式を $n=1, 2, \cdots, 99$ について加えれば

$$\frac{1}{\sqrt{2}} + \frac{1}{\sqrt{3}} + \cdots + \frac{1}{\sqrt{100}} < \sum_{n=1}^{99} \int_n^{n+1} \frac{1}{\sqrt{x}} dx < 1 + \frac{1}{\sqrt{2}} + \cdots + \frac{1}{\sqrt{99}}$$

$$\therefore \quad S-1 < \int_1^{100} \frac{1}{\sqrt{x}} dx < S - \frac{1}{10}$$

$\int_1^{100} \dfrac{1}{\sqrt{x}} dx = 18$ だから

$$18 + \frac{1}{10} < S < 19$$

もっともらしく見えますが，厳密さは**解答**と同等です．

第3章

演習問題

(80-1) 標問 **80** において，

$$S = \frac{1}{2} + \left\{ \frac{1}{2}\left(1 + \frac{1}{\sqrt{2}}\right) + \frac{1}{2}\left(\frac{1}{\sqrt{2}} + \frac{1}{\sqrt{3}}\right) + \cdots + \frac{1}{2}\left(\frac{1}{\sqrt{99}} + \frac{1}{\sqrt{100}}\right) \right\} + \frac{1}{2\sqrt{100}}$$

と変形し，中括弧の中の各項を台形の面積とみて評価することにより**解答**の不等式③を改良せよ．

(80-2) 無限級数 $\displaystyle\sum_{n=1}^{\infty} \frac{1}{n}$ が発散することを，関数 $y = \dfrac{1}{x}$ のグラフを利用して証明せよ．

標問 **81** 定積分と不等式 (4)

(1) $0 < x < a$ を満たす実数 x, a に対し, 次を示せ.

$$\frac{2x}{a} < \int_{a-x}^{a+x} \frac{1}{t}dt < x\left(\frac{1}{a+x} + \frac{1}{a-x}\right) \quad \cdots\cdots ①$$

(2) 不等式①を利用して, $0.68 < \log 2 < 0.71$ を示せ. ただし, $\log 2$ は 2 の自然対数を表す. (東京大)

精講 (1) 前問およびその演習問題を学んだら, 不等式の各項を面積とみることは難しくありません. とくに第3項が台形の面積と解釈できることは演習問題 **80-1** から推測できます.

(2) $\log 2 = \int_1^2 \frac{1}{t}dt$ であることに注目して,

(1)で $a = \frac{3}{2}$, $x = \frac{1}{2}$ とおくと

$$\log 2 > \frac{2}{3} = 0.\dot{6},$$

$$\log 2 < \frac{1}{2}\left(\frac{1}{2} + 1\right) = \frac{3}{4} = 0.75$$

評価が甘く失敗です. そこで, (1)の証明に用いた図をよく見ると, 不等式の近似精度を上げるためには, 積分区間の幅を狭くすればよいことに気付きます.

解法のプロセス

(1) 不等式の証明
⇩
各項を面積とみる
⇩
演習問題 **80-1**
⇩ 差をとる
⇩
標問 **83**

(2) 近似精度を上げる
⇩
積分区間の幅を狭める

解答

(1)

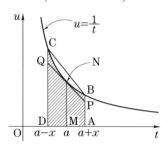

図において，直線 PQ は $N\left(a, \dfrac{1}{a}\right)$ における

$u=\dfrac{1}{t}$ の接線である．

台形 APQD，斜線部分，台形 ABCD の面積をそれぞれ S_1, S_2, S_3 とすると，曲線は下に凸であるから

$$S_1 < S_2 < S_3$$

ここで

$$
\begin{cases}
S_1 = \dfrac{\mathrm{AP}+\mathrm{DQ}}{2}\cdot \mathrm{AD} = \mathrm{MN}\cdot\mathrm{AD} = \dfrac{2x}{a} \\[2mm]
S_2 = \displaystyle\int_{a-x}^{a+x}\dfrac{1}{t}dt \\[2mm]
S_3 = \dfrac{\mathrm{AB}+\mathrm{DC}}{2}\cdot \mathrm{AD} = x\left(\dfrac{1}{a+x}+\dfrac{1}{a-x}\right)
\end{cases}
$$

◀ 中点連結定理より
$$\dfrac{\mathrm{AP}+\mathrm{DQ}}{2}=\mathrm{MN}$$

◀ $\dfrac{\mathrm{AD}}{2}=\dfrac{2x}{2}=x$

したがって，不等式①が成り立つ．

(2)　$\log 2 = \displaystyle\int_1^{\frac{3}{2}}\dfrac{1}{t}dt + \int_{\frac{3}{2}}^2\dfrac{1}{t}dt$　と考える．(a, x) を　◀ 積分区間を狭める 1 つの方法

右辺第 1 項では $\left(\dfrac{5}{4}, \dfrac{1}{4}\right)$，第 2 項では $\left(\dfrac{7}{4}, \dfrac{1}{4}\right)$

として不等式①を適用すると

$$\log 2 > \dfrac{4}{5}\cdot\dfrac{1}{2} + \dfrac{4}{7}\cdot\dfrac{1}{2} = \dfrac{24}{35} = 0.685\cdots$$

$$\log 2 < \dfrac{1}{4}\left(\dfrac{2}{3}+1\right) + \dfrac{1}{4}\left(\dfrac{1}{2}+\dfrac{2}{3}\right)$$

$$= \dfrac{5}{12} + \dfrac{7}{24} = \dfrac{17}{24} = 0.708\cdots$$

∴　$0.68 < \log 2 < 0.71$

研究　〈(1)の別解〉

$$f(x) = \int_{a-x}^{a+x}\dfrac{1}{t}dt - \dfrac{2x}{a}\quad \text{とおくと}$$

◀ x の動く範囲は
$0 < x < a$

$$f'(x) = \dfrac{1}{a+x} - \dfrac{-1}{a-x} - \dfrac{2}{a} = \dfrac{2x^2}{a(a^2-x^2)} > 0$$

◀ 導関数の求め方は標問 **83**

よって $f(x)$ は $0<x<a$ で増加し，$f(0)=0$ だから

$$f(x) > 0 \quad (0<x<a)$$

となります．もう一方も同様です．しかし，この方法では(2)で精度の上げ方が分からず困るかもしれません．

〈(2)の別解〉

$$\int_1^{\sqrt{2}} \frac{1}{t} dt = \log\sqrt{2} = \frac{1}{2}\log 2 \quad \text{としても積分区間は狭くなります.}$$

不等式①で $(a, x) = \left(\dfrac{\sqrt{2}+1}{2}, \dfrac{\sqrt{2}-1}{2}\right)$ とおくと，左側の不等式より

$$\frac{1}{2}\log 2 > \frac{2}{\sqrt{2}+1}(\sqrt{2}-1)$$

$$\therefore \quad \log 2 > 4(\sqrt{2}-1)^2 = 4(3-2\sqrt{2})$$
$$> 4(3-2\times 1.415) \qquad \qquad ← \text{ここが少しツライ}$$
$$= 0.68$$

一方，右側の不等式より

$$\frac{1}{2}\log 2 < \frac{\sqrt{2}-1}{2}\left(\frac{1}{\sqrt{2}}+1\right) = \frac{\sqrt{2}}{4}$$

$$\therefore \quad \log 2 < \frac{\sqrt{2}}{2} < \frac{1.42}{2} = 0.71$$

演習問題

(81) n を自然数とする．このとき，次の不等式が成り立つことを示せ．

$$\sum_{k=1}^{n} \frac{k^2}{k^2+1} > n - \frac{8}{5}$$

（京都大）

問 82 定積分で定義された関数 (1)

関数 $f(x) = \int_1^e |\log t - x| dt$ の最小値を求めよ. ただし, e は自然対数の底である.

(京都工芸繊維大)

精講 x とともに被積分関数が変化する問題です.

積分される関数が絶対値記号を含むときは, それを外してから積分します.

$\log t - x$ の符号は, $y = \log t$ と $y = x$ のグラフを使って視覚的にとらえるのがわかりやすいでしょう. 積分区間の中で符号の変化が起こる場合は, 積分区間を分割します.

解法のプロセス

> 絶対値記号を外す
> ⇩
> 中身の符号の変化をみる
> ⇩
> 積分区間内で符号が変化するときは, 区間を分割

〈 **解 答** 〉

(i) $x \le 0$ のとき,
$\log t \ge x$ $(1 \le t \le e)$ であるから
$$f(x) = \int_1^e (\log t - x) dt$$
$$= \Big[t(\log t - 1) - xt \Big]_1^e$$
$$= -(e-1)x + 1$$

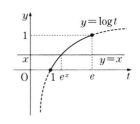

(ii) $x \ge 1$ のとき,
$\log t \le x$ $(1 \le t \le e)$ であるから
$$f(x) = -\int_1^e (\log t - x) dt$$
$$= (e-1)x - 1$$

← (i)の場合と異符号

(iii) $0 \le x \le 1$ のとき,
$$\begin{cases} \log t \le x & (1 \le t \le e^x) \\ \log t \ge x & (e^x \le t \le e) \end{cases}$$
であるから

← 積分区間内で, $t = e^x$ を境にして $\log t - x$ の符号が変化する

$$f(x) = -\int_1^{e^x} (\log t - x) dt + \int_{e^x}^e (\log t - x) dt$$
$$= -\Big[t(\log t - 1) - xt \Big]_1^{e^x} + \Big[t(\log t - 1) - xt \Big]_{e^x}^e$$
$$= -2\{e^x(x-1) - xe^x\} + (-1-x) - ex$$
$$= 2e^x - (e+1)x - 1$$

$f(x)$ は $x \leqq 0$ で減少し，$x \geqq 1$ で増加するから，最小値を求めるためには $0 \leqq x \leqq 1$ で考えれば十分である．このとき

$$f'(x) = 2e^x - (e+1)$$
$$= 2(e^x - e^{\log \frac{e+1}{2}})$$

となるので，$f(x)$ は表のように増減して

x	0	$\cdots$	$\log \dfrac{e+1}{2}$	$\cdots$	1
$f'(x)$		$-$	0	$+$	
$f(x)$		$\searrow$		$\nearrow$	

$x = \log \dfrac{e+1}{2}$ で最小となる．求める最小値は

$$f\left(\log \frac{e+1}{2}\right) = e - (e+1)\log \frac{e+1}{2}$$

演習問題

(82)　次の関数の最小値を求めよ．

(1)　$F(a) = \displaystyle\int_0^1 e^x |x-a| dx$ 　　　　　　（東京工業大）

(2)　$g(a) = \displaystyle\int_0^{\frac{\pi}{2}} |a\cos x - \sin x| dx \quad (a > 0)$

標問 83　定積分で定義された関数 (2)

$0 \leqq t \leqq 2$ において，

$$f(t) = \int_{t-3}^{2t} 2^{x^2} dx$$

を最大にする t と最小にする t を求めよ．

精講　前問は被積分関数が変化しましたが，本問は積分区間の方が動きます．しかし，一番大きな違いは積分計算ができない，つまり 2^{x^2} の原始関数が求められないことです．

そこで，直接 $f'(t)$ を計算します．

$\displaystyle\int 2^{x^2} dx = F(x) + C$ とおいて考えてもできますが，次の公式を覚えておくのが便利でしょう．これは微積分の基本定理（標問 **48** →研究）の拡張です．

$f(x)$ を連続関数，$a(x)$, $b(x)$ を微分可能な関数とするとき，

$$\frac{d}{dx}\int_{a(x)}^{b(x)} f(t)\,dt = f(b(x))b'(x) - f(a(x))a'(x)$$

$\displaystyle\int f(x)dx = F(x) + C$ とおくと，合成関数の微分法により次のように証明されます．

$$\begin{aligned}
左辺 &= \frac{d}{dx}\Big[F(t)\Big]_{a(x)}^{b(x)} \\
&= \frac{d}{dx}\{F(b(x)) - F(a(x))\} \\
&= F'(b(x))b'(x) - F'(a(x))a'(x) \\
&= f(b(x))b'(x) - f(a(x))a'(x)
\end{aligned}$$

◆ 合成関数の微分法

◆ $F'(x) = f(x)$

$f(t)$ の増減がわかれば，極値と端点値の比較が問題になります．しかし $f(t)$ を具体的な関数として表せない以上，$y = 2^{x^2}$ のグラフの性質：

$y > 0$，　偶関数，　etc.

を使って図形的に考えることになります．

解法のプロセス

積分できない

⇩

直接 $f'(t)$ を計算

⇩

$y = 2^{x^2}$ のグラフを利用して，極値および端点値を比べる

⟨ **解 答** ⟩

$f(t)=\displaystyle\int_{t-3}^{2t}2^{x^2}dx$ より

$\quad f'(t)=2^{(2t)^2}(2t)'-2^{(t-3)^2}(t-3)'$ ← ▶精講 の公式による

$\qquad =2^{4t^2+1}-2^{(t-3)^2}$

2^x は単調増加であるから，$f'(t)$ の符号は   ← 符号だけに注目

$\quad 4t^2+1-(t-3)^2$

$=3t^2+6t-8$

$=3\Big(t-\dfrac{-3-\sqrt{33}}{3}\Big)\Big(t-\dfrac{-3+\sqrt{33}}{3}\Big)$

の符号と一致する．$\alpha=\dfrac{-3+\sqrt{33}}{3}$ とおくと

$\quad 0<\alpha<\dfrac{-3+6}{3}=1$

であるから，$f(t)$ は右表のように増減し，
$t=\alpha$ で最小となる．

t	0	$\cdots$	α	$\cdots$	2
$f'(t)$		$-$	0	$+$	
$f(t)$		↘		↗	

次に，$y=2^{x^2}$ は偶関数であるから   ← グラフは y 軸に関して対称

$\quad f(0)=\displaystyle\int_{-3}^{0}2^{x^2}dx=\int_{0}^{3}2^{x^2}dx$

$\therefore\quad f(2)=\displaystyle\int_{-1}^{4}2^{x^2}dx>\int_{0}^{3}2^{x^2}dx=f(0)$ ← $2^{x^2}>0$

ゆえに，$f(t)$ は $t=2$ で最大となる．

以上から，

$\begin{cases} f(t) \text{ を最大にする } t \text{ は，} t=\mathbf{2} \\ f(t) \text{ を最小にする } t \text{ は，} t=\dfrac{-3+\sqrt{33}}{3} \end{cases}$

演習問題

（83） 次の関数 $F(a)$ が極大になるような a の値を求めよ．

$\quad F(a)=\displaystyle\int_{a}^{a+1}e^{x^3-7x}dx$ （岩手大）

問 **84** 　**定積分で定義された関数 (3)**

(1) 自然数 m, n に対して，次の式が成り立つことを示せ．

$$\int_{-\pi}^{\pi} \sin mx \sin nx \, dx = \begin{cases} 0 & (m \neq n \text{ のとき}) \\ \pi & (m = n \text{ のとき}) \end{cases}$$

(2) n を自然数とするとき，$\displaystyle\int_{-\pi}^{\pi} x \sin nx \, dx$ の値を求めよ．

(3) n 個の実数 a_1, a_2, $\cdots$, a_n に対して，

$$I_n = \int_{-\pi}^{\pi} \{x - (a_1 \sin x + a_2 \sin 2x + \cdots + a_n \sin nx)\}^2 dx$$

とおく．I_n を最小にするような a_k $(k=1, 2, \cdots, n)$ の値を求めよ．

(横浜国立大)

精講　(3) $a_k \sin kx = b_k$ とおくと，被積分関数は

$$\left(x - \sum_{k=1}^{n} b_k \right)^2$$

$$= x^2 - 2\sum_{k=1}^{n} xb_k + \left(\sum_{k=1}^{n} b_k \right)^2$$

さらに $\left(\displaystyle\sum_{k=1}^{n} b_k \right)^2$ を展開します．たとえば $n=4$ のとき，下図のようになります．

$$\begin{array}{c} b_i b_j \to \\ (i > j) \end{array} \begin{array}{|cccc|} \hline b_1{}^2 & b_1 b_2 & b_1 b_3 & b_1 b_4 \\ b_2 b_1 & b_2{}^2 & b_2 b_3 & b_2 b_4 \\ b_3 b_1 & b_3 b_2 & b_3{}^2 & b_3 b_4 \\ b_4 b_1 & b_4 b_2 & b_4 b_3 & b_4{}^2 \\ \hline \end{array} \begin{array}{c} \\ \leftarrow b_i b_j \\ (i < j) \end{array}$$

したがって，一般に

$$\left(\sum_{k=1}^{n} b_k \right)^2 = \sum_{k=1}^{n} b_k{}^2 + \sum_{i \neq j} b_i b_j$$

次に，(1)と(2)を利用して積分します．

解法のプロセス

$$\left(\sum_{k=1}^{n} a_k \sin kx \right)^2$$

$$= \sum_{k=1}^{n} a_k{}^2 \sin^2 kx$$

$$\quad + \sum_{i \neq j} a_i a_j \sin ix \sin jx$$

⇩

(1), (2)を用いて積分

⇩

I_n は a_1, a_2, $\cdots$, a_n の2次関数

⇩

平方完成して I_n が最小となる a_k を求める

◆ 1, 2, $\cdots$, n からできる組 (i, j) $(i \neq j)$ について $b_i b_j$ の総和をとる と読む

〈 **解　答** 〉

(1) $A_{m,n} = \displaystyle\int_{-\pi}^{\pi} \sin mx \sin nx \, dx$ とおくと

◆ 積を和に直して次数下げ

$$A_{m,n} = \frac{1}{2} \int_{-\pi}^{\pi} \{\cos(m-n)x - \cos(m+n)x\} dx$$

（ⅰ）$m \neq n$ のとき，

$$A_{m,n} = \frac{1}{2}\left[\frac{\sin(m-n)x}{m-n} - \frac{\sin(m+n)x}{m+n}\right]_{-\pi}^{\pi} = 0$$

◀ 覚えておく．同様に
$$\int_{-\pi}^{\pi} \cos mx \cos nx\, dx = 0$$
$$(m \neq n)$$

（ⅱ）$m = n$ のとき，

$$A_{m,n} = \frac{1}{2}\int_{-\pi}^{\pi}(1 - \cos 2nx)dx = \frac{1}{2}\left[x - \frac{\sin 2nx}{2n}\right]_{-\pi}^{\pi} = \pi$$

(2) $\displaystyle\int_{-\pi}^{\pi} x \sin nx\, dx = 2\int_{0}^{\pi} x\left(-\frac{\cos nx}{n}\right)' dx$　　　◀ $x\sin nx$ は偶関数

$$= 2\left\{\left[-\frac{x\cos nx}{n}\right]_{0}^{\pi} + \int_{0}^{\pi}\frac{\cos nx}{n}dx\right\}$$

$$= -\frac{2\pi}{n}\cos n\pi + 2\left[\frac{\sin nx}{n^2}\right]_{0}^{\pi} = (-1)^{n+1}\frac{2\pi}{n}$$　　　◀ $\cos n\pi = (-1)^n$

(3) $\displaystyle\left(x - \sum_{k=1}^{n} a_k \sin kx\right)^2 = x^2 - 2x\sum_{k=1}^{n} a_k \sin kx + \left(\sum_{k=1}^{n} a_k \sin kx\right)^2$

$$= x^2 - 2\sum_{k=1}^{n} a_k x \sin kx + \sum_{k=1}^{n} a_k^2 \sin^2 kx + \sum_{i \neq j} a_i a_j \sin ix \sin jx$$

となるから，(1)と(2)により，

$$I_n = \int_{-\pi}^{\pi} x^2 dx - 2\sum_{k=1}^{n}(-1)^{k+1}\frac{2\pi}{k}a_k + \sum_{k=1}^{n}\pi a_k^2$$

$$= \pi\sum_{k=1}^{n}\left\{a_k^2 - (-1)^{k+1}\frac{4}{k}a_k\right\} + \frac{2\pi^3}{3}$$　　　◀ 各 a_k について平方完成

$$= \pi\sum_{k=1}^{n}\left[\left\{a_k - (-1)^{k+1}\frac{2}{k}\right\}^2 - \frac{4}{k^2}\right] + \frac{2\pi^3}{3}$$

$$= \pi\sum_{k=1}^{n}\left\{a_k - (-1)^{k+1}\frac{2}{k}\right\}^2 + \frac{2\pi^3}{3} - 4\pi\sum_{k=1}^{n}\frac{1}{k^2}$$

ゆえに，I_n は $a_k = (-1)^{k+1}\dfrac{2}{k}$　$(k=1,\ 2,\ \cdots,\ n)$ のとき最小となる．

研究　〈有名な無限級数〉

　　　　$I_n > 0$ ですから，最小値 >0 より，$\displaystyle\sum_{k=1}^{n}\frac{1}{k^2} < \frac{\pi^2}{6}$ となります．

　　実は，$(I_n$ の最小値$) \to 0\ (n \to \infty)$ となることが知られていて，

$\displaystyle\lim_{n\to\infty}\sum_{k=1}^{n}\frac{1}{k^2} = \sum_{n=1}^{\infty}\frac{1}{n^2} = \frac{\pi^2}{6}$ が成り立ちます．これを知った 18 世紀最大の数学

者オイラーは感激したそうです．

演習問題

(84)　次の定積分の値を最小にするような定数 a, b の値を求めよ．

$$\int_{-\frac{\pi}{2}}^{\frac{\pi}{2}}\{(\sin x + \cos x) - (ax + b)\}^2 dx$$

（信州大）

85 定積分と極限 (1)

関数 $f(x)=\displaystyle\int_{-x}^{x}\left(1-\dfrac{|t|}{x}\right)\cos t\,dt$ $(x>0)$ について,

(1) $f(x)$ を求めよ.

(2) $\displaystyle\lim_{a\to\infty}\int_{\pi a}^{\pi a+1}f\left(\dfrac{x}{a}\right)dx$ の値を求めよ. (新潟大)

精講　(1)　被積分関数は t の偶関数だから

$$f(x)=2\int_{0}^{x}\left(1-\dfrac{t}{x}\right)\cos t\,dt$$

これを部分積分すると $f(x)$ が求められます:

$$f(x)=\dfrac{2(1-\cos x)}{x}$$

(2)　$g(a)=\displaystyle\int_{\pi a}^{\pi a+1}f\left(\dfrac{x}{a}\right)dx$ とおきます. まず,

$\dfrac{x}{a}=t$ と置換して, a を被積分関数から追い出すと

$$g(a)=a\int_{\pi}^{\pi+\frac{1}{a}}f(t)dt$$

しかし, $\dfrac{\cos x}{x}$ の原始関数がわからないので積

分できません. ところが, a が十分大きいとき,
積分の値を右図の斜線部分の面積で近似すれば,

$$g(a)\fallingdotseq a\left(\dfrac{1}{a}\cdot\dfrac{4}{\pi}\right)=\dfrac{4}{\pi} \quad\cdots\cdots(*)$$

したがって

$$\lim_{a\to\infty}g(a)=\dfrac{4}{\pi}$$

となるはずです.

近似式(*)を等式に直すには, 積分に関する
平均値の定理

$a\leqq x\leqq b$ で $f(x)$ が連続のとき,

$$\int_{a}^{b}f(x)dx=(b-a)f(c) \quad (a<c<b)$$

を満たす c が存在する.

を使います.

確認は演習問題としましょう.

解法のプロセス

$f\left(\dfrac{x}{a}\right)$ は積分できない

⇩

a を被積分関数の外に出す

⇩

平均値の定理

⇩

微分係数の定義に帰着

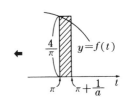

第3章

⟨ **解 答** ⟩

(1) $f(x) = \displaystyle\int_{-x}^{x} \left(1 - \frac{|t|}{x}\right) \cos t \, dt$ ◀ 被積分関数は偶関数

$\qquad = 2\displaystyle\int_{0}^{x} \left(1 - \frac{t}{x}\right) \cos t \, dt$ ◀ $|t| = t \quad (0 \le t \le x)$

$\qquad = 2\left\{ \left[\left(1 - \dfrac{t}{x}\right)\sin t\right]_{0}^{x} - \displaystyle\int_{0}^{x} \left(-\dfrac{1}{x}\right)\sin t \, dt \right\}$

$\qquad = \dfrac{2}{x}\displaystyle\int_{0}^{x}\sin t \, dt = \dfrac{2(1-\cos x)}{x}$

(2) $g(a) = \displaystyle\int_{\pi a}^{\pi a + 1} f\left(\dfrac{x}{a}\right) dx$ とする.

$\dfrac{x}{a} = t$ とおくと, $x : \pi a \to \pi a + 1$ のとき $t : \pi \to \pi + \dfrac{1}{a}$ であるから

$\qquad g(a) = \displaystyle\int_{\pi}^{\pi + \frac{1}{a}} f(t) \cdot a \, dt = a\displaystyle\int_{\pi}^{\pi + \frac{1}{a}} f(t) \, dt$

積分の平均値の定理により ◀ ▸精講

$\qquad g(a) = a \cdot \dfrac{1}{a} f(s) \quad \left(\pi < s < \pi + \dfrac{1}{a}\right)$ ◀ s の範囲をおさえる

を満たす s が存在する. $a \to \infty$ のとき $s \to \pi$ であるから

$\qquad \displaystyle\lim_{a \to \infty} g(a) = \lim_{s \to \pi} f(s) = f(\pi) = \dfrac{4}{\pi}$

▸**研究** ⟨(2)の別解⟩

$\qquad F(x) = \displaystyle\int_{\pi}^{x} f(t) \, dt$ とおいて,微分係数の定義を利用します.

$\qquad \displaystyle\lim_{a \to \infty} g(a) = \lim_{a \to \infty} a F\left(\pi + \dfrac{1}{a}\right) = \lim_{a \to \infty} \dfrac{F\left(\pi + \dfrac{1}{a}\right) - F(\pi)}{\dfrac{1}{a}}$

$\qquad\qquad = F'(\pi) = f(\pi)$

演習問題

(85-1) 積分の平均値の定理を説明せよ.

(85-2) $0 < a < \dfrac{1}{2}$ のとき, $f_a(x) = \begin{cases} \dfrac{2a - |x|}{2a^2} & (|x| \le 2a) \\ 0 & (2a < |x| \le \pi) \end{cases}$ とする.

極限値 $\displaystyle\lim_{a \to 0} \int_{-\pi}^{\pi} f_a(x) |\cos ax| \, dx$ を求めよ. (東北大)

間 **86** 定積分と極限 (2)

a を正の実数とし，n を正の整数とする．

(1) $\dfrac{na}{\pi}$ をこえない最大の整数を m とするとき，次の不等式を証明せよ．

$$2m \leqq \int_0^{na} |\sin x|\, dx < 2(m+1)$$

(2) $\displaystyle\lim_{n \to \infty} \int_0^a |\sin nx|\, dx$ を求めよ． (東北大)

第3章

・→ **精 講** (1) m が $\dfrac{na}{\pi}$ をこえない最大の整

数であることから

$$\dfrac{na}{\pi} - 1 < m \leqq \dfrac{na}{\pi} \qquad \cdots\cdots(*)$$

したがって

$$m\pi \leqq na < (m+1)\pi$$

が成り立ちます．次に $\displaystyle\int_0^{na} |\sin x|\, dx$ を面積とみ

て，不等式を図形的に考えます．

(2) (1)は $nx = t$ と置換することを誘導してい

ます．後は(1)の不等式を利用して，はさみ打ちに

しましょう．その際，m と n の関係は(*)から導か

れます．

解法のプロセス

(1) $\dfrac{na}{\pi} - 1 < m \leqq \dfrac{na}{\pi}$

⇩

図形的に考える

(2) $nx = t$ とおく

⇩

(1)を用いてはさみ打ち

〈 **解 答** 〉

(1) m の定義から，

$$\dfrac{na}{\pi} - 1 < m \leqq \dfrac{na}{\pi} \qquad \cdots\cdots①$$

$$\therefore \quad m\pi \leqq na < (m+1)\pi$$

$\displaystyle\int_0^{na} |\sin x|\, dx$ を $y = |\sin x|$，x 軸，$x = na$ が囲む図形の面積と考えると

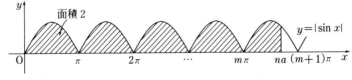

それは図の斜線部分の面積を表し，$\displaystyle\int_0^{\pi} \sin x\, dx = 2$ であるから，

$$2m \leq \int_0^{na} |\sin x|\,dx < 2(m+1) \qquad \cdots\cdots ②$$

(2) $I_n = \int_0^a |\sin nx|\,dx$ において，$nx = t$ とおくと

$$I_n = \frac{1}{n}\int_0^{na} |\sin t|\,dt$$

したがって，②より

$$2\cdot\frac{m}{n} \leq I_n < 2\left(\frac{m}{n}+\frac{1}{n}\right) \qquad \cdots\cdots ③$$

①より $\dfrac{a}{\pi}-\dfrac{1}{n} < \dfrac{m}{n} \leq \dfrac{a}{\pi}$ であるから ← ①の各辺を n で割る

$$\lim_{n\to\infty}\frac{m}{n} = \frac{a}{\pi} \qquad \cdots\cdots ④$$

③，④より，$\displaystyle\lim_{n\to\infty} I_n = \dfrac{2a}{\pi}$

研究 〈(2)の一般化〉

任意の連続関数 $f(x)$ に対して

$$\lim_{n\to\infty}\int_0^a f(x)|\sin nx|\,dx = \frac{2}{\pi}\int_0^a f(x)\,dx$$

が成り立ちます．直感を交えて説明しましょう．

自然数 n に対して

$$\frac{m\pi}{n} \leq a < \frac{(m+1)\pi}{n}$$ ← 区間の幅 $\dfrac{\pi}{n}\to 0 \quad (n\to\infty)$

を満たす整数 m をとります．n を十分大きくとれば，$f(x)$ は各区間

$$\frac{(k-1)\pi}{n} \leq x \leq \frac{k\pi}{n} \quad (k=1,\ 2,\ \cdots,\ m)$$

で一定値 $f\left(\dfrac{k\pi}{n}\right)$ をとるとみることができます．よって

$$\int_0^a f(x)|\sin nx|\,dx$$

$$= \int_0^{\frac{m\pi}{n}} f(x)|\sin nx|\,dx + \int_{\frac{m\pi}{n}}^a f(x)|\sin nx|\,dx$$ ← 第2項を R_n とおく

$$= \sum_{k=1}^m \int_{\frac{(k-1)\pi}{n}}^{\frac{k\pi}{n}} f(x)|\sin nx|\,dx + R_n$$ ← 各積分区間で $f(x)=f\left(\dfrac{k\pi}{n}\right)$ とみなせる

$$= \sum_{k=1}^m f\left(\frac{k\pi}{n}\right)\int_{\frac{(k-1)\pi}{n}}^{\frac{k\pi}{n}} |\sin nx|\,dx + R_n$$ ← 後で $n\to\infty$ とするから等号で大丈夫

定積分において，$nx-(k-1)\pi = t$ とおくと

$$\int_{\frac{(k-1)}{n}\pi}^{\frac{k\pi}{n}}|\sin nx|dx=\int_0^\pi|\sin(t+(k-1)\pi)|\cdot\frac{1}{n}dt$$

$$=\frac{1}{n}\int_0^\pi\sin t\,dt=\frac{2}{n}$$

ゆえに

$$\int_0^a f(x)|\sin nx|dx=\sum_{k=1}^m f\left(\frac{k\pi}{n}\right)\frac{2}{n}+R_n$$

$$=\frac{2}{\pi}\sum_{k=1}^m\frac{\pi}{n}f\left(\frac{k\pi}{n}\right)+R_n\;\blacktriangleleft$$

k	$1\to m$
$\dfrac{k\pi}{n}$	$\dfrac{\pi}{n}\to\dfrac{m\pi}{n}$

$n\to\infty$ のとき

$$\frac{\pi}{n}\to0,\ \frac{m\pi}{n}\to a\,;R_n\to0$$

であるから

$$\lim_{n\to\infty}\int_0^a f(x)|\sin nx|dx=\frac{2}{\pi}\int_0^a f(x)\,dx$$

　ここまでは $a>0$ でしたが，$a<0$ のときは $-x=t$ と置換すると，$a>0$ の場合に帰着します．

　さらに，任意の実数 a, b に対して

$$\lim_{n\to\infty}\int_a^b f(x)|\sin nx|dx=\frac{2}{\pi}\int_a^b f(x)\,dx$$

が成り立ちます．実際，積分区間を 0 を端点とする区間に分割

$$\int_a^b=\int_0^b-\int_0^a \qquad\blacktriangleleft\ \int_0^a+\int_a^b=\int_0^b\ \text{による}$$

すれば，前半の結果から従います．

演習問題

(86-1)　n は自然数とする．極限値 $\displaystyle\lim_{n\to\infty}\int_0^\pi x^2|\sin nx|dx$ を求めよ．(東京工業大)

(86-2)　$\displaystyle I_n=\int_\pi^{n\pi}\frac{|\sin x|}{x}dx$　$(n=1,\ 2,\ 3,\ \cdots)$ とおく．

(1)　$\dfrac{2}{(k+1)\pi}\le I_{k+1}-I_k\le\dfrac{2}{k\pi}$　$(k=1,\ 2,\ 3,\ \cdots)$ を示せ．

(2)　$\log n\le\displaystyle\sum_{k=1}^n\frac{1}{k}\le1+\log n$ を示せ．

(3)　極限値 $\displaystyle\lim_{n\to\infty}\frac{I_n}{\log n}$ を求めよ．　　　(千葉大)

標問 **87** 関数方程式 (1)

任意の x に対して,

$$f(x)=\sin x+\int_{-\frac{\pi}{2}}^{\frac{\pi}{2}}xf'(t)\,dt+\int_{-\frac{\pi}{2}}^{\frac{\pi}{2}}x^2f''(t)\,dt+1$$

を満たすとき, $f(x)$ を求めよ. ただし, $f'(x)$, $f''(x)$ は連続である.

(東京女子医科大)

精講 未知関数を含む等式を関数方程式といい, その等式を満たす未知関数を求めることを関数方程式を解くといいます.

$f(x)$ が未知なので $f'(t)$, $f''(t)$ も正体不明ですが, これらを $-\frac{\pi}{2}$ から $\frac{\pi}{2}$ まで積分したものが一定の値になることは確かです. そこで,

$$\int_{-\frac{\pi}{2}}^{\frac{\pi}{2}}f'(t)\,dt=a,\qquad \int_{-\frac{\pi}{2}}^{\frac{\pi}{2}}f''(t)\,dt=b$$

とおいて

$$f(x)=\sin x+ax+bx^2+1$$

と合わせたものを, a, b, $f(x)$ に関する連立方程式とみます.

初めに未知関数 $f(x)$ を消去します.

解法のプロセス

$$\int_{-\frac{\pi}{2}}^{\frac{\pi}{2}}f'(t)\,dt=a$$

$$\int_{-\frac{\pi}{2}}^{\frac{\pi}{2}}f''(t)\,dt=b$$

とおくと,
$$f(x)=\sin x+ax+bx^2+1$$
⇩
a, b, $f(x)$ の連立方程式とみる
⇩
$f(x)$ を消去して, a, b を定める

〈 **解 答** 〉

$$f(x)=\sin x+x\int_{-\frac{\pi}{2}}^{\frac{\pi}{2}}f'(t)\,dt+x^2\int_{-\frac{\pi}{2}}^{\frac{\pi}{2}}f''(t)\,dt+1$$

ここで,

$$\int_{-\frac{\pi}{2}}^{\frac{\pi}{2}}f'(t)\,dt=a \qquad\qquad \cdots\cdots ①$$

$$\int_{-\frac{\pi}{2}}^{\frac{\pi}{2}}f''(t)\,dt=b \qquad\qquad \cdots\cdots ②$$

とおくと

$$f(x)=\sin x+ax+bx^2+1 \qquad \cdots\cdots ③ \qquad ← ①, ②, ③ は連立方程式$$

$$\therefore\quad f'(x)=\cos x+a+2bx \qquad \cdots\cdots ④ \qquad ← f(x) を消去する準備$$

$$\therefore\quad f''(x)=-\sin x+2b \qquad \cdots\cdots ⑤$$

①, ④より

$$a=\int_{-\frac{\pi}{2}}^{\frac{\pi}{2}}(\cos t+a+2bt)dt \qquad \leftarrow 2bt \text{ は奇関数}$$

$$=2\int_{0}^{\frac{\pi}{2}}(\cos t+a)dt=2\left(1+\frac{\pi}{2}\cdot a\right)$$

$$\therefore \quad a=\frac{2}{1-\pi} \qquad\qquad\qquad \cdots\cdots ⑥$$

次に，②，⑤より

$$b=\int_{-\frac{\pi}{2}}^{\frac{\pi}{2}}(-\sin t+2b)dt=2b\pi \qquad \leftarrow \sin t \text{ は奇関数}$$

$$\therefore \quad b=0 \qquad\qquad\qquad\qquad \cdots\cdots ⑦$$

⑥，⑦を③に代入して

$$f(x)=\sin x+\frac{2}{1-\pi}x+1$$

研 究 〈演習問題 ⑧⑦-2 の考え方〉

$$\int_{0}^{\frac{\pi}{2}}f_{n-1}(t)\sin t\,dt \text{ を定数と考えて}$$

$$\int_{0}^{\frac{\pi}{2}}f_{n-1}(t)\sin t\,dt=a$$

とおくことはできません．a の値は n に依存するからです．

各自然数に対してその値が定まるのは数列ですから

$$\int_{0}^{\frac{\pi}{2}}f_{n}(t)\sin t\,dt=a_n$$

とおきます．

演習問題

⑧⑦-1 次の2つの式を満たす連続関数 $f(x)$ と $g(x)$ を求めよ．

$$f(x)=\cos\pi x+\int_{0}^{x}g(t)dt, \qquad g(x)=\int_{0}^{1}\left(t+\frac{e^x}{e-2}\right)f(t)dt \qquad \text{(筑波大)}$$

⑧⑦-2 $f_0(x)=\cos x,\ f_n(x)=\cos x+\frac{x}{4}\int_{0}^{\frac{\pi}{2}}f_{n-1}(t)\sin t\,dt \quad (n\geq1)$

で定義される関数列 $\{f_n(x)\}$ の一般項を求めよ． (信州大)

第3章

標問 **88** 関数方程式 (2)

次の等式を満たす連続な関数 $f(x)$ を求めよ.

$$f(x)=(x^2+1)e^{-x}+\int_0^x f(x-t)e^{-t}dt$$

(金沢大)

精 講 前問と異なり積分の端点に変数を含むので, 標問 **48** の微積分の基本定理

$$\frac{d}{dx}\int_a^x f(t)\,dt=f(x) \quad \cdots\cdots(*)$$

によって積分記号を取り去ります. このとき, $f(t)$ は変数 x を含んではならないことに注意しましょう. 実際, $f(t)=t-x$ のとき, 形式的に (*)を使うと

$$\frac{d}{dx}\int_a^x f(t)\,dt=f(x)=0$$

しかし, 正しくは

$$\frac{d}{dx}\int_a^x f(t)\,dt=\frac{d}{dx}\left\{-\frac{(a-x)^2}{2}\right\}=a-x$$

となります.

したがって, 本問では, $f(x-t)e^{-t}$ に含まれる x を

$x-t=u$ と置換する

ことによって積分記号の外に追い出してから微分します.

なお, 一般に $f(x)$, $g(x)$ が微分可能のとき,

$$f(x)=g(x)\Longleftrightarrow\begin{cases}f'(x)=g'(x)\\f(a)=g(a)\end{cases}$$

したがって, 与えられた式を微分しただけでは問題は解決しません. $f(a)=g(a)$ に相当する条件も考慮する必要があります.

解法のプロセス

x を積分記号の外に出すために

⇩

$x-t=u$ と置換

⇩

微分して
$$f'(x)=\boxed{}$$
を導く

⇩

$f(0)=1$ と合わせて

⇩

$f(x)$ が求まる

〈 **解 答** 〉

$x-t=u$ とおくと

$dt=-du,\quad t:0\to x$ のとき $u:x\to 0$

$\therefore\quad\displaystyle\int_0^x f(x-t)e^{-t}dt=\int_x^0 f(u)e^{u-x}(-du)$

$$= e^{-x} \int_0^x f(u)e^u du \qquad \text{← } x \text{ を追い出す}$$

ゆえに，与式は

$$f(x) = (x^2+1)e^{-x} + e^{-x}\int_0^x f(u)e^u du \qquad \cdots\cdots ①$$

x で微分すると

$$f'(x) = 2xe^{-x} - (x^2+1)e^{-x} - e^{-x}\int_0^x f(u)e^u du + e^{-x}f(x)e^x$$

$$= f(x) + (2x-x^2-1)e^{-x} - e^{-x}\int_0^x f(u)e^u du \qquad \cdots\cdots ②$$

①＋②より

← ①と②を連立して積分記号を消す

$$f(x) + f'(x) = f(x) + 2xe^{-x}$$

$$\therefore \quad f'(x) = 2xe^{-x}$$

ゆえに

$$f(x) = \int 2xe^{-x}dx = -2xe^{-x} + 2\int e^{-x}dx$$

$$= -2(x+1)e^{-x} + C$$

一方，①で $x=0$ とおくと

$$f(0) = 1$$

$$← ① \Longrightarrow \begin{cases} f'(x)=2xe^{-x} \\ f(0)=1 \end{cases}$$

であるから

$$f(0) = -2 + C = 1$$

$$\therefore \quad C = 3$$

$$\therefore \quad f(x) = 3 - 2(x+1)e^{-x}$$

研究 〈微分するだけで積分記号を消す方法〉

①×e^x として積分記号の前の関数を取り去り：

$$e^x f(x) = x^2 + 1 + \int_0^x f(u)e^u du$$

次に x で微分します．

$$e^x f(x) + e^x f'(x) = 2x + f(x)e^x$$

$$\therefore \quad f'(x) = 2xe^{-x}$$

演習問題

(88) 第2次導関数をもつ関数 $f(x)$ が次の等式を満たしている．

$$f(x) = \sin x + \int_0^x f(x-t)\sin t\, dt$$

(1) $f(0)$ および $f'(0)$ を求めよ．

(2) $f''(x)$ を求めよ．

(3) $f(x)$ を求めよ．

(東京理科大)

標問 **89** 関数方程式 (3)

$-1<x<1$ の範囲で定義された関数 $f(x)$ で，次の2つの条件を満たすものを考える．

$$\cdot f(x)+f(y)=f\left(\frac{x+y}{1+xy}\right) \quad (-1<x<1, \ -1<y<1)$$

$\cdot f(x)$ は $x=0$ で微分可能で，$f'(0)=1$ である．

(1) $-1<x<1$ に対し $f(x)=-f(-x)$ が成り立つことを示せ．

(2) $f(x)$ は $-1<x<1$ で微分可能であることを示し，導関数 $f'(x)$ を求めよ．

(3) $f(x)$ を求めよ． (東北大)

> **精講** 今度の関数方程式は未知関数の積分を含みません．しかし，解法の骨子は前問と同じです．微分して未知関数の微小変化の様子を調べ，それを積分してつなぎ合わせます．
>
> (1) 都合のいいようにおきます．$y=-x$ とおくと $f(0)=0$ を示せばよいことが分かります．
>
> (2) 導関数の定義に戻るより仕方がありません．
>
> (3) 本問では $f'(x)$ が具体的に分かります．

▶ 解法のプロセス

(1) $y=-x$ とおくと先が見える

(2) 関数方程式を用いて $f'(x)$ の存在を $f'(0)$ の存在に帰着させる

〈 **解 答** 〉

$$f(x)+f(y)=f\left(\frac{x+y}{1+xy}\right) \qquad \cdots\cdots ①$$

(1) ①で $y=-x$ とおくと

$$f(x)+f(-x)=f(0)$$

そこで，①で $x=y=0$ とおくと

$$f(0)+f(0)=f(0) \qquad \therefore \quad f(0)=0 \qquad \cdots\cdots ②$$

ゆえに，

$$f(x)+f(-x)=0 \qquad\qquad\qquad \cdots\cdots ③$$

← $f(x)+f(-x)=0$ を示したい

← $x=0$ とおくだけでもよい

(2) 任意の $x\,(|x|<1)$ に対して，$h\,(\neq 0)$ を十分 0 に近くとり，$|x+h|<1$ となるようにする．

このとき

$$f(x+h)-f(x)=f(x+h)+f(-x)$$

$$=f\left(\frac{h}{1-x(x+h)}\right)$$

← ③による

← ①による

したがって，$\dfrac{h}{1-x(x+h)}=k$ とおくと

$$\frac{f(x+h)-f(x)}{h}=\frac{f(k)}{h}=\frac{f(k)-f(0)}{k}\cdot\frac{k}{h} \qquad \leftarrow ②$$

$$=\frac{f(k)-f(0)}{k}\cdot\frac{1}{1-x(x+h)}$$

ここで，$h\to 0$ とすると，$k\to 0$ であるから，
$f'(x)$ が存在して　　　　　　　　　　　　　　$\leftarrow$ 右辺の極限が存在するから

$$f'(x)=f'(0)\frac{1}{1-x^2}=\frac{1}{1-x^2} \qquad \cdots\cdots④$$

(3) ④より

$$f(x)=\int\frac{1}{(1+x)(1-x)}\,dx$$

$$=\frac{1}{2}\int\left(\frac{1}{1+x}+\frac{1}{1-x}\right)dx$$

$$=\frac{1}{2}\log\frac{1+x}{1-x}+C$$

②より　$C=0$ であるから

$$f(x)=\frac{1}{2}\log\frac{1+x}{1-x}$$

研究 〈背景は双曲線関数の加法定理〉

$f'(x)>0$ より $f(x)$ は増加関数ですから，$y=f(x)$ の逆関数
$y=T(x)$ が存在します．具体的には $x=f(y)$ より

$$x=\frac{1}{2}\log\frac{1+y}{1-y}$$

$$\therefore\quad y=T(x)=\frac{e^{2x}-1}{e^{2x}+1}=\frac{e^{x}-e^{-x}}{e^{x}+e^{-x}}$$

これを双曲線タンジェントといいます．この関数は

$$C(x)=\frac{e^{x}+e^{-x}}{2},\quad S(x)=\frac{e^{x}-e^{-x}}{2}$$

$\leftarrow$ それぞれ双曲線コサイン，双曲線サインという．

と合わせて双曲線関数というグループをなし　　$\leftarrow$ 標問 **35**

$$T(x)=\frac{S(x)}{C(x)}$$

が成り立ちます．

これらは三角関数と類似の性質を満たします．

例えば

$$C(x+y)=C(x)C(y)+S(x)S(y)$$
$$S(x+y)=S(x)C(y)+C(x)S(y)$$

$\leftarrow$ 計算で確かめられる

これから

$$T(x+y) = \frac{S(x)C(y)+C(x)S(y)}{C(x)C(y)+S(x)S(y)} \quad \text{← 分母, 分子を } C(x)C(y) \text{ で割る}$$

$$= \frac{T(x)+T(y)}{1+T(x)T(y)} \quad \cdots\cdots ⑦$$

これを双曲線タンジェントの加法定理といいます. ①と⑦は似ているだけでなく本質的に同じものです.

実際, ①の両辺を $T(x)$ で写して

$$T(f(x)+f(y)) = \frac{x+y}{1+xy} \quad \text{← } T(x) \text{ は } f(x) \text{ の逆関数}$$

$f(x)=a$, $f(y)=b$ とおくと, $x=T(a)$, $y=T(b)$ ゆえ

$$T(a+b) = \frac{T(a)+T(b)}{1+T(a)T(b)}$$

となって, ⑦と一致します.

したがって, 本問は, ⑦と

$$T'(0) = \frac{1}{f'(0)} = 1 \quad \text{← 逆関数の微分法}$$

を満たす関数は双曲線タンジェントに限るという事実を $T(x)$ の逆関数 $f(x)$ で表したものだということができます.

このタイプの問題は本問のように, 「ある特定の関数が満たす法則から, 元の関数が復元できるか?」という問題意識が背景にあることがしばしばです.

次の演習問題は

指数法則から指数関数が復元できるか

という問題です. 答えは覚えておいてよいことです.

演習問題

(89) 関数 $f(x)$ が任意の実数 x, y に対して

$$f(x+y)=f(x)f(y)$$

を満たしている. また, $f(x)$ は $x=0$ で微分可能で $f'(0)=a$ である. ただし, $a \neq 0$ とする.

(1) $f(0)$ を求めよ.

(2) $f(x)$ はすべての実数 x で微分できることを示せ.

(3) $e^{-ax}f(x)$ は一定であることを示せ.

(4) $f(x)$ を求めよ.

(富山大)

平面上のベクトル

問 90 ベクトルの定義

四角形 ABCD において，AC，BD を $m:n$ に内分する点をそれぞれ E，F とする．ただし，$m>0$，$n>0$ である．

このとき，$\overrightarrow{\mathrm{EF}}$ を $\overrightarrow{\mathrm{AB}}$ と $\overrightarrow{\mathrm{CD}}$ を用いて表せ．

（センター試験・改）

精講 ベクトルとはある点Pからある点Qへの移動 $\overrightarrow{\mathrm{PQ}}$ のことです（P＝Q の場合も含む）．ただし，始点，終点の違いは無視して

どの方向にどれだけ動くか

だけに注目します．

したがって，ベクトルの和は移動の乗り継ぎと考えればよく，また例えばベクトルの 2（−2）倍は，同じ向き（逆向き）の 2 倍の移動と考えることになります．

解答では，標問 **91** で学ぶ分点公式は使いません．

▶ **解法のプロセス**

$\overrightarrow{\mathrm{EF}}$ をいくつかの移動の和で表す

⇩

$\overrightarrow{\mathrm{AB}}$，$\overrightarrow{\mathrm{CD}}$ 以外の移動を消すように工夫する

〈 解 答 〉

$$\overrightarrow{\mathrm{EF}}=\overrightarrow{\mathrm{EA}}+\overrightarrow{\mathrm{AF}}=\frac{m}{m+n}\overrightarrow{\mathrm{CA}}+(\overrightarrow{\mathrm{AB}}+\overrightarrow{\mathrm{BF}})$$

$$=\overrightarrow{\mathrm{AB}}+\frac{m}{m+n}\overrightarrow{\mathrm{CA}}+\frac{m}{m+n}\overrightarrow{\mathrm{BD}}$$

$$=\overrightarrow{\mathrm{AB}}+\frac{m}{m+n}(\overrightarrow{\mathrm{CD}}+\overrightarrow{\mathrm{DA}})$$
$$\qquad+\frac{m}{m+n}(\overrightarrow{\mathrm{BA}}+\overrightarrow{\mathrm{AD}})$$

$$=\left(1-\frac{m}{m+n}\right)\overrightarrow{\mathrm{AB}}+\frac{m}{m+n}\overrightarrow{\mathrm{CD}}$$
$$\qquad+\frac{m}{m+n}(\overrightarrow{\mathrm{AD}}+\overrightarrow{\mathrm{DA}})$$

$$=\frac{n}{m+n}\overrightarrow{\mathrm{AB}}+\frac{m}{m+n}\overrightarrow{\mathrm{CD}}$$

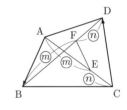

← $\overrightarrow{\mathrm{BA}}=-\overrightarrow{\mathrm{AB}}$

← $\overrightarrow{\mathrm{AD}}+\overrightarrow{\mathrm{DA}}=\overrightarrow{\mathrm{AA}}=\vec{0}$

研究 〈別解〉

BC を $m:n$ に内分する点Kを補うことに気が付けば，ずっと見通しがよくなります．

△ABC において，AE：EC＝BK：KC＝$m:n$ であるから

$$EK /\!/ AB, \quad EK:AB=n:(m+n)$$

$$\therefore \quad \overrightarrow{EK}=\frac{n}{m+n}\overrightarrow{AB}$$

△BCD に注目すれば，同様にして $\quad \overrightarrow{KF}=\dfrac{m}{m+n}\overrightarrow{CD}$

これから，$\overrightarrow{EF}=\overrightarrow{EK}+\overrightarrow{KF}$ が求まります．

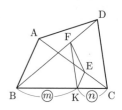

\# **研究** 〈厳密な定義〉

移動とベクトルの違いをはっきりさせるために，点Pから点Qへの移動を今度は P→Q で表します．そして，向きと大きさの等しい（平行移動で重なる）2つの移動は同等であるということにします．

このとき，移動全体の集合を互いに同等な移動からなる部分集合に分割して，その各部分集合をベクトルといい，$\vec{a}$, $\vec{b}$, … などの記号で表します．

また，移動 A→B の定めるベクトルを $\overrightarrow{AB}$ で表すことにします．すると

$$\overrightarrow{AB}=\overrightarrow{CD} \Longleftrightarrow A→B と C→D は同等 \quad \cdots ⑦$$

が成り立ちます．難しそうにみえますが，整数全体を

$$\{0, \pm2, \pm4, \cdots\}, \{\pm1, \pm3, \pm5, \cdots\}$$

と分割して，それぞれ偶数，奇数というラベルを貼るのと同じことです．この場合に「同等」に対応するのは2で割った余りが一致することです．

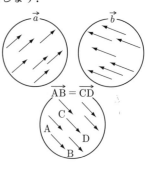

〈ベクトルの演算〉

はじめに和です．2つのベクトル $\vec{a}$, $\vec{b}$ に対して，$\vec{a}$ に属する移動 A→B を1つとり，$\vec{a}=\overrightarrow{AB}$ と表すとき，$\vec{b}=\overrightarrow{BC}$ となる点Cがただ1つ存在します．そこで

$$\vec{a}+\vec{b}=\overrightarrow{AC}$$

と定めます．この定義が有効であるためには，和が $\vec{a}$ に属する移動の選び方に依らないこと，すなわち

$$\overrightarrow{AB}=\overrightarrow{A'B'}, \quad \overrightarrow{BC}=\overrightarrow{B'C'} \Longrightarrow \overrightarrow{AC}=\overrightarrow{A'C'} \quad \cdots ④$$

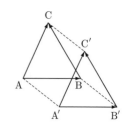

AA′B′B，BB′C′C は平行四辺形だから AA′C′C も平行四辺形

$$\therefore \quad \overrightarrow{AC}=\overrightarrow{A'C'}$$

を満たす必要があります.

しかし, ㋐より㋑が成り立つことは明らかです.

次に実数倍です. まず, 移動 P → Q の $k\,(\neq0)$ 倍を図の移動 P → Q_k で定めます.

$k=0$ のときは, 停まること P → P, すなわち, $Q_0=P$ とします.

これを用いて $\vec{a}$ の k 倍 $k\vec{a}$ を, $\vec{a}=\overrightarrow{AB}$ なる移動 A → B を1つとり

$$k\vec{a}=\overrightarrow{AB_k}$$

によって定めます. するとこの定義が有効である条件は

$$\overrightarrow{AB}=\overrightarrow{A'B'} \Longrightarrow \overrightarrow{AB_k}=\overrightarrow{A'B_{k'}'} \quad\cdots\cdots㋒$$

となりますが, いつでも成り立つことが図から簡単に分かります.

〈教科書との関連〉

教科書では移動のことを有向線分と呼んで, 同等な有向線分全体の集合であるベクトルと同じ記号で表しています.

それは, ㋑, ㋒によって, ベクトルを適当な有向線分と同一視しても, 決して間違うことがないからです.

そこで, 以後, 教科書流の精講と同じ表し方をします.

〈逆ベクトルと零ベクトル〉

$\vec{a}=\overrightarrow{AB}$ に対して, $\overrightarrow{BA}$ を $\vec{a}$ の**逆ベクトル**といい $-\vec{a}$ で表します. また, 線分 AB の長さを $\vec{a}$ の大きさといい $|\vec{a}|$ で表します. とくに, 大きさが0のベクトルを**零ベクトル**といい, $\vec{0}$ で表します. このとき, 次が成り立ちます. 任意の $\vec{x}$ に対して

$$\vec{x}+(-\vec{x})=(-\vec{x})+\vec{x}=\vec{0},$$
$$\vec{x}+\vec{0}=\vec{0}+\vec{x}=\vec{x}$$

(i) $k>0$ のとき

(ii) $k<0$ のとき

(数値は比を表す)

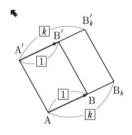

◀ $\overrightarrow{AA}=\overrightarrow{BB}=\cdots=\vec{0}$

第4章

---

(90) 1辺の長さが1である正五角形 ABCDE に対し, $\overrightarrow{AB}=\vec{a}$, $\overrightarrow{BC}=\vec{b}$ とするとき, $\overrightarrow{CD}$ を $\vec{a}$, $\vec{b}$ で表せ.

(お茶の水女子大)

標問 **91** 直線のベクトル方程式

三角形 ABC の辺 AB，AC 上の点 P，Q をそれぞれ $\overrightarrow{AP}=p\overrightarrow{AB}$，$\overrightarrow{AQ}=q\overrightarrow{AC}$ によって定める．ただし，$0<p<1$，$0<q<1$ とする．

(1) 直線 PQ が三角形 ABC の重心 G を通るための条件は $\dfrac{1}{p}+\dfrac{1}{q}=3$ であることを示せ．

(2) 三角形 ABC の重心 G を通る直線 PQ と直線 BC が交わり，その交点を R とするとき，PQ＝QR となるように p，q の値を定めよ．　（三重大・改）

精講　(1) 重心の定義から，任意の点 O に対して

$$\overrightarrow{OG}=\frac{\overrightarrow{OA}+2\overrightarrow{OM}}{3}, \quad \overrightarrow{OM}=\frac{\overrightarrow{OB}+\overrightarrow{OC}}{2}$$

$$\therefore \quad \overrightarrow{OG}=\frac{\overrightarrow{OA}+\overrightarrow{OB}+\overrightarrow{OC}}{3} \quad \text{(公式)}$$

とくに O＝A のときは，$\overrightarrow{AG}=\dfrac{\overrightarrow{AB}+\overrightarrow{AC}}{3}$ と

なります．

また，$\overrightarrow{AG}=\alpha\overrightarrow{AP}+\beta\overrightarrow{AQ}$ と表せるとき，G が

直線 PQ 上にあるための条件は

$$\alpha+\beta=1 \qquad \cdots\cdots\text{ⓐ}$$

で与えられます．

(2) 外分公式を用いて $\overrightarrow{AR}$ を $\overrightarrow{AP}$，$\overrightarrow{AQ}$ で表し，再びⓐを用いて p，q の関係式を導き，(1)の等式と連立します．

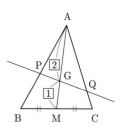

解法のプロセス

内分・外分の公式（研究）を用いて，$\overrightarrow{AG}$，$\overrightarrow{AR}$ を $\overrightarrow{AP}$，$\overrightarrow{AQ}$ で表す

⇩

ⓐより，p，q の関係式を導く

〈　**解　答**　〉

(1) $\overrightarrow{AB}=\dfrac{1}{p}\overrightarrow{AP}$，$\overrightarrow{AC}=\dfrac{1}{q}\overrightarrow{AQ}$ より

$$\overrightarrow{AG}=\frac{\overrightarrow{AB}+\overrightarrow{AC}}{3}=\frac{1}{3p}\overrightarrow{AP}+\frac{1}{3q}\overrightarrow{AQ}$$

ゆえに，直線 PQ が G を通るための条件は　　　　　← ⓐは証明なしで用いてよい

$$\frac{1}{3p}+\frac{1}{3q}=1 \quad \therefore \quad \frac{1}{p}+\frac{1}{q}=3 \qquad \cdots\cdots\text{①}$$

である．

(2) ①より

$$3pq=p+q \qquad\qquad \cdots\cdots\text{②}$$

一方，R は線分 PQ を 2:1 に外分するから

$$\overrightarrow{AR}=\frac{-\overrightarrow{AP}+2\overrightarrow{AQ}}{2-1}=-p\overrightarrow{AB}+2q\overrightarrow{AC}$$

R は直線 BC 上にあるので

$$-p+2q=1 \qquad \cdots\cdots③$$

$0<p<1$, $0<q<1$ に注意して，②，③を解くと

$$p=\frac{1}{\sqrt{3}}, \quad q=\frac{3+\sqrt{3}}{6}$$

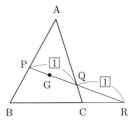

研究 〈ベクトルの差〉

$\vec{b}+\vec{x}=\vec{a}$ を満たす $\vec{x}$ を $\vec{a}$ と $\vec{b}$ の差といい，$\vec{a}-\vec{b}$ で表します．逆ベクトルを用いれば

$$\vec{a}-\vec{b}=\vec{a}+(-\vec{b})$$

と表せます．

したがって，$\overrightarrow{OA}+\overrightarrow{AB}=\overrightarrow{OB}$ であることから，$\overrightarrow{AB}$ を差に分解する式

$$\overrightarrow{AB}=\overrightarrow{OB}-\overrightarrow{OA}$$

が得られます．

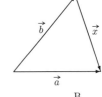

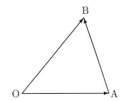

〈直線のベクトル方程式〉

2 点 A，B を通る直線上の点 P は，実数 t を用いて

(1) $\overrightarrow{AP}=t\overrightarrow{AB}$

と表せます．これを次々に言い換えます．

点 O をとると，$\overrightarrow{OP}-\overrightarrow{OA}=t(\overrightarrow{OB}-\overrightarrow{OA})$ より

(2) $\overrightarrow{OP}=(1-t)\overrightarrow{OA}+t\overrightarrow{OB}$

$1-t=\alpha$, $t=\beta$ とおくと

(3) $\overrightarrow{OP}=\alpha\overrightarrow{OA}+\beta\overrightarrow{OB}$, $\alpha+\beta=1$

これは精講の ⓐ です．

P が線分 AB を $m:n$ に内分するときは，

(1)において，$t=\dfrac{m}{m+n}$ であるから，(2)より

(4) $\overrightarrow{OP}=\dfrac{n\overrightarrow{OA}+m\overrightarrow{OB}}{m+n}$

一方，P が線分 AB を $m:n$ に外分するときは，例えば，

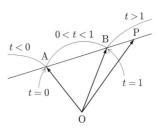

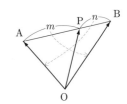

第4章

$m > n$ ならば，$t = \dfrac{m}{m-n}$，$1 - t = \dfrac{-n}{m-n}$ で

あるから

(5)　$\overrightarrow{\mathrm{OP}} = \dfrac{-n\overrightarrow{\mathrm{OA}} + m\overrightarrow{\mathrm{OB}}}{m-n}$ $\left(= \dfrac{n\overrightarrow{\mathrm{OA}} - m\overrightarrow{\mathrm{OB}}}{-m+n} \right)$

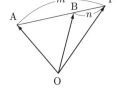

$m < n$ のときも同じ式になります.

P の動く範囲が線分 AB 上に限定されると

きは，$0 \leqq t \leqq 1$ ですから，(3)の表現では条件

　　$\alpha \geqq 0,\ \beta \geqq 0$

を追加することになります. その他のときも同様です.

〈(1)の別解〉

標問 **93** で学ぶ1次独立を使う方が自然かもしれません.

$\overrightarrow{\mathrm{AB}} = \vec{b}$，$\overrightarrow{\mathrm{AC}} = \vec{c}$ とおくと

$$\overrightarrow{\mathrm{PG}} = \overrightarrow{\mathrm{AG}} - \overrightarrow{\mathrm{AP}} = \left(\dfrac{1}{3} - p \right)\vec{b} + \dfrac{1}{3}\vec{c}$$

$$\overrightarrow{\mathrm{PQ}} = \overrightarrow{\mathrm{AQ}} - \overrightarrow{\mathrm{AP}} = -p\vec{b} + q\vec{c}$$

直線 PQ が G を通るための条件は，実数 t を用いて

$$\overrightarrow{\mathrm{PQ}} = t\overrightarrow{\mathrm{PG}}$$

$$\Longleftrightarrow\ -p\vec{b} + q\vec{c} = t\left\{ \left(\dfrac{1}{3} - p \right)\vec{b} + \dfrac{1}{3}\vec{c} \right\}$$

と表せることである. $\vec{b}$ と $\vec{c}$ は1次独立であるから，係数を比較して

$$-p = t\left(\dfrac{1}{3} - p \right),\ \ q = \dfrac{1}{3}t$$

このような t の存在条件は，t を消去して

$$-p = 3q\left(\dfrac{1}{3} - p \right) \qquad \therefore\ \ 3pq = p + q$$

両辺を pq で割って，$\dfrac{1}{p} + \dfrac{1}{q} = 3$ である.

#〈ベクトルの演算法則のまとめ〉

直線上のベクトルの全体，平面ベクトルの全体，空間ベクトルの全体のい
ずれかを V とします.

すると V の2つの元 $\vec{a}$, $\vec{b}$ に対して，和と呼ばれる V の元 $\vec{a} + \vec{b}$ が定まり，
次が成り立ちます. ただし，$\vec{c} \in V$ とします.

(1)　$\vec{a} + \vec{b} = \vec{b} + \vec{a}$

(2)　$(\vec{a} + \vec{b}) + \vec{c} = \vec{a} + (\vec{b} + \vec{c})$

(3)　ある元 $\vec{0} \in V$ が存在して，任意の $\vec{a} \in V$ に対して
　　$\vec{a} + \vec{0} = \vec{0} + \vec{a} = \vec{a}$

(4)　任意の $\vec{a} \in V$ に対して，$\vec{x} \in V$ が存在して
　　$\vec{a} + \vec{x} = \vec{x} + \vec{a} = \vec{0}$

この $\vec{x}$ を $\vec{a}$ の逆ベクトルといい，$-\vec{a}$ で表します．

さらに，V の元 $\vec{a}$ と実数 k に対して，$\vec{a}$ の k 倍と呼ばれる V の元 $k\vec{a}$ が定まり，次が成り立ちます．ただし，l は実数です．

(5) $1 \cdot \vec{a} = \vec{a}$

(6) $k(l\vec{a}) = (kl)\vec{a}$

(7) $(k+l)\vec{a} = k\vec{a} + l\vec{a}$

(8) $k(\vec{a}+\vec{b}) = k\vec{a} + k\vec{b}$

一見，無味乾燥なまとめの意味は，標問 **93**，┌**研究**┐ で説明します．

第4章

演習問題

(91-1) △ABC の 3 辺 BC，CA，AB 上またはその延長上に，それぞれ点 P，Q，R を次のようにとる．

$$\overrightarrow{BP} = l\overrightarrow{PC}, \quad \overrightarrow{CQ} = m\overrightarrow{QA}, \quad \overrightarrow{AR} = n\overrightarrow{RB}$$

ただし，l，m，n は 0 でも -1 でもない実数とする．また，$\overrightarrow{AB} = \vec{b}$，$\overrightarrow{AC} = \vec{c}$，$\overrightarrow{AP} = \vec{p}$，$\overrightarrow{AQ} = \vec{q}$，$\overrightarrow{AR} = \vec{r}$ とする．

(1) $\vec{b}$ を $\vec{r}$ で，$\vec{c}$ を $\vec{q}$ で表せ．

(2) $\vec{p}$ を $\vec{b}$，$\vec{c}$ で表せ．

(3) 3 点 P，Q，R が同一直線上にある条件を求めよ．

(91-2) 平面上に三角形 OAB があり，$\overrightarrow{OA} = \vec{a}$，$\overrightarrow{OB} = \vec{b}$ とする．3 点 P，Q，R を

$$\overrightarrow{OP} = \vec{a} + \vec{b}, \quad \overrightarrow{OQ} = x\vec{a}, \quad \overrightarrow{OR} = y\vec{b}$$

により定める．ただし，$x > 1$，$y > 1$ とする．

(1) 3 点 P，Q，R が同一直線上にあるための条件を x，y で表せ．

(2) (1)の条件のもとで，$x + y$ の最小値を求めよ． (愛媛大)

標問 **92** **外心，内心，垂心**

三角形 ABC の内心を I，垂心を H とする．また，三角形の3辺の長さを BC=l，CA=m，AB=n で表すことにする．

(1) 平面上の点 O に対して $\overrightarrow{OI}=\dfrac{l\overrightarrow{OA}+m\overrightarrow{OB}+n\overrightarrow{OC}}{l+m+n}$ が成り立つことを示せ．

（和歌山県立医科大）

以下，点 O は三角形 ABC の外心とする．

(2) 直線 OC と三角形 ABC の外接円との交点のうち C でない方を E とする．四角形 AEBH は平行四辺形であることを示せ．

(3) 辺 BC の中点を M とする．$\overrightarrow{AH}=2\overrightarrow{OM}$ が成り立つことを示せ．

(4) $\overrightarrow{OH}=\overrightarrow{OA}+\overrightarrow{OB}+\overrightarrow{OC}$ が成り立つことを示せ．

精 講 (1) 内心は3本の内角の二等分線の交点です．

そこで，∠BAD＝∠CAD のとき

BD：CD＝AB：AC

であることを利用します．

(4) 垂心は各頂点を通り対辺と直交する3直線の交点です．(2)，(3)がヒントになっています．

解法のプロセス

(1) 内心の定義を思い出す

⇩

　角の二等分線と比の関係を利用

(4) (2)，(3)の誘導に乗る

⟨ **解 答** ⟩

(1) ∠A の二等分線と BC の交点を D とすると

BD：CD＝AB：AC＝n：m

∴ $\overrightarrow{OD}=\dfrac{m\overrightarrow{OB}+n\overrightarrow{OC}}{n+m}$，BD＝$l\cdot\dfrac{n}{n+m}$

∠B の二等分線と AD の交点が I であるから

AI：ID＝BA：BD

$=n:\dfrac{ln}{n+m}=(n+m):l$

ゆえに

$\overrightarrow{OI}=\dfrac{l\overrightarrow{OA}+(n+m)\overrightarrow{OD}}{(n+m)+l}=\dfrac{l\overrightarrow{OA}+m\overrightarrow{OB}+n\overrightarrow{OC}}{l+m+n}$

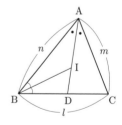

(2) CE は外接円の直径であるから EB⊥BC，垂心
の定義から AH⊥BC．

∴ EB∥AH

同様に，EA∥BH でもあるから，四角形
AEBH は平行四辺形である．

(3) (2)より，$\overrightarrow{AH}=\overrightarrow{EB}$．一方，△CEB に中点連結
定理を用いると，$\overrightarrow{EB}=2\overrightarrow{OM}$．ゆえに
$$\overrightarrow{AH}=2\overrightarrow{OM}$$

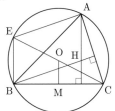

(4) $\overrightarrow{OH}=\overrightarrow{OA}+\overrightarrow{AH}$

$\qquad =\overrightarrow{OA}+2\overrightarrow{OM}$　　←(3)による

$\qquad =\overrightarrow{OA}+2\cdot\dfrac{\overrightarrow{OB}+\overrightarrow{OC}}{2}$

$\qquad =\overrightarrow{OA}+\overrightarrow{OB}+\overrightarrow{OC}$

研究　〈外心 O，垂心 H と重心 G の関係〉

$\overrightarrow{OH}=3\overrightarrow{OG}$ が成り立つので，G は線分　←$\overrightarrow{OG}=\dfrac{\overrightarrow{OA}+\overrightarrow{OB}+\overrightarrow{OC}}{3}$

OH を 1：2 に内分することが分かります．

〈角の二等分線と比の関係〉

精講で述べた内角の二等分線と比の関係を，外角の二等分線の場合も含め
て説明します．これらは覚えておきましょう．

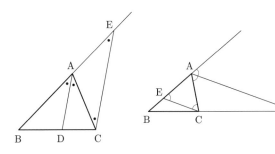

AD はそれぞれ ∠A，∠A の外角の二等分線です．半直線 BA 上に点 E を，
EC∥AD を満たすようにとると，△ACE は二等辺三角形となるので，
AC＝AE が成り立ちます．よって，いずれの場合も

AB：AC＝AB：AE

$\qquad$＝BD：CD　　　←外角を二等分するとき，D は外
$\qquad\qquad\qquad\qquad\qquad\qquad$　分点となる

となります．

第4章

他には，三角形の面積に注目する方法や，次に述べる単位ベクトルの和を利用する証明もあります．

〈単位ベクトルの和と角の二等分線〉

$$\frac{\overrightarrow{AB}}{|\overrightarrow{AB}|}=\overrightarrow{AP}, \quad \frac{\overrightarrow{AC}}{|\overrightarrow{AC}|}=\overrightarrow{AQ}, \quad \overrightarrow{AP}+\overrightarrow{AQ}=\overrightarrow{AR}$$

とおきます．

AP＝AQ＝1 より，平行四辺形 APRQ はひし形です．よって，直線 AR は ∠A を二等分するから，実数 t を用いて

$$\overrightarrow{AD}=t\left(\frac{\overrightarrow{AB}}{|\overrightarrow{AB}|}+\frac{\overrightarrow{AC}}{|\overrightarrow{AC}|}\right)$$

と表せます．演習問題 ❨92❩ で使ってみましょう．

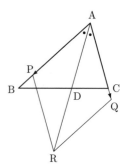

演習問題

❨92❩ 三角形 ABC を考える．辺 CA の A 方向への延長および辺 CB の B 方向への延長と接し，さらに辺 AB に接する円の中心を K とする．また，AB＝c，BC＝a，CA＝b とする．

(1) AB と CK の交点を D とするとき，AD と CK : DK を a, b, c で表せ．

(2) 平面上の点 O に対して，$\overrightarrow{OK}$ を $\overrightarrow{OA}$，$\overrightarrow{OB}$，$\overrightarrow{OC}$ と a, b, c で表せ．　　　　（富山大）

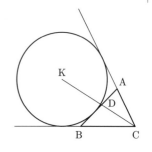

問 93 　ベクトルの１次独立

　三角形 OAB の 2 辺 OA，OB をそれぞれ 3：1，4：1 に内分する点を C，D とし，BC と AD の交点を P，CD と OP の交点を Q とする．ベクトル $\overrightarrow{OA}$，$\overrightarrow{OB}$ をそれぞれ $\vec{a}$，$\vec{b}$ とおくとき，

(1) $\overrightarrow{OP}$ を $\vec{a}$，$\vec{b}$ を使って表せ．

(2) $\overrightarrow{OQ}$ を $\vec{a}$，$\vec{b}$ を使って表せ．

(東北大)

精 講　本問の $\vec{a}$，$\vec{b}$ は
$$\vec{a} \neq \vec{0}, \ \vec{b} \neq \vec{0}, \ \vec{a} \not\parallel \vec{b} \qquad \cdots\cdots ⓐ$$
を満たします．このとき
$$x\vec{a}+y\vec{b}=p\vec{a}+q\vec{b} \Longrightarrow x=p, \ y=q \quad \cdots ⓑ$$
が成り立ちます．ⓑは $x-p=\alpha$，$y-q=\beta$ とおくと
$$\alpha\vec{a}+\beta\vec{b}=\vec{0} \Longrightarrow \alpha=0, \ \beta=0 \qquad \cdots\cdots ⓒ$$
と書き直せる（つまり，ⓑ ⟺ ⓒ）ので，
ⓐ ⟹ ⓒ を証明します．

> **解法のプロセス**
>
> (1) AP：PD，BP：PC を 適当において，$\overrightarrow{OP}$ を 2 通りに 表す
> 　　　⇩
> 　　ⓑを適用する
> (2) $\overrightarrow{OQ}=k\overrightarrow{OP}$ とおく
> 　　　⇩
> 標問 **91**，精 講，ⓐを使う

証明　$\alpha \neq 0$ とすると，$\vec{a}=-\dfrac{\beta}{\alpha}\vec{b}$ となりⓐに反する．

　　　∴ $\alpha=0$ 　　　∴ $\beta\vec{b}=\vec{0}$
　$\vec{b} \neq \vec{0}$ であるから，$\beta=0$ である．∎

　実は，ⓒ ⟹ ⓐも証明できて（研究 参照），ⓐ ⟺ ⓑ ⟺ ⓒ となります．ⓐ，ⓑ，ⓒのうちいずれか 1 つ，したがって，全てが成り立つとき，$\vec{a}$ と $\vec{b}$ は**１次独立**であるといいます．

解 答

$$\overrightarrow{OC}=\frac{3}{4}\vec{a}, \ \overrightarrow{OD}=\frac{4}{5}\vec{b} \qquad \cdots\cdots ①$$

(1) AP：PD$=t$：$(1-t)$ とおくと
$$\overrightarrow{OP}=(1-t)\overrightarrow{OA}+t\overrightarrow{OD}$$
$$=(1-t)\vec{a}+\frac{4t}{5}\vec{b} \qquad \cdots\cdots ②$$

　一方，BP：PC$=s$：$(1-s)$ とおくと
$$\overrightarrow{OP}=(1-s)\overrightarrow{OB}+s\overrightarrow{OC}$$
$$=\frac{3s}{4}\vec{a}+(1-s)\vec{b} \qquad \cdots\cdots ③$$

$\vec{a}$，$\vec{b}$ は 1 次独立であるから，②，③の係数を比べて

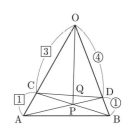

$$1-t=\frac{3s}{4}, \quad \frac{4t}{5}=1-s \quad \therefore \quad t=\frac{5}{8}, \quad s=\frac{1}{2}$$

$$\therefore \quad \overrightarrow{\mathrm{OP}}=\frac{3}{8}\vec{a}+\frac{1}{2}\vec{b}$$

(2) 実数 k を用いて，$\overrightarrow{\mathrm{OQ}}=k\overrightarrow{\mathrm{OP}}$ と表せるから

$$\overrightarrow{\mathrm{OQ}}=\frac{3k}{8}\left(\frac{4}{3}\overrightarrow{\mathrm{OC}}\right)+\frac{k}{2}\left(\frac{5}{4}\overrightarrow{\mathrm{OD}}\right) \qquad \text{← ①による}$$

$$=\frac{k}{2}\overrightarrow{\mathrm{OC}}+\frac{5k}{8}\overrightarrow{\mathrm{OD}}$$

Q は直線 CD 上の点であるから

$$\frac{k}{2}+\frac{5k}{8}=1 \quad \therefore \quad k=\frac{8}{9} \qquad \text{← 標問 91，精講，ⓐ}$$

$$\therefore \quad \overrightarrow{\mathrm{OQ}}=\frac{1}{3}\vec{a}+\frac{4}{9}\vec{b}$$

研究 〈1次独立，基底，次元〉

　　直線上のベクトルの全体，平面上のベクトルの全体，空間における
ベクトルの全体をそれぞれ V_1, V_2, V_3 とします．また，V は，V_1, V_2, V_3 の
いずれかを表すものとします．

　　k_1, k_2, $\cdots$, k_n を実数とするとき，$\vec{v_1}$, $\vec{v_2}$, $\cdots$, $\vec{v_n}\in V$ は

> $$k_1\vec{v_1}+k_2\vec{v_2}+\cdots+k_n\vec{v_n}=\vec{0} \quad \cdots\cdots⑦$$
> $$\Longrightarrow k_1=k_2=\cdots=k_n=0 \quad \cdots\cdots④$$

$\qquad\qquad\qquad\qquad\qquad\qquad\qquad\qquad\qquad\qquad\cdots\cdots⑨$

を満たすとき，**1次独立**であるといいます．

　　1次独立なベクトル $\vec{v_1}$, $\vec{v_2}$, $\cdots$, $\vec{v_n}$ はいずれも $\vec{0}$ ではありません．例えば，
$\vec{v_1}=\vec{0}$ とすると，$(k_1, k_2, \cdots, k_n)=(1, 0, \cdots, 0)$ は⑦を満たすが④を満
たさず定義⑨に反します．また，これらの一部分も必ず1次独立です．例え
ば，$\vec{v_1}$, $\vec{v_2}$ を考えると

$$l_1\vec{v_1}+l_2\vec{v_2}=\vec{0}$$

のとき

$$l_1\vec{v_1}+l_2\vec{v_2}+0\vec{v_3}+\cdots+0\vec{v_n}=\vec{0}$$

となるので，④より $l_1=l_2=0$ となるからです．

　　なお，⑦の左辺の形をした式を $\vec{v_1}$, $\vec{v_2}$, $\cdots$, $\vec{v_n}$ の**1次結合**といいます．

　　さて，⑨の図形的意味を知るために，⑨を否定すると

$$k_1\vec{v_1}+k_2\vec{v_2}+\cdots+k_n\vec{v_n}=\vec{0}, \text{ ある } j \text{ に対して } k_j\neq0$$

$\qquad$を満たす k_1, k_2, $\cdots$, k_n が存在する $\qquad\qquad\qquad\qquad\qquad\cdots\cdots\text{⊥}$

となります．いま，$k_j=k_1$ とすると（その他の場合も同様）

$$\vec{v_1}=-\frac{k_2}{k_1}\vec{v_2}-\frac{k_3}{k_1}\vec{v_3}-\cdots-\frac{k_n}{k_1}\vec{v_n}$$

と表せるので，㋜は

　　　ある $\vec{v_j}$ はそれ以外のベクトルの 1 次結合で表せる　　……㋐

と言い換えられます．そこで，㋐を否定して元に戻すと

> すべての $\vec{v_j}\,(1\leqq j\leqq n)$ はそれ以外の　　……㋕
> ベクトルの 1 次結合で表せない

となります．もちろん，㋒と㋕は同値です．

　これで，精講で予告した ⓒ $\Longrightarrow$ ⓐ の証明ができたことになります．

　$\vec{v_1},\ \vec{v_2},\ \cdots,\ \vec{v_n}\in V$ が 1 次独立で，任意の $\vec{v}\in V$ が $\vec{v_1},\ \vec{v_2},\ \cdots,\ \vec{v_n}$ の 1 次結合で表せるとき，すなわち，実数 $x_1,\ x_2,\ \cdots,\ x_n$ を用いて

　　　$\vec{v}=x_1\vec{v_1}+x_2\vec{v_2}+\cdots+x_n\vec{v_n}$　　……㋖

と表せるとき，$\{\vec{v_1},\ \vec{v_2},\ \cdots,\ \vec{v_n}\}$ を V の**基底**といい，n を V の**次元**といいます．

　なお，㋕より，㋖は $\vec{v_1},\ \vec{v_2},\ \cdots,\ \vec{v_n},\ \vec{v}$ が 1 次独立でないことを意味しています．

　したがって，V の次元は V に含まれる 1 次独立なベクトルの最大個数といっても同じことです．また，次元は基底の選び方に依りません．

　㋖の表現はただ 1 通りです．実際

　　　$\vec{v}=x_1\vec{v_1}+x_2\vec{v_2}+\cdots+x_n\vec{v_n}=y_1\vec{v_1}+y_2\vec{v_2}+\cdots+y_n\vec{v_n}$

とすると

　　　$(x_1-y_1)\vec{v_1}+(x_2-y_2)\vec{v_2}+\cdots+(x_n-y_n)\vec{v_n}=\vec{0}$

　したがって，㋒より

　　　$x_1-y_1=x_2-y_2=\cdots=x_n-y_n=0$

　∴　$x_1=y_1,\ x_2=y_2,\ \cdots,\ x_n=y_n$

となるからです．

　次に，V の基底を求めましょう．

(i)　$V=V_1$ のとき

　　$\vec{0}$ でない $\vec{v_1}\in V_1$ は

　　　　$k_1\vec{v_1}=\vec{0} \Longrightarrow k_1=0$

　　を満たすので 1 次独立です．かつ，任意の $\vec{v}\in V$ は

　　適当な実数 x_1 を用いて

　　　　$\vec{v}=x_1\vec{v_1}$

　と表せます．したがって，$\{\vec{v_1}\}$ は V_1 の基底であり，V_1 は 1 次元です．

(ii)　$V=V_2$ のとき

　　$\vec{0}$ でない $\vec{v_1}\in V_2$ に対して，$\vec{v_1}$ と平行でなく $\vec{0}$ でもない $\vec{v_2}\in V_2$ を 1 つとると，㋕より $\vec{v_1},\ \vec{v_2}$ は 1 次独立です．

次に，平面上に 1 点 O をとり，V_2 の始点を全て
O に統一します．$\vec{v}$ を V_2 の任意のベクトルとし
て

$$\vec{v_1}=\overrightarrow{\mathrm{OA}},\ \vec{v_2}=\overrightarrow{\mathrm{OB}},\ \vec{v}=\overrightarrow{\mathrm{OP}}$$

とすると，適当な実数 x_1，x_2 を用いて

$$\begin{aligned}
\vec{v}=\overrightarrow{\mathrm{OP}}&=\overrightarrow{\mathrm{OP_1}}+\overrightarrow{\mathrm{OP_2}}\\
&=x_1\overrightarrow{\mathrm{OA}}+x_2\overrightarrow{\mathrm{OB}}\\
&=x_1\vec{v_1}+x_2\vec{v_2}
\end{aligned}$$

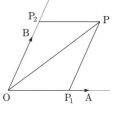

$\mathrm{PP_1}\ /\!/\ \mathrm{OB},\ \mathrm{PP_2}\ /\!/\ \mathrm{OA}$

と表せます．

したがって，$\{\vec{v_1},\ \vec{v_2}\}$ は V_2 の基底であり，V_2 は 2 次元です．

(iii) $V=V_3$ のとき

空間内の平面 α を 1 つ選ぶと，(ii) より α 上のベクトルの基底 $\{\vec{v_1},\ \vec{v_2}\}$ が
存在します．

次に，α と平行でないベクトル $\vec{v_3}\ (\neq\vec{0})\in V_3$ を 1 つ選ぶと，$\vec{v_3}$ は $\vec{v_1}$，$\vec{v_2}$
の 1 次結合で表せません．

また，$\vec{v_1}$ が $\vec{v_2}$，$\vec{v_3}$ の 1 次結合で表せる，すなわち　　← 表せないことを示したい

$$\vec{v_1}=a\vec{v_2}+b\vec{v_3}\quad（a,\ b \text{ は実数}）$$

と表せるとすると，$b\neq0$ です．$b=0$ だと

$$\vec{v_1}=a\vec{v_2}$$

となり，$\vec{v_1}$ と $\vec{v_2}$ が 1 次独立であることに反します．

$$\therefore\quad \vec{v_3}=\frac{1}{b}\vec{v_1}-\frac{a}{b}\vec{v_2}$$

これは $\vec{v_3}$ が α と平行でないことに反します．
ゆえに，$\vec{v_1}$ は $\vec{v_2}$，$\vec{v_3}$ の 1 次結合で表せません．
同様に，$\vec{v_2}$ は $\vec{v_1}$，$\vec{v_3}$ の 1 次結合で表せません．
したがって，㋑より $\vec{v_1}$，$\vec{v_2}$，$\vec{v_3}$ は 1 次独立です．

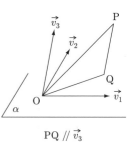

$\mathrm{PQ}\ /\!/\ \vec{v_3}$

このとき，α 上の 1 点 O をとり，任意の
$\vec{v}\in V_3$，$\vec{v}=\overrightarrow{\mathrm{OP}}$ に対して，P を通り $\vec{v_3}$ と平行
な直線と α との交点を Q とします．すると実数
x_1，x_2，x_3 を用いて

$$\overrightarrow{\mathrm{OQ}}=x_1\vec{v_1}+x_2\vec{v_2}$$　　← (ii)による
$$\overrightarrow{\mathrm{QP}}=x_3\vec{v_3}$$

と表せるので

$$\vec{v}=\overrightarrow{\mathrm{OQ}}+\overrightarrow{\mathrm{QP}}=x_1\vec{v_1}+x_2\vec{v_2}+x_3\vec{v_3}$$

と表せます．

したがって，$\{\vec{v_1},\ \vec{v_2},\ \vec{v_3}\}$ は V_3 の基底であり，V_3 は 3 次元です．

〈n 次元ベクトル〉

4 次元以上のベクトルはないのでしょうか？　それを考えるにあたり，

標問 **91**, ◆研究 の演算法則のまとめを思い出しましょう．そして発想を逆転します．

　集合 V で和と実数倍が定義できてそれが(1)〜(8)を満たすとき，V の元を**ベクトル**，V を**ベクトル空間**と呼ぼうというのです．この一網打尽の考え方（公理主義という）は現代の数学の特徴です．

　例を挙げましょう．

　n 個の実数の順序づけられた組 $(a_1, a_2, \cdots, a_n)$ を $\vec{a}$ で表して，その全体を V とします．

　　$\vec{a}=(a_1, a_2, \cdots, a_n)\in V$ と $\vec{b}=(b_1, b_2, \cdots, b_n)\in V$ の和と実数倍を

　　$\vec{a}+\vec{b}=(a_1+b_1, a_2+b_2, \cdots, a_n+b_n)$

　　$k\vec{a}=(ka_1, ka_2, \cdots, ka_n)$　（k は実数）

と定めると，(1)〜(8)を満たします．そして

　　$\vec{e_1}=(1, 0, 0, \cdots, 0)$

　　$\vec{e_2}=(0, 1, 0, \cdots, 0)$

　　　　　　$\vdots$

　　$\vec{e_n}=(0, 0, \cdots, 0, 1)$

◆ 逆に，この定義の $n=2, 3$ の場合として，平面ベクトル，空間ベクトルを定義することもできる

とすると，これらは ◎ を満たすので 1 次独立であり，
任意の $\vec{a}=(a_1, a_2, \cdots, a_n)$ はこれらの 1 次結合

　　$\vec{a}=a_1\vec{e_1}+a_2\vec{e_2}+\cdots+a_n\vec{e_n}$

で表せます．すなわち，$\{\vec{e_1}, \vec{e_2}, \cdots, \vec{e_n}\}$ は V の基底をなすので，V は n 次元ベクトル空間です．このように，いくらでも次元の高い空間を考えることができます．

　ちなみに，V の内積は

　　$\vec{a}\cdot\vec{b}=a_1b_1+a_2b_2+\cdots+a_nb_n$

によって定義され，入試でもときどき出題される不等式

　　$|\vec{a}\cdot\vec{b}|\leqq|\vec{a}||\vec{b}|$

が成り立ちます．この不等式は任意の実数 x に対して

◆ $|\vec{a}|=\sqrt{a_1{}^2+a_2{}^2+\cdots+a_n{}^2}$ と定める

　　$f(x)=(a_1x+b_1)^2+\cdots+(a_nx+b_n)^2\geqq0$

であることを判別式を使って表せば得られます．　◆（$f(x)=0$ の判別式）$\leqq0$

　すると　$-1\leqq\dfrac{\vec{a}\cdot\vec{b}}{|\vec{a}||\vec{b}|}\leqq1$　より

　　$\cos\theta=\dfrac{\vec{a}\cdot\vec{b}}{|\vec{a}||\vec{b}|},\ \ 0\leqq\theta\leqq\pi$

を満たす実数 θ がただ 1 つ存在するので，この θ を $\vec{a}$ と $\vec{b}$ のなす角と定義します．これで $n\,(\geqq4)$ 次元空間 V の幾何学が展開できるようになります．

◆ $n\,(\geqq4)$ 次元ベクトルのなす角は予め決まっているわけではない

第4章

標問 **94** 座標系とベクトルの成分

座標平面において，点P(p, q)を原点Oを中心としてθだけ回転した点を
Qとし，Qをベクトル $\vec{a}=(a, b)$ だけ平行移動した点をRとする．また，点
Pを$\vec{a}$だけ平行移動した点をQ′とし，Q′を原点を中心としてθだけ回転し
た点をR′とする．ただし，$0\leqq\theta\leqq2\pi$ とする．

(1) Qの座標をp, q, θで表せ．

(2) $|\overrightarrow{RR'}|\leqq2|\vec{a}|$ であることを示せ．

(九州大)

→ **精講** 　座標平面上のベクトル$\vec{a}$（本問の$\vec{a}$
とは無関係）の始点を原点Oにとる
と，終点Aと$\vec{a}$は1対1に対応します．そこで，
Aの座標(a_1, a_2)を$\vec{a}$の成分といい
$$\vec{a}=(a_1, a_2)$$
と書きます．さらに，$\vec{b}=(b_1, b_2)$ のとき
$$\vec{a}+\vec{b}=(a_1+b_1, a_2+b_2)$$
$$\vec{a}-\vec{b}=(a_1-b_1, a_2-b_2)$$
$$k\vec{a}=(ka_1, ka_2) \quad (k は実数)$$
となることが，図をかくと分かります．
また，$\vec{a}$ の大きさは
$$|\vec{a}|=\sqrt{a_1{}^2+a_2{}^2}$$
で与えられます．

(1) 回転公式を知っていれば使ってもかまいま
せん．解答では，図のr, αを用いると
$$P(r\cos\alpha, r\sin\alpha)$$
と表せることを利用します．

> **解法のプロセス**
>
> (1) $|\overrightarrow{OP}|=r$ と $\overrightarrow{OP}$ が x 軸の
> 正方向となす角αを用いてp,
> qを表す
>
> ⇩
>
> αを$\alpha+\theta$とおけばQを得る
>
> (2) (1)の結果を利用して計算量
> を軽減する

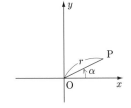

⟨ **解 答** ⟩

(1) $|\overrightarrow{OP}|=r$, $\overrightarrow{OP}$ がx軸の正方向となす角をαと
すると
$$\overrightarrow{OP}=(r\cos\alpha, r\sin\alpha)$$
$$\therefore \quad p=r\cos\alpha, \quad q=r\sin\alpha \quad \cdots\cdots①$$
このとき
$$\overrightarrow{OQ}=(r\cos(\alpha+\theta), r\sin(\alpha+\theta))$$
$$=(r\cos\alpha\cos\theta-r\sin\alpha\sin\theta,$$
$$r\sin\alpha\cos\theta+r\cos\alpha\sin\theta)$$

◀ ①を使ってr, αを消去

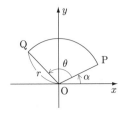

$$=(p\cos\theta-q\sin\theta,$$
$$q\cos\theta+p\sin\theta) \qquad\cdots\cdots②$$

ゆえに

$$\mathrm{Q}(p\cos\theta-q\sin\theta,\ p\sin\theta+q\cos\theta)$$

(2) ②より

$$\overrightarrow{\mathrm{OR}}=\overrightarrow{\mathrm{OQ}}+\vec{a}$$
$$=(p\cos\theta-q\sin\theta+a,$$
$$q\cos\theta+p\sin\theta+b)$$

一方，$\overrightarrow{\mathrm{OQ'}}=\overrightarrow{\mathrm{OP}}+\vec{a}=(p+a,\ q+b)$ であるから，②で p，q をそれぞれ $p+a$，$q+b$ とおけば $\overrightarrow{\mathrm{OR'}}$ を得る．すなわち

← ②を活用して，同じ計算の手間を省く

$$\overrightarrow{\mathrm{OR'}}=((p+a)\cos\theta-(q+b)\sin\theta,$$
$$(q+b)\cos\theta+(p+a)\sin\theta)$$

よって

$$\overrightarrow{\mathrm{RR'}}=\overrightarrow{\mathrm{OR'}}-\overrightarrow{\mathrm{OR}}$$
$$=(a\cos\theta-b\sin\theta-a,$$
$$b\cos\theta+a\sin\theta-b)$$

← この計算で大幅なキャンセルが起きるのは，研究 の急所が原因

これから

$$|\overrightarrow{\mathrm{RR'}}|^2=(a\cos\theta-b\sin\theta)^2+(b\cos\theta+a\sin\theta)^2$$
$$-2a(a\cos\theta-b\sin\theta)-2b(b\cos\theta+a\sin\theta)$$
$$+a^2+b^2$$
$$=2(a^2+b^2)-2(a^2+b^2)\cos\theta$$
$$=2(a^2+b^2)(1-\cos\theta)$$
$$\leqq4(a^2+b^2)=4|\vec{a}|^2$$
$$\therefore\ \ |\overrightarrow{\mathrm{RR'}}|\leqq2|\vec{a}|$$

研究 〈複素数平面で見る〉

　　座標平面を複素数平面とみて，P，R，R'，$\vec{a}$ に対応する複素数をそれぞれ

$$z\,(=p+qi),\ w,\ w',\ \alpha\,(=a+bi)$$

とします．また

$$e(\theta)=\cos\theta+i\sin\theta$$

とおきます．このとき

$$w=e(\theta)z+\alpha$$
$$w'=e(\theta)(z+\alpha)$$
$$=e(\theta)z+e(\theta)\alpha$$

← ここが本問の急所：
　和の回転像は回転像の和

第4章

余弦定理を使うと（成分計算してもよい）

$$|\overrightarrow{RR'}|^2=|w'-w|^2$$
$$=|e(\theta)\alpha-\alpha|^2$$
$$=|\vec{a}|^2+|\vec{a}|^2-2|\vec{a}|^2\cos\theta$$
$$=2|\vec{a}|^2(1-\cos\theta)$$

となって同じ結果を得ます.

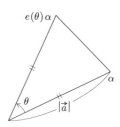

〈座標系とは〉

厳密に言うと，標間のOを原点とする座標系とは，直交する単位ベクトルからなる基底 $\{\vec{e_1},\ \vec{e_2}\}$ と原点Oの組 $\{O\,;\vec{e_1},\ \vec{e_2}\}$ のことです.

標問 **93**, ■研究 によれば，平面上の任意の点Pは

$$\overrightarrow{OP}=x_1\vec{e_1}+x_2\vec{e_2}$$

とただ1通りに表せるのでした. この事実を単にPの座標は $(x_1,\ x_2)$ であるといいます.

しかし，問題によっては，直交しない大きさの異なるベクトルからなる基底 $\{\vec{f_1},\ \vec{f_2}\}$ を使う方が便利なこともあります. この場合も

$$\overrightarrow{OP}=y_1\vec{f_1}+y_2\vec{f_2}$$

と表せるとき，Pの座標を $(y_1,\ y_2)$ と表記します.

ここで注意しなければならないのは，

$OP=\sqrt{x_1{}^2+x_2{}^2}$ ですが，一般に

$$OP\neq\sqrt{y_1{}^2+y_2{}^2}$$

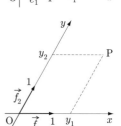

だということです. したがって，斜交座標は長さや角度を扱うには不向きです.

↖ $(x_1,\ x_2)$ を直交座標，$(y_1,\ y_2)$ を斜交座標という

なお，入試問題で座標といえば，とくに断りがない限り直交座標のことです.

演習問題

94-1 $p,\ q$ を実数とし，原点をOとする座標平面上に，3点 A$(1,\ p)$, B$(3,\ -1)$, C$(q,\ -2)$ をとる.

(1) $p=-3,\ q=5$ のとき，$\overrightarrow{OC}$ を $k\overrightarrow{OA}+l\overrightarrow{OB}$（$k,\ l$ は実数）の形に表せ.

(2) $\overrightarrow{AB}$ と $\overrightarrow{BC}$ が垂直であり，$\overrightarrow{OA}$ と $\overrightarrow{BC}$ が平行であるとき，$p,\ q$ の値を求めよ.

（秋田大）

94-2 ベクトル $\vec{a}=(1,\ 1)$, $\vec{b}=(2,\ -1)$ に対し，$\vec{p}=(1-t)\vec{a}+t\vec{b}$ とおく. 実数 t が $0\leqq t\leqq1$ を満たしながら動くとき，$|\vec{p}|$ の最大値と最小値をそれぞれ求めよ.

問 **95**　終点の動く範囲

3点 O, A, B は同一直線上にないとする．次の各場合について，$\overrightarrow{OP}=\alpha\overrightarrow{OA}+\beta\overrightarrow{OB}$ で表される点Pの動く範囲を図示せよ．

(1)　$0\leqq\alpha\leqq1,\ \ 0\leqq\beta\leqq1$

(2)　$\alpha\geqq0,\ \ \beta\geqq0,\ \ \alpha+\beta\leqq1$

(3)　$0\leqq\alpha+\beta\leqq1,\ \ 0\leqq\alpha-\beta\leqq1$

(4)　$|3\alpha-2\beta|\leqq1,\ \ \alpha\beta\leqq0$

(愛知学院大・改)

精講　(1)　はじめに α あるいは β の一方を固定してPの動く部分を調べて，次に固定した変数を動かして全体像を求めます．

(2)　(1)と同様に2段階に分ける方法が有効です．はじめに $\alpha+\beta=k$ を固定して $\alpha,\ \beta$ を動かし，次に固定した k を動かします．標問 **91**，研究，(3)が基本です．

(3)，(4)　変数を適当に置き換えて，(1)，(2)の結果が使えるように工夫します．

解法のプロセス

(1)　いったん $\alpha,\ \beta$ の一方を固定する

(2)　はじめに $\alpha+\beta=k$ とおいて k を固定する

(3)　$\alpha+\beta=x,\ \alpha-\beta=y$ とおく

(4)　$3\alpha=x,\ -2\beta=y$ とおく

第4章

〈　**解　答**　〉

(1)　α を固定して，$\alpha\overrightarrow{OA}=\overrightarrow{OC}$ とおくと
$$\overrightarrow{OP}=\overrightarrow{OC}+\beta\overrightarrow{OB},\ 0\leqq\beta\leqq1$$
で定まる点Pは，右図の OB に平行な線分 CD を描く．

次に，α を $0\leqq\alpha\leqq1$ の範囲で動かすと，線分 CD は平行四辺形 OAEB の周および内部を動く．

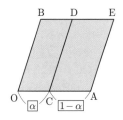

(2)　$\alpha+\beta=k$ とおく．

(i)　$k=0$ のとき，$\alpha=\beta=0$ ゆえ，P＝O である．

(ii)　$0<k\leqq1$ のとき，k を固定して $\alpha,\ \beta$ を動かす．
$k\overrightarrow{OA}=\overrightarrow{OC},\ k\overrightarrow{OB}=\overrightarrow{OD}$ とおくと
$$\overrightarrow{OP}=\frac{\alpha}{k}\overrightarrow{OC}+\frac{\beta}{k}\overrightarrow{OD}$$
ただし，
$$\frac{\alpha}{k}\geqq0,\ \frac{\beta}{k}\geqq0,\ \frac{\alpha}{k}+\frac{\beta}{k}=1$$
よって，P は線分 CD 上を動く．次に，k を動

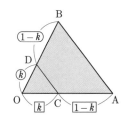

← 標問 **91**，研究，(3)

かすとPは点Oを除く三角形OABの周および内部を動く.

　(i), (ii)より, Pの動く範囲は三角形OABの周および内部である.

(3)　$\alpha+\beta=x$, $\alpha-\beta=y$ とおくと

$\alpha=\dfrac{x+y}{2}$, $\beta=\dfrac{x-y}{2}$ であるから

$$\overrightarrow{\mathrm{OP}}=\frac{x+y}{2}\overrightarrow{\mathrm{OA}}+\frac{x-y}{2}\overrightarrow{\mathrm{OB}}$$

$$=x\cdot\frac{\overrightarrow{\mathrm{OA}}+\overrightarrow{\mathrm{OB}}}{2}+y\cdot\frac{\overrightarrow{\mathrm{OA}}-\overrightarrow{\mathrm{OB}}}{2}$$

そこで, $\overrightarrow{\mathrm{OC}}=\dfrac{\overrightarrow{\mathrm{OA}}+\overrightarrow{\mathrm{OB}}}{2}$, $\overrightarrow{\mathrm{OD}}=\dfrac{\overrightarrow{\mathrm{OA}}-\overrightarrow{\mathrm{OB}}}{2}$ とおくと

$$\overrightarrow{\mathrm{OP}}=x\overrightarrow{\mathrm{OC}}+y\overrightarrow{\mathrm{OD}}, \quad 0\leqq x\leqq 1, \quad 0\leqq y\leqq 1$$

　ゆえに, (1)より, Pの動く範囲は平行四辺形ODACの周および内部である.

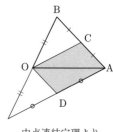

中点連結定理より
OC∥DA, OD∥CA

(4)　$3\alpha=x$, $-2\beta=y$ とおくと

$$\overrightarrow{\mathrm{OP}}=\frac{x}{3}\overrightarrow{\mathrm{OA}}-\frac{y}{2}\overrightarrow{\mathrm{OB}}$$

そこで, $\dfrac{1}{3}\overrightarrow{\mathrm{OA}}=\overrightarrow{\mathrm{OC}}$, $-\dfrac{1}{2}\overrightarrow{\mathrm{OB}}=\overrightarrow{\mathrm{OD}}$ とおくと

$$\overrightarrow{\mathrm{OP}}=x\overrightarrow{\mathrm{OC}}+y\overrightarrow{\mathrm{OD}}, \quad |x+y|\leqq 1, \quad xy\geqq 0$$

(i)　$x\geqq 0$, $y\geqq 0$ のとき, $x+y\leqq 1$ であるから
(2)より, Pの動く範囲は三角形OCDの周および内部である.

(ii)　$x\leqq 0$, $y\leqq 0$ のとき, $-(x+y)\leqq 1$ ゆえ
$-\overrightarrow{\mathrm{OC}}=\overrightarrow{\mathrm{OE}}$, $-\overrightarrow{\mathrm{OD}}=\overrightarrow{\mathrm{OF}}$ とおくと
$$\overrightarrow{\mathrm{OP}}=(-x)\overrightarrow{\mathrm{OE}}+(-y)\overrightarrow{\mathrm{OF}}$$
ただし,
$$-x\geqq 0, \quad -y\geqq 0, \quad (-x)+(-y)\leqq 1$$
よって, Pの動く範囲は三角形OEFの周および内部である.

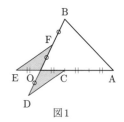

図1

　(i), (ii)より, Pの動く範囲は2つの三角形OCDとOEFを合わせた部分（境界を含む）である.

研究　〈斜交座標系〉
　どれでも同じですから, (4)を例にとります.
　いま仮に

$$|\overrightarrow{OA}|=|\overrightarrow{OB}|=1, \quad \overrightarrow{OA}\perp\overrightarrow{OB}$$

だとすると，(α, β) は直交座標系 $\{O\,;\overrightarrow{OA}, \overrightarrow{OB}\}$ に関する P の直交座標（通常の座標）です．

したがって，(4)は $\alpha\beta$ 座標平面上で，不等式

$$|3\alpha-2\beta|\leqq1 \quad \cdots\cdots ⑦, \quad \alpha\beta\leqq0 \quad \cdots\cdots ④$$

を満たす領域を図示せよという，見慣れた問題に過ぎません．

⑦より，$-1\leqq3\alpha-2\beta\leqq1$

$$\therefore \quad \frac{3}{2}\alpha-\frac{1}{2}\leqq\beta\leqq\frac{3}{2}\alpha+\frac{1}{2}$$

よって，⑦，④を満たす領域は右図のようになります．

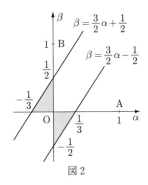

図2

図1と図2を比べると，図2の $\overrightarrow{OA}$, $\overrightarrow{OB}$ を適当に伸縮してひねれば図1になることが分かります．この見方は大変役立ちます．(1), (2), (3)にも適用してみましょう．

← みんな当たり前にみえれば大成功

〈演習問題 (95-2) の方針〉

(1) $-\overrightarrow{OQ}=\overrightarrow{OQ'}$ とおくと，Q′ も D 上を動きます．標問 **95**, (1)でやったように，いったん Q′（あるいは P）を固定してみましょう．

(2) A(a, b) から見るのが1つの方法です．$\overrightarrow{AS}=\overrightarrow{OS'}$, $\overrightarrow{AT}=\overrightarrow{OT'}$ とおくと，$\overrightarrow{OU}$ は，$\overrightarrow{OS'}$, $\overrightarrow{OT'}$ を用いてどう表せるでしょうか．

演習問題

(95-1) 1辺の長さが1の正六角形 ABCDEF が与えられている．点 P が辺 AB 上を，点 Q が辺 CD 上をそれぞれ独立に動くとき，線分 PQ を 2:1 に内分する点 R が通りうる範囲の面積を求めよ． (東京大)

(95-2) U を原点とする座標平面を考える．不等式

$$|x|+|y|\leqq1$$

が表す領域を D とする．また，点 P, Q が領域 D を動くとき，$\overrightarrow{OR}=\overrightarrow{OP}-\overrightarrow{OQ}$ を満たす点 R が動く範囲を E とする．

(1) D, E をそれぞれ図示せよ．

(2) a, b を実数とし，不等式

$$|x-a|+|y-b|\leqq1$$

が表す領域を F とする．また，点 S, T が領域 F を動くとき，$\overrightarrow{OU}=\overrightarrow{OS}-\overrightarrow{OT}$ を満たす点 U が動く範囲を G とする．G は E と一致することを示せ． (東京大)

96 　重心座標

(1) 三角形 ABC と点Oがある．3点 A，B，C を含む平面 π 上の任意の点 P は

$$(*) \quad \overrightarrow{OP} = l\overrightarrow{OA} + m\overrightarrow{OB} + n\overrightarrow{OC}, \quad l+m+n=1$$

の形にただ1通りに表せることを示せ．ただし，l，m，n は実数である．

(2) (1)の平面 π 上の点 P を (*) の形に表すとき，次の各々を示せ．

　(i) 点Pが三角形 ABC の内部にある条件は，$l>0$，$m>0$，$n>0$ である．

（京都大）

　(ii) 点Pが辺 BC 上にある条件は，$l=0$，$m \geqq 0$，$n \geqq 0$ である．

　(iii) 点Pが直線 AB に関してCと同じ側にある条件は，$n>0$ である．

精講　(1) $\overrightarrow{AB}$ と $\overrightarrow{AC}$ は1次独立ですから，$\overrightarrow{AP}$ は $\overrightarrow{AB}$ と $\overrightarrow{AC}$ の1次結合で表せます（標問 **93**，研究，(ii)）．これを O を始点にとり直せばよいのですが，O の位置が指定されていません．何故でしょう．答えは研究を一読してください．

(2) 標問 **95**，(2)を参考にしましょう．

> **解法のプロセス**
>
> (1) $\overrightarrow{AP} = \alpha\overrightarrow{AB} + \beta\overrightarrow{AC}$
> と表せる
> $\Downarrow$
> O を始点にとり直す
> (2) 標問 **95**，(2)を参照

〈　**解答**　〉

(1) $\overrightarrow{AB}$ と $\overrightarrow{AC}$ は1次独立であるから，平面 π 上の点 P は，実数 α，β を用いて

$$\overrightarrow{AP} = \alpha\overrightarrow{AB} + \beta\overrightarrow{AC} \qquad \cdots\cdots①$$

と表せる．よって

$$\overrightarrow{OP} - \overrightarrow{OA} = \alpha(\overrightarrow{OB} - \overrightarrow{OA}) + \beta(\overrightarrow{OC} - \overrightarrow{OA})$$

$$\therefore \quad \overrightarrow{OP} = (1-\alpha-\beta)\overrightarrow{OA} + \alpha\overrightarrow{OB} + \beta\overrightarrow{OC}$$

そこで，

$$1-\alpha-\beta = l, \quad \alpha = m, \quad \beta = n \qquad \cdots\cdots②$$

とおくと

$$\begin{cases} \overrightarrow{OP} = l\overrightarrow{OA} + m\overrightarrow{OB} + n\overrightarrow{OC} \\ l+m+n=1 \end{cases} \qquad \cdots\cdots③$$

次に，もう1つの表示

$$\begin{cases} \overrightarrow{OP} = l'\overrightarrow{OA} + m'\overrightarrow{OB} + n'\overrightarrow{OC} \\ l'+m'+n'=1 \end{cases} \qquad \cdots\cdots④$$

が得られたとする. ③で l を消去すると

$$\overrightarrow{\text{OP}}=(1-m-n)\overrightarrow{\text{OA}}+m\overrightarrow{\text{OB}}+n\overrightarrow{\text{OC}}$$

$$\overrightarrow{\text{OP}}-\overrightarrow{\text{OA}}=m(\overrightarrow{\text{OB}}-\overrightarrow{\text{OA}})+n(\overrightarrow{\text{OC}}-\overrightarrow{\text{OA}})$$

$$\therefore \quad \overrightarrow{\text{AP}}=m\overrightarrow{\text{AB}}+m\overrightarrow{\text{AC}}$$

同様に, ④で l' を消去すると

$$\overrightarrow{\text{AP}}=m'\overrightarrow{\text{AB}}+n'\overrightarrow{\text{AC}}$$

$$\therefore \quad m\overrightarrow{\text{AB}}+n\overrightarrow{\text{AC}}=m'\overrightarrow{\text{AB}}+n'\overrightarrow{\text{AC}}$$

$\overrightarrow{\text{AB}}$ と $\overrightarrow{\text{AC}}$ は1次独立であるから

$$m=m', \quad n=n' \quad \therefore \quad l=l'$$

ゆえに, (∗)の形の表し方はただ1通りである.

← 実質, ③ ⟹ ① の証明になっている. よって, 点Pが π 上にあることは, (∗)が成り立つことと同値である

(2) (i) ①において, 点Pが三角形 ABC の内部にある条件は $\alpha>0$, $\beta>0$, $\alpha+\beta<1$ であるから, ②を用いて l, m, n の条件に直すと

$$l>0, \quad m>0, \quad n>0$$

$$\begin{cases} l=1-m-n \\ l'=1-m'-n' \end{cases}$$

(ii) 条件を α, β で表すと $\alpha\geqq0$, $\beta\geqq0$, $\alpha+\beta=1$

よって, ②より $l=0$, $m\geqq0$, $n\geqq0$

← (2)では, $l+m+n=1$ は前提. 誤解のないように

(iii) 条件を α, β で表すと, $\beta>0$ であるから

$$n>0$$

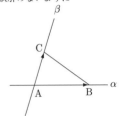

研究 〈重心座標〉

　　平面 π 上の点Pが

$$\vec{p}=l\overrightarrow{\text{OA}}+m\overrightarrow{\text{OB}}+n\overrightarrow{\text{OC}}, \quad l+m+n=1 \quad \cdots ㋐$$

と表されるとき, l, m, n の順序づけられた組 (l, m, n) を点Pの $\triangle\text{ABC}$ に関する**重心座標**といいます. 通常の座標とは文脈で区別できるので混乱しません. 次にこの名前の由来を説明します.

　　平面 π を水平に保ち, $\triangle\text{ABC}$ の各頂点に重み w_1, w_2, w_3 を付けます. このとき, π 上の点Pに対して

$$w_1\overrightarrow{\text{PA}} \quad (\text{「重さ×うでの長さ」の一般化})$$

をPを中心とする重み w_1 のモーメントといいます. そして, Pを中心とする重みのモーメントの総和が $\vec{0}$ となるとき, Pを重み付き $\triangle\text{ABC}$ の重心といいます.

$$w_1\overrightarrow{\text{PA}}+w_2\overrightarrow{\text{PB}}+w_3\overrightarrow{\text{PC}}=\vec{0} \quad \cdots ㋑$$

より

$$w_1(\overrightarrow{\text{OA}}-\overrightarrow{\text{OP}})+w_2(\overrightarrow{\text{OB}}-\overrightarrow{\text{OP}})+w_3(\overrightarrow{\text{OC}}-\overrightarrow{\text{OP}})=\vec{0}$$

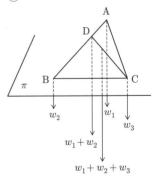

$$\therefore \quad \vec{p} = \frac{w_1\overrightarrow{OA} + w_2\overrightarrow{OB} + w_3\overrightarrow{OC}}{w_1 + w_2 + w_3} \qquad \cdots \textcircled{\scriptsize ウ}$$

そこで，$w_1 + w_2 + w_3 = w$，$\dfrac{w_1}{w} = l$，$\dfrac{w_2}{w} = m$，$\dfrac{w_3}{w} = n$ とおくと

$$\vec{p} = l\overrightarrow{OA} + m\overrightarrow{OB} + n\overrightarrow{OC}, \quad l > 0, \quad m > 0, \quad n > 0, \quad l + m + n = 1$$

となり，㋐の表示と一致します．

　重み w_1, w_2, w_3 をいろいろ変えれば，重心Pが△ABC の内部を動くことが直観的に理解できます．さらに，$w_1 + w_2 + w_3 \neq 0$ を満たすように（演習問題 〔97〕），重みが0や負であることを許せば，重心Pは平面 π 全体を動くようになります．これが名前の由来です．　◀ 負のときは鉛直上向きの力
　　　　　　　　　　　　　　　　　　　　　　　　　　　　　　　　　　が働くと考える

　なお，㋑の表示では，点Pの重心座標は比

$w_1 : w_2 : w_3$ で決まることに注意します．このことから，**点Pの重心座標は**
$w_1 : w_2 : w_3$ であるということもあります．

〈重心座標は基点のとり方に依らない〉　◀ 精講, (1), 問の答え

　（＊）が成り立つとき，O以外の点 O′ をとると

$$\overrightarrow{OP} = l\overrightarrow{OA} + m\overrightarrow{OB} + n\overrightarrow{OC}$$
$$\Longleftrightarrow \overrightarrow{O'P} - \overrightarrow{O'O} = l(\overrightarrow{O'A} - \overrightarrow{O'O}) + m(\overrightarrow{O'B} - \overrightarrow{O'O}) + n(\overrightarrow{O'C} - \overrightarrow{O'O})$$
$$\Longleftrightarrow \overrightarrow{O'P} = l\overrightarrow{O'A} + m\overrightarrow{O'B} + n\overrightarrow{O'C} - (l + m + n - 1)\overrightarrow{O'O}$$

ゆえに，$l + m + n = 1$ より

$$\overrightarrow{O'P} = l\overrightarrow{O'A} + m\overrightarrow{O'B} + n\overrightarrow{O'C}$$

すなわち "重心座標は始点のとり方に依らない" ことが分かります．

　ここで，標問 〔92〕 に戻りましょう．(1)の内心の表示

$$\overrightarrow{OI} = \frac{l\overrightarrow{OA} + m\overrightarrow{OB} + n\overrightarrow{OC}}{l + m + n}$$

は重心座標ですから，始点はどこにとってもよく，例えば，頂点Aを選ぶと

$$\overrightarrow{AI} = \frac{m\overrightarrow{AB} + n\overrightarrow{AC}}{l + m + n}$$

　これは正しい表示です．一方，(4)の垂心の表示

$$\overrightarrow{OH} = \overrightarrow{OA} + \overrightarrow{OB} + \overrightarrow{OC}$$

は重心座標ではないので，勝手に始点を変えることはできません．垂心がこれほど簡明に表せるのは，外心を始点にとったからです．

演習問題

〔96〕　標問 **96**，研究の重心座標に関する問題

　△ABC と正数 w_1, w_2, w_3 がある．頂点 A，B，C にそれぞれ重み w_1, w_2, w_3 を付けるとき，重み付き △ABC の重心をPとする．

　一方，重み付き線分 AB の重心をDとして，D に重み $w_1 + w_2$ を付けるとき，重み付き線分 CD の重心をQとする．

　P＝Q であることを示せ．

97 重心座標と面積比

△ABC の内部に点Pがあって，正の数 l, m, n に対して

$$（*）\quad l\overrightarrow{PA}+m\overrightarrow{PB}+n\overrightarrow{PC}=\vec{0}$$

が成り立っている.

(1) 直線 AP が直線 BC と交わる点をQとするとき，$\overrightarrow{AQ}$ を $\overrightarrow{AB}$, $\overrightarrow{AC}$ で表せ.

(2) △PBC，△PCA，△PAB の面積比を求めよ. （小樽商科大）

(3) △ABC は鋭角三角形であるとする. P が △ABC の垂心のとき，l, m, n の比を $\tan A$, $\tan B$, $\tan C$ で表せ.

精講 前問の ▶研究 と演習問題 96 によれば，（*）を満たす点Pが解答，(2)の図のようになることが直ちに分かります. しかし，解答では誘導に従います.

(1) （*）のベクトルの始点をAにそろえて，内分公式を逆さ読みします.

(3) (2)がヒントです.

▶ 解法のプロセス ◀

(3) 直接計算は面倒

⇩

(2)の結果を利用する

第4章

⟨ **解　答** ⟩

(1) （*）より

$$-l\overrightarrow{AP}+m(\overrightarrow{AB}-\overrightarrow{AP})+n(\overrightarrow{AC}-\overrightarrow{AP})=\vec{0}$$

$$\therefore\quad \overrightarrow{AP}=\frac{m}{l+m+n}\overrightarrow{AB}+\frac{n}{l+m+n}\overrightarrow{AC}$$

A, P, Q は同一直線上にあるから，実数 k を用いて

$$\overrightarrow{AQ}=k\overrightarrow{AP}$$

$$=\frac{km}{l+m+n}\overrightarrow{AB}+\frac{kn}{l+m+n}\overrightarrow{AC}$$

と表せる. Q は直線 BC 上の点だから

$$\frac{m}{l+m+n}k+\frac{n}{l+m+n}k=1$$

$$k=\frac{l+m+n}{m+n}\ \text{となるので}$$

$$\overrightarrow{AQ}=\frac{l+m+n}{m+n}\overrightarrow{AP}=\frac{m\overrightarrow{AB}+n\overrightarrow{AC}}{m+n}$$

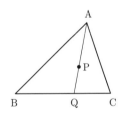

(2) (1)より

BQ：CQ$=n：m$, AP：PQ$=(m+n)：l$

よって，△ABC の面積を S とすると

$$\triangle PBC=\frac{l}{l+m+n}S \qquad \cdots\cdots①$$

$$\triangle PCA=\frac{m+n}{l+m+n}\triangle CAQ$$

$$=\frac{m+n}{l+m+n}\left(\frac{m}{m+n}S\right)$$

$$=\frac{m}{l+m+n}S \qquad \cdots\cdots②$$

△PCA と同様にして，

$$\triangle PAB=\frac{n}{l+m+n}S \qquad \cdots\cdots③$$

を得る．ゆえに

$$\triangle PBC：\triangle PCA：\triangle PAB=\boldsymbol{l}：\boldsymbol{m}：\boldsymbol{n}$$

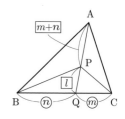

(3) BC$=a$, CA$=b$, AB$=c$ とおく．

点Cから辺 AB に下ろした垂線を CH とすると，CH は点Pを通る．

$$\triangle PBC：\triangle PCA$$

$$=BH：AH$$

$$=a\cos B：b\cos A$$

ここで，正弦定理より

$$\frac{a}{\sin A}=\frac{b}{\sin B}=\frac{c}{\sin C}=2R$$

ただし，R は △ABC の外接円の半径である．

よって

$$\triangle PBC：\triangle PCA$$

$$=2R\sin A\cos B：2R\sin B\cos A \qquad \text{←} 2R\cos A\cos B \; (>0) \text{ で割る}$$

$$=\frac{\sin A}{\cos A}：\frac{\sin B}{\cos B}$$

$$=\tan A：\tan B$$

同様にして，

$$\triangle PCA：\triangle PAB=\tan B：\tan C$$

であるから，(2)より

$$l：m：n=\boldsymbol{\tan A}：\boldsymbol{\tan B}：\boldsymbol{\tan C}$$

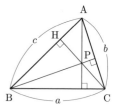

研究 〈②の比の計算は必要か〉

$$(*) \quad l\overrightarrow{\mathrm{PA}}+m\overrightarrow{\mathrm{PB}}+n\overrightarrow{\mathrm{PC}}=\vec{0}$$

の各ベクトルの始点をAにそろえることで

$$\triangle\mathrm{PBC}=\frac{l}{l+m+n}S \qquad\qquad \cdots\cdots①$$

が得られました．したがって，$(*)$が

$$m\overrightarrow{\mathrm{PB}}+n\overrightarrow{\mathrm{PC}}+l\overrightarrow{\mathrm{PA}}=\vec{0}$$

と書き直せることに注意して，各ベクトルの始　　← (1)の誘導がじゃまになって気が
点をBにそろえると　　　　　　　　　　　　　　　　付きにくい

$$\triangle\mathrm{PCA}=\frac{m}{m+n+l}S=\frac{m}{l+m+n}S \qquad \cdots\cdots②$$

が得られるはずです．この過程では置き換えが
全てで，計算は一切不要だという点が肝心です．

③も同じことで

$$n\overrightarrow{\mathrm{PC}}+l\overrightarrow{\mathrm{PA}}+m\overrightarrow{\mathrm{PB}}=\vec{0}$$

の各ベクトルの始点をCにそろえると

$$\triangle\mathrm{PAB}=\frac{n}{n+l+m}S=\frac{n}{l+m+n}S \qquad \cdots\cdots③$$

が得られます．

つまり，②の比の計算は不用です．答案にす　　← 計算しなくてよいのがミソ
るには，「$(*)$の各ベクトルの始点をB（C）に
そろえて①と同様にすれば②（③）を得る」な
どと書けばよいでしょう．

第4章

演習問題

97 △ABC に対して

$$l\overrightarrow{\mathrm{PA}}+m\overrightarrow{\mathrm{PB}}+n\overrightarrow{\mathrm{PC}}=\vec{0}$$

を満たす点Pがただ1つ存在するための，実数 l, m, n についての必要十分条
件は，$l+m+n\neq0$ であることを示せ．　　　　　　　　　　　　（高知大）

標問 **98** **内積**

はじめに，直線上のベクトルについて考える．

$\vec{a}=(a)$, $\vec{b}=(b)$ に対して，積 $\vec{a}*\vec{b}$ を

　　　　(F₁) $\vec{a}*\vec{b}=ab$

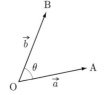

によって定義する．これは実質的に実数の積に過ぎない

から

① $\vec{a}*\vec{b}=\vec{b}*\vec{a}$

② $\vec{a}*(\vec{b}+\vec{c})=\vec{a}*\vec{b}+\vec{a}*\vec{c}$

③ $(k\vec{a})*\vec{b}=k(\vec{a}*\vec{b})$ (k は実数)

④ $\vec{a}*\vec{a}=|\vec{a}|^2$

が成り立つのは当然である．

　次に，平面ベクトルについて各問いに答えよ．

(1) $\vec{0}$ でない2つのベクトル $\vec{a}$, $\vec{b}$ のなす角を θ

$(0\leqq\theta\leqq\pi)$ とする．$\vec{a}$ と $\vec{b}$ の実数値の積 $\vec{a}*\vec{b}$ が

①～④を満たすように定義できるならば

　　　　(F₂) $\vec{a}*\vec{b}=|\vec{a}||\vec{b}|\cos\theta$

とする他ないことを示せ．

(2) 逆に，積 $\vec{a}*\vec{b}$ を (F₂) で定義すると，平面ベクトルについても②が成り

立つことを示せ．　　　　　　　　　　　　　　　　　　　　　(九州大・改)

> **精 講** 　(1) $|\vec{b}-\vec{a}|^2$ を①～④を使って展開

した式と △OAB に余弦定理を適用

した式を比べます．

　なお，①に注意すると，②，③から

　②′ $(\vec{a}+\vec{b})*\vec{c}=\vec{a}*\vec{c}+\vec{b}*\vec{c}$

　③′ $\vec{a}*(k\vec{b})=k(\vec{a}*\vec{b})$

も成り立つことが分かります．

　(2) (1)で求めた $|\vec{b}-\vec{a}|^2$ の展開式を使って，

$\vec{a}*\vec{b}$ を成分で表すのが分かり易い方法です．

　なお，$\vec{a}=\vec{0}$ または $\vec{b}=\vec{0}$ のときは

　　　　$\vec{a}*\vec{b}=0$

と定めます．

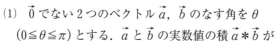

> **解法のプロセス**
>
> (1) $AB^2=|\vec{b}-\vec{a}|^2$
>
> 　　⇩　　　⇩
>
> 　余弦定理　展開
>
> 　　⇖　　　⇗
>
> 　　　比較
>
> (2) $\vec{a}*\vec{b}$ を成分で表した式を
>
> 利用する

〈 解 答 〉

(1) $\boxed{1}$〜$\boxed{4}$より, 積 $\vec{a}*\vec{b}$ は $\vec{a}$, $\vec{b}$ を数とみて数の
積と同様に計算してよい. したがって,
$$|\vec{b}-\vec{a}|^2 = \vec{b}*\vec{b} - 2\vec{b}*\vec{a} + \vec{a}*\vec{a}$$
$$= |\vec{a}|^2 + |\vec{b}|^2 - 2\vec{a}*\vec{b} \qquad \cdots\cdots①$$

一方, 余弦定理より
$$AB^2 = OA^2 + OB^2 - 2OA \cdot OB \cos\theta$$
$$= |\vec{a}|^2 + |\vec{b}|^2 - 2|\vec{a}||\vec{b}|\cos\theta \qquad \text{← } \theta=0, \pi \text{ でも成り立つ}$$
$|\vec{b}-\vec{a}|^2 = AB^2$ であるから
$$\vec{a}*\vec{b} = |\vec{a}||\vec{b}|\cos\theta$$

(2) $\vec{a}=(a_1, a_2)$, $\vec{b}=(b_1, b_2)$, $\vec{c}=(c_1, c_2)$ とする. ①より
$$\vec{a}*\vec{b} = \frac{|\vec{a}|^2 + |\vec{b}|^2 - |\vec{b}-\vec{a}|^2}{2} \qquad \text{← } \vec{b}-\vec{a}=(b_1-a_1, b_2-a_2)$$
$$= \frac{(a_1{}^2+a_2{}^2)+(b_1{}^2+b_2{}^2)-\{(b_1-a_1)^2+(b_2-a_2)^2\}}{2}$$
$$= a_1b_1 + a_2b_2 \qquad\qquad \cdots\cdots②$$

これから
$$\vec{a}*(\vec{b}+\vec{c}) = a_1(b_1+c_1)+a_2(b_2+c_2)$$
$$= (a_1b_1+a_2b_2)+(a_1c_1+a_2c_2)$$
$$= \vec{a}*\vec{b}+\vec{a}*\vec{c}$$

よって, $\boxed{2}$ が示された. ← $\boxed{1}$, $\boxed{3}$, $\boxed{4}$が成り立つことは
明らか

研究 〈内積〉

(F_2) あるいは②で定義されるベクトルの積 (実数値) を内積といい,
通常 $\vec{a}\cdot\vec{b}$ で表します. すなわち
$$\vec{a}\cdot\vec{b} = |\vec{a}||\vec{b}|\cos\theta = a_1b_1 + a_2b_2$$

(F_2) は, (F_1) を $\boxed{1}$〜$\boxed{4}$ を満たすように拡張したものであることに注意しま
しょう (実際, (F_2) で $\theta=0$, π とすれば (F_1) が得られます). このことを法
則不変の原理に従って拡張するといいます.

指数を自然数から整数に拡張する際に, 指数法則がそのまま成り立つように
$$a^0=1, \qquad a^{-n}=\frac{1}{a^n} \quad (n \text{ は自然数})$$

としたのも同じことです. 法則不変の原理は数学を貫く大原理です.

演習問題

(98) $|\vec{a}|=1$, $|\vec{b}|=3$ とする. $3\vec{a}-2\vec{b}$ と $15\vec{a}+4\vec{b}$ が垂直であるとき, $\vec{a}$, $\vec{b}$
のなす角 θ $(0\leq\theta\leq\pi)$ を求めよ. (長崎大)

第4章

標問 **99** **正射影**

> 三角形 OAB において，$\overrightarrow{OA}=\vec{a}$，$\overrightarrow{OB}=\vec{b}$ とおくと，$|\vec{a}|=4$，$|\vec{b}|=5$，$|\vec{b}-\vec{a}|=6$ である．辺 OB 上の点 C は AC⊥OB を満たし，辺 OA 上の点 D は BD⊥OA を満たす．AC と BD の交点を H とする．
> (1) $\overrightarrow{OC}=k\vec{b}$ となる実数 k を求めよ．
> (2) $\overrightarrow{OH}$ を $\vec{a}$，$\vec{b}$ で表せ．
>
> （一橋大）

精講 (1) 演習問題 **98** と同じく，$\overrightarrow{AC}\cdot\overrightarrow{OB}$ を内積を使って処理します．

(2) $\overrightarrow{OH}=\alpha\vec{a}+\beta\vec{b}$ とおいて
$\overrightarrow{AH}\cdot\overrightarrow{OB}=0$，$\overrightarrow{BH}\cdot\overrightarrow{OA}=0$

から α，β の連立方程式を導くのが基本的な解法です．しかし，解答では $\overrightarrow{AH}\cdot\overrightarrow{OB}=0$ を(1)の結果で代用して，計算量の軽減をはかります．

解法のプロセス

(1) $\overrightarrow{AC}\cdot\overrightarrow{OB}=0$
(2) $\overrightarrow{OH}=(1-t)\overrightarrow{OA}+t\overrightarrow{OC}$
とおく
⇩
$\overrightarrow{BH}\cdot\overrightarrow{OA}=0$ より t を求める

―――――――― ◀ **解 答** ▶ ――――――――

(1) $\overrightarrow{AC}=\overrightarrow{OC}-\overrightarrow{OA}=k\vec{b}-\vec{a}$ は $\vec{b}$ と垂直であるから

$(k\vec{b}-\vec{a})\cdot\vec{b}=k|\vec{b}|^2-\vec{a}\cdot\vec{b}=0$ ∴ $k=\dfrac{\vec{a}\cdot\vec{b}}{|\vec{b}|^2}$

ここで，$|\vec{a}|=4$，$|\vec{b}|=5$，$|\vec{b}-\vec{a}|=6$ より
$36=|\vec{b}-\vec{a}|^2=|\vec{a}|^2+|\vec{b}|^2-2\vec{a}\cdot\vec{b}=16+25-2\vec{a}\cdot\vec{b}$

∴ $\vec{a}\cdot\vec{b}=\dfrac{5}{2}$

ゆえに，$k=\dfrac{5}{2}\cdot\dfrac{1}{25}=\dfrac{1}{10}$

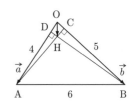

(2) H は直線 AC 上の点であるから，実数 t を用いて

$\overrightarrow{OH}=(1-t)\overrightarrow{OA}+t\overrightarrow{OC}=(1-t)\vec{a}+\dfrac{t}{10}\vec{b}$ ◀(1)より $\overrightarrow{OC}=\dfrac{1}{10}\vec{b}$

$\overrightarrow{BH}=\overrightarrow{OH}-\overrightarrow{OB}=(1-t)\vec{a}+\left(\dfrac{t}{10}-1\right)\vec{b}$

とおける．$\overrightarrow{BH}\perp\overrightarrow{OA}$ より

$\overrightarrow{BH}\cdot\overrightarrow{OA}=(1-t)|\vec{a}|^2+\left(\dfrac{t}{10}-1\right)\vec{a}\cdot\vec{b}=16(1-t)+\dfrac{5}{2}\left(\dfrac{t}{10}-1\right)$

$=\dfrac{27}{2}-\dfrac{63}{4}t=0$ ∴ $t=\dfrac{6}{7}$

∴ $\overrightarrow{OH}=\dfrac{1}{7}\vec{a}+\dfrac{3}{35}\vec{b}$

研究 〈正射影の公式〉

直線 l 上に1点Oをとり，$\vec{a}=\overrightarrow{OA}$ の l 上への正射影を $\vec{p}=\overrightarrow{OP}$ とします．

l 上のベクトル $\vec{b}\,(\neq\vec{0})$ に対して，単位ベクトル

$$\vec{e}=\frac{\vec{b}}{|\vec{b}|} \qquad \cdots\cdots\text{⑦}$$

を考えて，$\vec{e}=\overrightarrow{OE}$ とします．$\vec{a}$ と $\vec{e}$ のなす角を $\theta\,(0\leqq\theta\leqq\pi)$ とすると

$$\vec{a}\cdot\vec{e}=|\vec{a}||\vec{e}|\cos\theta=|\vec{a}|\cos\theta$$

となるので

$$\vec{a}\cdot\vec{e}=（数直線 OE における点Pの座標）$$

とみることができます．したがって，

$$\vec{p}=(\vec{a}\cdot\vec{e})\vec{e} \qquad \cdots\cdots\text{⑦}$$

が成り立ち，⑦，⑦より次の公式が得られます．

$$\vec{p}=\left\{\vec{a}\cdot\left(\frac{\vec{b}}{|\vec{b}|}\right)\right\}\frac{\vec{b}}{|\vec{b}|}=\frac{\boldsymbol{\vec{a}\cdot\vec{b}}}{|\vec{b}|^2}\boldsymbol{\vec{b}}$$

なお，$\vec{p}$ は l と $\vec{a}$ によって決まり，$\vec{b}$ の選び方には依らないことに注意します．

第4章

演習問題

99-1 三角形 ABC について $|\overrightarrow{AB}|=1$, $|\overrightarrow{AC}|=2$, $|\overrightarrow{BC}|=\sqrt{6}$ が成立しているとする．三角形 ABC の外接円の中心をOとし，直線 AO と外接円とのA以外の交点をPとする．

(1) $\overrightarrow{AB}$ と $\overrightarrow{AC}$ の内積を求めよ．

(2) $\overrightarrow{AP}$ を $\overrightarrow{AB}$, $\overrightarrow{AC}$ で表せ． （北海道大）

99-2 平面上の三角形 OAB は，$\overrightarrow{OA}=\vec{a}$, $\overrightarrow{OB}=\vec{b}$ とおくとき，$|\vec{a}|=1$, $|\vec{b}|=\sqrt{2}$, $\vec{a}\cdot\vec{b}=\dfrac{1}{2}$ を満たすとする．辺 AB を $1:2$ に内分する点をPとし，直線 OP に関してAと対称な点を Q，OQ の延長と AB の交点をRとおく．

(1) $\overrightarrow{OQ}$, $\overrightarrow{OR}$ をそれぞれ $\vec{a}$ と $\vec{b}$ で表せ．

(2) $\triangle PQR$ の面積を求めよ． （千葉大）

標問 **100**　　**条件の表す図形**

　　△ABC において ∠BAC＝90°, $|\overrightarrow{AB}|=1$, $|\overrightarrow{AC}|=\sqrt{3}$ とする．△ABC の内部の点Pが

$$(*)\quad \frac{\overrightarrow{PA}}{|\overrightarrow{PA}|}+\frac{\overrightarrow{PB}}{|\overrightarrow{PB}|}+\frac{\overrightarrow{PC}}{|\overrightarrow{PC}|}=\vec{0}$$

を満たすとする．

(1)　∠APB, ∠APC を求めよ．

#(2)　$|\overrightarrow{PA}|$, $|\overrightarrow{PB}|$, $|\overrightarrow{PC}|$ を求めよ．　　　　　（東京大）

精講　　（*）は点Pの重心座標の形をしていますが，係数にPが含まれるのでこのままでは位置がはっきりしません．そこで，(1)をヒントにして点Pの重心座標を求め，点Pを特定せよという問題です．

　(1)　（*）の左辺の各項を順に $\overrightarrow{PA'}$, $\overrightarrow{PB'}$, $\overrightarrow{PC'}$ とおくと，△A′B′C′ に，幾何のよく知られた定理：

　　　三角形の重心，内心，外心，垂心のうち，
　　　いずれか2つが一致すれば全て一致して，
　　　正三角形となる

が適用できます．

　(2)　△ABC の辺の長さに関する条件を，例えば $|\overrightarrow{AB}|$ については，$|\overrightarrow{AB}|^2=|\overrightarrow{PB}-\overrightarrow{PA}|^2$ を展開して処理します．$|\overrightarrow{BC}|$, $|\overrightarrow{CA}|$ についても同様にして，$|\overrightarrow{PA}|$, $|\overrightarrow{PB}|$, $|\overrightarrow{PC}|$ に関する連立方程式を導きます．

◀ この連立方程式はやや難

解法のプロセス

(1)　$\dfrac{\overrightarrow{PA}}{|\overrightarrow{PA}|}=\overrightarrow{PA'}$ などとおく

　　　⇩

幾何の定理の利用

$|\overrightarrow{PA'}|^2=|\overrightarrow{PB'}+\overrightarrow{PC'}|^2$ を展開

(2)　△ABC と辺の長さと $|\overrightarrow{PA}|$, $|\overrightarrow{PB}|$, $|\overrightarrow{PC}|$ の関係式を求める

　　　⇩

それらを連立して解く

〈　**解　答**　〉

(1)　$\dfrac{\overrightarrow{PA}}{|\overrightarrow{PA}|}=\overrightarrow{PA'}$,　$\dfrac{\overrightarrow{PB}}{|\overrightarrow{PB}|}=\overrightarrow{PB'}$,　$\dfrac{\overrightarrow{PC}}{|\overrightarrow{PC}|}=\overrightarrow{PC'}$

とおくと

　　　$|\overrightarrow{PA'}|=|\overrightarrow{PB'}|=|\overrightarrow{PC'}|=1$　　　　……①

かつ，（*）より

　　　$\overrightarrow{PA'}+\overrightarrow{PB'}+\overrightarrow{PC'}=\vec{0}$　　　　……②

　点Pは，①より △A′B′C′ の外心であると同時

に，②より重心でもある．ゆえに，△A′B′C′ は正三角形であるから

$$\angle APB = \angle A'PB' = \frac{2\pi}{3}$$

同様に，$\angle APC = \dfrac{2\pi}{3}$ である．

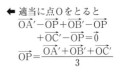

適当に点Oをとると
$$\overrightarrow{OA'}-\overrightarrow{OP}+\overrightarrow{OB'}-\overrightarrow{OP}$$
$$+\overrightarrow{OC'}-\overrightarrow{OP}=\vec{0}$$
$$\overrightarrow{OP}=\frac{\overrightarrow{OA'}+\overrightarrow{OB'}+\overrightarrow{OC'}}{3}$$

(2) $|\overrightarrow{PA}|=a,\ |\overrightarrow{PB}|=b,\ |\overrightarrow{PC}|=c$ とおく．

$$|\overrightarrow{AB}|^2=|\overrightarrow{PB}-\overrightarrow{PA}|^2$$
$$=|\overrightarrow{PA}|^2+|\overrightarrow{PB}|^2-2\overrightarrow{PA}\cdot\overrightarrow{PB}$$
$$=|\overrightarrow{PA}|^2+|\overrightarrow{PB}|^2-2|\overrightarrow{PA}||\overrightarrow{PB}|\cos\frac{2\pi}{3}$$
$$\therefore\quad a^2+b^2+ab=1 \qquad\qquad \cdots\cdots①$$

余弦定理そのもの．それゆえはじめから余弦定理を使っても同じこと

$|\overrightarrow{BC}|,\ |\overrightarrow{CA}|$ についても同様にして，それぞれ

$$b^2+c^2+bc=4 \qquad\qquad \cdots\cdots②$$
$$c^2+a^2+ca=3 \qquad\qquad \cdots\cdots③$$

を得る．①−②より

$$(a+c)(a-c)+b(a-c)=-3$$
$$\therefore\quad (a-c)(a+b+c)=-3 \qquad\qquad \cdots\cdots④$$

①−③より

$$(b+c)(b-c)+a(b-c)=-2$$
$$\therefore\quad (b-c)(a+b+c)=-2 \qquad\qquad \cdots\cdots⑤$$

④÷⑤より

$$\frac{a-c}{b-c}=\frac{3}{2}\qquad\therefore\quad 2(a-c)=3(b-c)$$
$$\therefore\quad c=-2a+3b \qquad\qquad \cdots\cdots⑥$$

⑥を②に代入すると

$$b^2+(-2a+3b)^2+b(-2a+3b)=4$$
$$\therefore\quad 4a^2+13b^2-14ab=4 \qquad\qquad \cdots\cdots⑦$$

⑦−①×4 より

$$9b^2-18ab=0$$
$$\therefore\quad b=2a \qquad\qquad \cdots\cdots⑧$$

⑧を①に代入すると

$$7a^2=1\qquad\therefore\quad a=\frac{1}{\sqrt{7}}$$

よって，⑧，⑥より

$$b=\frac{2}{\sqrt{7}},\ c=\frac{4}{\sqrt{7}}$$

ゆえに

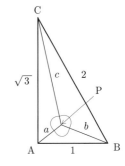

$a,\ b$ の連立方程式①，⑦を「定数消去法」で解く

第4章

$$|\overrightarrow{PA}|=\frac{1}{\sqrt{7}}, \quad |\overrightarrow{PB}|=\frac{2}{\sqrt{7}}, \quad |\overrightarrow{PC}|=\frac{4}{\sqrt{7}}$$

← 点Pの重心座標は,
1:2:4 あるいは
$\left(\frac{1}{7}, \frac{2}{7}, \frac{4}{7}\right)$ と表せる

研究 〈(1)の別解〉 ②より

$$|\overrightarrow{PC'}|^2=|\overrightarrow{PA'}+\overrightarrow{PB'}|^2=|\overrightarrow{PA'}|^2+|\overrightarrow{PB'}|^2+2\overrightarrow{PA'}\cdot\overrightarrow{PB'}$$

よって, ①より, $1=1+1+2\cos\angle APB$.

$$\therefore \quad \cos\angle APB=-\frac{1}{2} \quad \therefore \quad \angle APB=\frac{2\pi}{3}$$

∠APC についても同様です.

〈(2)の別解:無いものを補う〉

A が原点, B(1, 0), C(0, $\sqrt{3}$)
となるように座標系を設定して,
図のような正三角形 ADB を考え
ます. すると

$$\angle APB+\angle ADB=\pi$$

より, 四角形 ADBP は円に内接
しますが, その円は正三角形
ADB の外接円 K:

$$\left(x-\frac{1}{2}\right)^2+\left(y+\frac{\sqrt{3}}{6}\right)^2=\frac{1}{3}$$

です. 同様に正三角形 EAC を考
えると, 点Pはその外接円 L

$$\left(x+\frac{1}{2}\right)^2+\left(y-\frac{\sqrt{3}}{2}\right)^2=1$$

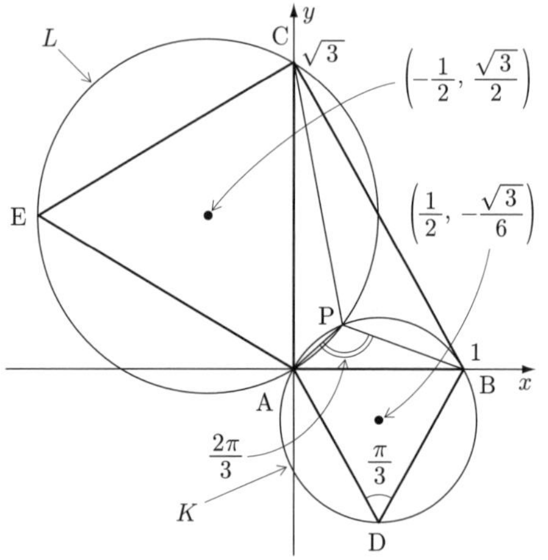

上の点でもあります. このことから点Pの座標が定まり $|\overrightarrow{PA}|$, $|\overrightarrow{PB}|$, $|\overrightarrow{PC}|$
が求まります.

演習問題

(100-1) 標問 **100** の **研究** で, 2円 K と L の交点として点Pの座標を定めよ.

(100-2) 平面上に3点 O, A, P がある. O は平面の原点, A は O とは異なる定
点である. 点Pは $|\overrightarrow{OP}|=3|\overrightarrow{AP}|$ を満たすように動く. このとき点Pの軌跡を
求めよ.
(信州大)

(100-3) $\vec{a}=\overrightarrow{OA}, \vec{b}=\overrightarrow{OB}, \vec{c}=\overrightarrow{OC}$ とする. これらのベクトルが
$\vec{a}\cdot\vec{a}+2\vec{b}\cdot\vec{c}=\vec{b}\cdot\vec{b}+2\vec{c}\cdot\vec{a}$ を満たすとき, △ABC はどのような三角形である
か.
(岡山理科大)

問 101 平面ベクトルの応用

半径1の円周上に異なる3点 A，B，C がある．

(1) $AB^2+BC^2+CA^2>8$ ならば，$\triangle ABC$ は鋭角三角形であることを示せ．

(2) $AB^2+BC^2+CA^2 \leqq 9$ が成り立つことを示せ．また，等号が成り立つのはどのような場合か．

(京都大)

精講 (1) 背理法ですっきり証明できます．

(2) $\triangle ABC$ の外接円の半径が1という条件の表し方が急所です．すぐ思い付くのは

(i) 正弦定理の利用

です．もう1つは，問題文にはベクトルという言葉も記号も一切出てきませんが，

(ii) 円の中心を始点とする位置ベクトルを使う方法が考えられます．

解答では(ii)の方法で証明します．その際，どうやって

$$\vec{a}\cdot\vec{b}+\vec{b}\cdot\vec{c}+\vec{c}\cdot\vec{a}$$

を平方完成するかということがポイントになります．

解法のプロセス

(2) 外接円の半径が1
⇓
正弦定理
⇓
$\triangle ABC$ の外心を始点とする位置ベクトルを考える
⇓
内積の和を平方完成？して不等式を示す

第4章

解 答

円の中心を O，$BC=a$，$CA=b$，$AB=c$ とする．

(1) $\triangle ABC$ が鋭角三角形でないと仮定する．いずれでも同様であるから，$\angle C \geqq 90°$ とすると
$$a^2+b^2-c^2 \leqq 0 \quad \therefore \quad a^2+b^2 \leqq c^2$$
したがって，
$$a^2+b^2+c^2 \leqq 2c^2 \leqq 2(直径)^2 = 8$$
これは仮定に反する．

ゆえに，$\triangle ABC$ は鋭角三角形である．

(2) $\overrightarrow{OA}=\vec{a}$，$\overrightarrow{OB}=\vec{b}$，$\overrightarrow{OC}=\vec{c}$ とおく．
$$AB^2+BC^2+CA^2$$
$$=|\vec{b}-\vec{a}|^2+|\vec{c}-\vec{a}|^2+|\vec{a}-\vec{c}|^2$$
$$=2(|\vec{a}|^2+|\vec{b}|^2+|\vec{c}|^2)-2(\vec{a}\cdot\vec{b}+\vec{b}\cdot\vec{c}+\vec{c}\cdot\vec{a})$$
$$=6-2(\vec{a}\cdot\vec{b}+\vec{b}\cdot\vec{c}+\vec{c}\cdot\vec{a})$$

ここで，
$$|\vec{a}+\vec{b}+\vec{c}|^2=|\vec{a}|^2+|\vec{b}|^2+|\vec{c}|^2+2(\vec{a}\cdot\vec{b}+\vec{b}\cdot\vec{c}+\vec{c}\cdot\vec{a})$$

← $|\vec{a}|=|\vec{b}|=|\vec{c}|=1$

← $|\vec{a}+\vec{b}+\vec{c}|^2$ の展開式を逆さ読みして平方完成する

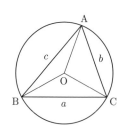

$\therefore$ $2(\vec{a}\cdot\vec{b}+\vec{b}\cdot\vec{c}+\vec{c}\cdot\vec{a})=|\vec{a}+\vec{b}+\vec{c}|^2-3$

ゆえに,

$AB^2+BC^2+CA^2=9-|\vec{a}+\vec{b}+\vec{c}|^2\leqq 9$

等号が成り立つのは, $\vec{a}+\vec{b}+\vec{c}=\vec{0}$ のとき,

すなわち

△ABC の重心Gと外心Oが一致するとき, ← $\overrightarrow{OG}=\dfrac{\vec{a}+\vec{b}+\vec{c}}{3}$

すなわち

△ABC が正三角形のときである.

研究 〈(2)の正弦定理による別解〉

$\dfrac{a}{\sin A}=\dfrac{b}{\sin B}=\dfrac{c}{\sin C}=2$ より

$a^2+b^2+c^2$

$=4(\sin^2A+\sin^2B+\sin^2C)$

$=4\sin^2A+2(1-\cos 2B)+2(1-\cos 2C)$ ← $\cos 2B+\cos 2C$ を積に直す

$=4\sin^2A+4-4\cos(B+C)\cos(B-C)$ ← $B+C=\pi-A$

$=4\sin^2A+4+4\cos A\cos(B-C)$ ← $\cos A$ の符号は不明だが(1)が役立つ

$AB^2+BC^2+CA^2>8$ のときを考えれば十分である.

↰ $AB^2+BC^2+CA^2\leqq 8$ のとき $AB^2+BC^2+CA^2\leqq 9$ は自明

このとき, (1)より $\cos A>0$ であるから

$a^2+b^2+c^2\leqq 4\sin^2A+4+4\cos A$ ……①

等号は $B=C$ のときに成り立つ.

次に, A を $0°<A<90°$ の範囲で動かすと

$4\sin^2A+4+4\cos A$ ← $\sin^2A=1-\cos^2A$

$=-4\cos^2A+4\cos A+8$

$=-4\left(\cos A-\dfrac{1}{2}\right)^2+9\leqq 9$ ……②

②の等号は $A=60°$ のときに成り立つ.

①, ②より, $a^2+b^2+c^2\leqq 9$ である. ← 等号は $A=B=C=60°$ で成立

演習問題

(101) △ABCの外心Oから直線BC, CA, ABに下ろした垂線の足をそれぞれP, Q, Rとするとき, $\overrightarrow{OP}+2\overrightarrow{OQ}+3\overrightarrow{OR}=\vec{0}$ が成立している.

(1) $\overrightarrow{OA}$, $\overrightarrow{OB}$, $\overrightarrow{OC}$ の関係式を求めよ.

(2) ∠Aの大きさを求めよ.

(京都大)

第 **5** 章 空間におけるベクトル

標問 **102** 1次独立

四面体 OABC において辺 OA を 1 : 2 に内分する点を D，辺 OC を 2 : 1 に内分する点を E，辺 AB の中点を M とする．また，F を $\overrightarrow{BF}=t\overrightarrow{BC}$ を満たす辺 BC 上の点とする．

DF と ME が交わるとき，実数 t の値を求めよ． (岡山大)

精講

DF と ME が交わる

$\Longleftrightarrow$ DF 上の点 P と ME 上の点 Q で，P＝Q となるものがある

と考えるのが1つの方法です．

直線のベクトル方程式は，平面，空間いずれにおいても同じことですから，$\overrightarrow{OP}$, $\overrightarrow{OQ}$ を $\overrightarrow{OA}$, $\overrightarrow{OB}$, $\overrightarrow{OC}$ の1次結合で表すことができます．

このとき，標問 **93**，←研究，⑰より，$\overrightarrow{OA}$, $\overrightarrow{OB}$, $\overrightarrow{OC}$ は1次独立ですから，$\overrightarrow{OP}$ と $\overrightarrow{OQ}$ の係数を比べることで解決します．

解法のプロセス

ME, DF 上の点を P, Q とする
⇩
P, Q を $\overrightarrow{OA}$, $\overrightarrow{OB}$, $\overrightarrow{OC}$ の
1次結合で表す
⇩
係数を比べて P＝Q と
できることを示す

第5章

解答

$\overrightarrow{OA}=\vec{a}$, $\overrightarrow{OB}=\vec{b}$, $\overrightarrow{OC}=\vec{c}$ とおく．

ME 上の点 P は，実数 α $(0\leqq\alpha\leqq1)$ を用いて

$$\overrightarrow{OP}=(1-\alpha)\overrightarrow{OM}+\alpha\overrightarrow{OE}$$
$$=(1-\alpha)\frac{\vec{a}+\vec{b}}{2}+\alpha\left(\frac{2}{3}\vec{c}\right)$$
$$=\frac{1-\alpha}{2}\vec{a}+\frac{1-\alpha}{2}\vec{b}+\frac{2\alpha}{3}\vec{c}$$

と表せる．

同様に DF 上の点 Q は，β $(0\leqq\beta\leqq1)$ を用いて

$$\overrightarrow{OQ}=(1-\beta)\overrightarrow{OD}+\beta\overrightarrow{OF}$$
$$=(1-\beta)\left(\frac{1}{3}\vec{a}\right)+\beta\{(1-t)\vec{b}+t\vec{c}\}$$
$$=\frac{1-\beta}{3}\vec{a}+\beta(1-t)\vec{b}+\beta t\vec{c}$$

と表せる．

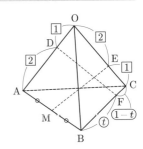

$\vec{a}$, $\vec{b}$, $\vec{c}$ は1次独立であるから, $\overrightarrow{OP}=\overrightarrow{OQ}$ となる条件は

$$\frac{1-\alpha}{2}=\frac{1-\beta}{3}, \quad \frac{1-\alpha}{2}=\beta(1-t), \quad \frac{2\alpha}{3}=\beta t$$

$\therefore$ $3\alpha-2\beta=1$, $\alpha+2\beta=1+2\beta t$, $2\alpha=3\beta t$

$\therefore$ $\alpha=\dfrac{3}{4}$, $\beta=\dfrac{5}{8}$, $t=\dfrac{4}{5}$

これらは, $0\leqq\alpha\leqq1$, $0\leqq\beta\leqq1$, $0\leqq t\leqq1$ を満たす.

研究 〈別解〉 DF と ME が交わる条件を
$\overrightarrow{DF}$ が ∠MDE 内にあること　　　　　　◀ 直接交点を相手にしない方法
と考えてもよい. 式で表すと
$$\overrightarrow{DF}=l\overrightarrow{DM}+m\overrightarrow{DE}, \quad l\geqq0, \quad m\geqq0$$
を満たす l, m が存在することである.

したがって,

$$(1-t)\vec{b}+t\vec{c}-\frac{1}{3}\vec{a}=l\left(\frac{\vec{a}+\vec{b}}{2}-\frac{1}{3}\vec{a}\right)+m\left(\frac{2}{3}\vec{c}-\frac{1}{3}\vec{a}\right)$$

$$-\frac{1}{3}\vec{a}+(1-t)\vec{b}+t\vec{c}=\left(\frac{l}{6}-\frac{m}{3}\right)\vec{a}+\frac{l}{2}\vec{b}+\frac{2m}{3}\vec{c}$$

$\therefore$ $\dfrac{l}{6}-\dfrac{m}{3}=-\dfrac{1}{3}$, $\dfrac{l}{2}=1-t$, $\dfrac{2m}{3}=t$　　　◀ 解答の連立方程式より簡単

第2, 第3式から, $l=2(1-t)$, $m=\dfrac{3}{2}t$. これを第1式に代入して, $t=\dfrac{4}{5}$
を得る. このとき, $l\geqq0$, $m\geqq0$ を満たしている.

演習問題

(102) 四面体 OABC に対して, 4点 P, Q, R, S を $\overrightarrow{OP}=p\overrightarrow{OA}$,
$\overrightarrow{AQ}=q\overrightarrow{AB}$, $\overrightarrow{BR}=r\overrightarrow{BC}$, $\overrightarrow{OS}=s\overrightarrow{OC}$ を満たすようにとる. ただし, $0<p<1$,
$0<q<1$, $0<r<1$, $0<s<1$ である.

これらの4点をこの順序で結んで得られる図形が平行四辺形となるとき

(1) q, r, s を p で表せ.

(2) この平行四辺形 PQRS の2つの対角線の交点 T は, 2つの線分 AC と OB
のそれぞれの中点を結ぶ線分上にあることを示せ. (京都大)

問 103　重心座標

四面体 ABCD と正の実数 a, b, c, d に対して
$$a\overrightarrow{\mathrm{PA}}+b\overrightarrow{\mathrm{PB}}+c\overrightarrow{\mathrm{PC}}+d\overrightarrow{\mathrm{PD}}=\vec{0}$$
によって定まる点Pがある．4つの四面体 PBCD, PCDA, PDAB, PABC の体積をそれぞれ V_A, V_B, V_C, V_D とするとき，$V_\mathrm{A}:V_\mathrm{B}:V_\mathrm{C}:V_\mathrm{D}$ を求めよ．

精 講　本問は標問 **97** を空間に一般化したものです．点Pの位置を知るためには，とりあえずベクトルの始点をAにそろえて，標問 **96**, (1)の事実を使います．このとき，標問 **96** の設定でいうと

　　点Oは平面 π 上になくてもよい

ことに注意しましょう．実際，標問 **96** の解答では点Oが平面 π 上にあることを一切使っていません．

　四面体 ABCD の体積を V とすると，これで $V:V_\mathrm{A}$ を知ることができます．$V:V_\mathrm{B}$, $V:V_\mathrm{C}$, $V:V_\mathrm{D}$ を知るためには，標問 **97**, ▶研究 で説明したように，

　　ベクトルの始点を B, C, D に取り替えて
　　同様にすればよい

のです．ただし，実際に計算するわけではありません．A を B, C, D に置き換えて，それに付随して a も b, c, d に置き換えるだけです．

解法のプロセス

ベクトルの始点をAに統一
⇩
標問 **96** を用いて，$V:V_\mathrm{A}$ を求める
⇩
ベクトルの始点を取り替えて，$V:V_\mathrm{B}$ などを求める

◀ 答案の説明はこれで十分

〈 **解 答** 〉

$$a\overrightarrow{\mathrm{PA}}+b\overrightarrow{\mathrm{PB}}+c\overrightarrow{\mathrm{PC}}+d\overrightarrow{\mathrm{PD}}=\vec{0} \quad \cdots\cdots①$$
左辺のベクトルの始点をAにそろえると
$$-a\overrightarrow{\mathrm{AP}}+b(\overrightarrow{\mathrm{AB}}-\overrightarrow{\mathrm{AP}})+c(\overrightarrow{\mathrm{AC}}-\overrightarrow{\mathrm{AP}})+d(\overrightarrow{\mathrm{AD}}-\overrightarrow{\mathrm{AP}})=\vec{0}$$
$$\therefore \quad \overrightarrow{\mathrm{AP}}=\frac{b\overrightarrow{\mathrm{AB}}+c\overrightarrow{\mathrm{AC}}+d\overrightarrow{\mathrm{AD}}}{a+b+c+d}$$

ここで，$a+b+c+d=s$ とおき，直線 AP と3点 B, C, D を含む平面の交点をQとすると，実数 k を用いて

$$\overrightarrow{AQ}=k\overrightarrow{AP}=\frac{bk}{s}\overrightarrow{AB}+\frac{ck}{s}\overrightarrow{AC}+\frac{dk}{s}\overrightarrow{AD}$$

と表せる．Q は，B，C，D を含む平面上の点である
から

$$\frac{bk}{s}+\frac{ck}{s}+\frac{dk}{s}=1$$

← 標問 96, (1)

$$\therefore \quad k=\frac{s}{b+c+d} \qquad \cdots\cdots ②$$

$$\therefore \quad \overrightarrow{AQ}=\frac{b\overrightarrow{AB}+c\overrightarrow{AC}+d\overrightarrow{AD}}{b+c+d} \qquad \cdots\cdots ③$$

③において，$\overrightarrow{AB}$，$\overrightarrow{AC}$，$\overrightarrow{AD}$ の係数はすべて正で
あるから，点 Q は △ABC の内部の点である．

← 標問 96, (2), (ⅰ)

さらに，②より点 P は線分 AQ を $(b+c+d):a$
に内分する．

したがって，四面体 ABCD の体積を V とすると

$$V:V_A=s:a$$

である．

次に，①を

$$b\overrightarrow{PB}+c\overrightarrow{PC}+d\overrightarrow{PD}+a\overrightarrow{PA}=\vec{0}$$

とみて，左辺のベクトルの始点を B にそろえて同様
にすれば

$$V:V_B=s:b$$

を得る．同じ考えで

$$V:V_C=s:c, \quad V:V_D=s:d$$

ゆえに

$$V_A:V_B:V_C:V_D=\boldsymbol{a}:\boldsymbol{b}:\boldsymbol{c}:\boldsymbol{d}$$

となる．

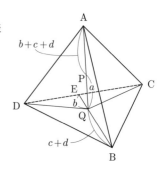

> **研究** 〈置換で済むことに気が付かないとき〉
>
> a, b, c, d が数値で与えられている
> と，始点の取り替えだけで解けることに気が付
> くのは難しいでしょう．そういう場合は③をさ
> らに分析します．
>
> ③の始点を A から B にとり直すと
>
> $$\overrightarrow{BQ}=\frac{c\overrightarrow{BC}+d\overrightarrow{BD}}{b+c+d} \qquad \cdots\cdots ㋐$$
>
> 直線 BQ と辺 CD の交点を E として $\overrightarrow{BE}$ を
> 求めたいのですが，解答とは趣向を替えてズル

← 重心座標は始点のとり方に依ら
ない (標問 96, 研究)

イ方法を使ってみます.

⑦の分子の係数の和 $c+d$ を分母にとり内分公式が現れるようにした後，等号が成立するように帳尻を合わせます．すなわち

◀ 解答の方法では，
$\overrightarrow{\text{BE}}=k\overrightarrow{\text{BQ}}$ とおいて k を決めることになる

$$\overrightarrow{\text{BQ}}=\frac{c+d}{b+c+d}\cdot\frac{c\overrightarrow{\text{BC}}+d\overrightarrow{\text{BD}}}{c+d} \quad\cdots\cdots\text{①}$$

$$\frac{c\overrightarrow{\text{BC}}+d\overrightarrow{\text{BD}}}{c+d}=\overrightarrow{\text{BX}} \text{ とおくと，} \quad \overrightarrow{\text{BQ}}=\frac{c+d}{b+c+d}\overrightarrow{\text{BX}}.$$

よって，X は辺 CD 上にあり，直線 BQ 上の点でもあるので，X＝E です．したがって，

◀ 答案では，①から説明なしで結論してよい

$$\frac{c\overrightarrow{\text{BC}}+d\overrightarrow{\text{BD}}}{c+d}=\overrightarrow{\text{BE}}, \quad \overrightarrow{\text{BQ}}=\frac{c+d}{b+c+d}\overrightarrow{\text{BE}}$$

$$\therefore \quad \text{BQ}:\text{QE}=(c+d):b$$

そこで，P を頂点，△CDA を底面とみた四面体 P-CDA の体積を $V(\text{P-CDA})$ と書くことにすると

◀ その他も同様

$$V_{\text{B}}=V(\text{P-CDA})$$
$$=\frac{b+c+d}{a+b+c+d}V(\text{Q-CDA})$$
$$=\frac{b+c+d}{a+b+c+d}\cdot\frac{b}{b+c+d}V$$
$$=\frac{b}{s}V$$

同様にして，$V_{\text{C}}=\dfrac{c}{s}V$ となるので

$$V_{\text{D}}=V-(V_{\text{A}}+V_{\text{B}}+V_{\text{C}})=\frac{d}{s}V$$

ゆえに

$$V_{\text{A}}:V_{\text{B}}:V_{\text{C}}:V_{\text{D}}=a:b:c:d$$

となります．

演習問題

(103) 空間内に四面体 ABCD がある．辺 AB の中点を M，辺 CD の中点を N とする．t を 0 でない実数とし，点 G は次式を満たしている．
$$\overrightarrow{\text{GA}}+\overrightarrow{\text{GB}}+(t-2)\overrightarrow{\text{GC}}+t\overrightarrow{\text{GD}}=\vec{0}$$

(1) $\overrightarrow{\text{DG}}$ を $\overrightarrow{\text{DA}}$，$\overrightarrow{\text{DB}}$，$\overrightarrow{\text{DC}}$ で表せ．

(2) 直線 DG と平面 ABC の交点を E とする．点 G は線分 DE の中点であることを示せ．

(3) 点 G は点 N を通り $\overrightarrow{\text{CM}}$ に平行な直線上にあることを示せ． （東北大・改）

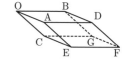

標問 104 内積

図のような平行六面体 OADB-CEFG において, $\overrightarrow{OA}=\vec{a}$, $\overrightarrow{OB}=\vec{b}$, $\overrightarrow{OC}=\vec{c}$ とおく.

$$(*)\begin{cases} |\vec{a}|=|\vec{c}|=2, \ |\vec{b}|=3, \\ \vec{a}\cdot\vec{b}=4, \ \vec{b}\cdot\vec{c}=5, \ \vec{c}\cdot\vec{a}=3 \end{cases}$$

とする. 3点 C, E, F の定める平面を α とし, O を通り α に垂直な直線を l とする. 平面 α と直線 l の交点を H とする.

(1) $\overrightarrow{OH}$ を $\vec{a}$, $\vec{b}$, $\vec{c}$ で表せ.

(2) $\overrightarrow{OH}$ の大きさを求めよ.

(3) 平行六面体 OADB-CEFG の体積を求めよ. (東京都立大)

> **精講** 空間ベクトルの内積も平面ベクトルの場合 (標問 **98**) と同様です.

すなわち, $\vec{0}$ でない 2 つのベクトル $\vec{a}=(a_1, a_2, a_3)$ と $\vec{b}=(b_1, b_2, b_3)$ の成す角が θ $(0\leqq\theta\leqq\pi)$ のとき, 内積 $\vec{a}\cdot\vec{b}$ は

$$\vec{a}\cdot\vec{b}=|\vec{a}||\vec{b}|\cos\theta$$

と定義されます. 成分で表すと

$$\vec{a}\cdot\vec{b}=a_1b_1+a_2b_2+a_3b_3$$

です.

図の $\triangle OAB$ の面積 S は, 平面の場合に演習問題 (99-2) で使ったのと同じ式

$$S=\frac{1}{2}\sqrt{|\vec{a}|^2|\vec{b}|^2-(\vec{a}\cdot\vec{b})^2}$$

で与えられます. これは公式です.

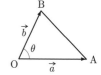

← $\vec{a}=\vec{0}$ または $\vec{b}=\vec{0}$ のときは, $\vec{a}\cdot\vec{b}=0$ とする

解法のプロセス

$\overrightarrow{OH}=\vec{c}+x\vec{a}+y\vec{b}$ とおける

⇩

$\overrightarrow{OH}\perp\alpha$ を内積で処理する

⇩

$|\overrightarrow{OH}|^2$ を計算し, 底面積は公式を使って求める

< **解 答** >

(1) 3点 O, A, B の定める平面は平面 α と平行であるから, 実数 x, y を用いて

$$\begin{aligned}\overrightarrow{OH}&=\overrightarrow{OC}+\overrightarrow{CH}\\&=\vec{c}+x\vec{a}+y\vec{b}\end{aligned}$$

と表せる. $\overrightarrow{OH}\perp\alpha$ より,

$\overrightarrow{OH}\cdot\vec{a}=\overrightarrow{OH}\cdot\vec{b}=0$ ゆえ

$$\begin{cases} \vec{c}\cdot\vec{a}+x|\vec{a}|^2+y\vec{a}\cdot\vec{b}=0 \\ \vec{b}\cdot\vec{c}+x\vec{a}\cdot\vec{b}+y|\vec{b}|^2=0 \end{cases}$$

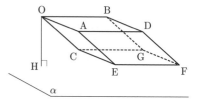

（＊）より

$$\begin{cases} 3+4x+4y=0 \\ 5+4x+9y=0 \end{cases} \quad \therefore\ x=-\frac{7}{20},\ y=-\frac{2}{5}$$

$$\therefore\ \overrightarrow{\mathrm{OH}}=-\frac{7}{20}\vec{a}-\frac{2}{5}\vec{b}+\vec{c}$$

(2) $$|\overrightarrow{\mathrm{OH}}|^2=\frac{49}{400}|\vec{a}|^2+\frac{4}{25}|\vec{b}|^2+|\vec{c}|^2+\frac{7}{25}\vec{a}\cdot\vec{b}-\frac{4}{5}\vec{b}\cdot\vec{c}-\frac{7}{10}\vec{c}\cdot\vec{a}$$

$$=\frac{49}{400}\cdot4+\frac{4}{25}\cdot9+4+\frac{7}{25}\cdot4-\frac{4}{5}\cdot5-\frac{7}{10}\cdot3$$

$$=\frac{49}{100}+\frac{36}{25}+4+\frac{28}{25}-4-\frac{21}{10}=\frac{95}{100}$$

$$\therefore\ |\overrightarrow{\mathrm{OH}}|=\frac{\sqrt{95}}{10}$$

(3) 平行四辺形 OADB の面積 S は

$$S=2\triangle\mathrm{OAB}=\sqrt{|\vec{a}|^2|\vec{b}|^2-(\vec{a}\cdot\vec{b})^2}=\sqrt{4\cdot9-16}=2\sqrt{5}$$

ゆえに，平行六面体の体積 V は

$$V=S\cdot|\overrightarrow{\mathrm{OH}}|=\frac{\sqrt{95}}{10}\cdot2\sqrt{5}=\sqrt{19}$$

研究 〈(2)の計算の別法〉

$\overrightarrow{\mathrm{OH}}\perp\overrightarrow{\mathrm{CH}}$ に着目すると計算量を軽減できます．

$$|\overrightarrow{\mathrm{OH}}|^2=\overrightarrow{\mathrm{OH}}\cdot\overrightarrow{\mathrm{OH}}$$

$$=\overrightarrow{\mathrm{OH}}\cdot(\overrightarrow{\mathrm{OC}}+\overrightarrow{\mathrm{CH}})=\overrightarrow{\mathrm{OH}}\cdot\overrightarrow{\mathrm{OC}} \qquad \Leftarrow \overrightarrow{\mathrm{OH}}\cdot\overrightarrow{\mathrm{CH}}=0$$

$$=\left(-\frac{7}{20}\vec{a}-\frac{2}{5}\vec{b}+\vec{c}\right)\cdot\vec{c}$$

$$=-\frac{7}{20}\cdot3-\frac{2}{5}\cdot5+4=\frac{19}{20}$$

$$\therefore\ |\overrightarrow{\mathrm{OH}}|=\sqrt{\frac{19}{20}}=\frac{\sqrt{95}}{10}$$

演習問題

(104-1) 各面が合同な三角形からなる四面体 OABC があり，BC＝4，CA＝5，AB＝6 である．$\overrightarrow{\mathrm{OA}}$ と $\overrightarrow{\mathrm{BC}}$ のなす角を θ とするとき，$\cos\theta$ の値を求めよ．

(藤田医科大)

(104-2) 空間内に定点 A(1, 1, 1) がある．xy 平面上に原点を中心とする半径 1 の円があり，点 P，Q はこの円周上を PQ が直径となるように動く．

(1) ∠PAQ の最大値と最小値を求めよ．

(2) △PAQ の面積の最大値と最小値を求めよ．

(一橋大)

第5章

標問 **105** **直線**

空間内の 4 点 A$(0,\ 0,\ -1)$, B$(1,\ 1,\ 2)$, C$(-2,\ 0,\ 3)$, D$(-4,\ 1,\ 3)$ に対して,直線 AB を l,直線 CD を m とする.

(1) l と m とは平行でなく,しかも交わらないことを示せ.

(2) l 上に点 H,m 上に点 K を適当に選び,線分 HK が直線 l,m のいずれとも直交するようにせよ.また,そのときの HK の長さを求めよ.

(3) P,Q をそれぞれ l,m 上の点とするとき,線分 PQ の長さを最小にするような P,Q の位置は,それぞれ(2)で得られた H,K と一致することを示せ.

(兵庫県立大)

精 講 (1) 平面上では平行でない 2 直線は必ず交わりますが,空間では立体交差することがあります.このとき,2 直線は**ねじれの位置**にあるといいます.

(2) 平面の場合と同じく,$\vec{0}$ でない 2 つの空間ベクトル $\vec{a}$,$\vec{b}$ について
$$\vec{a}\perp\vec{b} \iff \vec{a}\cdot\vec{b}=0$$
であることを利用します.

(3) P,Q のパラメタ表示を使って計算で押し切ります.

解法のプロセス

(1) l,m 上の点 P,Q をパラメタ表示する

(2) $\overrightarrow{PQ}\perp l$,$\overrightarrow{PQ}\perp m$ を内積$=0$ で処理

(3) $|\overrightarrow{PQ}|^2$ を平方完成する

〈 **解 答** 〉

(1) $\overrightarrow{AB}=(1,\ 1,\ 3)$ と $\overrightarrow{CD}=(-2,\ 1,\ 0)$ は平行でないから,l と m も平行でない.

l,m 上の点 P,Q はそれぞれ実数 s,t を用いて
$$\overrightarrow{OP}=\overrightarrow{OA}+s\overrightarrow{AB}$$
$$=(0,\ 0,\ -1)+s(1,\ 1,\ 3)$$
$$=(s,\ s,\ 3s-1) \qquad\cdots\cdots\text{①}$$
$$\overrightarrow{OQ}=\overrightarrow{OC}+t\overrightarrow{CD}$$
$$=(-2,\ 0,\ 3)+t(-2,\ 1,\ 0)$$
$$=(-2t-2,\ t,\ 3) \qquad\cdots\cdots\text{②}$$

と表せる.$\overrightarrow{OP}=\overrightarrow{OQ}$ となる条件は
$$s=-2t-2,\quad s=t,\quad 3s-1=3$$
これを満たす s,t は存在しない.
ゆえに,l と m は交わらない.

← 第 1,第 2 式より $s=-\dfrac{2}{3}$

第 3 式より $s=\dfrac{4}{3}$

(2) ①，②より

$$\overrightarrow{PQ}=\overrightarrow{OQ}-\overrightarrow{OP}=(-s-2t-2,\ -s+t,\ -3s+4) \quad\cdots\cdots③$$

PQ⊥l である条件は，$\overrightarrow{PQ}\cdot\overrightarrow{AB}=0$ より

$$1\cdot(-s-2t-2)+1\cdot(-s+t)+3\cdot(-3s+4)=0$$

$$\therefore\quad -11s-t+10=0 \quad\cdots\cdots④$$

PQ⊥m である条件は，$\overrightarrow{PQ}\cdot\overrightarrow{CD}=0$ より

$$(-2)\cdot(-s-2t-2)+1\cdot(-s+t)+0\cdot(-3s+4)=0$$

$$\therefore\quad s+5t+4=0 \quad\cdots\cdots⑤$$

④，⑤より，$s=1$，$t=-1$．したがって，

H(1, 1, 2)，K(0, -1, 3)

$$\therefore\quad HK=\sqrt{1^2+2^2+1^2}=\sqrt{6}$$

(3) ③より

$$|\overrightarrow{PQ}|^2=(-s-2t-2)^2+(-s+t)^2+(-3s+4)^2$$

$$=11s^2+2st+5t^2-20s+8t+20$$

$$=5t^2+2(s+4)t+11s^2-20s+20 \qquad\qquad \leftarrow t\text{ について平方完成}$$

$$=5\left(t+\frac{s+4}{5}\right)^2+\frac{54}{5}(s^2-2s)+\frac{84}{5} \qquad \leftarrow 2\text{ 項以下を }s\text{ について平方完成}$$

$$=5\left(t+\frac{s+4}{5}\right)^2+\frac{54}{5}(s-1)^2+6\geqq6$$

等号は，$t+\dfrac{s+4}{5}=0$，$s=1$，すなわち $s=1$，

$t=-1$ のときに成立する．

このとき，P(1, 1, 2)，Q(0, -1, 3) であるから，示された．

演習問題

(105-1) 標問 **105**，(3)を，m を含み l と平行な平面を利用して図形的に示せ．

(105-2) 標問 **105** で，2 点 P，Q がそれぞれ線分 AB，CD 上を動くとき，線分 PQ の中点 M はどのような図形を描くか．また，その面積 S を求めよ．

(105-3) 空間に 2 点 P(-1, 3, -2)，Q(1, 2, 1) を通る直線 l と点 A(8, 5, 2) がある．l 上に 2 点 B，C をとり，正三角形 ABC をつくる．正三角形 ABC の面積を求めよ．

(滋賀大)

標問 **106**　**平面**

> 空間の3点 A(1, −2, 3), B(−1, 2, 3), C(1, 2, −3) の定める平面を
> α とする.
>
> (1)　原点Oより平面 α に下ろした垂線 OH の長さを求めよ.
>
> (2)　四面体 OABC の体積を求めよ.　　　　　　　　　　(愛媛大)

精講　(1)　Hの座標が分かればよいわけです.
$$\overrightarrow{OH}=\overrightarrow{OA}+\overrightarrow{AH}$$
とすると, $\overrightarrow{AB}$, $\overrightarrow{AC}$ は1次独立ですから, $\overrightarrow{AH}$ は $\overrightarrow{AB}$ と $\overrightarrow{AC}$ の1次結合で表せます. 係数を決めるには連立方程式
$$\overrightarrow{OH}\cdot\overrightarrow{AB}=0,\ \ \overrightarrow{OH}\cdot\overrightarrow{AC}=0$$
を解けばよいのですが(解答ではそうします), かなりの計算を強いられます.

平面の方程式を学べば, ずっとラクに解くことができます.

▶**解法のプロセス**
(1)　$\overrightarrow{OH}=\overrightarrow{OA}+s\overrightarrow{AB}+t\overrightarrow{AC}$
とおける
⇩
$\overrightarrow{OH}\cdot\overrightarrow{AB}=\overrightarrow{OH}\cdot\overrightarrow{AC}=0$ を s, t について解く
⇩
Hが決まる
(2)　△ABC を底面とみる

< **解　答** >

(1)　　$\overrightarrow{AB}=(-2,\ 4,\ 0)=2(-1,\ 2,\ 0)$
　　　$\overrightarrow{AC}=(0,\ 4,\ -6)=2(0,\ 2,\ -3)$
　　そこで,
　　　$\vec{a}=(-1,\ 2,\ 0),\ \vec{b}=(0,\ 2,\ -3)$
　　とおく. このとき, 実数 s, t を用いて
　　　$\overrightarrow{OH}=\overrightarrow{OA}+\overrightarrow{AH}$
　　　　　$=\overrightarrow{OA}+s\vec{a}+t\vec{b}$
　　　　　$=(1,\ -2,\ 3)+s(-1,\ 2,\ 0)+t(0,\ 2,\ -3)$
　　　　　$=(1-s,\ -2+2s+2t,\ 3-3t)$　　　……①

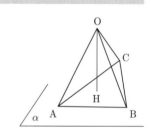

　　とおける.
　　　$\overrightarrow{OH}\perp\vec{a}$ より, $\overrightarrow{OH}\cdot\vec{a}=0$ であるから
　　　$(-1)\cdot(1-s)+2\cdot(-2+2s+2t)+0\cdot(3-3t)=0$
　　∴　$5s+4t-5=0$　　　　　　　　　　……②
　　同様に, $\overrightarrow{OH}\perp\vec{b}$ より, $\overrightarrow{OH}\cdot\vec{b}=0$ であるから
　　　$0\cdot(1-s)+2\cdot(-2+2s+2t)+(-3)\cdot(3-3t)=0$
　　∴　$4s+13t-13=0$　　　　　　　　　……③

②, ③を解くと, $s=\dfrac{13}{49}$, $t=\dfrac{45}{49}$ ……④ ← 計算がちょっと大変

④を①に代入して

$$\overrightarrow{\mathrm{OH}}=\left(\dfrac{36}{49},\ \dfrac{18}{49},\ \dfrac{12}{49}\right)=\dfrac{6}{49}(6,\ 3,\ 2)$$

$$\therefore\ |\overrightarrow{\mathrm{OH}}|=\dfrac{6}{49}\sqrt{6^2+3^2+2^2}=\dfrac{6}{7}$$

(2) △ABC の面積 S は

$$S=\dfrac{1}{2}\sqrt{|\overrightarrow{\mathrm{AB}}|^2|\overrightarrow{\mathrm{AC}}|^2-(\overrightarrow{\mathrm{AB}}\cdot\overrightarrow{\mathrm{AC}})^2}=\dfrac{1}{2}\sqrt{20\cdot52-16^2}=14$$

ゆえに, 四面体 OABC の体積 V は

$$V=\dfrac{1}{3}S\cdot|\overrightarrow{\mathrm{OH}}|=\dfrac{1}{3}\cdot14\cdot\dfrac{6}{7}=\mathbf{4}$$

研究 〈平面の方程式〉

平面の方程式を導入して, (1)の計算量の軽減を図ります.

一般に, 平面 π はその上の 1 点
A$(x_0,\ y_0,\ z_0)$ と π に垂直なベクトル
$$\vec{n}=(a,\ b,\ c)\ (\neq\vec{0})$$
によって決まります.

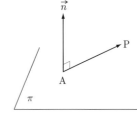

いま, π 上の任意の点を P$(x,\ y,\ z)$ とすると,
$\vec{n}\perp\overrightarrow{\mathrm{AP}}$, $\overrightarrow{\mathrm{AP}}=(x-x_0,\ y-y_0,\ z-z_0)$ なので
$\vec{n}\cdot\overrightarrow{\mathrm{AP}}=0$ より

$$a(x-x_0)+b(y-y_0)+c(z-z_0)=0\quad ……⑦$$

となります. さらに, $-(ax_0+by_0+cz_0)=d$
とおくと

$$ax+by+cz+d=0\quad ……④$$

とまとめられます.

⑦あるいは④を平面 π の方程式, $\vec{n}$ を**法線ベクト** ← 法線ベクトルは比
ルといいます. $a:b:c$ だけが決まる

これだけの知識をもとに, (1)の別解を考えましょう.

α の法線ベクトルを $\vec{n}=(l,\ m,\ n)$ とすると, ← $\vec{n}\perp\vec{a}$, $\vec{n}\perp\vec{b}$
$\vec{a}\cdot\vec{n}=0$, $\vec{b}\cdot\vec{n}=0$ より

$$-l+2m=0,\ 2m-3n=0\quad$$ ← $m=\dfrac{3}{2}n$, $l=3n$

$$\therefore\ l:m:n=6:3:2$$

ゆえに, 平面 α の方程式は

$$6(x-1)+3(y+2)+2(z-3)=0$$

$$\therefore\ 6x+3y+2z-6=0\quad ……⑨$$

$\overrightarrow{\mathrm{OH}} = k(6, 3, 2)$ とおけるから，⑦に代入すると　◀点Hはα上にある

$(6^2+3^2+2^2)k=6$　∴　$k=\dfrac{6}{49}$

∴　$|\overrightarrow{\mathrm{OH}}|=k\sqrt{6^2+3^2+2^2}=\dfrac{6}{7}$　◀かなりラクになった

〈点と平面の距離の公式〉

　さらに進めて，点 $\mathrm{P}(x_1, y_1, z_1)$ と④で定まる平面 π の距離を与える公式を作ります．

　P から π に下ろした垂線を PQ とすると，$\overrightarrow{\mathrm{PQ}} /\!/ \vec{n}$ だから，実数 t を用いて

$$\overrightarrow{\mathrm{PQ}}=t(a, b, c) \qquad \cdots\cdots ㋓$$

と表せます．よって

$\overrightarrow{\mathrm{OQ}}=\overrightarrow{\mathrm{OP}}+\overrightarrow{\mathrm{PQ}}$

$\quad =(x_1+ta, y_1+tb, z_1+tc)$

点 Q は π 上の点だから

$a(x_1+ta)+b(y_1+tb)+c(z_1+tc)+d=0$

∴　$t=-\dfrac{ax_1+by_1+cz_1+d}{a^2+b^2+c^2}$　$\cdots\cdots ㋔$

㋓，㋔より

$$|\overrightarrow{\mathrm{PQ}}|=|t|\sqrt{a^2+b^2+c^2}=\dfrac{|ax_1+by_1+cz_1+d|}{\sqrt{a^2+b^2+c^2}}$$

◀平面上の点と直線の距離の公式の空間への一般化

覚え易い公式が得られたので，早速使ってみましょう．

㋒より

$$|\overrightarrow{\mathrm{OH}}|=\dfrac{|6\cdot0+3\cdot0+2\cdot0-6|}{\sqrt{6^2+3^2+2^2}}=\dfrac{6}{7}$$

このように大変便利です．

P(x_1, y_1, z_1)

$\vec{n}=(a, b, c)$

Q

$\pi : ax+by+cz+d=0$

演習問題

106-1　$a>0$, $b>0$, $c>0$ として，原点を O とする座標空間内に 3 点 $\mathrm{A}(a, 0, 0)$, $\mathrm{B}(0, b, 0)$, $\mathrm{C}(0, 0, c)$ をとる．四面体 OABC の体積 V，原点 O と三角形 ABC の距離 d，三角形 ABC の面積 S を a, b, c を用いて表せ．

(慶應義塾大)

106-2　座標空間の原点を O とし，3 点 $\mathrm{A}(1, -2, 2)$, $\mathrm{B}(4, -2, 5)$, $\mathrm{C}(3, 1, 6)$ をとる．点 A を通り $\overrightarrow{\mathrm{OA}}$ に垂直な平面を α とすると，2 点 B, C は α に関して原点 O と反対側にある．

(1) 平面 α に関し，点 B と対称な点 B′ の座標を求めよ．

(2) 点 P が平面 α 上を動くとき，BP＋PC の最小値を求めよ．　(信州大・改)

球面

座標空間に球面 $S: x^2+y^2+z^2+4x-6y-8z+16=0$ と点 A$(1, 0, -2)$ がある．点Aを通り，$\vec{n}=(1, 2, -2)$ に垂直な平面を α とする．

(1) 球面Sの中心Cの座標と半径Rを求めよ．

(2) 球面Sと平面 α が交わってできる円Kの中心Dの座標と半径rを求めよ．

(3) 平面 α 上に点 B$(5, 2, 2)$ がある．(2)の円Kの周上を点Pが動くとき，$\triangle$ABP の面積の最大値を求めよ．

(立命館大)

精講　(1) 中心 (a, b, c)，半径Rの球面 (あるいは単に球) の方程式は

$$(x-a)^2+(y-b)^2+(z-c)^2=R^2$$

で与えられるので，この形にまとめます．

(2) 円Kの中心Dは，球面Sの中心Cから平面 α に下ろした垂線と平面 α の交点です．

(3) AB を底辺と考えると，Dと直線 AB の距離を d とするとき，$\triangle$ABP の高さの最大値は

$$d+r$$

です．

解法のプロセス

(1) x, y, z について 平方完成

(2) $\overrightarrow{CD} /\!/ \vec{n}$ に注目

(3) AB を底辺とみて高さの最大値を求める

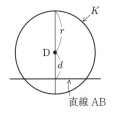

右側：第5章

⟨　**解　答**　⟩

(1)　$x^2+y^2+z^2+4x-6y-8z+16=0$ より

$$(x+2)^2+(y-3)^2+(z-4)^2=13$$

よって，C$(-2, 3, 4)$，$R=\sqrt{13}$

(2)　α の方程式は

$$1\cdot(x-1)+2y-2(z+2)=0$$

$$\therefore\quad x+2y-2z-5=0$$

球の中心Cから平面 α に下ろした垂線と平面 α の交点が，円Kの中心Dである．$\overrightarrow{CD} /\!/ \vec{n}$ であるから，t を実数として

$$\overrightarrow{OD}=\overrightarrow{OC}+\overrightarrow{CD}=(-2, 3, 4)+t(1, 2, -2)$$
$$=(-2+t, 3+2t, 4-2t)$$

と表せる．点Dは平面 α 上の点であるから

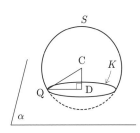

$$-2+t+2(3+2t)-2(4-2t)-5=0$$

∴　$9t-9=0$　　∴　$t=1$

∴　$D(-1, 5, 2)$

∴　$CD=\sqrt{(-1)^2+(-2)^2+2^2}=3$

よって，円 K 上の点を Q とすると

$$r=\sqrt{CQ^2-CD^2}=\sqrt{13-9}=2$$

← $CQ=R=\sqrt{13}$

(3)　D から直線 AB に垂線 DE を下ろす．直線 ED
と円 K との交点のうち，D に関して E と反対側に
ある交点を F とする．

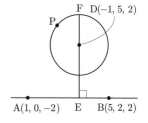

△ABP の底辺を AB とみると，高さは P＝F
のとき最大値

$$EF=DE+2 \qquad\qquad\cdots\cdots①$$

をとる．$\overrightarrow{DE}$ は実数 s を用いて

$$\overrightarrow{DE}=\overrightarrow{DA}+s\overrightarrow{AB}$$

$$=(2, -5, -4)+s(4, 2, 4)$$

$$=(2+4s, -5+2s, -4+4s)$$

と表せる．DE⊥AB より

$$\overrightarrow{DE}\cdot\frac{1}{2}\overrightarrow{AB}=2(2+4s)+(-5+2s)+2(-4+4s)$$

$$=18s-9=0 \quad ∴\quad s=\frac{1}{2}$$

∴　$\overrightarrow{DE}=(4, -4, -2)$　　∴　$|\overrightarrow{DE}|=\sqrt{4^2+(-4)^2+(-2)^2}=6$

したがって，①より　$EF=8$ である．

一方，$AB=\sqrt{4^2+2^2+4^2}=6$ であるから，

△ABP の面積の最大値は

$$\frac{1}{2}\cdot AB\cdot EF=\frac{1}{2}\cdot6\cdot8=\mathbf{24}$$

演習問題

(107)　座標空間において，原点 O を中心とし半径が $\sqrt{5}$ の球面を S とする．点
A$(1, 1, 1)$ からベクトル $\vec{u}=(0, 1, -1)$ と同じ向きに出た光線が球面 S に
点 B で当たり，反射して球面 S の点 C に到達したとする．ただし反射光は，点
O，A，B が定める平面上を，直線 OB が ∠ABC を二等分するように進むもの
とする．点 C の座標を求めよ．

(早稲田大)

問 108 空間ベクトルの応用

xyz 空間内の点 A$(0, 0, 1)$ を中心とする半径 1 の球 K がある．K 上の点 T(a, b, c) が条件 $a>0$，$b>0$，$c>1$ のもとで K 上を動くとき，T において K に接する平面を α とし，α が x 軸，y 軸，z 軸と交わる点をそれぞれ P，Q，R とする．このような三角形 PQR の面積 S の最小値を求めよ．　（東京大）

精講　α が T で K に接するとは，α が K の半径 AT に垂直なことです．

この定義から α の方程式が分かり，したがって P，Q，R の座標が分かり，S を公式を使って表すことができます．ここまでがベクトルの応用です．

S の最小値を求めるには，標問 37 で学んだことを思い出しましょう．はじめに仲間外れのパラメタ c を固定するのがよい方法です．

解法のプロセス

内積＝0 から α の方程式を求める．

⇩

P，Q，R を求めて，S を a，b，c の式で表す．

⇩

一旦 c を固定して予選

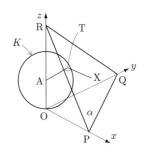

解 答

T は $K : x^2+y^2+(z-1)^2=1$ 上の点であるから
$$a^2+b^2+(c-1)^2=1 \qquad \cdots\cdots ①$$
$$\therefore \quad a^2+b^2=2c-c^2 \qquad \cdots\cdots ②$$

接平面 α 上の任意の点を X(x, y, z) とする．
$$\overrightarrow{\mathrm{AT}}=(a, b, c-1) \quad \text{と}$$
$$\overrightarrow{\mathrm{TX}}=(x-a, y-b, z-c)$$
は垂直であるから，$\overrightarrow{\mathrm{AT}}\cdot\overrightarrow{\mathrm{TX}}=0$ より，α の方程式は
$$a(x-a)+b(y-b)+(c-1)(z-c)=0$$
$$\therefore \quad ax+by+(c-1)z=a^2+b^2+c^2-c$$
$$=c \qquad \text{◀②による}$$
$$\therefore \quad \mathrm{P}\left(\frac{c}{a}, 0, 0\right), \mathrm{Q}\left(0, \frac{c}{b}, 0\right), \mathrm{R}\left(0, 0, \frac{c}{c-1}\right)$$
$$\therefore \quad \overrightarrow{\mathrm{PQ}}=\left(-\frac{c}{a}, \frac{c}{b}, 0\right), \overrightarrow{\mathrm{PR}}=\left(-\frac{c}{a}, 0, \frac{c}{c-1}\right)$$

ゆえに
$$S=\frac{1}{2}\sqrt{|\overrightarrow{\mathrm{PQ}}|^2|\overrightarrow{\mathrm{PR}}|^2-(\overrightarrow{\mathrm{PQ}}\cdot\overrightarrow{\mathrm{PR}})^2}$$
$$=\frac{1}{2}\sqrt{\left(\frac{c^2}{a^2}+\frac{c^2}{b^2}\right)\left\{\frac{c^2}{a^2}+\frac{c^2}{(c-1)^2}\right\}-\left(\frac{c^2}{a^2}\right)^2}$$

$$= \frac{c^2}{2}\sqrt{\frac{a^2+b^2}{a^2b^2}\cdot\frac{a^2+(c-1)^2}{a^2(c-1)^2}-\frac{1}{a^4}}$$

$$= \frac{c^2}{2a^2b(c-1)}\sqrt{(a^2+b^2)\{a^2+(c-1)^2\}-b^2(c-1)^2}$$

ここで

$$(a^2+b^2)\{a^2+(c-1)^2\}-b^2(c-1)^2$$
$$= a^2\{a^2+(c-1)^2\}+a^2b^2$$
$$= a^2\{a^2+b^2+(c-1)^2\} \qquad \text{←①を利用}$$
$$= a^2$$

$$\therefore\quad S = \frac{c^2}{2ab(c-1)}$$

$c\,(>1)$ を固定すると，相加平均と相乗平均の不等式および②より

$$2ab \leq a^2+b^2 = 2c-c^2 \qquad \text{←等号は } a=b \text{ のときに成立}$$

$$\therefore\quad S \geq \frac{c^2}{(2c-c^2)(c-1)} = \frac{c}{-c^2+3c-2} \quad \cdots\cdots③$$

そこで，③の右辺を $f(c)$ とおいて，$1<c<2$ の範囲で $f(c)$ の増減を調べる．

$$f'(c) = \frac{-c^2+3c-2-c(-2c+3)}{(-c^2+3c-2)^2}$$
$$= \frac{c^2-2}{(-c^2+3c-2)^2}$$

増減表より，$f(c)$ は $c=\sqrt{2}$ で最小である．

ゆえに，S は $a=b=\sqrt{\sqrt{2}-1}$，$c=\sqrt{2}$ のとき最小となり，最小値は

$$f(\sqrt{2}) = \frac{\sqrt{2}}{3\sqrt{2}-4} = 3+2\sqrt{2}$$

c	(1)	$\cdots$	$\sqrt{2}$	$\cdots$	(2)
$f'(c)$		$-$	0	$+$	
$f(c)$		$\searrow$		$\nearrow$	

演習問題

(108-1) 標問 **108** において，四面体 OPQR の体積 V と，原点 O から平面 α までの距離 d を求め，それを利用して面積 S を a，b，c の式で表せ．

(108-2) 相加平均と相乗平均の不等式を用いて，標問 **108** の $f(c)$ の最小値を求めよ．

第6章 複素数平面

問 109 複素数平面と共役複素数

(1) a を実数とする. 3次方程式 $x^3-2(a-1)x^2-4(a-1)x+8=0$ は虚数解をもつという. この方程式の実数解を求めよ. また, この方程式の3つの解が複素数平面上で正三角形となるように a の値を定めよ. (中部大)

(2) $f(z)=z^3+bz^2+cz+d=0$ を実数係数の3次多項式とする. 複素数 α が方程式 $f(z)=0$ の解ならば, α と共役な複素数 $\overline{\alpha}$ も解であることを示せ. (広島大)

精講 (1) 実数解は目の子で探します. そのためには a または $a-1$ でまとめてみるのがよいでしょう. 残りの2解は実数係数の2次方程式の解となるので, この方程式は虚数解をもつことが必要です.

(2) (1)を真似ることにして, $f(z)=0$ が実数解をもつことを示すのが1つの方法です. 実数の範囲で $z \to \pm\infty$ とすれば簡単に示せます. もう1つは, 自分で思いつくのは難しいかもしれませんが, 共役複素数の性質を活用する方法があります.

解法のプロセス

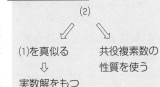

(2)

(1)を真似る ⇩ 実数解をもつことを示す

共役複素数の性質を使う

第6章

解答

(1) 方程式の左辺を $a-1$ についてまとめると
$$x^3+8-2(a-1)x(x+2)=0$$
$$\therefore \quad (x+2)(x^2-2ax+4)=0$$
よって, 実数解は $x=-2$ である. 題意が成り立つためには, 2次方程式
$$x^2-2ax+4=0 \qquad \cdots\cdots①$$
が虚数解をもつことが必要だから, 判別式を考えて
$$a^2-4<0$$
$$\therefore \quad -2<a<2 \qquad \cdots\cdots②$$
このとき, ①の虚数解は
$$x=a\pm\sqrt{4-a^2}\,i$$

ゆえに，もとの方程式の3解が正三角形をなす条件は，右図より

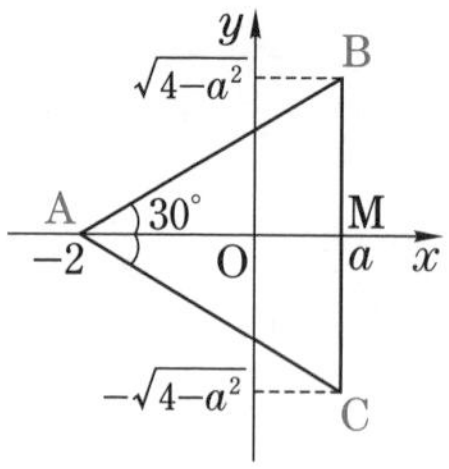

$$\text{AM} : \text{BM} = a+2 : \sqrt{4-a^2} = \sqrt{3} : 1$$

$$\therefore \quad 3(4-a^2) = (a+2)^2$$

$$\therefore \quad (a+2)(a-1) = 0$$

②に注意して求める値は $a=1$

(2) z を実数の範囲で考えると

$$\lim_{x \to \pm\infty} f(x) = \lim_{x \to \pm\infty} x^3\left(1 + \frac{b}{x} + \frac{c}{x^2} + \frac{d}{x^3}\right)$$

$$= \pm\infty \quad （複号同順）$$

よって，$f(z)=0$ は実数解をもつ．それを $z=k$ とすると

← $f(x)$ は連続である

$$f(z) = (z-k)(z^2+pz+q)$$

と表せる．ただし，p, q は実数である．

← 実際に $f(z)$ を $z-k$ で割ってみればよい

ゆえに，$f(z)=0$ が虚数解 α をもてば，それは

$$z^2+pz+q=0 \qquad \cdots\cdots③$$

← α が実数のときは $\alpha = \bar{\alpha}$ だから証明すべきことは何もない

の解であるから，$D=p^2-4q<0$．このとき，③の解は

$$z = \frac{-p \pm \sqrt{4q-p^2}\,i}{2}$$

となるので，$\bar{\alpha}$ も解である．

研究 〈高次方程式と複素数〉

2次方程式がいつでも解けるように，$i^2=-1$ を満たす虚数単位と呼ばれる新しい数を考えました．これからつくられる複素数

$$a+bi \quad （a, b は実数）$$

全体の範囲において，2次方程式はつねに解をもつのでした．

それでは，3次方程式，4次方程式，…と方程式の次数を上げるたびに新しい数を発明する必要があるのでしょうか？実はその心配はありません．しばしば数学史上最高の天才といわれるガウスが，弱冠22歳のときに次の結果を示したからです．

← ドイツ，1777〜1855

代数学の基本定理：複素数を係数にもつ n 次方程式は複素数の範囲にちょうど n 個の解をもつ．

← k 重解は k 個と数える

〈共役複素数〉

座標平面上の点 (a, b) が複素数 $a+bi$ を表すと考えたとき，この平面を**複素数平面**といいます．

複素数 $z=a+bi$ に対して $a-bi$ を z と共役な複素数といい $\bar{z}$ で表します．このとき

← z と $\bar{z}$ は x 軸に関して対称

$$a=\frac{z+\bar{z}}{2}, \quad b=\frac{z-\bar{z}}{2i}$$

← a, b をそれぞれ z の実部，虚部といい，記号 $\mathrm{Re}(z)$, $\mathrm{Im}(z)$ で表す

となるので，次のことが成り立ちます．

z が実数 $\iff b=0 \iff \bar{z}=z$

z が純虚数 $\iff \begin{cases} a=0 \\ z \neq 0 \end{cases} \iff \begin{cases} \bar{z}=-z \\ z \neq 0 \end{cases}$

また，複素数 α, β について，次のことが成り立ちます．

← $\alpha=a+bi$, $\beta=c+di$ とおくと簡単な計算で確かめられる

(1) $\overline{\alpha+\beta}=\bar{\alpha}+\bar{\beta}$ 　　(2) $\overline{\alpha-\beta}=\bar{\alpha}-\bar{\beta}$

(3) $\overline{\alpha\beta}=\bar{\alpha}\bar{\beta}$ 　　　　(4) $\overline{\left(\dfrac{\alpha}{\beta}\right)}=\dfrac{\bar{\alpha}}{\bar{\beta}}$

(3)でとくに $\beta=\alpha$ とすると，$\overline{\alpha^2}=(\bar{\alpha})^2$，よって $\overline{\alpha^3}=\overline{\alpha \cdot \alpha^2}=\bar{\alpha} \cdot \overline{\alpha^2}=(\bar{\alpha})^3$，くり返すと任意の自然数 n に対して

$$\overline{\alpha^n}=(\bar{\alpha})^n$$

となります．

〈(2)の別解〉

共役複素数を使って(2)の別証を与えます．$f(\alpha)=0$ より

$$\begin{aligned} 0=\bar{0}=\overline{f(\alpha)} &= \overline{\alpha^3+b\alpha^2+c\alpha+d} \\ &= \overline{\alpha^3}+\bar{b}\cdot\overline{\alpha^2}+\bar{c}\cdot\bar{\alpha}+\bar{d} \\ &= (\bar{\alpha})^3+b(\bar{\alpha})^2+c\bar{\alpha}+d \\ &= f(\bar{\alpha}) \end{aligned}$$

← 0 は実数

← 共役複素数の性質

← b, c, d は実数

したがって $\bar{\alpha}$ も解です．容易にわかるように，この結果は方程式の次数によりません．

演習問題

(109-1) a を実数とする．x の 3 次方程式 $x^3-ax-2a+8=0$ の 3 つの解が複素数平面において面積 6 の三角形の頂点となるとき，a の値を求めよ．

(109-2) 複素数 $z=x+yi$ （x, y は実数）は不等式 $1 \leqq z+\dfrac{1}{z} \leqq 4$ を満たしている．このとき，z の存在する範囲を複素数平面上に図示せよ． 　　　　(香川大)

第6章

標問 **110** 複素数の絶対値

kを実数として，2次方程式 $x^2+2kx+3k=0$ の2つの解を α, β $(\alpha \neq \beta)$ とする．i を虚数単位として次の問いに答えよ．

(1) $|\alpha-i|^2+|\beta-i|^2$ の値を k を用いて表せ．

(2) 複素数平面において，複素数 α, β, i を表す点をそれぞれ A，B，P とする．∠APB が直角になるような k の値を求めよ． (九州大)

精講 点 $z=a+bi$ と原点Oの距離を複素数 z の**絶対値**といい，$|z|$ で表します：

$$|z|=|a+bi|=\sqrt{a^2+b^2}$$

標問 **109** の共役複素数を使うと，等式

$$|z|^2=z\bar{z}$$

が成り立ちます．この関係式は $|z|$ を z のままで計算しようとするときに役立ちます．本問はその典型例です．また，2点 z と w の距離は $|z-w|$ で与えられます．

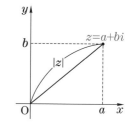

(1) 判別式 D の符号で α, β の状態が変化します．

$\begin{cases} \boldsymbol{D>0} \text{ のとき，異なる実数} \\ \boldsymbol{D<0} \text{ のとき，共役な虚数} \end{cases}$

この違いをしっかり理解した上で，解と係数の関係を利用しましょう．

(2) (1)は三平方の定理の利用を誘導しているので，$|\alpha-\beta|^2$ を計算します．

▶解法のプロセス◀

D の符号で場合分け
⇩
三平方の定理
⇩
$|\alpha-\beta|^2$ を求める

〈 **解答** 〉

(1) $L=|\alpha-i|^2+|\beta-i|^2$ とおく．

$x^2+2kx+3k=0$ の判別式を D とすると，

$$\frac{D}{4}=k^2-3k=k(k-3)$$

(i) $D>0$，すなわち，$k<0$ または $k>3$ のとき

$L=(\alpha-i)\overline{(\alpha-i)}+(\beta-i)\overline{(\beta-i)}$

$=(\alpha-i)(\bar{\alpha}+i)+(\beta-i)(\bar{\beta}+i)$

$=(\alpha-i)(\alpha+i)+(\beta-i)(\beta+i)$

$=\alpha^2+\beta^2+2=(\alpha+\beta)^2-2\alpha\beta+2$

← ここまでは D の符号によらず成り立つ

$\alpha+\beta=-2k$, $\alpha\beta=3k$ であるから
$$L=4k^2-6k+2$$

    ◀ 解と係数の関係

(ii) $D<0$, すなわち, $0<k<3$ のとき
$$\begin{aligned}L&=(\alpha-i)(\overline{\alpha}+i)+(\beta-i)(\overline{\beta}+i)\\&=(\alpha-i)(\beta+i)+(\beta-i)(\alpha+i)\\&=2\alpha\beta+2\\&=6k+2\end{aligned}$$

    ◀ $\beta=\overline{\alpha}\iff\overline{\beta}=\alpha$

(2)　k は実数であるから, i はこの 2 次方程式の解ではない. よって, $\angle$APB が直角となるための必要十分条件は
$$L=|\alpha-\beta|^2$$

    ◀ 三平方の定理

(i) $k<0$ または $k>3$ のとき
$$\begin{aligned}|\alpha-\beta|^2&=(\alpha-\beta)^2\\&=(\alpha+\beta)^2-4\alpha\beta\\&=4k^2-12k\end{aligned}$$
  よって, (1)より
$$4k^2-6k+2=4k^2-12k$$
$$\therefore\quad 6k+2=0$$
$$\therefore\quad k=-\frac{1}{3}$$

    ◀ $k<0$ または $k>3$ を満たす

(ii) $0<k<3$ のとき
$$\begin{aligned}|\alpha-\beta|^2&=(\alpha-\beta)(\overline{\alpha}-\overline{\beta})=-(\alpha-\beta)^2\\&=-4k^2+12k\end{aligned}$$
  よって, (1)より
$$6k+2=-4k^2+12k$$
$$\therefore\quad 4k^2-6k+2=2(2k-1)(k-1)=0$$
$$\therefore\quad k=\frac{1}{2},\ 1$$

    ◀ いずれも $0<k<3$ を満たす

(i), (ii)より
$$k=-\frac{1}{3},\ \frac{1}{2},\ 1$$

研究　〈(1)によらない別解〉

　　　　標問 **112**, **研究** の内容を先取りすれば, (1)を使わずに(2)を解くことができます.

　　　$\angle$APB が直角

$$\iff\frac{\beta-i}{\alpha-i}\ \text{が純虚数}$$

第6章

$$\Longleftrightarrow \frac{\beta-i}{\alpha-i}+\overline{\left(\frac{\beta-i}{\alpha-i}\right)}=0 \qquad \cdots\cdots\text{⑦} \quad \Longleftarrow \text{標問 109} \boxed{\text{研究}}$$

ここで

$$\text{⑦の左辺}=\frac{\beta-i}{\alpha-i}+\frac{\bar{\beta}+i}{\bar{\alpha}+i}$$

$$=\frac{(\beta-i)(\bar{\alpha}+i)+(\bar{\beta}+i)(\alpha-i)}{(\alpha-i)(\bar{\alpha}+i)}$$

よって，上式の分子を F とおくと

$$\angle\text{APB が直角} \Longleftrightarrow F=0$$

(ⅰ) $k<0$ または $k>3$ のとき

$$F=(\beta-i)(\alpha+i)+(\beta+i)(\alpha-i)$$
$$=2\alpha\beta+2$$
$$=6k+2$$

$F=0$ より

$$k=-\frac{1}{3}$$

(ⅱ) $0<k<3$ のとき

$$F=(\beta-i)(\beta+i)+(\alpha+i)(\alpha-i)$$
$$=\alpha^2+\beta^2+2$$
$$=4k^2-6k+2$$

$F=0$ より

$$k=\frac{1}{2},\ 1$$

したがって，**解答**と同じ結果が得られます．

なお，本問は解の公式を使って解いてから考えても，大変な計算にはなりません．

演習問題

110-1 $p,\ q$ を実数とする．2次方程式 $x^2-2px+q=0$ は虚数解 z をもち $|z-1|<2$ となるとき，点 $(p,\ q)$ がどのような範囲にあるかを座標平面上に図示せよ．

(三重大)

110-2 α を 0 でない複素数とする．複素数平面において，α を通り原点と α を結ぶ直線に垂直な直線を l とする．l 上の点 z は方程式

$$\bar{\alpha}z+\alpha\bar{z}=2|\alpha|^2$$

を満たすことを示せ．

(東北大)

間 **111** 　**三角不等式**

(1)　2つの複素数 α, β に対して，不等式
$$||\alpha|-|\beta||\leqq|\alpha+\beta|\leqq|\alpha|+|\beta|$$
が成り立つことを示せ．　　　　　　　　　　（奈良女子大）

(2)　複素数 a, b が $|a|+|b|<1$ を満たすとき，2次方程式
$$z^2+az+b=0$$
の2解の絶対値はともに1より小さいことを示せ．　（新潟大）

精講　　(1)　いわゆる三角不等式の証明問題
です．各辺を2乗して差をとり，
$|z|^2=z\bar{z}$ を用いて変形するのが1つの方法です．
しかし，複素数平面上で図形的に考える方がわか
りやすいでしょう．

(2)　正面から証明するのは意外と難しいかもし
れません．そんなときは背理法を使うのが定石で
す．
$$z^2=-(az+b)$$
として a, b だけを1辺に集め，さらに両辺を z^2
で割って"1"をつくり出します．

▶**解法のプロセス**
(1)　図形的に考える
(2)　背理法
⇩
$1=-\dfrac{a}{z}-\dfrac{b}{z^2}$ と変形
⇩
(1)を適用

〈　**解　答**　〉

(1)　α, β のうち少なくとも一方が0のとき，不等式
　　が成り立つことは明らかであるから，α, β はいず
　　れも0でないとする．複素数平面の原点をOとし
　　て，α, β を表す点をそれぞれA，B，$\alpha+\beta$ を表す
　　点をCとする．

　(i)　O，A，Bが1直線上にないとき，OACBは
　　　平行四辺形をなす．△OACにおいて2辺の和
　　　は他の1辺より大で，2辺の差は他の1辺より
　　　小であるから
　　　　　$|OA-AC|<OC<OA+AC$
　　　ここで，$AC=OB=|\beta|$ であるから
　　　　　$||\alpha|-|\beta||<|\alpha+\beta|<|\alpha|+|\beta|$
　　　が成り立つ．

　(ii)　O，A，Bが1直線上にあるとき，Oに関して

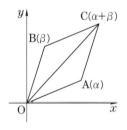

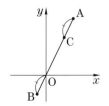

第6章

A，Bが同じ側にあれば
$$|\alpha+\beta|=|\alpha|+|\beta|$$
反対側にあれば
$$|\alpha+\beta|=||\alpha|-|\beta||$$
(i)，(ii)より，不等式
$$||\alpha|-|\beta||\leqq|\alpha+\beta|\leqq|\alpha|+|\beta|$$
が等号の成立条件も含めて証明された．

(2) $z^2+az+b=0$ ……① の解 z が
$$|z|\geqq1 \qquad\qquad ……②$$
を満たすと仮定する．①の両辺を z^2 で割ると　　　← 背理法
$$1+\frac{a}{z}+\frac{b}{z^2}=0 \qquad \therefore \quad 1=-\left(\frac{a}{z}+\frac{b}{z^2}\right)$$
両辺の絶対値をとって，(1)の不等式を用いると
$$1=\left|\frac{a}{z}+\frac{b}{z^2}\right|\leqq\frac{|a|}{|z|}+\frac{|b|}{|z|^2}$$
②より，$\dfrac{|a|}{|z|}\leqq|a|$，$\dfrac{|b|}{|z|^2}\leqq|b|$ であるから
$$1\leqq\frac{|a|}{|z|}+\frac{|b|}{|z|^2}\leqq|a|+|b|$$
これは条件 $|a|+|b|<1$ に反する．よって，
$|z|<1$ である．

研究 〈(1)の別証〉

初めに右側の不等式を証明します．
$$(|\alpha|+|\beta|)^2-|\alpha+\beta|^2$$
$$=|\alpha|^2+|\beta|^2+2|\alpha||\beta|-(\alpha+\beta)(\overline{\alpha}+\overline{\beta})$$
$$=2|\alpha||\beta|-(\alpha\overline{\beta}+\overline{\alpha}\beta)$$
$$=2|\alpha\overline{\beta}|-(\alpha\overline{\beta}+\overline{\alpha\overline{\beta}}) \qquad\qquad ← z+\overline{z}=2\mathrm{Re}(z)$$
$$=2\{|\alpha\overline{\beta}|-\mathrm{Re}(\alpha\overline{\beta})\}\geqq0 \qquad\qquad ← |z|\geqq\mathrm{Re}(z)$$
$$\therefore \quad |\alpha+\beta|\leqq|\alpha|+|\beta| \qquad\qquad ……㋐$$
左側の不等式は㋐を用いて
$$|\alpha|=|\alpha+\beta+(-\beta)| \qquad\qquad ← |-\beta|=|\beta|$$
$$\leqq|\alpha+\beta|+|\beta|$$
$$\therefore \quad |\alpha|-|\beta|\leqq|\alpha+\beta|$$
同様にして
$$|\beta|-|\alpha|\leqq|\alpha+\beta|$$
が示せるので
$$||\alpha|-|\beta||\leqq|\alpha+\beta|$$

が成り立ちます.

ただし,等号の成立条件を調べるのは,**解答**
の方法の方がやさしいでしょう.

〈(2)の別証〉

複素数 α に対して,$z^2=\alpha$ の解は 2 つありま　　←$\alpha=0$ のときは,ともに 0
す.一方を $\sqrt{\alpha}$ で表せば,他方は $-\sqrt{\alpha}$ です.
標問 **112** の極形式を用いて

$$\alpha=r(\cos\theta+i\sin\theta)$$

←$r=|\alpha|\geqq0,\ 0\leqq\theta<2\pi$

と表すと,標問 **113** のド・モアブルの定理から

$$\sqrt{\alpha}=\sqrt{r}\left(\cos\frac{\theta}{2}+i\sin\frac{\theta}{2}\right)$$

としてよいことが分かります.したがって

$$|\sqrt{\alpha}|=\sqrt{r}=\sqrt{|\alpha|} \qquad \cdots\cdots①$$

が成り立ちます.

複素数まで根号を拡張すると,
$z^2+az+b=0$ にも解の公式が使えて　　　←$a,\ b$ は複素数

$$z=\frac{-a\pm\sqrt{a^2-4b}}{2}$$

←三角不等式と①

ゆえに

$$|z|\leqq\frac{|a|+|\sqrt{a^2-4b}|}{2}=\frac{|a|+\sqrt{|a^2-4b|}}{2}$$

←再び三角不等式

$$\leqq\frac{|a|+\sqrt{|a^2|+4|b|}}{2}$$

←$|a|+|b|<1$ より
$|b|<1-|a|$

$$<\frac{|a|+\sqrt{|a|^2+4(1-|a|)}}{2}$$

$$=\frac{|a|+\sqrt{(2-|a|)^2}}{2}$$

←$|a|\leqq|a|+|b|<1$

$$=\frac{|a|+(2-|a|)}{2}=1$$

演習問題

(111) 複素数平面上に凸四角形 $O\alpha\gamma\beta$ がある.このとき,次の不等式を証明せ
よ.

$$|\alpha-\beta||\gamma|\leqq|\beta||\alpha-\gamma|+|\alpha||\gamma-\beta|$$

第6章

標問 **112** 極形式

> $e(\theta)=\cos\theta+i\sin\theta$ とおく.複素数 $z=a+bi$ (a, b は実数)について次の各問いに答えよ.
>
> (1) 点 z を原点Oを中心に $\dfrac{\pi}{2}$ だけ回転した点は iz であることを示せ.
>
> (2) 点 z を原点Oを中心に θ だけ回転した点は $e(\theta)z$ であることを示せ.
>
> (3) (2)を用いて,正弦と余弦の加法定理を証明せよ.

精 講　複素数の和・差を複素数平面でみると,**平面ベクトルと同様に振舞う**ので,新しいことは何もありません.ところが,積・商を複素数平面でみると,**回転と拡大あるいは縮小の合成を表す**ことがわかります.複素数平面を考える利点はここにあります.

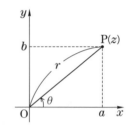

0でない複素数 $z=a+bi$ が表す点をPとします.$|z|=r$,実軸の正の部分を始線としたとき動径 OP の表す角を θ とすると,$a=r\cos\theta$,$b=r\sin\theta$ より

$$z=r(\cos\theta+i\sin\theta) \quad \cdots\cdots(*)$$

と表されます.これを z の**極形式**といいます.極形式は複素数の積・商と相性のいい表現方法です.

本問は教科書と逆の構成になっていることに注目しましょう.簡単な(1)から始めて逆に加法定理を証明します.

　(1) 2点 a と bi を,原点を中心に $\dfrac{\pi}{2}$ だけ回転

してみます.

　(2) (1)で,z を $e(\theta)$ とした結果を利用します.

　(3) (2)より,$e(\beta)(e(\alpha)\cdot 1)$ は点 1 を原点Oを中心に $\alpha+\beta$ だけ回転した点を表します.

解法のプロセス

(1) 2点 a と bi を $\dfrac{\pi}{2}$ 回転した点を求める

⇩

(2) (1)で $z=e(\theta)$ とする

⇩

(3) $e(\beta)(e(\alpha)\cdot 1)$ の意味を考える

〈　**解 答**　〉

(1) 原点を中心とする $\dfrac{\pi}{2}$ の回転によって,P(z) が　　　◀ $w_1=iz$ を示す

Q(w_1) に移るとする.

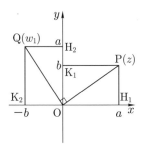

◆ 図は $a>0$, $b>0$ の場合であるが, これ以外の場合も同様

同じ回転によって, 長方形 OH_1PK_1 が長方形 OH_2QK_2 に移るとする. 2点 $H_1(a)$ と $K_1(bi)$ はそれぞれ $H_2(ai)$ と $K_2(-b)$ に移るから,
$$w_1=-b+ai=i(a+bi)=iz$$

(2) 原点を中心とする角 θ の回転によって, $P(z)$ が $R(w_2)$ に移るとする.

◆ $w_2=e(\theta)z$ を示す

(1)で, とくに $z=e(\theta)$ とおくと, $ie(\theta)$ は $e(\theta)$ を原点を中心に $\dfrac{\pi}{2}$ だけ回転した点である.

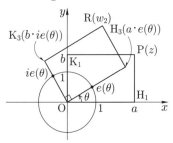

◆ 図は $a>0$, $b>0$ の場合であるが, これ以外の場合も同様

同じ角 θ の回転によって, 長方形 OH_1PK_1 が長方形 OH_3RK_3 に移るとすると, 2点 H_1, K_1 はそれぞれ $H_3(a\cdot e(\theta))$, $K_3(b\cdot ie(\theta))$ に移るから
$$w_2=a\cdot e(\theta)+b\cdot ie(\theta)=e(\theta)(a+bi)=e(\theta)z$$

(3) (2)より, $e(\beta)(e(\alpha)\cdot1)$ は点 1 を原点を中心に $\alpha+\beta$ だけ回転した点を表すから
$$e(\beta)(e(\alpha)\cdot1)=e(\alpha+\beta)\cdot1$$
$\therefore\quad e(\alpha+\beta)=e(\alpha)e(\beta)$ ……①

◆ 複素数の世界からみた加法定理

$\therefore\quad \cos(\alpha+\beta)+i\sin(\alpha+\beta)$
$=(\cos\alpha+i\sin\alpha)(\cos\beta+i\sin\beta)$
$=\cos\alpha\cos\beta-\sin\alpha\sin\beta+i(\sin\alpha\cos\beta+\cos\alpha\sin\beta)$
第1式と第3式を比較して, 加法定理を得る.

第6章

研究 〈複素数の積・商と，絶対値および偏角との関係〉

精講 (*)の θ を複素数 z の**偏角**といい

$$\theta = \arg z$$

← 偏角を意味する英語 argument に由来する

で表します．偏角は一般角ですから，z の1つの偏角を θ_0 とすると

$$\arg z = \theta_0 + 2n\pi \quad (n \text{ は整数})$$

となりますが，しばしば右辺の $2n\pi$ を省略します．

← arg を含む等式は 2π の整数倍の違いを無視したものと考える

0 でない2つの複素数 z_1，z_2 を極形式でそれぞれ

$$z_1 = r_1 e(\theta_1), \quad z_2 = r_2 e(\theta_2)$$

と表すと，**解答**の①より

$$z_1 z_2 = r_1 r_2 e(\theta_1 + \theta_2)$$

となるので，書き直せば次のことが成り立ちます．

(1) $|z_1 z_2| = |z_1||z_2|$

(2) $\arg(z_1 z_2) = \arg z_1 + \arg z_2$

したがって，商との関係は

(3) $\left|\dfrac{z_1}{z_2}\right| = \dfrac{|z_1|}{|z_2|}$

$\leftarrow$ $|z_1| = \left|\dfrac{z_1}{z_2} \cdot z_2\right|$
$= \left|\dfrac{z_1}{z_2}\right||z_2|$

(4) $\arg\left(\dfrac{z_1}{z_2}\right) = \arg z_1 - \arg z_2$

$\arg z_1 = \arg\left(\dfrac{z_1}{z_2} \cdot z_2\right)$
$= \arg\left(\dfrac{z_1}{z_2}\right) + \arg z_2$

となります．

(1)で，とくに $z_1 = z_2 = z$ とすると

$$|z^2| = |z|^2$$

$$\therefore \quad |z^3| = |z^2 \cdot z| = |z^2||z| = |z|^3$$

この操作をくり返せば，任意の自然数 n に対して

(5) $|z^n| = |z|^n$

← $n = 0$ でも成り立つ

同様に，偏角についても等式

(6) $\arg z^n = n \arg z$

← $e(\theta)^n = e(n\theta)$ と書くこともできる

が成り立ちます．

演習問題

(112-1) 研究 の(6)を用いて，$\cos 3\theta$，$\sin 3\theta$ をそれぞれ $\cos\theta$，$\sin\theta$ の多項式で表せ．

(112-2) 研究 の(5)と(6)は，n が負の整数でも成り立つことを示せ．

(112-3) 点 (x, y) を原点を中心に角 θ だけ回転した点の座標を求めよ．

問 **113** **ド・モアブルの定理**

(1) θ を $0 \leqq \theta < 2\pi$ を満たす実数, i を虚数単位とし, z を

$z = \cos\theta + i\sin\theta$ で表される複素数とする. このとき, 整数 n に対して次
の式を証明せよ.

$$\cos n\theta = \frac{1}{2}\left(z^n + \frac{1}{z^n}\right), \quad \sin n\theta = -\frac{i}{2}\left(z^n - \frac{1}{z^n}\right)$$

(2) 次の等式を証明せよ.

$$\sin^2 20° + \sin^2 40° + \sin^2 60° + \sin^2 80° = \frac{9}{4}$$

(九州大)

→ 精講 (1) $\arg z^n = n \arg z$ を極形式で書
き直した等式

$$(\cos\theta + i\sin\theta)^n = \cos n\theta + i\sin n\theta$$

をド・モアブルの定理といいます. ただし, n は
任意の整数です. これを使えば直ちに証明できま
す.

(2) 半角の公式を用いて左辺の次数を下げてか
ら(1)の結果を適用すると, 一工夫で等比数列の和
が現れます.

解法のプロセス

(2) 左辺をコサインの1次式に
直す

⇩

(1)の結果を適用

⇩

等比数列の和に直す

〈 解 答 〉

(1) $z = \cos\theta + i\sin\theta$ より ……①

$z^n = \cos n\theta + i\sin n\theta$

← ド・モアブルの定理

∴ $\dfrac{1}{z^n} = \dfrac{1}{\cos n\theta + i\sin n\theta} = \cos n\theta - i\sin n\theta$

ゆえに,

$$\cos n\theta = \frac{1}{2}\left(z^n + \frac{1}{z^n}\right) \qquad ……②$$

$$\sin n\theta = \frac{1}{2i}\left(z^n - \frac{1}{z^n}\right) = -\frac{i}{2}\left(z^n - \frac{1}{z^n}\right)$$

(2) 証明すべき等式の左辺を P とおく.

$$P = \frac{1 - \cos 40°}{2} + \frac{1 - \cos 80°}{2} + \frac{1 - \cos 120°}{2} + \frac{1 - \cos 160°}{2}$$

$$= 2 - \frac{1}{2}(\cos 40° + \cos 80° + \cos 120° + \cos 160°) \qquad ……③$$

①で $\theta = 40°$ とおくと

第6章

$$z^9 = \cos 360° + i \sin 360° = 1 \qquad \cdots\cdots④$$

一方, ③の括弧の中身を Q とおくと, ②より

$$Q = \frac{1}{2}\left\{\left(z+\frac{1}{z}\right)+\left(z^2+\frac{1}{z^2}\right)+\left(z^3+\frac{1}{z^3}\right)+\left(z^4+\frac{1}{z^4}\right)\right\}$$

$$= \frac{1}{2}\left\{\left(\frac{1}{z^4}+\frac{1}{z^3}+\frac{1}{z^2}+\frac{1}{z}+1+z+z^2+z^3+z^4\right)-1\right\} \quad \text{← } 1\text{を補って等比数}\\ \qquad\qquad\qquad\qquad\qquad\qquad\qquad\qquad\qquad\qquad\qquad\qquad \text{列の和に直す}$$

$$= \frac{1}{2}\left\{\frac{z^{-4}(1-z^9)}{1-z}-1\right\} = -\frac{1}{2} \qquad\qquad \text{←④による}$$

ゆえに

$$P = 2 - \frac{1}{2}\cdot\left(-\frac{1}{2}\right) = \frac{9}{4}$$

研究 $\left\langle \sum_{k=-4}^{4} z^k = 0 \text{ について}\right\rangle$

$z = \cos 40° + i \sin 40°$ のとき, $z^k\ (k=0,\ \pm1,\ \pm2,\ \pm3,\ \pm4)$ は方程式 $z^9-1=0$ の解を尽くしている (標問 **114**) ので, 総和が 0 となることは解と係数の関係を使うと計算しなくても分かります.

〈別の方法で Q を求める〉

$\alpha = 20°$ とおくと, $Q = \cos 2\alpha + \cos 4\alpha + \cos 6\alpha + \cos 8\alpha$. よって

$$(\sin\alpha)Q = \sum_{k=1}^{4} \sin\alpha\cos 2k\alpha \qquad\qquad \text{←積を和に直す}$$

$$= \frac{1}{2}\sum_{k=1}^{4}\{\sin(2k+1)\alpha - \sin(2k-1)\alpha\}$$

$$= \frac{1}{2}(\sin 9\alpha - \sin\alpha) = -\frac{1}{2}\sin\alpha \qquad \text{←}9\alpha=180°$$

これから, $Q = -\frac{1}{2}$ となります.

演習問題

(113-1) $k,\ n$ を自然数とし, θ は $\sin\theta \neq 0$ を満たすとする. このとき, 次の等式が成り立つことを示せ.

$$\frac{1}{2}+\sum_{k=1}^{n}\cos 2k\theta = \frac{\sin(2n+1)\theta}{\sin\theta} \qquad\qquad \text{(早稲田大)}$$

(113-2) $z^3 - 3z\bar{z} + 4 = 0$ を満たす複素数 z をすべて求めよ. (九州工業大)

問 **114** **1のn乗根 (1)**

(1) $z^5=1$ のすべての解を複素数平面上に図示せよ.

(2) (1)で，$z^5=1$ の解のうち第1象限にある虚数解をαとする. このとき，$t=\alpha+\bar{\alpha}$ は $t^2+t-1=0$ を満たすことを示せ.

(3) (2)を利用して $\cos\dfrac{2\pi}{5}$ の値を求めよ. (金沢大)

精講 (1) 解の絶対値を求めたら，ド・モアブルの定理を使って偏角を決めます. 解の実部と虚部の値がわからなくとも，これだけで図示することができます.

(2) $\alpha \neq 1$ と，$|\alpha|=1 \Longleftrightarrow \bar{\alpha}=\dfrac{1}{\alpha}$ に注意しましょう.

> **解法のプロセス**
>
> ド・モアブルの定理を使って解を求める
>
> ⇩
>
> $\bar{\alpha}=\dfrac{1}{\alpha}$ に注意

《 **解 答** 》

(1) $z^5=1$ ……① より，$|z^5|=|z|^5=1$ であるから
$$|z|=1$$
したがって，①の解は
$$z=\cos\theta+i\sin\theta \quad (0\leqq\theta<2\pi)$$
とおける. ①に代入すると，ド・モアブルの定理より
$$\cos5\theta+i\sin5\theta=1$$
∴ $5\theta=2\pi\cdot k$ （k は整数）

∴ $\theta=\dfrac{2\pi}{5}k$

ただし，$0\leqq\theta<2\pi$ より，$k=0,\ 1,\ 2,\ 3,\ 4$ である.

ゆえに
$$z_k=\cos\dfrac{2\pi}{5}k+i\sin\dfrac{2\pi}{5}k$$
とおくと，①の解は
$$z=z_0,\ z_1,\ z_2,\ z_3,\ z_4$$
である. これを図示すれば，右図の正五角形の頂点となる.

← z の偏角が一意的に決まるように θ を制限

← $\arg 1=0$

← 代数学の基本定理より解は5個あるはず

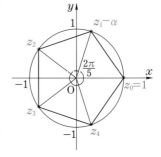

第6章

(2)　$\alpha = z_1$ であり，次式が成り立つ.

$$t = \alpha + \overline{\alpha} = \alpha + \frac{1}{\alpha} \qquad \cdots\cdots ②$$

$\alpha^5 - 1 = (\alpha - 1)(\alpha^4 + \alpha^3 + \alpha^2 + \alpha + 1) = 0,\ \alpha \neq 1$ より

$\qquad \alpha^4 + \alpha^3 + \alpha^2 + \alpha + 1 = 0$ ← 両辺を α^2 で割る

$\therefore\ \ \alpha^2 + \frac{1}{\alpha^2} + \left(\alpha + \frac{1}{\alpha}\right) + 1 = 0$ ← $\alpha^2 + \frac{1}{\alpha^2} = \left(\alpha + \frac{1}{\alpha}\right)^2 - 2$

$\therefore\ \ t^2 + t - 1 = 0 \qquad \cdots\cdots ③$

(3)　②より $t = 2\cos\dfrac{2\pi}{5} > 0$，かつ t は③を満たす.

$$\therefore\ \ \cos\frac{2\pi}{5} = \frac{1}{2} \cdot \frac{-1 + \sqrt{5}}{2} = \frac{\sqrt{5} - 1}{4}$$

研究　〈**解全体はただ1つの解 α で表せる**〉

$$\alpha = \cos\frac{2\pi}{5} + i\sin\frac{2\pi}{5}$$

を使うと，$z_k = \alpha^k$ となるので，$z^5 = 1$ の解全
体の集合は

$\qquad \{\alpha^0(=1),\ \alpha,\ \alpha^2,\ \alpha^3,\ \alpha^4\}$

となります.

〈**$z^n = 1$ への一般化**〉

　標問 **114**(1)が一般化できることは明らかで
す.　n を任意の自然数とするとき

$$\alpha = \cos\frac{2\pi}{n} + i\sin\frac{2\pi}{n}$$

とおくと，$z^n = 1$ の解全体の集合は

$\qquad \{\alpha^0(=1),\ \alpha,\ \alpha^2,\ \cdots,\ \alpha^{n-1}\}$

と表せます.　そして，これらを複素数平面上に
図示すると，単位円に内接する**正 n 角形の頂点**
となります.　この事実は重要ですからしっかり
覚えておきましょう.

← このことは，$z^n = 1$ の解が関係する問題を解くことを容易にする

演習問題

(114-1)　$z^4 = -8 + 8\sqrt{3}\,i$ を満たす複素数 z のうち，実数部分が最大であるもの
を求めよ.　　　　　　　　　　　　　　　　　　　　　　　　　　（日本医科大）

(114-2)　$z^6 + z^3 + 1 = 0$ を満たす複素数 z の偏角 θ をすべて求めよ.　ただし，
$0° \leqq \theta < 360°$ とする.

調 **115** 　**1 の n 乗根** (2)

> n を 3 以上の自然数とするとき次を示せ. ただし, $\alpha = \cos\dfrac{2\pi}{n} + i\sin\dfrac{2\pi}{n}$
>
> とし, i を虚数単位とする.
>
> (1) 　$\alpha^k + \overline{\alpha}^k = 2\cos\dfrac{2\pi k}{n}$ 　(k は自然数)
>
> (2) 　$n = (1-\alpha)(1-\alpha^2)\cdots(1-\alpha^{n-1})$
>
> (3) 　$\dfrac{n}{2^{n-1}} = \sin\dfrac{\pi}{n}\sin\dfrac{2\pi}{n}\cdots\sin\dfrac{n-1}{n}\pi$ 　　　　　　(北海道大)

精講　(1) 標問 **113**(1)と同じです.

(2) α は $z^n = 1$ の 1 つの解であり, 解全体は

　　　$1, \alpha, \alpha^2, \cdots, \alpha^{n-1}$

で与えられることを思い出しましょう. 当然ですが, $\alpha \neq 1$ であることに注意が必要です.

(3) 受験数学では, (3)**を解くときは(1)と(2)を**しっかり見よ, というのが大原則です. そして, (2)の両辺の絶対値をとる気になれば, 解決に向けて大きく前進したことになります. 後は(1)を使って計算だけで済ますか, あるいは $z^n = 1$ の解の図形的性質を利用します.

解法のプロセス

(2) $z^n = 1$ の解全体は α で表せる

(3) (2)の式の絶対値をとる
　　　⇩
　　(1)の利用

$z^n = 1$ の解全体は正 n 角形の頂点

第6章

〈　**解　答**　〉

(1) 　$\alpha^k = \cos\dfrac{2\pi k}{n} + i\sin\dfrac{2\pi k}{n}$ であるから

　　　$\alpha^k + \overline{\alpha}^k = \alpha^k + \overline{\alpha^k} = 2\cos\dfrac{2\pi k}{n}$

(2) 　方程式 $z^n = 1$ の解は $1, \alpha, \alpha^2, \cdots, \alpha^{n-1}$ であり

　　　$z^n - 1 = (z-1)(z^{n-1} + z^{n-2} + \cdots + z + 1)$

であるから, $z^{n-1} + z^{n-2} + \cdots + z + 1 = 0$ の解は α, $\alpha^2, \cdots, \alpha^{n-1}$ である.

よって

　　　$z^{n-1} + z^{n-2} + \cdots + z + 1$

　　　$= (z-\alpha)(z-\alpha^2)\cdots(z-\alpha^{n-1})$

が成り立つ. この式に $z = 1$ を代入して

　　　$n = (1-\alpha)(1-\alpha^2)\cdots(1-\alpha^{n-1})$

← 初めてだとビックリする

(3) (2)より

$$n=|1-\alpha||1-\alpha^2|\cdots|1-\alpha^{n-1}| \qquad \cdots\cdots①$$

ここで,$k=1,\ 2,\ \cdots,\ n-1$ に対して

$$|1-\alpha^k|^2=(1-\alpha^k)(1-\overline{\alpha}^{\,k}) \qquad\qquad ← |z|^2=z\bar{z}$$
$$=1-(\alpha^k+\overline{\alpha}^{\,k})+|\alpha|^{2k} \qquad\qquad ← (1),\ |\alpha|=1$$
$$=2\Big(1-\cos\frac{2k\pi}{n}\Big)=2\cdot2\sin^2\frac{k\pi}{n} \qquad ← 半角の公式$$

$$\therefore\ \ |1-\alpha^k|=2\Big|\sin\frac{k\pi}{n}\Big|=2\sin\frac{k\pi}{n} \qquad \cdots\cdots② \qquad ← 0<\frac{k\pi}{n}<\pi$$

①,②より

$$\frac{n}{2^{n-1}}=\sin\frac{\pi}{n}\sin\frac{2\pi}{n}\cdots\sin\frac{n-1}{n}\pi$$

研究 〈(3)の別解〉

$\{1,\ \alpha,\ \alpha^2,\ \cdots,\ \alpha^{n-1}\}$ は

正 n 角形の頂点をなすから,右図より

$$|1-\alpha^k|=P_0P_k=2P_0M=2\sin\frac{k\pi}{n}$$

となる.

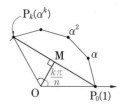

演習問題

(115-1) n を自然数とし,複素数 $z=\cos\theta+i\sin\theta$ は $z^n=1$ を満たすとして以下の和 $S_1,\ S_2,\ S_3$ の値を求めよ.

(1) $S_1=1+z+z^2+\cdots+z^{n-1}$

(2) $S_2=1+\cos\theta+\cos2\theta+\cdots+\cos(n-1)\theta$

(3) $S_3=1+\cos^2\theta+\cos^2 2\theta+\cdots+\cos^2(n-1)\theta$

(115-2) n を 2 以上の自然数とする.

(1) $\displaystyle\sum_{k=0}^{n-1}\Big(\cos\frac{2k\pi}{n}+i\sin\frac{2k\pi}{n}\Big)=0$ を示せ.

(2) 原点を中心とする半径 1 の円周上に,円周を n 等分する点 $A_0,\ A_1,\ \cdots,$ A_{n-1} をとる.さらに,原点を中心とする半径 $\dfrac{1}{2}$ の円周上に点 P をとり,線分 A_kP の長さを $l_k(P)$ とおく.このとき

$$\sum_{k=0}^{n-1}l_k(P)^2$$

は P の位置によらず一定の値になることを示せ.また,その値を求めよ.

(千葉大)

問 **116** ド・モアブルの定理の応用

絶対値が1である複素数 z と正の整数 n が，$z^n-z+1=0$ を満たしているとする．i を虚数単位とする．以下の問いに答えよ．

(1) $|z-1|$ を求めよ．

(2) z は $z=\dfrac{1+\sqrt{3}\,i}{2}$ または $z=\dfrac{1-\sqrt{3}\,i}{2}$ に限られることを証明せよ．

(3) n を6で割ったときの余りは2に限られることを証明せよ．　　（岐阜大）

> ● **精講**　(1) $z-1=z^n$ として両辺の絶対値をとります．
>
> (2) 2円 $|z|=1$ と $|z-1|=1$ の交点を求めることに帰着します．
>
> (3) (2)の結果から，ド・モアブルの定理を用いて z^n を計算して，$z-1$ と比較します．

> ▶ 解法のプロセス
>
> $|z-1|=|z^n|$ とする
> $\Updownarrow$
> (2)
> $\Downarrow$
> ド・モアブルの定理を使って z^n を計算

〈 **解答** 〉

(1) $|z|=1$ ……①．$z^n-z+1=0$ より

$$z-1=z^n \qquad\qquad ……②$$

②の両辺の絶対値をとると，①より

$$|z-1|=|z^n|=|z|^n=1$$

(2) (1)より，z は2円 $|z|=1$ と $|z-1|=1$ の交点でなければならないから

$$z=\frac{1+\sqrt{3}\,i}{2},\ \frac{1-\sqrt{3}\,i}{2}$$

に限られる．

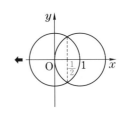

(3) (2)より，複号はすべて同順として

$$z=\cos(\pm60°)+i\sin(\pm60°)$$

$\therefore\ z^n=\cos(\pm60°\times n)+i\sin(\pm60°\times n)$

$$z-1=\frac{-1\pm\sqrt{3}\,i}{2}=\cos(\pm120°)+i\sin(\pm120°)$$

したがって，②より

$$\pm60°\times n=\pm120°+360°\times k \quad (k \text{ は整数})$$

$\therefore\ n=2\pm6k$

ゆえに，n を6で割った余りは2に限られる．

研究 〈(2)の反転による別解〉

$w=\dfrac{1}{z}$ で定まる変換 $z \rightarrow w$ を，円 $|z|=1$

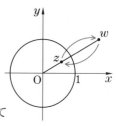

に関する**反転**といいます． $\arg w=-\arg \overline{z}=\arg z$
より z と w は原点を始点とする半直線上にあり，

$|z|>1$ のとき $|w|<1$,

$|z|<1$ のとき $|w|>1$

となるので，**円の内部と外部が入れ変わります．** そして

$$|z|=1 \iff z=\dfrac{1}{z}$$

だから，**円周 $|z|=1$ 上の点は動きません．**

②の表す図形（n 個の点）を反転すると

$$\left(\dfrac{1}{z}\right)^n-\dfrac{1}{z}+1=\overline{\dfrac{1}{z^n}-\dfrac{1}{z}+1}=0$$

$$\therefore \quad z-z^n+z^{n+1}=0 \qquad \cdots\cdots ⑦$$

◆ $\dfrac{1}{z^n}-\dfrac{1}{z}+1=0$ より
$1-z^{n-1}+z^n=0$
さらに両辺に z を掛ける

上記の説明から，①と②を同時に満たす点は②と
⑦を同時に満たす点です．

②を⑦に代入すると

$$z-(z-1)+z(z-1)=0$$

$$\therefore \quad z^2-z+1=0$$

したがって

$$z=\dfrac{1\pm\sqrt{3}\,i}{2}$$

であることが必要です．

演習問題 ⑪⑯-2 でも反転が使えます．

演習問題

⑪⑯-1 n を 2 以上の自然数とする． z を未知数とする方程式 $z^n=(z-i)^n$ について，次の問いに答えよ．

(1) α をこの方程式の解とするとき，α の虚数部分は $\dfrac{1}{2}$ であることを示せ．

(2) この方程式が絶対値 1 の解をもつための，n についての条件を求めよ．またこのときの絶対値 1 の解を求めよ． （旭川医科大）

⑪⑯-2 次式を満たす複素数 z, w をすべて求めよ．

$$|z|=|w|=1, \quad z^2+w^2=z+w$$

（一橋大）

117　複素数と三角形

a, b は実数で，$a>0$ とする．z に関する方程式

$$z^3+3az^2+bz+1=0 \qquad \cdots\cdots\text{\textcircled{*}}$$

は3つの相異なる解をもち，それらは複素平面上で1辺の長さが $\sqrt{3}\,a$ の正三角形の頂点となっているとする．このとき，a, b と\textcircled{*}の3つの解を求めよ．

（京都大）

精講　　具体的な解が1つも分からない点が標問 **109** (1)との違いです．

\textcircled{*}が虚数解をもち，それと共役な複素数も解であることから出発して，条件を解の形に反映させたら，解と係数の関係を適用します．

▶ **解法のプロセス**
> 解は実数と，共役な虚数
> ⇩
> 条件を考慮して解をおき
> 解と係数の関係を使う

〈　**解　答**　〉

\textcircled{*}の3つの解は全てが実数ではないから，虚数解 α をもつ．

\textcircled{*}の係数は実数であるから，$\overline{\alpha}$ も解である．残りの解は実数である．それを t とおく．

α, $\overline{\alpha}$, t は1辺の長さが $\sqrt{3}\,a$ の正三角形の頂点となっているから

$$\alpha = t \pm \frac{3}{2}a + \frac{\sqrt{3}}{2}ai$$

としてよい．

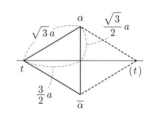

(i)　$\alpha = t + \dfrac{3}{2}a + \dfrac{\sqrt{3}}{2}ai$ のとき

解と係数の関係より

$$\begin{cases} 3t+3a=-3a & \cdots\cdots\text{①} \\ (2t+3a)t+\left(t+\dfrac{3}{2}a\right)^2+\dfrac{3}{4}a^2=b & \cdots\cdots\text{②} \\ \left\{\left(t+\dfrac{3}{2}a\right)^2+\dfrac{3}{4}a^2\right\}t=-1 & \cdots\cdots\text{③} \end{cases}$$

◀ $\begin{cases} \alpha+\overline{\alpha}+t=-3a \\ \alpha t+\overline{\alpha}t+\alpha\overline{\alpha}=b \\ \alpha\overline{\alpha}t=-1 \end{cases}$

①より

$$t=-2a \qquad \cdots\cdots\text{④}$$

これを②，③に代入して

$$\begin{cases} 3a^2=b & \cdots\cdots\text{⑤} \\ -2a^3=-1 & \cdots\cdots\text{⑥} \end{cases}$$

a は実数であるから，⑥より，$a = \dfrac{1}{\sqrt[3]{2}}$

これを④，⑤に代入して $t = -\sqrt[3]{4}$，$b = \dfrac{3}{\sqrt[3]{4}}$

$\therefore$ $\alpha = -\sqrt[3]{4} + \dfrac{3}{2\sqrt[3]{2}} + \dfrac{\sqrt{3}}{2\sqrt[3]{2}}i = \dfrac{1}{2\sqrt[3]{2}}(-1+\sqrt{3}\,i)$

したがって，①の解は $z = -\sqrt[3]{4}$，$\dfrac{1}{2\sqrt[3]{2}}(-1\pm\sqrt{3}\,i)$

(ii) $\alpha = t - \dfrac{3}{2}a + \dfrac{\sqrt{3}}{2}ai$ のとき

解と係数の関係より

$$\begin{cases} 3t - 3a = -3a & \cdots\cdots ⑦ \\ (2t-3a)t + \left(t - \dfrac{3}{2}a\right)^2 + \dfrac{3}{4}a^2 = b & \cdots\cdots ⑧ \\ \left\{\left(t - \dfrac{3}{2}a\right)^2 + \dfrac{3}{4}a^2\right\}t = -1 & \cdots\cdots ⑨ \end{cases}$$

⑦より，$t = 0$ となるが，これは⑨を満たさないので
この場合は不適である．

(i)，(ii)より $a = \dfrac{1}{\sqrt[3]{2}}$，$b = \dfrac{3}{\sqrt[3]{4}}$

(✻)の3つの解は $z = -\sqrt[3]{4}$，$\dfrac{1}{2\sqrt[3]{2}}(-1\pm\sqrt{3}\,i)$

演習問題

117-1 複素数 α，β は，$\alpha^2 - 2\alpha\beta + 4\beta^2 = 0$，$|\alpha - 2\beta| = 4$ の関係を満たす．複素数平面上に，原点 O，A(α)，B(β) の3点をとる．$\angle$AOB の値を求めよ．また，$\triangle$AOB の面積の値を求めよ． （岐阜薬科大）

117-2 異なる複素数 α，β，γ が $2\alpha^2 + \beta^2 + \gamma^2 - 2\alpha\beta - 2\alpha\gamma = 0$ を満たすとき，次の問いに答えよ．

(1) $\dfrac{\gamma - \alpha}{\beta - \alpha}$ の値を求めよ．また，複素数平面上で，3点 A(α)，B(β)，C(γ) を頂点とする $\triangle$ABC はどのような三角形か．

(2) α，β，γ が x の3次方程式 $x^3 + kx + 20 = 0$ （k は実数の定数）の解であるとき，α，β，γ および k を求めよ． （横浜国立大）

117-3 z は複素数で，$|z| = 1$，$0 < \arg z < \pi$ とする．複素数平面上の四角形 Q の4つの頂点を表す複素数がそれぞれ 1，z，z^2，z^3 であるという．

(1) Q は2頂点 1 と z^3 がとなり合う台形であることを示せ．

(2) Q の2つの対角線が直交するときの z をすべて求めよ． （旭川医科大）

118 **図形の回転**

複素数平面上に三角形 ABC がある．三角形 ABC の重心 G を中心とし，点 B，C をそれぞれ $-120°$，$120°$ 回転して得られる点をそれぞれ B′，C′ とする．三角形 AB′C′ は正三角形であることを示せ． (東京医科大)

▷ **精 講** 点 z を点 α を中心に角 θ だけ回転した点を w とすると

$$\frac{w-\alpha}{z-\alpha}=\cos\theta+i\sin\theta$$

$$\therefore\quad w=\alpha+(\cos\theta+i\sin\theta)(z-\alpha)$$

となります．

▶ **解法のプロセス**

回転
⇓
できれば回転の中心を原点にとる

〈 **解 答** 〉

G を原点 O に重ね，A，B，C，B′，C′ を表す複素数をそれぞれ α，β，γ，β'，γ' とする．また

$$\omega=\cos 120°+i\sin 120°$$

とおくと，原点を中心とする $-120°$，$60°$ の回転は，それぞれ ω^2，$-\omega^2$ で与えられる．

$\gamma'=\omega\gamma$，$\beta'=\omega^2\beta$ より

$$\begin{cases} \gamma'-\alpha=\omega\gamma-\alpha \\ \beta'-\alpha=\omega^2\beta-\alpha \end{cases}$$

ただし，△ABC の重心は原点ゆえ

$$\alpha+\beta+\gamma=0$$

よって

$$\begin{aligned} -\omega^2(\beta'-\alpha)&=-\omega^2(\omega^2\beta-\alpha) \\ &=-\omega(-\gamma-\alpha)+\omega^2\alpha \\ &=\omega\gamma+(\omega^2+\omega)\alpha \\ &=\omega\gamma-\alpha=\gamma'-\alpha \end{aligned}$$

◀ $\begin{cases} \omega^3=1 \\ \beta=-\gamma-\alpha \end{cases}$

◀ $\omega^2+\omega+1=0$

ゆえに，△AB′C′ は正三角形である．

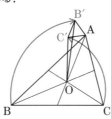

演習問題

118 複素数平面上に三角形 ABC と，これと重ならない 2 つの正三角形 ADB，ACE とがある．線分 AB，AC の中点をそれぞれ K，L，線分 DE，KL の中点をそれぞれ M，N とする．このとき，直線 MN と直線 BC とは垂直であることを示せ． (名古屋工業大)

標問 **119** アポロニウスの円と1次変換 ⑴

複素数 z が等式 $\left|\dfrac{z-2}{z-1}\right|=2$ を満たすとき

⑴ 複素数平面上で点 z はどのような図形を描くか.

⑵ $w=\dfrac{z-1}{z}$ とおく. 点 w はどのような図形を描くか.

⑶ $\zeta=\dfrac{z}{z-1}$ とおく. 点 ζ はどのような図形を描くか. (慶應義塾大)

> **精講** ⑴ 2定点からの距離の比が一定
> (1:1を除く)である点の軌跡は円
> になります. このようにして決まる円を, とくに
> **アポロニウスの円**といいます. z のまま計算する
> 方法と, $z=x+yi$ とおいて x, y を使って計算
> する方法があります. どちらの方法でもできるよ
> うにしましょう.

> ⑵ z について解くと $z=\dfrac{-1}{w-1}$. これを z の
> 満たす関係式に代入して, w の満たす関係式を導
> きます.

> ⑶ ⑵と同様にしてもできますが, $\zeta=\dfrac{1}{w}$ に
> 注目して⑵を利用する方が簡単です.

▶**解法のプロセス**
⑴ $|z|^2=z\bar{z}$ を使うか
  $z=x+yi$ とおく
⑵ 逆に解く
⑶ $\zeta=\dfrac{1}{w}$ に注目する

< **解 答** >

⑴ $|z-2|=2|z-1|$ ……① より
  $|z-2|^2=4|z-1|^2$ ……②
$z=x+yi$ (x, y は実数) とおくと,
  $(x-2)^2+y^2=4\{(x-1)^2+y^2\}$
 ∴ $3x^2+3y^2-4x=0$
 ∴ $\left(x-\dfrac{2}{3}\right)^2+y^2=\dfrac{4}{9}$ ……③

したがって, 点 z が描く図形は, 点 $\dfrac{2}{3}$ を中心と

する半径 $\dfrac{2}{3}$ の円である.

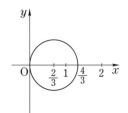

(2) $w=\dfrac{z-1}{z}$ より $z=\dfrac{-1}{w-1}$. これを①に代入すると

$$\left|\dfrac{-1}{w-1}-2\right|=2\left|\dfrac{-1}{w-1}-1\right|$$

$$\therefore \quad |2w-1|=2|w| \qquad\qquad \cdots\cdots④$$

$$\therefore \quad \left|w-\dfrac{1}{2}\right|=|w|$$

すなわち, 点 w は原点と点 $\dfrac{1}{2}$ から等距離にある.

ゆえに, 点 w が描く図形は, 直線 $x=\dfrac{1}{4}$ である.　　　$\leftarrow$ 円③上の原点で

$$\dfrac{z-1}{z} \text{ の分母}=0$$

(3) $\zeta=\dfrac{1}{w}$ より $w=\dfrac{1}{\zeta}$. これを④に代入すると

$$\left|\dfrac{2}{\zeta}-1\right|=2\dfrac{1}{|\zeta|} \qquad \therefore \quad |\zeta-2|=2$$

ゆえに, 点 ζ は点 2 を中心とする半径 2 の円を描く.　$\leftarrow$ 円③上で

$$\dfrac{z}{z-1} \text{ の分母}\neq0$$

研究

〈(1)の別解〉

z のまま計算してみます. ②より

$$(z-2)(\bar{z}-2)=4(z-1)(\bar{z}-1)$$

$$3z\bar{z}-2(z+\bar{z})=0$$

$$\left(z-\dfrac{2}{3}\right)\left(\bar{z}-\dfrac{2}{3}\right)=\dfrac{4}{9}$$

$$\therefore \quad \left|z-\dfrac{2}{3}\right|=\dfrac{2}{3}$$

このようにしても同じ結論が得られます.

〈1次変換〉　複素数 a, b, c, d を用いて

$$w=\dfrac{az+b}{cz+d} \quad (ad-bc\neq0) \qquad\qquad \cdots\cdots㋐$$

$\leftarrow ad-bc=0$ だと
$w=$ 一定 となり
逆変換が存在しない

と表される複素数平面の変換を**1次変換**といいます. 本問の(2), (3)はその例です. そこでは, 円の像が直線または円となりましたが, このことは一般に成り立ちます. すなわち

　　　　1次変換による円の像は, 円または直線である

$$\cdots\cdots㋑$$

ことが簡単にわかります：㋐の右辺を実際に割ると

$$w=\dfrac{bc-ad}{c^2\left(z+\dfrac{d}{c}\right)}+\dfrac{a}{c}$$

$\leftarrow$ 像が直線となるのは
$cz+d=0$ の解 $-\dfrac{d}{c}$ が
もとの円周上にあるとき
である. **本問の(2)と(3)を
比較せよ**

第6章

したがって，1次変換は3種類の変換

$$\begin{cases} w = z + \beta & \cdots\cdots ⑦ \\ w = kz & \cdots\cdots ② \\ w = \dfrac{1}{z} & \cdots\cdots ⑦ \end{cases}$$

← 平行移動

← 回転と相似変換の合成

を合成したものです．ところが，⑦と②が②を満たすことは明らかだから，⑦が円

$$|z - \alpha| = r \qquad \cdots\cdots ②$$

を円または直線に移すことを示せばよいわけです．⑦，②より z を消去すると

$$\left| \frac{1}{w} - \alpha \right| = r \quad \therefore \quad |1 - \alpha w| = r|w|$$

$$\therefore \quad \left| w - \frac{1}{\alpha} \right| = \frac{r}{|\alpha|}|w|$$

← $\alpha = 0$ なら円 $|w| = \dfrac{1}{r}$

よって，本問で学んだように，w の描く図形は

(i) $\dfrac{r}{|\alpha|} = 1$ のとき，2点Oと $\dfrac{1}{\alpha}$ を結ぶ線分の垂直2等分線

← このとき円②は原点を通り，そこで1次変換⑦の分母＝0

(ii) $\dfrac{r}{|\alpha|} \neq 1$ のとき，アポロニウスの円

となります．

← このとき円②上で1次変換⑦の分母≠0

したがって直線を円の一種と考えると好都合です．直線を半径が無限に大きい円とみなせば，②の主張は単に

1次変換は円を円に移す（円円対応である）

と述べることができます．なお，円の代わりに直線を移す場合も同様に考えることができるので各自調べて下さい．

← 任意の直線は適当な α，β を用いて $|z - \alpha| = |z - \beta|$ と表せることを使え

発展 〈無限遠点と複素数球面〉

　　　直線を円の仲間とみる考え方を合理化します．そのために，複素数平面 C に無限遠点 ∞ を付け加えて，拡張された複素数平面 $\widehat{C}=C\cup\{\infty\}$ を考えます．ただし，∞ の近所を，十分大きい正数 R に対して

　　　$\{z\in C\,\|\,|z|>R\}$　　　　　　　　　　　← R は1つに決めないでおく

と定めます．

　　しかし，この説明では ∞ の在り処が今一つはっきりせず，腑に落ちないということになりがちです．そこで，空間内に $\widehat{C}$ の球面モデル S を作って直感的な理解の助けにします．

　　xy 平面を複素数平面とみて，原点Oでこれと接する球面

$$x^2+y^2+\left(z-\frac{1}{2}\right)^2=\left(\frac{1}{2}\right)^2$$
$$\therefore\quad x^2+y^2+z^2-z=0$$

を S，S のOを通る直径の他端をN$(0,\ 0,\ 1)$ とします．

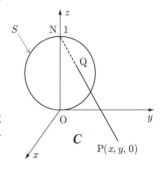

　　複素数平面 C 上の点 P$(x,\ y,\ 0)$ とNを結ぶ線分が S と交わる点を Q$(\neq N)$ とするとき，対応

　　　　　$P\longrightarrow Q$

を φ で表します．φ によって C と $S-\{N\}$ は1対1，かつ，連続的に対応します．そして，Pが原点から遠ざかるにつれて，QはNに限りなく近づいて行きます．したがって，φ は無限遠点 ∞ をNに移すと考えればよいことになります．そうすれば，∞ の近所を $|z|>R$ と定めることにも納得がいくでしょう．

　　このようにして，拡張された複素数平面 $\widehat{C}=C\cup\{\infty\}$ を S と同一視することで，$\widehat{C}$ は直観的に理解できるようになります．このとき，S を複素数球面といいます．

　　定理1　P$(x,\ y,\ 0)$ と Q$(X,\ Y,\ Z)$ の関係式は次式で与えられる．

$$X=\frac{x}{x^2+y^2+1},\quad Y=\frac{y}{x^2+y^2+1},\quad Z=\frac{x^2+y^2}{x^2+y^2+1}$$

　　逆に

$$x=\frac{X}{1-Z},\quad y=\frac{Y}{1-Z}$$

　　証明　$\overrightarrow{OQ}=\overrightarrow{ON}+\overrightarrow{NQ}=\overrightarrow{ON}+t\overrightarrow{NP}\ (t\neq0)$ と表せるから

$$(X,\ Y,\ Z)=(0,\ 0,\ 1)+t(x,\ y,\ 0-1)$$
$$=(tx,\ ty,\ 1-t)\qquad\cdots\cdots㋖$$

とおける．これらを S の方程式 $X^2+Y^2+Z^2-Z=0$ に代入すると

第6章

$$t^2(x^2+y^2)-t(1-t)=0$$

$$\therefore \quad t=\frac{1}{x^2+y^2+1} \qquad\qquad \leftarrow t\neq0 \text{ より}$$

$$\therefore \quad X=\frac{x}{x^2+y^2+1},\quad Y=\frac{y}{x^2+y^2+1},\quad Z=\frac{x^2+y^2}{x^2+y^2+1}$$

逆に，㋖を t, x, y について解くと，$t=1-Z$ であるから

$$x=\frac{X}{t}=\frac{X}{1-Z},\quad y=\frac{Y}{t}=\frac{Y}{1-Z} \quad\cdots\cdots㋗ \blacksquare$$

定理2 φ によって，複素数平面 C 上の円または直線には，複素数球面 S 上の円が対応する．とくに，直線に対応する円はNを通る．

証明 C 上の円または直線は，実数 a, b, c, d を用いて

$$a(x^2+y^2)+bx+cy+d=0 \qquad\cdots\cdots㋘$$

と表せる．ただし

$a\neq0$, $b^2+c^2>4ad$ のとき，円 $\qquad\leftarrow \left(x+\dfrac{b}{2a}\right)^2+\left(y+\dfrac{c}{2a}\right)^2$

$a=0$, $b^2+c^2\neq0$ のとき，直線 $\qquad\qquad =\dfrac{b^2+c^2-4ad}{4a^2}$

を表す．㋗を㋘に代入して

$$\frac{a(X^2+Y^2)}{(1-Z)^2}+\frac{bX}{1-Z}+\frac{cY}{1-Z}+d=0$$

$$a(X^2+Y^2)+(bX+cY)(1-Z)+d(1-Z)^2=0$$

$X^2+Y^2=Z(1-Z)$ を代入して，両辺を $1-Z$ で割ると

$$aZ+bX+cY+d(1-Z)=0$$

$$\therefore \quad bX+cY+(a-d)Z+d=0 \qquad\cdots\cdots㋙$$

ゆえに，㋘は S と平面㋙の交わりとしての円に写される．

とくに㋘が直線のとき，すなわち $a=0$ のとき，㋙は

$$bX+cY-d(Z-1)=0$$

となるので，平面㋙は N$(0,\ 0,\ 1)$ を通る． $\blacksquare$

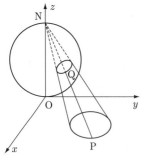 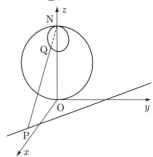

φ によって，拡張された複素数平面 $\widehat{C}=C\cup\{\infty\}$ を複素数球面 S と同一視します．すると定理2より

$\qquad$ C 上の直線は S 上のNを通る円とみなせる

ことになり，正式に直線は円の仲間に含まれます．

　したがって，1次変換を S 上の変換とみれば，文字通り「円円対応」が成り立ちます．

　次に，∞ についても計算ができるように規約を定めておきましょう．いずれも

$$\lim_{|z|\to\infty} z = \infty \ (無限遠点)$$

と考えれば容易に納得できます．

　$a \in \widehat{C}$ のとき

　　$\boxed{1}$ $a + \infty = \infty + a = \infty$ $(a \neq \infty)$

　　$\boxed{2}$ $a \cdot \infty = \infty \cdot a = \infty$ $(a \neq 0)$

　　$\boxed{3}$ $\dfrac{a}{0} = \infty$ $(a \neq 0)$, $\dfrac{a}{\infty} = 0$ $(a \neq \infty)$

　$\boxed{1}$で，$a = \infty$ も許すと，$z + (-z) = 0$ において $|z| \to \infty$ とすれば，$|-z| \to \infty$ でもあるので，$\infty + \infty = 0$ となって不都合です．

　この規約の下で，1次変換 $f(z) = \dfrac{az+b}{cz+d}$ $(ad - bc \neq 0)$ は

$$c \neq 0 \ のとき, \ f\left(-\frac{d}{c}\right) = \infty, \ f(\infty) = \frac{a}{c}$$

$$c = 0 \ のとき, \ f(\infty) = \infty$$

を満たします．したがって，$f(z)$ を複素数球面 S の変換とみると，1対1の対応です．

演習問題

119 z を 1 でない複素数とし，$w = \dfrac{iz}{z-1}$ とおく．

(1) w が実数であるような z の全体を複素数平面上に図示せよ．

(2) a を正の実数とする．$|w| \leqq a$ であるような z の全体を複素数平面上に図示せよ．

(一橋大)

注 本問は，$w = \dfrac{iz}{z-1}$ の逆変換 $w = \dfrac{z}{z-i}$ による実軸と円板 $|z| \leqq a$ の像を求める問題と同じである．

標問 **120** アポロニウスの円と1次変換 (2)

複素数平面上の点 a_1, a_2, $\cdots$, a_n, $\cdots$ を

$$\begin{cases} a_1=1, \ a_2=i \\ a_{n+2}=a_{n+1}+a_n \ (n=1, \ 2, \ \cdots) \end{cases}$$

により定め，$b_n=\dfrac{a_{n+1}}{a_n}$ $(n=1, \ 2, \ \cdots)$ とおく．

(1) 3点 b_1, b_2, b_3 を通る円 C の中心と半径を求めよ．

(2) すべての点 b_n $(n=1, \ 2, \ \cdots)$ は円 C の周上にあることを示せ．(東京大)

▶ **精 講** (2) b_n は1次変換

$$w=f(z)=1+\frac{1}{z} \text{ からつくられる漸}$$

化式 $b_{n+1}=f(b_n)$ を満たします．したがって $f(C)=C$ が成り立つだろうと予想されます．これを証明するには，円 C の $w=f(z)$ による像を求めればよいだけですから，標問 **119** と変わりありません．ただし，自然数 n に関する命題の証明なので，数学的帰納法を使って形式を調えることにします．

▶ 解法のプロセス

$f(z)=z+\dfrac{1}{z}$ に対して

$b_{n+1}=f(b_n)$

⇩

$f(C)=C$ であろう

⇩

標問 **119**

⟨ **解 答** ⟩

(1) $a_{n+2}=a_{n+1}+a_n$ ······①

$a_1=1$, $a_2=i$ より，$a_3=1+i$, $a_4=1+2i$ であるから

$$b_1=i, \ b_2=\frac{1+i}{i}=1-i, \ b_3=\frac{1+2i}{1+i}=\frac{3}{2}+\frac{1}{2}i$$

円 C の中心を $a+bi$ (a, b は実数) とおくと

$$|a+bi-i|=|a+bi-(1-i)|$$
$$=\left|a+bi-\left(\frac{3}{2}+\frac{1}{2}i\right)\right|$$

$\therefore$ $a^2+(b-1)^2=(a-1)^2+(b+1)^2$

$$=\left(a-\frac{3}{2}\right)^2+\left(b-\frac{1}{2}\right)^2$$

$\therefore$ $2a-4b=1$, $3a-b=\dfrac{3}{2}$

$(a, \ b)=\left(\dfrac{1}{2}, \ 0\right)$ ゆえ，**中心は $\dfrac{1}{2}$，半径は** $\left|\dfrac{1}{2}-i\right|=\dfrac{\sqrt{5}}{2}$

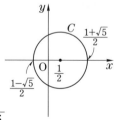

(2) ①の両辺を a_{n+1} で割ると

$$\frac{a_{n+2}}{a_{n+1}}=1+\frac{a_n}{a_{n+1}}$$

$$\therefore \quad b_{n+1}=1+\frac{1}{b_n} \qquad \cdots\cdots ②$$

そこで, 点 b_n が円 C 上にあることを n に関する数学的帰納法で示す.

$n=1$ のとき, 明らか. 次に, b_n が C 上にあると仮定する:

$$\left|b_n-\frac{1}{2}\right|=\frac{\sqrt{5}}{2} \qquad \cdots\cdots ③$$

②より $b_n=\dfrac{1}{b_{n+1}-1}$. これを③に代入すると

$$\left|\frac{3-b_{n+1}}{2(b_{n+1}-1)}\right|=\frac{\sqrt{5}}{2}$$

$$\therefore \quad |3-b_{n+1}|=\sqrt{5}\,|b_{n+1}-1|$$

簡単のために $b_{n+1}=z$ とおいて, 両辺を 2 乗すると

$$|3-z|^2=5|z-1|^2$$

$$(3-z)(3-\bar{z})=5(z-1)(\bar{z}-1)$$

$$z\bar{z}-\frac{1}{2}z-\frac{1}{2}\bar{z}-1=0$$

$$\left(z-\frac{1}{2}\right)\left(\bar{z}-\frac{1}{2}\right)=\frac{5}{4}$$

$$\therefore \quad \left|b_{n+1}-\frac{1}{2}\right|=\frac{\sqrt{5}}{2}$$

← アポロニウスの円. C と一致するはず

← ここで $z=x+yi$ とおいてもよい

← 左辺 $=\left|z-\dfrac{1}{2}\right|^2$

ゆえに, b_{n+1} も円 C 上にある.

したがって, すべての点 b_n は円 C 上にある.

研究 〈直径の両端で定まる円〉

円の直径の両端が α, β のとき, 円周上の α, β を除く任意の点 z に対して $\arg\dfrac{z-\beta}{z-\alpha}=\pm\dfrac{\pi}{2}$ となるので

$$\frac{z-\beta}{z-\alpha}=\text{純虚数}$$

これも円の方程式 (α, β を除く) と考えられます.

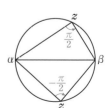

第6章

発展 〈1次変換の導関数〉

標問 **19** の(1)～(3)は，自然に複素数変数の複素数値関数まで拡張できます．もちろん，和と定数倍の微分法も成り立ちます．

したがって，1次変換 $f(z)=\dfrac{az+b}{cz+d}$ $(ad-bc \neq 0)$ は微分可能で

$$f'(z)=\frac{a(cz+d)-c(az+b)}{(cz+d)^2}=\frac{ad-bc}{(cz+d)^2}$$

となります．

〈1次変換は2曲線のなす角を保つ〉

曲線には向きを付けます．点集合として同じでも向きが反対のときは，異なる曲線と考えます．曲線Cのパラメタ表示が

$z=z(t)=x(t)+y(t)i$ （t の定義域は適当にとる）

であるとは，t が増加するに連れて $z(t)$ が C 上を定められた向きに動くこととします．

したがって，同一曲線の2つのパラメタ表示を運動とみるとき，同一点において速さが異なっても向きは同じであることに注意します．

2つの曲線

$\qquad C_1 : z=z_1(t), \ C_2 : z=z_2(t)$

が点αを共有するとき，$z_1(0)=z_2(0)=\alpha$ となるようにパラメタを調節します．

◀
$\begin{cases} z_1(t_1)=z_2(t_2)=\alpha \ なら \\ z_1(t), \ z_2(t) \ の代わりに \\ z_1(t+t_1), \ z_2(t+t_2) \ を \\ 考える \end{cases}$

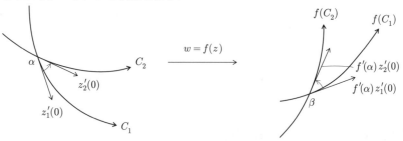

このとき，点αにおいて C_1 から C_2 に至る角θを速度のなす角で定めます．すなわち

$$\theta=\arg\frac{z_2{}'(0)}{z_1{}'(0)}$$

さて，C_1, C_2を1次変換 $w=f(z)$ で写した曲線 $f(C_1)$, $f(C_2)$ は，そのパラメタ表示

$\qquad f(C_1) : w=f(z_1(t)), \ f(C_2) : w=f(z_2(t))$

によって決まる自然な向きをもつものとします．

$w=f(z_1(t))$ の $t=0$ における速度は，合成関数の微分法より

$$\frac{dw}{dt}\Big|_{t=0}=f'(z_1(t))z_1'(t)\Big|_{t=0}=f'(\alpha)z_1'(0)$$ ← $\frac{dw}{dt}\Big|_{t=0}$ は $\frac{dw}{dt}$ に $t=0$ を代入した値を表す

$w=f(z_2(t))$ の $t=0$ における速度も同様です.

よって, $\beta=f(\alpha)$ において, $f(C_1)$ から $f(C_2)$ に至る角は

$$\arg\frac{f'(\alpha)z_2'(0)}{f'(\alpha)z'(0)}=\arg\frac{z_2'(0)}{z_1'(0)}$$ ← $\alpha\neq-\dfrac{d}{c}$ とする

となって θ と一致します.

いま説明した意味で, 1次変換は2曲線のなす角を保ちます. とくに,

直交する円を直交する円に移す   ……⑦

という事実を次に使います.

〈標問 120 を別の視点から見る〉

標問 **120** において, 1次変換 $f(z)=1+\dfrac{1}{z}=\dfrac{z+1}{z}$ に対して

$$b_1=i,\ b_{n+1}=f(b_n)\ (n=1,\ 2,\ \cdots)$$

で定まる点列 $b_n\ (n=1,\ 2,\ \cdots)$ は, α, β を   ← $\alpha=\dfrac{1-\sqrt{5}}{2},\ \beta=\dfrac{1+\sqrt{5}}{2}$

直径の両端とする円 C 上にあることを示しました. ここでは, 点列 b_n の動きを目に見えるようにします.

$g(z)=\dfrac{z-\beta}{z-\alpha}$ とすると, $g(z)$ は x 軸を x 軸に移します. 一方, $g(\beta)=0$, $g(\alpha)=\infty$ だから, $g(z)$ は円 C を原点 O と ∞ を通る円, すなわち O を通る直線 l に移します. ところが, 円 C と x 軸は直交していたので, l と x 軸も直交しなければなりません (⑦による). したがって, l は y 軸であることが分かります.

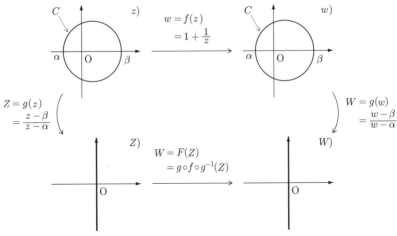

第6章

次に，$F(Z)=g \circ f \circ g^{-1}(Z)$ を計算して，b_n が f によって C 上を動く様子を $g(b_n)$ が F によって y 軸上を動く様子に変換します．ここで，F が f よりもずっと単純だということが肝心です！

$$W = g(f(z)) = \frac{1+\dfrac{1}{z}-\beta}{1+\dfrac{1}{z}-\alpha} = \frac{\dfrac{1}{z}+1-\beta}{\dfrac{1}{z}+1-\alpha}$$

$Z = g(z) = \dfrac{z-\beta}{z-\alpha}$ を z について解くと，$z = \dfrac{\alpha Z - \beta}{Z-1}$．よって，

$$W = F(Z) = \frac{\dfrac{Z-1}{\alpha Z - \beta}+1-\beta}{\dfrac{Z-1}{\alpha Z - \beta}+1-\alpha} = \frac{Z-1+(1-\beta)(\alpha Z - \beta)}{Z-1+(1-\alpha)(\alpha Z - \beta)}$$

$$= \frac{(-\alpha\beta+\alpha+1)Z+(\beta^2-\beta-1)}{(-\alpha^2+\alpha+1)Z+(\alpha\beta-\beta-1)}$$

ここで，$\alpha+\beta=1$，$\alpha\beta=-1$ より，α, β は $\quad\Leftarrow \alpha, \beta$ は $f(z)=z$ の 2 解
$x^2-x-1=0$ の 2 解であることに注意して

$$W = F(Z) = -\frac{\alpha+2}{\beta+2}Z$$

$k = \dfrac{\alpha+2}{\beta+2}$ とおくと，$k = \dfrac{\sqrt{5}-1}{\sqrt{5}+1}$ となるので

$$W = -kZ, \quad 0<k<1$$

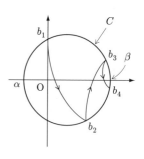

したがって，$g(b_n)$ は y 軸上を振動しながら原点に限りなく近づきます．よって，b_n も右図のように振動しながら β に限りなく近づいて行くことが分かります．

演習問題

120-1 ►研究 で説明した円の方程式を用いて，標問 **120** (2) の数学的帰納法第2段の別証を与えよ．

120-2 複素数 a_1, a_2, $\cdots$, a_n, $\cdots$ を

$$a_1 = \frac{3+i}{3-i}, \quad a_{n+1} = \frac{a_n-5}{1-5a_n} \quad (n=1, 2, \cdots)$$

で定める．また，$b_n = \dfrac{a_n+1}{a_n-1}$ $(n=1, 2, \cdots)$ とおく．

(1) b_{n+1} を b_n で表せ．また，b_n は純虚数であることを示せ．

(2) a_n の極限を求めよ．

(3) すべての点 a_n $(n=1, 2, \cdots)$ は同一円周上にあることを示せ．

(滋賀医科大)

問 121 非調和比

相異なる 4 つの複素数 z_1, z_2, z_3, z_4 に対して

$$\lambda = \frac{(z_1 - z_3)(z_2 - z_4)}{(z_1 - z_4)(z_2 - z_3)}$$

とおく. このとき, 以下を証明せよ.

(1) 複素数 z が単位円上にあるための必要十分条件は, $\bar{z} = \dfrac{1}{z}$ である.

(2) z_1, z_2, z_3, z_4 が単位円上にあるとき, λ は実数である.

(3) z_1, z_2, z_3 が単位円上にあり, λ が実数であれば, z_4 は単位円上にある.

(京都大)

精講 (2) (1)を使うとすれば,

$$\bar{z_k} = \frac{1}{z_k} \quad (1 \leq k \leq 4) \text{ から } \bar{\lambda} = \lambda \text{ を示}$$

すことになります.

(3) $\bar{z_k} = \dfrac{1}{z_k}$ $(1 \leq k \leq 3)$ と $\bar{\lambda} = \lambda$ から $\bar{z_4} = \dfrac{1}{z_4}$

を示します.

(2), (3)いずれの場合も, 偏角の性質と円周角の定理を使う方法も考えられます.

解法のプロセス

(1)の利用　　　　　別解

⇩

(2) $\bar{\lambda} = \lambda$ を示す

(3) $|z_4| = 1$ を示す

円周角の定理の利用

第6章

〈 **解答** 〉

(1) $|z| = 1 \iff |z|^2 = z\bar{z} = 1 \iff \bar{z} = \dfrac{1}{z}$

(2) 仮定より $\bar{z_k} = \dfrac{1}{z_k}$ $(k = 1, 2, 3, 4)$ であるから

$$\bar{\lambda} = \frac{(\bar{z_1} - \bar{z_3})(\bar{z_2} - \bar{z_4})}{(\bar{z_1} - \bar{z_4})(\bar{z_2} - \bar{z_3})} = \frac{\left(\dfrac{1}{z_1} - \dfrac{1}{z_3}\right)\left(\dfrac{1}{z_2} - \dfrac{1}{z_4}\right)}{\left(\dfrac{1}{z_1} - \dfrac{1}{z_4}\right)\left(\dfrac{1}{z_2} - \dfrac{1}{z_3}\right)}$$

← z_k を $\dfrac{1}{z_k}$ で置きかえた式と同じであることに注意

$$= \frac{(z_3 - z_1)(z_4 - z_2)}{(z_4 - z_1)(z_3 - z_2)}$$

$$= \frac{(z_1 - z_3)(z_2 - z_4)}{(z_1 - z_4)(z_2 - z_3)} = \lambda$$

ゆえに, λ は実数である.

(3) 仮定より $\bar{z_k} = \dfrac{1}{z_k}$ $(k = 1, 2, 3)$ であるから

$$\overline{\lambda} = \frac{\left(\dfrac{1}{z_1} - \dfrac{1}{z_3}\right)\left(\dfrac{1}{z_2} - \overline{\dfrac{1}{z_4}}\right)}{\left(\dfrac{1}{z_1} - \overline{\dfrac{1}{z_4}}\right)\left(\dfrac{1}{z_2} - \dfrac{1}{z_3}\right)} = \frac{(z_3 - z_1)(1 - z_2\overline{z_4})}{(1 - z_1\overline{z_4})(z_3 - z_2)}$$

λ が実数のとき，$\overline{\lambda} = \lambda$ であるから

$$\frac{(z_3 - z_1)(1 - z_2\overline{z_4})}{(1 - z_1\overline{z_4})(z_3 - z_2)} = \frac{(z_1 - z_3)(z_2 - z_4)}{(z_1 - z_4)(z_2 - z_3)}$$

◆ z_1, z_2, z_3 は互いに異なる

$$\therefore \quad \frac{1 - z_2\overline{z_4}}{1 - z_1\overline{z_4}} = \frac{z_2 - z_4}{z_1 - z_4}$$

$$\therefore \quad (1 - z_2\overline{z_4})(z_1 - z_4) = (1 - z_1\overline{z_4})(z_2 - z_4)$$

展開して整理すると

$$(z_1 - z_2)(1 - |z_4|^2) = 0$$

◆ $z_1 \neq z_2$

$$\therefore \quad |z_4| = 1$$

すなわち，z_4 は単位円上にある．

研究 〈λ は1次変換で不変〉

λ のことを z_1, z_2, z_3, z_4 の**非調和比**とよんで

$$(z_1, \ z_2, \ z_3, \ z_4)$$

と表します．非調和比の特徴は，4点を1次変換 f で移しても値が変化しないことです：

$$(f(z_1), \ f(z_2), \ f(z_3), \ f(z_4))$$
$$= (z_1, \ z_2, \ z_3, \ z_4)$$

◆ 不変量は大切．たとえば線分の長さは回転の不変量だが，このことから加法定理が導かれた

実際，標問 **119** の 研究 で説明したように，f は3種類の変換

$$w = z + \beta, \quad w = kz, \quad w = \frac{1}{z}$$

を合成したものですが，前二者で λ が不変なことは明らかであり，最後の変換で不変なことは**解答**で注意しておきました．

非調和比が1次変換で不変なことは，z_1, z_2, z_3 をそれぞれ w_1, w_2, w_3 に移す1次変換 $w = f(z)$ は

$$(w_1, \ w_2, \ w_3, \ w) = (z_1, \ z_2, \ z_3, \ z)$$

◆ 3点の像を指定すると1次変換が一意的に決まる

を満たすことを意味します．この式を w について解くと，f の具体的な形が決まります．

〈非調和比の出所と別解〉

3点 z_1, z_2, z_3 で定まる円を C とします．また，見やすいように z_4 を単に z で表します．このとき，z が C 上にある様子は，次の2つの場合に分けられます．

◆ 半径は1でなくてもよい

（i）　z は弦 z_1z_2 に関して z_3 と同じ側にある

 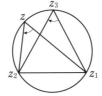

← z_1, z_2, z_3 の向きの違い

その条件は

$$\angle z_1zz_2 - \angle z_1z_3z_2 = 0 \qquad \cdots\cdots ㋐$$

（ii）　z は弦 z_1z_2 に関して z_3 と反対側にある

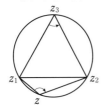 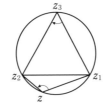

その条件は

$$\angle z_1zz_2 - \angle z_1z_3z_2 = \pm\pi \qquad \cdots\cdots ㋑ \qquad ← 左図が -\pi, 右図が \pi$$

　さて，㋐，㋑を複素数を用いて表そうとすると，自然に非調和比が現れます．すなわち

$$\angle z_1zz_2 - \angle z_1z_3z_2 = \arg\frac{z_2-z}{z_1-z} \bigg/ \frac{z_2-z_3}{z_1-z_3}$$

$$= \arg\frac{(z_1-z_3)(z_2-z)}{(z_1-z)(z_2-z_3)} \qquad ← 非調和比の由来$$

そこで，複素数

$$\frac{(z_1-z_3)(z_2-z)}{(z_1-z)(z_2-z_3)}$$

を非調和比と呼び，(z_1, z_2, z_3, z_4) で表そうと　　← $z=z_4$
いうのです．

　以上の説明は，本問(2)，(3)の幾何学的別解に
なっています．

　　z が C 上にある $\implies$ ㋐または㋑が成り立つ　← 逆も成立する！

　　　　　　　$\iff \arg(z, z_1, z_2, z_3) = 0, \pm\pi$

　　　　　　　$\iff (z, z_1, z_2, z_3)$ は実数

となるからです．

標問 **122** いろいろな変換

> r_0, θ_0 はそれぞれ $r_0 \geqq 1$, $0 < \theta_0 < \dfrac{\pi}{2}$ を満たす実数とする. 0 でない複素数 z に対し, $w = z + \dfrac{1}{z}$ として, z が以下の条件を満たしながら動くとき, それぞれの場合に w が描く軌跡を複素数平面上に図示せよ.
>
> (1) $|z| = r_0$　　　　　(2) $\arg z = \theta_0$　　　　　　　　　　（東京都立大）

精講　1次変換ではない変換によって, 円および半直線がどのような図形に移されるかを調べます.

$$z = r(\cos\theta + i\sin\theta),\ w = x + yi$$

とおいて, x, y を r, θ で表しておきます.

(1) $r = r_0$ としたとき, 軌跡が楕円になることはすぐにわかります.

(2) こちらは顔見知りとはいかないかもしれません. r を消去するにはどうしたらよいか考えます.

▶解法のプロセス◀
z を極形式で表す
⇩
指定された媒介変数を固定する
⇩
(2)では r を消去する

〈　**解　答**　〉

$z = r(\cos\theta + i\sin\theta)$, $w = x + yi$ とおくと

$$x + yi$$
$$= r(\cos\theta + i\sin\theta) + \frac{1}{r}(\cos\theta - i\sin\theta)$$
$$= \left(r + \frac{1}{r}\right)\cos\theta + i\left(r - \frac{1}{r}\right)\sin\theta$$
$$\therefore\quad x = \left(r + \frac{1}{r}\right)\cos\theta,\ y = \left(r - \frac{1}{r}\right)\sin\theta$$

← $\dfrac{1}{\cos\theta + i\sin\theta}$
　$= \cos\theta - i\sin\theta$

(1) $|z| = r_0$ であるから

$$a = r_0 + \frac{1}{r_0},\ b = r_0 - \frac{1}{r_0}$$

とおくと

$$x = a\cos\theta,\ y = b\sin\theta\quad (0 \leqq \theta < 2\pi)$$

(ア) $r_0 = 1$ のとき, $a = 2$, $b = 0$ であるから

$$|x| \leqq 2,\ y = 0$$

したがって, w は2点 -2 と 2 を結ぶ線分を描く.

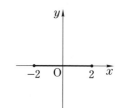

(イ) $r_0 > 1$ のとき

$$\frac{x^2}{a^2} + \frac{y^2}{b^2} = 1, \quad \sqrt{a^2 - b^2} = 2$$

であるから, w は ± 2 を焦点とする楕円を描く.

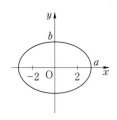

(2) $\arg z = \theta_0$ のとき

$$\frac{x}{\cos\theta_0} = r + \frac{1}{r}, \quad \frac{y}{\sin\theta_0} = r - \frac{1}{r} \quad (r > 0)$$

ここで, $\left(r + \dfrac{1}{r}\right)^2 - \left(r - \dfrac{1}{r}\right)^2 = 4$ に注意すると

$$\frac{x^2}{(2\cos\theta_0)^2} - \frac{y^2}{(2\sin\theta_0)^2} = 1 \qquad \cdots\cdots ①$$

これは, ± 2 を焦点とする双曲線である. ただし,

$r > 0$ において, $r + \dfrac{1}{r}$ は 2 以上のすべての実数

値をとり, $r - \dfrac{1}{r}$ はすべての実数値をとるから

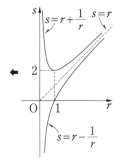

「$x \geqq 2\cos\theta_0$, y はすべての実数値をとる」

ゆえに, w の軌跡は ± 2 を焦点とする双曲線①の

右半分を描く.

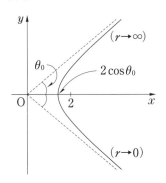

演習問題

(122) 複素数平面上で中心が 1, 半径 1 の円を C とする.

(1) C 上の点 $z = 1 + \cos t + i\sin t$ $(-\pi < t < \pi)$ について, z の絶対値および偏角を t を用いて表せ.

(2) z が円 C 上の 0 でない点を動くとき, $w = \dfrac{2i}{z^2}$ は複素数平面上で放物線を描くことを示し, この放物線を図示せよ.

(金沢大)

第 **7** 章　式と曲線

標問 **123**　**放物線**

　　放物線 $y^2=4px$ $(p>0)$ の焦点を F，放物線上の任意の点を $P(x_0, y_0)$ とする.

(1)　点Pでの接線の方程式は，$y_0y=2p(x+x_0)$ であることを示せ.

(2)　点Pにおける接線と直線 FP のなす角は，接線と x 軸のなす角に等しいことを示せ.

精 講　(1)　接線は x 軸と平行ではないので，$x-x_0=m(y-y_0)$ とおき，判別式によって m を決めるのが1つの方法です. しかし，微分を使う方がもっと簡単です.

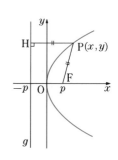

(2)　定点Fとそれを通らない定直線 g があって，Fと g への距離が等しい点Pの軌跡を放物線といい，Fをその**焦点**，g をその**準線**と呼びます.

　$F(p, 0)$，$g : x=-p$ となるように座標系を設定すると，**PF=PH** より

$$\sqrt{(x-p)^2+y^2}=|x+p|$$

両辺を2乗して整理すれば

$$y^2=4px$$

これが放物線の方程式の**標準形**です.

　本問の目標は，接線と x 軸の交点をQとするとき，$\angle FPQ = \angle FQP$，すなわち PF=QF を示すことです.

　(1)より QF=x_0+p となるので，PF の方を計算してみましょう.

$$PF=\sqrt{(x_0-p)^2+y_0{}^2}$$

　$P(x_0, y_0)$ は放物線上の点だから $y_0{}^2=4px_0$ が成立し，

$$PF=\sqrt{(x_0-p)^2+4px_0}=\sqrt{(x_0+p)^2}=x_0+p$$

これも立派な解法ですが，定義を利用すると計算なしで解決します.

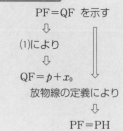

解法のプロセス

PF=QF を示す
⇩
(1)により
⇩
QF=$p+x_0$
放物線の定義により
⇩
PF=PH

〈 解 答 〉

(1) $y^2=4px$ を x で微分すると

$$2y\frac{dy}{dx}=4p \qquad \therefore \quad \frac{dy}{dx}=\frac{2p}{y} \ (y\neq 0)$$

◀ 例外はあまり気にしないでよい

ゆえに，$\mathrm{P}(x_0,\ y_0)\ (y_0\neq 0)$ における接線の方程式は

$$y-y_0=\frac{2p}{y_0}(x-x_0), \qquad y_0(y-y_0)=2p(x-x_0)$$

$$y_0y=2p(x-x_0)+y_0^2=2p(x-x_0)+4px_0$$

◀ $y_0^2=4px_0$

$$\therefore \quad y_0y=2p(x+x_0) \qquad\qquad \cdots\cdots ①$$

上式は $y_0=0$ のときも正しい.

(2) 接線と x 軸の交点をQとするとき，PF=QF を示せばよい.

①で $y=0$ とおくと，$x=-x_0$ となるので

$$\mathrm{QF}=p-(-x_0)=p+x_0 \qquad\qquad \cdots\cdots ②$$

一方，点Pから準線に下ろした垂線の足をHとすれば，放物線の定義により

$$\mathrm{PF}=\mathrm{PH}=x_0-(-p)=p+x_0 \qquad \cdots\cdots ③$$

②，③より，PF=QF.

したがって，$\triangle \mathrm{FPQ}$ は二等辺三角形をなし

$$\angle \mathrm{FPQ}=\angle \mathrm{FQP}$$

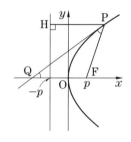

研 究 〈放物線の焦点の性質〉

(2)より，$\angle \mathrm{FPQ}=\angle \mathrm{QPH}$ だから，Pにおける接線は $\angle \mathrm{FPH}$ を2等分することがわかります.

したがって，放物線の焦点Fから発射した光は反射した後，軸と平行に直進し，逆に軸と平行に放物線に向かう光は反射した後すべて焦点Fに集まります.

サーチライトやパラボラアンテナは，この原理に基づいて，放物線を軸のまわりに回転させてできる回転放物面によってつくられています.

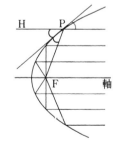

第7章

演習問題

(123) 放物線 $y^2=4px\ (p>0)$ の焦点Fを通る弦をPQとする.

(1) P，Qでの接線は準線上で直交することを示せ.

(2) 線分PQを直径とする円は，準線と接することを示せ.

標問 **124** 楕円の接線と媒介変数表示

> 楕円 $\dfrac{x^2}{a^2}+\dfrac{y^2}{b^2}=1$ $(a>b>0)$ の焦点を $\mathrm{F}(c,\ 0)$, $\mathrm{F}'(-c,\ 0)$
>
> $(c=\sqrt{a^2-b^2})$, 周上の任意の点を $\mathrm{P}(a\cos\theta,\ b\sin\theta)$ とする.
>
> (1) $\mathrm{FP}=a-c\cos\theta$, $\mathrm{F}'\mathrm{P}=a+c\cos\theta$ であることを示せ.
>
> (2) 線分 FP, F'P は, 点 P における接線と等角をなすことを示せ.

精 講 (1) 距離の公式を用いて計算します. ← 計算してみること
このとき, $\cos\theta$ と a, c だけで表す
ようにします.

FP, F'P が P の座標の簡単な式で表せるとい
う事実は覚えておきましょう.

(2) 接線が ∠FPF' の外角を2等分することと
同値ですから, P での接線と x 軸の交点を Q とす
るとき

$$\mathrm{FQ}:\mathrm{F}'\mathrm{Q}=\mathrm{FP}:\mathrm{F}'\mathrm{P}\qquad\cdots\cdots(*)$$

を示せばよいわけです.

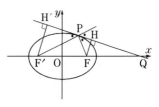

実際, PF' 上に点 R を PF=PR となるように
とると, (*)より

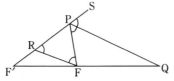

$$\mathrm{FQ}:\mathrm{F}'\mathrm{Q}=\mathrm{RP}:\mathrm{F}'\mathrm{P}\qquad\therefore\quad\mathrm{RF}\mathbin{/\!/}\mathrm{PQ}$$

したがって

$$\angle\mathrm{FPQ}=\angle\mathrm{PFR}=\angle\mathrm{PRF}=\angle\mathrm{SPQ}$$

が成立します.

あるいは, F, F' から接線へ下ろした垂線の足
をそれぞれ H, H' とし, FH, F'H' を点と直線の
距離の公式を使って表します. これから

$$\mathrm{FP}:\mathrm{FH}=\mathrm{F}'\mathrm{P}:\mathrm{F}'\mathrm{H}'$$

つまり

$$\triangle\mathrm{FPH}\backsim\triangle\mathrm{F}'\mathrm{PH}'$$

を示す方法も考えられます. **解答**は(*)を示す方針
に従うことにします.

解法のプロセス

(1) 距離の公式で素直に計算す
る

(2) 接線と x 軸の交点を Q とし
て
$$\mathrm{FQ}:\mathrm{F}'\mathrm{Q}$$
$$=\mathrm{FP}:\mathrm{F}'\mathrm{P}$$
を示す

〈 **解 答** 〉

(1) $\quad FP^2=(a\cos\theta-c)^2+b^2\sin^2\theta$　　　　　$\leftarrow b^2=a^2-c^2$
$\quad\quad\quad =a^2\cos^2\theta-2ac\cos\theta+c^2$
$\quad\quad\quad\quad +(a^2-c^2)(1-\cos^2\theta)$
$\quad\quad\quad =a^2-2ac\cos\theta+c^2\cos^2\theta$
$\quad\quad\quad =(a-c\cos\theta)^2$　　　　　　　　　　　$\leftarrow a>c\geqq c\cos\theta$

ゆえに
$$FP=a-c\cos\theta \quad\quad\quad\quad \cdots\cdots①$$
同様にして
$$F'P=a+c\cos\theta \quad\quad\quad\quad \cdots\cdots②$$

(2) P$(a\cos\theta,\ b\sin\theta)$ が y 軸上にあるときは明らかであるから，$\cos\theta>0$ として一般性を失わない．P における接線の方程式は

$$\frac{x\cos\theta}{a}+\frac{y\sin\theta}{b}=1$$

$\leftarrow$ 研究 の公式で，
$\begin{cases} x_0=a\cos\theta \\ y_0=b\sin\theta \end{cases}$
とおく

これと x 軸の交点は，Q$\left(\dfrac{a}{\cos\theta},\ 0\right)$ だから

$$\begin{cases} FQ=\dfrac{a}{\cos\theta}-c=\dfrac{a-c\cos\theta}{\cos\theta} & \cdots\cdots③ \\[2mm] F'Q=\dfrac{a}{\cos\theta}+c=\dfrac{a+c\cos\theta}{\cos\theta} & \cdots\cdots④ \end{cases}$$

①，②，③，④より
$$FQ:F'Q=FP:F'P$$
ゆえに，接線は $\angle FPF'$ の外角を 2 等分する．
　　したがって，FP，F'P は接線と等角をなす．

研 究 〈楕円の方程式の標準形〉

　　楕円は，平面上の 2 定点 F，F' からの距離の和が一定である点 P の軌跡です．F，F' をこの楕円の **焦点** といいます．

　　平面上に F$(c,\ 0)$，F'$(-c,\ 0)$ $(c>0)$ となるように座標系を設定します．

　　P$(x,\ y)$ が
$$PF+PF'=2a \quad (a>c) \quad\quad\quad \cdots\cdots㋐$$
を満たすとき

$\leftarrow$ 移項して 2 乗

$$\sqrt{(x-c)^2+y^2}+\sqrt{(x+c)^2+y^2}=2a$$
$$(x+c)^2+y^2=(2a-\sqrt{(x-c)^2+y^2}\,)^2$$

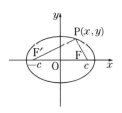

$$a\sqrt{(x-c)^2+y^2}=a^2-cx \qquad\qquad \leftarrow \text{再び2乗}$$
$$a^2\{(x-c)^2+y^2\}=(a^2-cx)^2$$
$$(a^2-c^2)x^2+a^2y^2=a^2(a^2-c^2)$$
$$\therefore\quad \frac{x^2}{a^2}+\frac{y^2}{a^2-c^2}=1 \qquad\qquad \cdots\cdots\text{④}$$

形を整えるために，$a^2-c^2=b^2$ （$b>0$）とおくと

$$\frac{x^2}{a^2}+\frac{y^2}{b^2}=1 \ ; \ \mathrm{F}(\sqrt{a^2-b^2},\ 0),\ \mathrm{F'}(-\sqrt{a^2-b^2},\ 0)$$
$$\cdots\cdots\text{⑦}$$

これを楕円の方程式の標準形といいます．

〈楕円の媒介変数表示：円をつぶせば楕円〉

円 $C:x^2+y^2=a^2$ 上の点 Q は，$\overrightarrow{\mathrm{OQ}}$ が x 軸方向となす角 θ を用いて，Q$(a\cos\theta,\ a\sin\theta)$ と表されます．

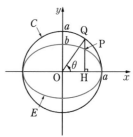

ここで，円 C を y 軸方向に $\dfrac{b}{a}$ 倍し，その結果得られる曲線を E，Q の像を P$(x,\ y)$ とすれば

$$x=a\cos\theta,\quad y=\frac{b}{a}(a\sin\theta)=b\sin\theta$$

これから θ を消去すると $\dfrac{x^2}{a^2}+\dfrac{y^2}{b^2}=1$ となります．したがって

円 $C:x^2+y^2=a^2$ を y 軸方向に $\dfrac{b}{a}$ 倍したものが，

楕円 $E:\dfrac{x^2}{a^2}+\dfrac{y^2}{b^2}=1$ であり，E 上の点は

$(a\cos\theta,\ b\sin\theta)$ と媒介変数表示される

ことがわかります．

これから，楕円 $\dfrac{x^2}{a^2}+\dfrac{y^2}{b^2}=1$ が囲む図形の面積 S は

$$S=\frac{b}{a}(\pi a^2)=\pi ab$$

となります．公式として覚えましょう．

〈楕円の接線〉

楕円 $\dfrac{x^2}{a^2}+\dfrac{y^2}{b^2}=1$ 上の点 $(x_0,\ y_0)$ における接線の方程式は

$$\frac{x_0 x}{a^2}+\frac{y_0 y}{b^2}=1$$

です．証明は，放物線の場合と同様に微分を利用します．

#〈⑦と④の同値性〉

⑦から④を導く過程で2回2乗しているので

$$\frac{x^2}{a^2}+\frac{y^2}{b^2}=1 \quad (c=\sqrt{a^2-b^2})$$

を満たす任意の点 P(x, y) が⑦を満たすかど
うか心配するのは理由のあることです.

注意深く④から⑦へさかのぼることもできま
すが面倒です. むしろ本問(1)の結果を利用する
方が簡単です. 実際

$$P(a\cos\theta, b\sin\theta) \quad (0\leq\theta<2\pi)$$

と表せるので, 本問(1)より

$$FP=a-c\cos\theta, \quad F'P=a+c\cos\theta$$

したがって

$$FP+F'P=2a$$

← $A=\sqrt{B} \iff A^2=B, A\geq0$
という原理を適用する

となり, ④ $\Longrightarrow$ ⑦ が成立します.

なお, 楕円の方程式⑨で形式的に $a=b$ とおくと, 円 $x^2+y^2=a^2$ となり,
F, F′ はその中心Oと一致します. したがって, 円は楕円の一種と考えるこ
とができます. 今後, そう考えるときは「**円を含む楕円**」と書くことにしま
す.

演習問題

124-1 xy 平面において, 楕円 $\frac{x^2}{4}+\frac{y^2}{3}=1$ の周上で $y\geq0$ の部分をLとする.
また, 2つの円 $(x-1)^2+y^2=1$, $(x+1)^2+y^2=1$ の周上で $y\leq0$ の部分をそ
れぞれM, Nとする. このとき, L, M, N上の動点P, Q, Rに対し, 線分
PQ と PR の長さの和の最大値を求めよ. (東京工業大)

124-2 楕円 $\frac{x^2}{a^2}+\frac{y^2}{b^2}=1 \ (a>b>0)$ の第1象限にある点Pにおける接線とx
軸, y軸との交点をそれぞれ Q, R, 原点をOとする. △OQRの面積Sの最小
値を求めよ. (九州大)

124-3 楕円 $\frac{x^2}{a^2}+\frac{y^2}{b^2}=1 \ (a>b>0)$ の上に OP⊥OQ を満たしながら動く2
点P, Qがある. ただし, Oは座標原点である.

(1) $\frac{1}{OP^2}+\frac{1}{OQ^2}$ は一定であることを示せ.

(2) △OPQの面積Sの最小値を求めよ. (信州大)

第7章

標問 **125** 与えられた傾きをもつ楕円の接線

(1) 楕円 $\dfrac{x^2}{a^2}+\dfrac{y^2}{b^2}=1$ について，傾きが m の接線の方程式を求めよ.

(2) 楕円 $\dfrac{x^2}{a^2}+\dfrac{y^2}{b^2}=1$ に引いた2本の接線が，直交するような点Pの軌跡の方程式を求めよ.

→精講 (1) 接線を $y=mx+n$ とおいて，判別式を使えば n を決めることができます. **解答**では，前問の→研究とは逆に，楕円を円に変換してみます.

$\dfrac{x}{a}=u,\ \dfrac{y}{b}=v$ とおけば

$$\begin{cases}\text{楕円}\\ y=mx+n\end{cases} \longrightarrow \begin{cases}u^2+v^2=1\\ amu-bv+n=0\end{cases}$$

この変換は1対1ですから，前者が互いに接するためには，後者が互いに接することが必要十分です.

(2) 傾き m の接線が点P$(X,\ Y)$を通る条件は，(1)より

$$Y=mX\pm\sqrt{a^2m^2+b^2}$$
$$\Longleftrightarrow (Y-mX)^2=a^2m^2+b^2$$
$$\Longleftrightarrow (X^2-a^2)m^2-2XYm+Y^2-b^2=0$$

この方程式の2解を $m_1,\ m_2$ とおいて，直交条件 $m_1m_2=-1$ を解と係数の関係を用いて処理します.

解法のプロセス

$y=mx+n$ とおく
⇩
判別式
⇩
楕円を円に変換
⇩
円と直線が接する条件に帰着

解法のプロセス

点$(X,\ Y)$から引いた接線の傾き m が満たす条件
⇩
$X,\ Y$ を係数とする m の2次方程式
⇩
2解を $m_1,\ m_2$ とおくと
$m_1m_2=-1$

〈 **解 答** 〉

$$\dfrac{x^2}{a^2}+\dfrac{y^2}{b^2}=1 \qquad\qquad \cdots\cdots①$$

(1) 求める接線を $y=mx+n$ ……② とおく. ← $n=\pm\boxed{}$ となるはず

$\dfrac{x}{a}=u,\ \dfrac{y}{b}=v$ とおけば，①，②はそれぞれ

$$u^2+v^2=1 \qquad\qquad \cdots\cdots③$$
$$amu-bv+n=0 \qquad\qquad \cdots\cdots④$$

となる．①と②が接するためには，③と④が
接することが必要十分であるから，

（③の中心から④までの距離）＝（③の半径）

より

$$\frac{|n|}{\sqrt{(am)^2+(-b)^2}}=1$$

$$\therefore\quad n=\pm\sqrt{a^2m^2+b^2}$$

ゆえに，求める接線の方程式は

$$y=mx\pm\sqrt{a^2m^2+b^2}$$ ← 覚えておくと便利

(2) P$(X,\ Y)$ とする．

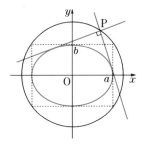

(i) $X=\pm a$ のとき，図より

$$\mathrm{P}(\pm a,\ \pm b)\quad(複号任意)$$

(ii) $X\neq\pm a$ のとき，

(1)で求めた楕円の傾き m の接線が点
P$(X,\ Y)$ を通る条件は

$$Y=mX\pm\sqrt{a^2m^2+b^2}$$

$$\Longleftrightarrow\ (Y-mX)^2=a^2m^2+b^2$$

$$\Longleftrightarrow\ (X^2-a^2)m^2-2XYm+Y^2-b^2=0\quad\cdots⑤$$

m の方程式⑤の 2 つの実数解 m_1, m_2 は
P$(X,\ Y)$ から楕円に引いた接線の傾きを表す．

よって，2 本の接線が直交する条件は

$$m_1m_2=-1$$ ← このとき，
（⑤の判別式）＞0

解と係数の関係を用いて書き直すと

$$\frac{Y^2-b^2}{X^2-a^2}=-1$$

$$\therefore\quad X^2+Y^2=a^2+b^2$$

(i), (ii)より，求める点Pの軌跡の方程式は ← (ii)の除外点が(i)で埋まる

$$x^2+y^2=a^2+b^2$$

演習問題

(125) 楕円 $\dfrac{x^2}{2}+y^2=1$ に外接する長方形をRとする．

(1) Rの 1 辺がx軸の正の向きと角 $\theta\left(0<\theta<\dfrac{\pi}{2}\right)$ をなすとき，Rの 2 辺の長さを θ の式で表せ．

(2) Rの面積の最大値を求めよ．また，このとき，θ の値とRの各辺の長さを求めよ．

(滋賀大)

標問 **126** **双曲線**

双曲線 $\dfrac{x^2}{a^2}-\dfrac{y^2}{b^2}=1$ $(a>0,\ b>0)$ 上の点Pにおける接線と漸近線との交点を Q, R とする.

(1) Pは線分 QR の中点であることを示せ.

(2) △OQR の面積は, 点Pの位置に無関係に一定であることを示せ.

精講 (1) 双曲線 $\dfrac{x^2}{a^2}-\dfrac{y^2}{b^2}=1$ 上の点P $(x_0,\ y_0)$ における接線の方程式は, 放物線や楕円の場合と同様に, 微分法によって

$$\dfrac{x_0 x}{a^2}-\dfrac{y_0 y}{b^2}=1 \quad\cdots\cdots\text{ⓐ}$$ ← 接線の公式

となることが示されます.

ここで大切なのは, 多くの場合問題を解く過程で, Pが双曲線上にある条件

$$\dfrac{x_0^2}{a^2}-\dfrac{y_0^2}{b^2}=1 \quad\cdots\cdots\text{ⓑ}$$

が必要だということです.

ところが, ⓑは必ずしも使いやすい形をしているとはいえません. そこで, 少し工夫してPの座標を $(a\alpha,\ b\beta)$ とおけば, ⓐ, ⓑはそれぞれ

$$\dfrac{\alpha x}{a}-\dfrac{\beta y}{b}=1,\quad \alpha^2-\beta^2=1$$

となります.

(2) (1)で求めた Q, R の座標に公式を適用します.

(1) P$(a\alpha,\ b\beta)$ とおき, 接線の公式を適用
⇩
Pが双曲線上にある条件は, $\alpha^2-\beta^2=1$
⇩
Q, R の座標を求める
⇩
$\dfrac{x_Q+x_R}{2}=x_P$ を示す

(2) (1)で求めた Q, R の座標から, 公式
$$\dfrac{1}{2}|x_Q y_R - x_R y_Q|$$
を使って計算する

〈 **解 答** 〉

(1) P$(a\alpha,\ b\beta)$ での接線の方程式は

$$\dfrac{\alpha x}{a}-\dfrac{\beta y}{b}=1 \quad\cdots\cdots\text{①}$$

また, Pが双曲線上にある条件は

$$\alpha^2-\beta^2=1 \quad\cdots\cdots\text{②}$$

一方, 2本の漸近線の方程式は ← 研究 を見よ

$$y=\dfrac{b}{a}x \quad\cdots\cdots\text{③}$$

$$y = -\frac{b}{a}x \qquad \cdots\cdots ④$$

である. ①と③を連立すると

$$\frac{\alpha}{a}x - \frac{\beta}{b}\cdot\frac{b}{a}x = 1$$

$$\therefore \quad x = \frac{a}{\alpha-\beta} \qquad \therefore \quad y = \frac{b}{\alpha-\beta}$$

$$\therefore \quad Q\left(\frac{a}{\alpha-\beta},\ \frac{b}{\alpha-\beta}\right) \qquad \cdots\cdots ⑤$$

①と④を連立すると, 同様にして

$$R\left(\frac{a}{\alpha+\beta},\ -\frac{b}{\alpha+\beta}\right) \qquad \cdots\cdots ⑥$$

ゆえに, P, Q, R の x 座標をそれぞれ x_P, x_Q, x_R とすると,

$$\frac{x_Q + x_R}{2} = \frac{1}{2}\left(\frac{a}{\alpha-\beta} + \frac{a}{\alpha+\beta}\right) = \frac{a\alpha}{\alpha^2-\beta^2} = a\alpha = x_P \quad (\because \quad ②)$$

したがって, P は線分 QR の中点である.

(2)　△OQR の面積を S とすると, ⑤, ⑥より

$$S = \frac{1}{2}\left|\frac{a}{\alpha-\beta}\left(-\frac{b}{\alpha+\beta}\right) - \frac{a}{\alpha+\beta}\cdot\frac{b}{\alpha-\beta}\right|$$

$$= \frac{1}{2}\left|\frac{-2ab}{\alpha^2-\beta^2}\right| = ab \ (一定) \quad (\because \quad ②)$$

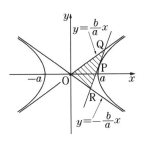

> **研究**　〈双曲線の方程式の標準形〉

　　　2 定点 F, F′ からの距離の差が一定である点 P の軌跡を双曲線といい, F, F′ を双曲線の**焦点**と呼びます.

　軌跡の方程式を求めるために, F$(c, 0)$, F′$(-c, 0)$ $(c>0)$ となるように座標系を設定し, P(x, y) とおきます.

　差を $2a$ とすれば

　　　$|\mathbf{PF'} - \mathbf{PF}| = 2a \ (a < c)$

　ここで, $a<c$ は, △FPF′ において, 2 辺の差 $|PF'-PF| = 2a$ が他の 1 辺 FF′ $= 2c$ より小さいことから導かれる条件です.

(i)　PF′ > PF のとき,

　　　PF′ − PF = $2a$ より　　　　　　　　$\cdots\cdots ⑦$

$$\sqrt{(x+c)^2+y^2} - \sqrt{(x-c)^2+y^2} = 2a \qquad \leftarrow 移項して 2 乗$$

$$(x+c)^2+y^2 = (2a+\sqrt{(x-c)^2+y^2})^2$$

$$a\sqrt{(x-c)^2+y^2} = cx - a^2 \qquad \cdots\cdots ④ \qquad \leftarrow 再び 2 乗$$

第7章

$$a^2\{(x-c)^2+y^2\}=(cx-a^2)^2$$
$$(c^2-a^2)x^2-a^2y^2=a^2(c^2-a^2)$$
$$\therefore \quad \frac{x^2}{a^2}-\frac{y^2}{c^2-a^2}=1 \qquad \cdots\cdots\text{⑦}$$

形を整えるために，$c^2-a^2=b^2$ $(b>0)$ とおけば

$$\frac{x^2}{a^2}-\frac{y^2}{b^2}=1 \quad ; \quad \mathrm{F}(\sqrt{a^2+b^2},\ 0),\ \mathrm{F'}(-\sqrt{a^2+b^2},\ 0)$$

(ii) PF>PF' のとき，

$$\mathrm{PF}-\mathrm{PF'}=2a$$

この式は，(i)の PF'−PF=2a において，a を $-a$ で置きかえたものです．
同じ置きかえによって④は

$$a\sqrt{(x-c)^2+y^2}=-(cx-a^2)$$

となりますが，最後の結論は変化しません．

(i)，(ii)により，双曲線の方程式の標準形は

$$\frac{x^2}{a^2}-\frac{y^2}{b^2}=1 \quad ; \quad \textbf{焦点}\ (\pm\sqrt{a^2+b^2},\ 0)$$

〈**双曲線の漸近線**〉

双曲線上の点は原点から限りなく遠ざかるにつれて直線

$$y=\pm\frac{b}{a}x \ \left(\Longleftrightarrow\ \frac{x^2}{a^2}-\frac{y^2}{b^2}=0\right)$$

に限りなく近づきます．この直線を**漸近線**といいます．

双曲線は x 軸，y 軸に関して対称なので，第1象限で確かめれば十分です．

$\dfrac{b}{a}=m$ とおくと，$\dfrac{x^2}{a^2}-\dfrac{y^2}{b^2}=1$ より

$$y^2=m^2x^2-b^2 \qquad \therefore \quad y=\sqrt{m^2x^2-b^2}$$

$y=mx$ との差の極限を調べると

$$mx-\sqrt{m^2x^2-b^2}=\frac{b^2}{mx+\sqrt{m^2x^2-b^2}}\longrightarrow 0 \quad (x\to\infty)$$

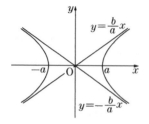
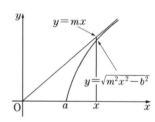

＃〈双曲線のパラメタ表示〉

双曲線 $\dfrac{x^2}{a^2}-\dfrac{y^2}{b^2}=1$ ……㋨ で，$\dfrac{x}{a}=X$,

$\dfrac{y}{b}=Y$ とおくと，直角双曲線

$$X^2-Y^2=1 \qquad\qquad ……㋨$$

が得られます．したがって，㋨がパラメタ表示できればよいことになります．

とりあえず，$X\geqq1$，$Y\geqq0$ に限定します．すると任意の $X(\geqq1)$ に対して

$$X=\dfrac{1}{\cos\theta},\ 0\leqq\theta<\dfrac{\pi}{2}$$

を満たす θ がただ 1 つ存在して

$$Y=\sqrt{X^2-1}=\sqrt{\dfrac{1}{\cos^2\theta}-1}=\tan\theta$$

となります．

$X\geqq1$，$Y\leqq0$；$X\leqq-1$，$Y\geqq0$；$X\leqq-1$，$Y\leqq0$ の場合は，それぞれ次図のように θ の範囲を選ぶことができて，$X\geqq1$，$Y\geqq0$ の場合と同じ表示となります．

← $\cos\theta\neq0$ のとき
$\dfrac{1}{\cos^2\theta}-\tan^2\theta=1$
が成り立つことに注目

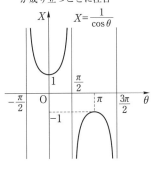

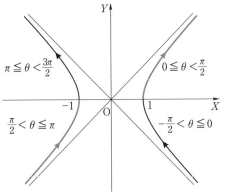

したがって，もとの双曲線㋨のパラメタ表示は

$$x=\dfrac{a}{\cos\theta},\ y=b\tan\theta \qquad ……㋕$$

で与えられます．ただし，θ は

$$-\dfrac{\pi}{2}<0<\dfrac{\pi}{2},\ \dfrac{\pi}{2}<\theta<\dfrac{3\pi}{2}$$

の範囲を動くものとします．

← ㋨上の点とパラメタが 1 対 1 に対応する

第7章

#〈㋐と㋒の同値性〉

楕円の場合（標間 **124**, →研究）と同様にして,
㋒から㋐へさかのぼれることを確かめます.

双曲線㋒の焦点を

$$F(c, 0), \quad F'(-c, 0)$$

$\blacktriangleleft c=\sqrt{a^2+b^2}$

㋒上の $PF'>PF$ を満たす点を

$$P\left(\frac{a}{\cos\theta}, \ b\tan\theta\right), \quad -\frac{\pi}{2}<\theta<\frac{\pi}{2}$$

$\blacktriangleleft PF'>PF$
$\Longleftrightarrow -\frac{\pi}{2}<\theta<\frac{\pi}{2}$

とします. すると, 標間 **124**, ⑴と同様にして

$$PF=\frac{c}{\cos\theta}-a, \quad PF'=\frac{c}{\cos\theta}+a \quad \cdots\cdots㋖$$

となるので

$$PF'-PF=2a$$

が成り立ちます.

なお, $PF'<PF$, すなわち

$$\frac{\pi}{2}<\theta<\frac{3\pi}{2}$$

のときは

$$PF=a-\frac{c}{\cos\theta}, \quad PF'=-a-\frac{c}{\cos\theta}$$

$\blacktriangleleft \cos\theta<0$ に注意して計算してみよう

となります.

演習問題

(126-1) 双曲線 $\dfrac{x^2}{a^2}-\dfrac{y^2}{b^2}=1 \ (a>0, \ b>0)$ の焦点を F, F' とする. →研究 の㋕,
㋖を用いて, 曲線上の任意の点Pにおける接線は $\angle FPF'$ を 2 等分することを
示せ.

(126-2) 双曲線 $C:\dfrac{x^2}{a^2}-\dfrac{y^2}{b^2}=1 \ (a>0, \ b>0)$ の上に点Pをとる. ただし, P は
x 軸上にないものとする. 点PにおけるCの接線と 2 直線 $x=a$ および
$x=-a$ の交点をそれぞれ Q, R とする. 線分 QR を直径とする円はCの 2 つ
の焦点を通ることを示せ. (弘前大)

問 127　双曲線と漸近線

Oを原点とする xy 平面上に2直線 $l_1 : y = \dfrac{1}{a}x$, $l_2 : y = -\dfrac{1}{a}x$ がある.

ただし，a は正の定数とする.

(1) l_1, l_2 を漸近線とし，点 $(1,\ 0)$ を通る双曲線の焦点の1つを $F_1(f,\ 0)$ $(f > 1)$ とするとき，f を a を用いて表せ.

(2) F_1 を通り l_1 に垂直な直線が l_1 と交わる点を P，y 軸と交わる点をQと する．さらにPで l_1 に接し，y 軸を軸とする放物線の焦点を F_2 とする. このとき，F_2 は線分OQの中点であることを示せ.

(3) △OF_1F_2 の面積 S が最小になるような a の値を求めよ.　　　（電気通信大）

精講　(1) 双曲線は原点を中心とし x 軸と
交わるので $\dfrac{x^2}{p^2} - \dfrac{y^2}{q^2} = 1$ とおくこ
とができます．その焦点は $(\pm\sqrt{p^2+q^2},\ 0)$，漸近
線 $y = \pm\dfrac{q}{p}x$ は $y = \pm\dfrac{1}{a}x$ と一致しなければな
りません.

(2) 一般に，2次方程式 $kx^2 + lx + m = 0$ が α
を重解にもつ条件は，解と係数の関係

$$2\alpha = -\frac{l}{k}, \quad \alpha^2 = \frac{m}{k}$$

によって処理できます.

また，放物線 $x^2 = 4\alpha(y - \beta)$ の焦点は $(0,\ \alpha + \beta)$
です.

解法のプロセス

双曲線の方程式は
⇩
$\dfrac{x^2}{p^2} - \dfrac{y^2}{q^2} = 1$ とおける
⇩
焦点は $(\pm\sqrt{p^2+q^2},\ 0)$
漸近線は $y = \pm\dfrac{q}{p}x$
⇩
条件から，$f = \sqrt{p^2+q^2}$ を a で
表す

〈 **解答** 〉

(1) 双曲線の方程式は

$$\frac{x^2}{p^2} - \frac{y^2}{q^2} = 1 \quad (p > 0,\ q > 0)$$

◀ 中心は原点
x 軸と交わる

とおける．双曲線は $(1,\ 0)$ を通るから $p = 1$. また，

漸近線 $y = \pm\dfrac{q}{p}x$ は $y = \pm\dfrac{1}{a}x$ と一致するから

$$\frac{q}{p} = \frac{1}{a} \quad \therefore \quad q = \frac{1}{a}$$

ゆえに

第7章

$$f=\sqrt{p^2+q^2}=\sqrt{1+\frac{1}{a^2}}=\frac{\sqrt{a^2+1}}{a}$$

(2) F_1 を通り l_1 に垂直な直線

$$y=-a\left(x-\frac{\sqrt{a^2+1}}{a}\right)$$

$$\therefore\quad y=-ax+\sqrt{a^2+1}$$

と $l_1: y=\frac{1}{a}x$ の交点は

$$P\left(\frac{a}{\sqrt{a^2+1}},\ \frac{1}{\sqrt{a^2+1}}\right)$$

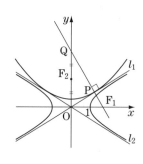

y 軸との交点は

$$Q(0,\ \sqrt{a^2+1})\qquad\qquad\cdots\cdots①$$

放物線は y 軸を軸とするから,その方程式は

$$y=rx^2+s\qquad\qquad\cdots\cdots②$$

とおける.放物線は l_1 と P で接するから方程式

$$rx^2+s=\frac{1}{a}x\quad\therefore\quad rx^2-\frac{1}{a}x+s=0$$

は,P の x 座標 $\dfrac{a}{\sqrt{a^2+1}}$ を重解にもつ.よって　　　　◀ 接点の x 座標は重解

$$2\frac{a}{\sqrt{a^2+1}}=\frac{1}{ar},\quad\left(\frac{a}{\sqrt{a^2+1}}\right)^2=\frac{s}{r}$$　　◀ 解と係数の関係

$$\therefore\quad r=\frac{\sqrt{a^2+1}}{2a^2},\quad s=\frac{1}{2\sqrt{a^2+1}}$$

②: $x^2=\dfrac{1}{r}(y-s)$ の焦点は $\left(0,\ \dfrac{1}{4r}+s\right)$ である　　◀ $x^2=4\alpha(y-\beta)$ と比較

から

$$F_2\left(0,\ \frac{\sqrt{a^2+1}}{2}\right)\qquad\qquad\cdots\cdots③$$

①,③より,F_2 は OQ の中点である.

(3) $S=\dfrac{1}{2}OF_1\cdot OF_2=\dfrac{1}{2}\cdot\dfrac{\sqrt{a^2+1}}{a}\cdot\dfrac{\sqrt{a^2+1}}{2}$

$$=\frac{1}{4}\left(a+\frac{1}{a}\right)\geqq\frac{1}{4}\cdot2\sqrt{a\cdot\frac{1}{a}}=\frac{1}{2}$$　　◀ 相加平均と相乗平均の不等式

等号は $a=\dfrac{1}{a}$ すなわち,$a=1$ のとき成立する.

演習問題

(127) 交わる2直線 $g,\ l$ に至る距離の積が一定(>0)な点Pの軌跡は,この2直線を漸近線とする双曲線であることを示せ.

問 128 円錐曲線

$a>0$ とする．点 $A(1, 0, a)$ を通り，球面 $S: x^2+y^2+z^2=1$ に接する直線と，xy 平面との交点P全体はどのような曲線を描くか．a の値の範囲によって分類せよ．

(大分大)

精講 点Aを通り球面Sに接する直線lの全体は，直線 OA を軸とする直円錐をなします．このとき，各々の直線lを**母線**といいます．

本問は，直円錐の平面による切り口がどんな曲線になるかを問うています．

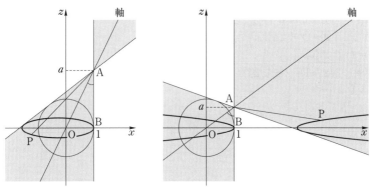

直円錐はAを頂点とする2つの部分からなることに注意します．したがって，$B(1, 0, 0)$ として $\angle OAB = \alpha$ とおくと

$\overrightarrow{AO}$ と $\overrightarrow{AP}$ のなす角は

つねに α または $\pi-\alpha$

になります．このことを内積を使って表せば

$$\pm\cos\alpha = \frac{\overrightarrow{AO}\cdot\overrightarrow{AP}}{|\overrightarrow{AO}||\overrightarrow{AP}|}$$

これから，$P(x, y, 0)$ の座標の満たす関係式，すなわち切り口の方程式が求まります．

解法のプロセス

$P(x, y, 0)$ とおく

⇩

$\overrightarrow{AO}$ と $\overrightarrow{AP}$ のなす角は α または $\pi-\alpha$

⇩

内積で表現

⇩

x と y の関係式

第7章

〈 **解　答** 〉

P$(x,\ y,\ 0)$ とおき，B$(1,\ 0,\ 0)$ とする.

$\angle$OAB$=\alpha$ とおくと

$$\cos\alpha=\frac{\text{AB}}{\text{OA}}=\frac{a}{\sqrt{1+a^2}} \qquad\qquad\cdots\cdots①$$

一方，$\overrightarrow{\text{AP}}=(x-1,\ y,\ -a)$ と $\overrightarrow{\text{AO}}=(-1,\ 0,\ -a)$

のなす角はつねに α，または $\pi-\alpha$ に等しいから

$$\pm\cos\alpha=\frac{\overrightarrow{\text{AO}}\cdot\overrightarrow{\text{AP}}}{|\overrightarrow{\text{AO}}||\overrightarrow{\text{AP}}|}=\frac{-(x-1)+a^2}{\sqrt{1+a^2}\sqrt{(x-1)^2+y^2+a^2}}\quad\cdots\cdots②$$

①，②より

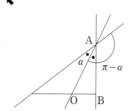

$$\pm a=\frac{-(x-1)+a^2}{\sqrt{(x-1)^2+y^2+a^2}}$$

分母を払い，両辺を 2 乗すると

$$a^2\{(x-1)^2+y^2+a^2\}=\{-(x-1)+a^2\}^2$$

$$(a^2-1)(x-1)^2+2a^2(x-1)+a^2y^2=0$$

(ⅰ)　$a=1$ のとき，

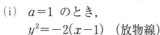　（放物線）

(ⅱ)　$a\neq1$ のとき

$$(a^2-1)\Big\{(x-1)+\frac{a^2}{a^2-1}\Big\}^2+a^2y^2=\frac{a^4}{a^2-1}$$

(ア)　$a>1$ のとき，

$$\frac{\Big(x+\dfrac{1}{a^2-1}\Big)^2}{\Big(\dfrac{a^2}{a^2-1}\Big)^2}+\frac{y^2}{\Big(\dfrac{a}{\sqrt{a^2-1}}\Big)^2}=1\quad（楕円）$$

← $\dfrac{a^2}{a^2-1}>\dfrac{a}{\sqrt{a^2-1}}>1$ であるから円にはならない

(イ)　$0<a<1$ のとき，

$$\frac{\Big(x+\dfrac{1}{a^2-1}\Big)^2}{\Big(\dfrac{a^2}{a^2-1}\Big)^2}-\frac{y^2}{\Big(\dfrac{a}{\sqrt{1-a^2}}\Big)^2}=1\quad（双曲線）$$

(ⅰ)，(ⅱ)より

$$\begin{cases} \boldsymbol{a>1}\ \text{のとき，楕円} \\ \boldsymbol{a=1}\ \text{のとき，放物線} \\ \boldsymbol{0<a<1}\ \text{のとき，双曲線} \end{cases}$$

研究 〈円錐曲線のいろいろな定義〉

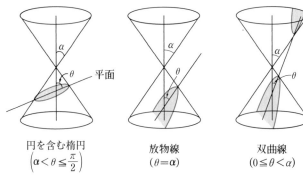

円を含む楕円
$\left(\alpha<\theta\leqq\dfrac{\pi}{2}\right)$

放物線
$(\theta=\alpha)$

双曲線
$(0\leqq\theta<\alpha)$

　本問から推測されるように，円錐の平面による切り口は，平面が円錐の頂点を通る特別な場合を除けば，必ず円を含む楕円，放物線，双曲線のいずれかになります．

　これら3曲線は，ギリシア時代には

　定義1°　円錐の切リ口

として研究されたので，円錐曲線と呼ばれます．

　しかし，平面曲線を調べるためにいちいち円錐を切るのは面倒です．平面曲線は平面上で定義したいと考えるのは自然の成り行きでしょう．アポロニウス（前262〜前200頃）は

定義2°
| 放物線：定点と定直線に至る距離が等しい |
| 楕　円：2定点からの距離の和が一定 |
| 双曲線：2定点からの距離の差が一定 |

を満たす点の軌跡として円錐曲線を定義しました．私達の教科書はアポロニウスに従っているのです．しかし，当時はまだ座標の概念が発見されていなかったので，これらは幾何学を使って研究されました．

　一例として，円錐の切り口が定義2°を満たすことを，楕円の場合について図形的に証明してみましょう．

　いま，円錐と平面に接する2つの球をO_1，O_2とし，これらが平面と接する点をそれぞれF_1，F_2とします．

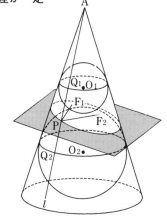

第7章

　また，切り口上の任意の点Pと円錐の頂点Aを結ぶ直線 l を引き，l が球 O_1, O_2 と接する点をそれぞれ Q_1, Q_2 とします．球の外部から球に引いた接線の長さはつねに一定なので，$PF_1 = PQ_1$，$PF_2 = PQ_2$．したがって

$$PF_1 + PF_2 = Q_1Q_2 = 一定$$

となります．

　アポロニウスによって円錐曲線は平面上で扱えるようになりました．しかし定義 **2°** では，3曲線が円錐曲線として1つのまとまりをなしているようには見えません．放物線と，楕円および双曲線の定義の間に隔りがあるからです．

　アポロニウスから約500年の後，パップス (320頃) はこの欠点を改良して次のように定義しました．

　動点Pから定点Fと定直線 g に至る距離の比を e とするとき，Pの軌跡は

$$
定義\,\mathbf{3°} \quad
\begin{cases}
e<1 \ ならば \quad 楕円 \\
e=1 \ ならば \quad 放物線 \\
e>1 \ ならば \quad 双曲線
\end{cases}
$$

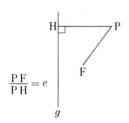

$$\frac{PF}{PH} = e$$

としたのです (標問 **131**)．比 e のことを**離心率**といいます．

　定義 **2°** から定まる円錐曲線の方程式は x と y の2次方程式でした．座標幾何学が完成すると，今度は x と y の一般の2次方程式

$$ax^2 + 2hxy + by^2 + 2px + 2qy + c = 0$$

の表す図形を分類するという問題が現れます．結論をいうと，例外を除けば適当に座標をとり直すことによって，それが表す図形は円錐曲線のいずれかになることが示されます (標問 **133**, **134**)．この意味で円錐曲線のことを **2次曲線**ということもあります．

　円錐曲線の定義は場合に応じて使い分けます．例えば，運動方程式を解いて万有引力の法則からケプラーの法則を導く場合には，定義 **3°** を使うのが便利です．

演習問題

(128)　空間の点 A$(0, 0, 6)$ を頂点とし，z 軸を軸，xy 平面の円 $x^2 + y^2 = 9$ を底面とする円錐を γ とする．平面 $\pi : z = y + 3$ によって γ を切ったときの切り口の楕円について，以下の問いに答えよ．

(1)　この楕円の中心と焦点の座標を求めよ．

(2)　円錐 γ を平面 π で分割してできる2つの立体のうち，γ の頂点を含む方の体積を求めよ．

標問 129　直線と円の極方程式

xy 平面において，原点を極，x 軸の正の部分を始線にとり，次の各図形の極方程式を求めよ．

(1)　直線 $\sqrt{3}\,x-y-4=0$

(2)　円 $(x-1)^2+(y-\sqrt{3}\,)^2=2$

> **精講**　平面上に1点Oと半直線OXをとるとき，任意の点Pの位置は，OPの長さ r と OX から OP に至る角 θ の組によって定まります．

組 $(r,\ \theta)$ を，Oを**極**，OX を**始線**とする点Pの**極座標**と呼び，θ をPの**偏角**といいます．

なお，$r<0$ のとき $(r,\ \theta)$ は点 $(-r,\ \theta+\pi)$ を表すとして極座標の定義を拡張することができます．しかし，**本書では何もことわらなければ $r\geqq0$ とします．**

曲線の方程式を r と θ の関係式で表すとき，これを**極方程式**といいます．

〈例〉　xy 平面の原点を極，x 軸の正の部分を始線にとると

(i)　半直線 $y=x$，$x\leqq0$ の方程式は
$$\theta=\frac{5\pi}{4}$$

(ii)　中心 $(1,\ 0)$，半径1の円の極方程式は，$\text{OP}=\text{OA}\cos\theta$ より
$$r=2\cos\theta$$

(ii)の場合，直交座標 $(x,\ y)$ と極座標 $(r,\ \theta)$ の関係式
$$x=r\cos\theta,\ \ y=r\sin\theta$$
を $(x-1)^2+y^2=1$ に代入して，
$$(r\cos\theta-1)^2+(r\sin\theta)^2=1$$
$$r^2-2r\cos\theta=0$$
$$\therefore\ \ r=2\cos\theta$$
としてもよいわけです．

解答ではこの方法を使うことにします．

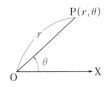

← $r=0$ のときは，Pの偏角 θ は任意と考える

← 標問 131 → 研究

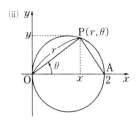

> **解法のプロセス**
>
> $(x,\ y)$ と $(r,\ \theta)$ の関係式
> $$\begin{cases}x=r\cos\theta\\y=r\sin\theta\end{cases}$$
> を利用する

← 厳密には「$r>0$ のとき
$$r=2\cos\theta$$
これは $r=0$ の場合も含む」とする

〈 **解 答** 〉

(1) $x=r\cos\theta,\ y=r\sin\theta$ とおくと

$$r(\sqrt{3}\cos\theta-\sin\theta)-4=0$$ ◀ 括弧の中を合成

$$2r\cos\left(\theta+\frac{\pi}{6}\right)-4=0$$

$$\therefore\ \ r\cos\left(\theta+\frac{\pi}{6}\right)=2$$

(2) (1)と同様にして

$$(r\cos\theta-1)^2+(r\sin\theta-\sqrt{3})^2=2$$

$$r^2-2r(\cos\theta+\sqrt{3}\sin\theta)+4=2$$ ◀ 括弧の中を合成

$$\therefore\ \ r^2-4r\cos\left(\theta-\frac{\pi}{3}\right)+2=0$$

研究　〈図形的な別解〉

(1) $\overrightarrow{\text{OH}}$ の傾きは $-\dfrac{1}{\sqrt{3}}$ だから,

$\overrightarrow{\text{OH}}$ は x 軸の正方向と $-\dfrac{\pi}{6}$ をなし,

$|\overrightarrow{\text{OH}}|=4\sin\dfrac{\pi}{6}=2$ です.

よって, $\text{OP}\cos\angle\text{HOP}=\text{OH}$ から

$$r\cos\left(\theta+\frac{\pi}{6}\right)=2$$

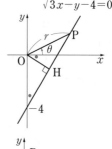

(2) $\overrightarrow{\text{OA}}$ は x 軸の正方向と角 $\dfrac{\pi}{3}$ をなすので, $\triangle\text{OAP}$

に余弦定理を用いると

$$(\sqrt{2})^2=r^2+2^2-2\cdot2\cdot r\cos\left(\theta-\frac{\pi}{3}\right)$$

$$\therefore\ \ r^2-4r\cos\left(\theta-\frac{\pi}{3}\right)+2=0$$

θ に対して r は 2 つ決まります.

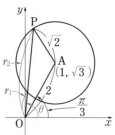

演習問題

(129) a を正の実数とする. 曲線 C_a を極方程式

$$r=2a\cos(\theta-a)$$

によって定める.

(1) C_a は円になることを示し, その中心と半径を求めよ.

(2) C_a が $y=-x$ に接するような a をすべて求めよ.　　　　(筑波大)

130 レムニスケート

座標平面において，方程式 $(x^2+y^2)^2=2xy$ の表す曲線 C を考える.

(1) C 上の点 P と 2 点 $A(a, a)$, $B(-a, -a)$ $(a>0)$ との距離の積 $PA \cdot PB$ が常に一定の値であるとき，a の値と一定値 $PA \cdot PB$ を求めよ.

(2) 原点を極，x 軸の正の部分を始線とする極座標 (r, θ) に関する C の極方程式を求めよ.

(3) C の概形として最もふさわしいものを下から選べ.

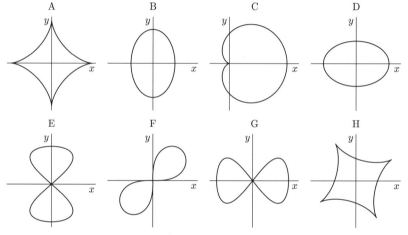

A   B   C   D

E   F   G   H

(4) C 上の点で x 座標が最大である点 M の偏角 θ_0 $(0 \leqq \theta_0 < 2\pi)$ を求めよ.

(5) M を通り y 軸に平行な直線を l とする. C 上の点を極座標 (r, θ) と表すとき，C の $0 \leqq \theta \leqq \theta_0$ の部分と，x 軸，および l で囲まれた部分の面積 S を求めよ.

(上智大)

精講 (1) 2 定点からの距離の和が一定である点の軌跡は楕円でした．これを積が一定としたのが本問の曲線 C でレムニスケートといいます．C の方程式を使って，$PA^2 \cdot PB^2$ をなるべく簡単な式に直します.

(2) P の直交座標 (x, y) と極座標 (r, θ) の関係を使うだけです.

(3) 曲線 C が通る特殊な点や，対称性に注目します.

解法のプロセス

(1) $PA^2 \cdot PB^2$ をできるだけ簡単な式で表す

(2) $\begin{cases} x=r\cos\theta \\ y=r\sin\theta \end{cases}$ を使う

(3) 対称性に注目

(4) x を θ の式で表し，増減を調べる

(5) $S=\displaystyle\int_\alpha^\beta \frac{1}{2}\{f(\theta)\}^2 d\theta$ を利用

(4) C の極方程式が $r=f(\theta)$ であれば $x=f(\theta)\cos\theta$ の増減を調べることになります.

(5) 標問 **63**, ┌**研究**┐, 〈扇形による区分求積〉を活用します.

$$\langle\!\langle \ \textbf{解 答}\ \rangle\!\rangle$$

$$(x^2+y^2)^2=2xy \qquad\qquad \cdots\cdots ①$$

(1) $\mathrm{P}(x,\ y)$ とする.

$\mathrm{PA^2\cdot PB^2}$

$=\{(x-a)^2+(y-a)^2\}\{(x+a)^2+(y+a)^2\}$

$=\{x^2+y^2+2a^2-2a(x+y)\}\{x^2+y^2+2a^2+2a(x+y)\}$

$=(x^2+y^2+2a^2)^2-4a^2(x+y)^2$

$=(x^2+y^2)^2+4a^2(x^2+y^2)+4a^4-4a^2(x+y)^2$ ← ①を第1項に代入

$=2xy+4a^4+4a^2\{x^2+y^2-(x+y)^2\}$

$=(2-8a^2)xy+4a^4$

これが一定である条件は

$$a^2=\frac{1}{4} \qquad \therefore\quad a=\frac{1}{2}$$

このとき, $\mathrm{PA\cdot PB}=2a^2=\dfrac{1}{2}$ である.

(2) $x=r\cos\theta,\ y=r\sin\theta$ を①に代入して, $r^4=2r^2\sin\theta\cos\theta$

$\therefore\quad r=0$ または $r^2=\sin2\theta$

$r=0$ は $r^2=\sin2\theta$ に含まれる. よって, C の極方程式は $\boldsymbol{r=\sqrt{\sin2\theta}}$

(3) ①は $x=y=0$ を満たし, x と y を交換しても不変である. すなわち, C は原点を通り, 直線 $y=x$ に関して対称である. この2条件を満たすのは**F**である.

(4) (2)より $x=\sqrt{\sin2\theta}\cos\theta$

また, (3)の**F**の概形から, $0\leqq\theta\leqq\dfrac{\pi}{2}$ で考えれば十分である.

$$\frac{dx}{d\theta}=\frac{2\cos2\theta}{2\sqrt{\sin2\theta}}\cos\theta+\sqrt{\sin2\theta}(-\sin\theta)$$

$$=\frac{\cos2\theta\cos\theta-\sin2\theta\sin\theta}{\sqrt{\sin2\theta}}=\frac{\cos3\theta}{\sqrt{\sin2\theta}}$$

よって, x は右表のように増減する.

したがって, x が最大となる偏角は $\theta_0=\dfrac{\pi}{6}$ である.

θ	0	$\cdots$	$\dfrac{\pi}{6}$	$\cdots$	$\dfrac{\pi}{2}$
$\dfrac{dx}{d\theta}$		$+$		$-$	
x		↗		↘	

(5) $M(x_0, y_0)$, $r_0 = \sqrt{\sin 2\theta_0}$ とすると
$$x_0 = r_0 \cos \theta_0, \quad y_0 = r_0 \sin \theta_0$$
ゆえに
$$\begin{aligned}
S &= \frac{1}{2} x_0 y_0 - \int_0^{\theta_0} \frac{1}{2} r^2 d\theta \\
&= \frac{1}{2} r_0{}^2 \sin \theta_0 \cos \theta_0 - \int_0^{\theta_0} \frac{1}{2} \sin 2\theta \, d\theta \\
&= \frac{1}{4} \sin^2 2\theta_0 + \left[\frac{1}{4} \cos 2\theta\right]_0^{\frac{\pi}{6}} \\
&= \frac{1}{4}\left(\frac{\sqrt{3}}{2}\right)^2 + \frac{1}{4}\left(\frac{1}{2} - 1\right) = \frac{1}{16}
\end{aligned}$$

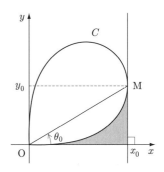

研究 〈極座標による面積の公式〉

曲線 $C: r = r(\theta)$ $(\alpha \leqq \theta \leqq \beta)$ と 2 本の動径 $r = \alpha$, $r = \beta$ が囲む部分の面積を S とします.

$\Delta\theta$ が十分小さいとき, 図の網目部分は半径 $r(\theta)$, 中心角 $\Delta\theta$ の扇形とみてよいから, その面積は $\frac{1}{2}\{r(\theta)\}^2 \Delta\theta$ で近似できます. ゆえに

$$S = \int_\alpha^\beta \frac{1}{2}\{r(\theta)\}^2 d\theta \qquad \cdots\cdots(*)$$

となります.

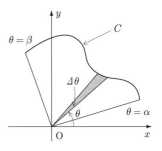

第7章

演習問題

130 $x^3 - 3axy + y^3 = 0$ $(a > 0)$ で定義される曲線はデカルトの葉線と呼ばれている. これによって囲まれる第 1 象限の面積 S を求めたい. 極座標 $x = r\cos\theta$, $y = r\sin\theta$ を用いると, 曲線は

$$r(\theta) = \frac{3a\cos\theta\sin\theta}{\cos^3\theta + \sin^3\theta} \quad \left(0 \leqq \theta \leqq \frac{\pi}{2}\right)$$

となる. これに **研究** $(*)$ を適用し, $t = \tan\theta$ とおいて S を求めよ.

ただし, $\displaystyle\int_0^\infty f(t)\,dt = \lim_{R\to\infty}\int_0^R f(t)\,dt$ と解釈する.

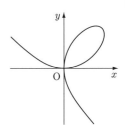

（横浜市立大）

標問 **131** 円錐曲線の極方程式 (1)

座標平面上に定点 $F(d, 0)$ $(d>0)$ と，動点 $P(x, y)$ $(x>0)$ がある．Pから y 軸に下ろした垂線の足をHとする．定数 $e>0$ に対して，

$$PF=ePH$$

を満たす点Pの描く曲線を C とする．

(1) Fを極，x 軸の正方向を始線にとり，C の極方程式を求めよ．

(2) C の方程式を x, y で表し，C を e の値によって分類せよ． (慶應義塾大)

精 講 標問**123**では，放物線を $PF=PH$ を満たす点の軌跡として定義しました．
本問では，離心率 e を導入して条件を

$$PF=ePH$$

と拡張することで，楕円と双曲線も定義できることを示します．

解法のプロセス
PF, PH を r, θ, d で表す
⇩
$PF=ePH$ に代入
⇩
r について解く

〈 **解 答** 〉

(1) $PF=ePH$ ......①
$FP=r$，動径 FP の偏角を θ とすると
$$\overrightarrow{OP}=\overrightarrow{OF}+\overrightarrow{FP}$$
$$=(d, 0)+(r\cos\theta, r\sin\theta)$$
$$=(d+r\cos\theta, r\sin\theta)$$
∴ $PH=(P の x 座標)=d+r\cos\theta$
これらを①に代入すると
$$r=e(d+r\cos\theta)$$
∴ $r=\dfrac{de}{1-e\cos\theta}$ ......②

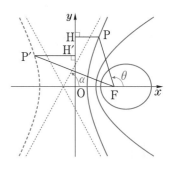

(2) $P(x, y)$ $(x>0)$ であるから，①より
$$\sqrt{(x-d)^2+y^2}=ex$$
両辺を2乗すると
$$(1-e^2)x^2-2dx+y^2+d^2=0$$
(i) $e=1$ のとき
$$y^2=2d\left(x-\dfrac{d}{2}\right) \quad (放物線) \qquad ......③$$

$e \neq 1$ のとき

$$\dfrac{\left(x-\dfrac{d}{1-e^2}\right)^2}{\dfrac{d^2e^2}{(1-e^2)^2}}+\dfrac{y^2}{\dfrac{d^2e^2}{1-e^2}}=1$$

したがって

(ii) $0<e<1$ のとき, $1-e^2>0$ であるから

$$\dfrac{\left(x-\dfrac{d}{1-e^2}\right)^2}{\left(\dfrac{de}{1-e^2}\right)^2}+\dfrac{y^2}{\left(\dfrac{de}{\sqrt{1-e^2}}\right)^2}=1 \quad (楕円)$$

$$\cdots\cdots④$$

(iii) $e>1$ のとき, $1-e^2<0$ であるから

$$\dfrac{\left(x-\dfrac{d}{1-e^2}\right)^2}{\left(\dfrac{de}{e^2-1}\right)^2}-\dfrac{y^2}{\left(\dfrac{de}{\sqrt{e^2-1}}\right)^2}=1 \quad (双曲線)$$

◀ $x>0$ だから, 右側の枝だけを表す

$$\cdots\cdots⑤$$

＃ **研究** 〈$e>1$ のとき, θ の動く範囲〉

②より

$$1-e\cos\theta>0 \quad \therefore \quad \cos\theta<\dfrac{1}{e} \ (<1)$$

したがって, θ は右図の角 α に対して

$$\alpha<\theta<2\pi-\alpha$$

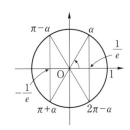

の範囲を動きます. また, $\pm\tan\alpha$ は双曲線⑤の漸近線の傾きと一致します.

〈双曲線の左側の枝〉

双曲線の $x<0$ の部分は

$$P'H'=-(\Gamma' の x座標)=-(d+r\cos\theta)$$

に注意すると, $P'F=eP'H'$ より

$$r=-e(d+r\cos\theta)$$

$$\therefore \quad r=\dfrac{-de}{1+e\cos\theta}$$

$$\cdots\cdots㋐$$

◀ ただし, $1+e\cos\theta<0$ より

$$\cos\theta<-\dfrac{1}{e}$$

$$\therefore \quad \pi-\alpha<\theta<\pi+\alpha$$

となります.

〈②は円を除くすべての円錐曲線を表す〉

　もちろん円錐曲線は，標問 **128**，<research>研究</research>，定義 2° によるものとして，位置の違いは無視して考えます．

　放物線については，定義が同じですから当然です．

　楕円については，④と $\dfrac{x^2}{a^2}+\dfrac{y^2}{b^2}=1$ $(a>b>0)$ を比較して

$$\frac{de}{1-e^2}=a, \quad \frac{de}{\sqrt{1-e^2}}=b$$

$$\therefore \quad e=\frac{\sqrt{a^2-b^2}}{a} \ (<1), \quad d=\frac{b^2}{\sqrt{a^2-b^2}}$$

← $\dfrac{b}{a}\to 1$ のとき
$e=\sqrt{1-\left(\dfrac{b}{a}\right)^2}\to 0$
そこで，①で $e=0$ とすると $P=F$ となるので，円は表せない

　双曲線の場合には，⑤と $\dfrac{x^2}{a^2}-\dfrac{y^2}{b^2}=1$ $(a>0,\ b>0)$ を比較すると，やはり a, b から e (>1), d が決まります．

　したがって，e, d を適当にとると，②すなわち③，④，⑤は円を除くすべての円錐曲線を表すことができます．

〈②と⑦の関係〉

　$r<0$ のとき，極座標 (r, θ) は点 $(-r, \theta+\pi)$ を表すと定めます．すると $r=\dfrac{de}{1-e\cos\theta}$ ……② を $-\alpha<\theta<\alpha$ ……⑦ の範囲で考えることができて，②は双曲線の左側の枝を表します．

　実際，⑦の範囲で $1-e\cos\theta<0$, すなわち $r<0$ であるから

$$r'=-r, \quad \theta'=\theta+\pi$$

とおくと，(r, θ) は点 (r', θ') を表します．そこで，$r=-r'$, $\theta=\theta'-\pi$ を②に代入すると

$$-r'=\frac{de}{1-e\cos(\theta'-\pi)} \quad \therefore \quad r'=\frac{-de}{1+e\cos\theta'}$$

　また，⑦に代入すると

$$-\alpha<\theta'-\pi<\alpha \quad \therefore \quad \pi-\alpha<\theta'<\pi+\alpha$$

これは左側の枝の表示⑦と一致します．

演習問題

(131) 極方程式 $r=\dfrac{\sqrt{6}}{2+\sqrt{6}\cos\theta}$ の表す曲線を，直交座標 (x, y) に関する方程式で表し，その概形を図示せよ．ただし，$r\geqq 0$ とする．

問 132 　円錐曲線の極方程式 (2)

楕円 $\dfrac{x^2}{a^2}+\dfrac{y^2}{b^2}=1$ $(a>b>0)$ について,

(1) 焦点 $F(ae,\ 0)$ $(0<e<1)$ を極, x 軸の正の方向を始線とする極方程式を求めよ.

(2) 焦点 F を通る弦の両端を P, Q とすれば, $\dfrac{1}{FP}+\dfrac{1}{FQ}$ は一定であることを証明せよ.

(東京工業大)

精講 　(1) 楕円上の点 P の直交座標は, 極座標 $(r,\ \theta)$ を用いて

$$(ae+r\cos\theta,\ r\sin\theta)$$

と表せるので, これが楕円の方程式を満たすことから r を θ で表します. その際, 標問 **124** で学んだように, b は単に楕円の方程式の形を整えるために導入された文字であることに注意しましょう. したがって, $\sqrt{a^2-b^2}=ae$ より

$$b^2=a^2(1-e^2)$$

として b を消去して考えます.

(2) (1)の結果を利用すれば直ちに解決します.

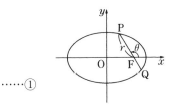

解法のプロセス

b は仮りの定数
⇩
$\sqrt{a^2-b^2}=ae$ より
⇩
$b^2=a^2(1-e^2)$ として b を消去する

← 前問,

<　解　答　>

(1) $P(ae+r\cos\theta,\ r\sin\theta)$ を楕円の方程式 $b^2x^2+a^2y^2=a^2b^2$ に代入すると

$$b^2(ae+r\cos\theta)^2+a^2(r\sin\theta)^2=a^2b^2$$

$\therefore\ (b^2\cos^2\theta+a^2\sin^2\theta)r^2+2ab^2e\cos\theta\cdot r$
　　　$-a^2b^2(1-e^2)=0$ 　　　　……①

ここで, $\sqrt{a^2-b^2}=ae$ より

$$b^2=a^2(1-e^2)$$ 　　　　……②

②を①に代入して b を消去すると

$$a^2(1-e^2\cos^2\theta)r^2+2a^3e(1-e^2)\cos\theta\cdot r-a^4(1-e^2)^2=0$$

$$(1-e^2\cos^2\theta)r^2+2ae(1-e^2)\cos\theta\cdot r-a^2(1-e^2)^2=0$$

$\therefore\ \{(1+e\cos\theta)r-a(1-e^2)\}\{(1-e\cos\theta)r+a(1-e^2)\}=0$

第7章

$0 < e < 1$ より

$$(1 - e\cos\theta)r + a(1 - e^2) > 0$$

であるから

$$r = \frac{a(1 - e^2)}{1 + e\cos\theta}$$

(2) Pの偏角を θ とすると，Qの偏角は $\theta + \pi$ であるから

$$\frac{1}{\mathrm{FP}} + \frac{1}{\mathrm{FQ}}$$

$$= \frac{1 + e\cos\theta}{a(1 - e^2)} + \frac{1 + e\cos(\theta + \pi)}{a(1 - e^2)} = \frac{2}{a(1 - e^2)} \quad (\text{一定})$$

研 究 〈(2)は**曲線の種類と無関係**〉

本問の(1)を標問 **131** の(1)で置きかえます．

するとすべての円錐曲線は，$(d, 0)$ を焦点，y 軸を準線，e を離心率として

$$r = \frac{de}{1 - e\cos\theta}$$

と表せます．したがって，(2)は円錐曲線の種類に関係なく

$$\frac{1}{\mathrm{FP}} + \frac{1}{\mathrm{FQ}} = \frac{1 - e\cos\theta}{de} + \frac{1 - e\cos(\theta + \pi)}{de} = \frac{2}{de} \quad (\text{一定})$$

この簡明さは，パップスの定義の威力を示してます．

演習問題

(132) 放物線 $y^2 = 4px$ $(p > 0)$ について

(1) 焦点Fを極，x 軸の正の部分を始線とする極方程式を求めよ．

(2) 焦点Fで直交する弦を PQ，RS とすれば，

$$\frac{1}{\mathrm{FP} \cdot \mathrm{FQ}} + \frac{1}{\mathrm{FR} \cdot \mathrm{FS}}$$

は一定であることを証明せよ．

問 **133**　**2次曲線** (1)

方程式 $x^2+6\sqrt{3}\,xy-5y^2=4$ で表される曲線 C を原点のまわりに角 $-\theta\ \left(0\leqq\theta\leqq\dfrac{\pi}{2}\right)$ だけ回転した曲線 C' の方程式を

$$ax^2+2hxy+by^2=4$$

とする.

(1)　a, b, h を θ の式で表せ.

(2)　$h=0$ となるように θ の値を定めよ.

(3)　C は双曲線であることを示し，その漸近線の方程式を求めよ. (芝浦工業大)

精 講　点 $(x,\ y)$ を $-\theta$ だけ回転した点を $(X,\ Y)$ とすると

$$x+iy=(\cos\theta+i\sin\theta)(X+iY)$$

$$\therefore\ \begin{cases}x=X\cos\theta-Y\sin\theta\\ y=X\sin\theta+Y\cos\theta\end{cases}$$

となります. (標問 **112**)

後は誘導に従ってしっかり計算します.

▶ **解法のプロセス**

$-\theta$ 回転で

$(x,\ y)\rightarrow(X,\ Y)$

⇩

$\begin{cases}x=X\cos\theta-Y\sin\theta\\ y=X\sin\theta+Y\cos\theta\end{cases}$

⇩

$x,\ y$ を消去して，X, Y の関係式を求める

〈　**解　答**　〉

$C:x^2+6\sqrt{3}\,xy-5y^2=4$　　　……①

(1)　点 $(x,\ y)$ を原点のまわりに $-\theta$ だけ回転した点を $(X,\ Y)$ とすれば

$$\begin{cases}x=X\cos\theta-Y\sin\theta\\ y=X\sin\theta+Y\cos\theta\end{cases}\quad\cdots\cdots②$$

②を①に代入して

$C':aX^2+2hXY+bY^2=4$　　　……③

となるとすると，計算により

$$\begin{cases}a=\cos^2\theta+6\sqrt{3}\,\sin\theta\cos\theta-5\sin^2\theta\\ b=\sin^2\theta-6\sqrt{3}\,\sin\theta\cos\theta-5\cos^2\theta\\ h=3\sqrt{3}\,(\cos^2\theta-\sin^2\theta)-6\sin\theta\cos\theta\end{cases}\quad\cdots④$$

(2)　(1)より，$h=3\sqrt{3}\,\cos2\theta-3\sin2\theta=0$

$\therefore\ \tan2\theta=\sqrt{3}\ (0\leqq2\theta\leqq\pi)$

◀ $(x,\ y)$ は $(X,\ Y)$ を θ 回転したもの

第 7 章

$$\therefore \quad \theta=\frac{\pi}{6}$$

(3) $\theta=\frac{\pi}{6}$ のとき，④より，$a=4$，$b=-8$.

これらを③に代入すると
$$C': X^2-2Y^2=1$$
よって，C' は双曲線であり，漸近線の方程式は
$$X\pm\sqrt{2}\,Y=0 \qquad \cdots\cdots ⑤$$

$(X,\ Y)$ は，$(x,\ y)$ を $-\dfrac{\pi}{6}$ だけ回転した点

であるから
$$X=\frac{\sqrt{3}\,x+y}{2},\ \ Y=\frac{-x+\sqrt{3}\,y}{2} \qquad \cdots\cdots ⑥ \qquad \text{← }\theta\text{ 回転の公式}$$

⑥を⑤に代入すると
$$\sqrt{3}\,x+y\pm\sqrt{2}\,(-x+\sqrt{3}\,y)=0$$
$$\therefore \quad y=\frac{-\sqrt{3}\pm\sqrt{2}}{1\pm\sqrt{6}}x \quad (\text{複号同順})$$
$$\therefore \quad y=\frac{3\sqrt{3}\pm4\sqrt{2}}{5}x \qquad \cdots\cdots ⑦$$

ゆえに，曲線 C は⑦を漸近線とする双曲線である．　← 回転で形は変化しない

研究　〈2次曲線の分類〉

本問の方程式を一般化した x と y の2次方程式
$$ax^2+2hxy+by^2+2px+2qy+c=0 \quad \cdots\cdots ⑦$$
の表す図形は，例外

$$\begin{cases} \text{一致するか，平行であるか，または交わる2直線} \\ \text{1点} \\ \text{解なし} \end{cases}$$

を除くと円錐曲線に限ることが知られています．

そこで，⑦が円錐曲線を表すものとして，その種類を係数によって分類してみましょう．

〈有心円錐曲線：円を含む楕円と双曲線〉

円を含む楕円と双曲線は点対称ですが，放物線は違います．この観点から円錐曲線は2つに分類されます．

$$\begin{cases} \text{有心円錐曲線：円を含む楕円，双曲線} \\ \text{無心円錐曲線：放物線} \end{cases}$$

いま，㋐が有心円錐曲線を表すとして，その対称の中心 (x_0, y_0) が原点と一致するように平行移動します．

$$\begin{cases} X = x - x_0 \\ Y = y - y_0 \end{cases} \text{より} \quad \begin{cases} x = X + x_0 \\ y = Y + y_0 \end{cases}$$

これを㋐に代入すると

$$aX^2 + 2hXY + bY^2 + 2(ax_0 + hy_0 + p)X$$
$$+ 2(hx_0 + by_0 + q)Y + C = 0 \quad \cdots ㋑ \quad \text{◀ 平行移動で定数項は変化}$$

㋑は原点対称の曲線を表すはずだから

$$\begin{cases} ax_0 + hy_0 + p = 0 \\ hx_0 + by_0 + q = 0 \end{cases} \quad \therefore \quad \begin{cases} (ab - h^2)x_0 = -bp + hq \\ (ab - h^2)y_0 = hp - aq \end{cases}$$

これを満たす (x_0, y_0) がただ1つ存在する条件は

$$ab - h^2 \neq 0$$

したがって，$ab - h^2 \neq 0$ のとき，㋐は有心円錐曲線を表し，対称の中心が原点と一致するように平行移動すれば，その方程式は

$$ax^2 + 2hxy + by^2 + C = 0 \qquad \cdots\cdots ㋒$$

となります．

〈有心円錐曲線の標準化〉

㋐が表す円錐曲線を，回転または平行移動して（曲線の形は変化しません）方程式を標準形に直すことを**標準化する**といいます．

有心円錐曲線は，平行移動によってその方程式を㋒の形に直せます．そこで，引き続き曲線を回転して，xy の項を消しましょう．

㋒を $-\theta$ 回転して，方程式が

$$Ax^2 + 2Hxy + By^2 + C = 0 \qquad \cdots\cdots ㋓ \quad \text{◀ 回転で定数項は不変}$$

に変化したとすれば，本問と同様の計算によって

$$\begin{cases} A = \dfrac{a+b}{2} + \left(\dfrac{a-b}{2}\cos 2\theta + h\sin 2\theta \right) \\ B = \dfrac{a+b}{2} - \left(\dfrac{a-b}{2}\cos 2\theta + h\sin 2\theta \right) \qquad \cdots\cdots ㋔ \\ 2H = 2h\cos 2\theta - (a-b)\sin 2\theta \end{cases}$$

$H = 0$ より，$2h\cos 2\theta = (a-b)\sin 2\theta$

$$\therefore \quad \tan 2\theta = \frac{2h}{a-b}$$

この等式を満たす θ に対して，$-\theta$ だけ回転すれば，方程式は

$$Ax^2 + By^2 + C = 0 \qquad \cdots\cdots ㋕$$

と変換されて標準化が完了したことになります．ただし，$a = b$ のときは $\theta = \dfrac{\pi}{4}$ と考えます．

第7章

〈**不変式：$a+b$，$ab-h^2$**〉

　回転の計算をしないで⑦の係数から直接⑦のA，Bを求める方法を考えましょう．うまいことに⑤と①の間には

$$\begin{cases} A+B=a+b \\ AB-H^2=ab-h^2 \end{cases} \qquad \cdots\cdots ⑧$$

という関係式が成立します（演習問題 $\boxed{133}$）．すなわち，$a+b$ と $ab-h^2$ は回転しても変化しません．さらに，⑦と①で2次の係数が変化しないので平行移動でも不変です．

　$H=0$ のとき，⑧は

$$\begin{cases} A+B=a+b \\ AB=ab-h^2 \end{cases} \qquad \cdots\cdots ⑨$$

となるので，A と B は次の2次方程式の2解です．

$$x^2-(a+b)x+ab-h^2=0$$

　本問に適用してみましょう．$a=1$，$b=-5$，$h=3\sqrt{3}$　より

$$\begin{cases} a+b=-4 \\ ab-h^2=-32 \end{cases}$$

解答の⑦が $Ax^2+By^2=4$ となるとき，A，B は

$$x^2+4x-32=0 \qquad \therefore\quad (x+8)(x-4)=0$$

の2解です．そこで $(A, B)=(4, -8)$ とすると

$$x^2-2y^2=1$$

となり**解答**の C' の方程式と一致します．

　なお，有心円錐曲線⑦の種類を知りたいだけならば，⑦と⑨により

$$\begin{cases} ab-h^2>0 \text{ のとき，}A\text{と}B\text{は同符号だから，} \textbf{円を含む楕円} \\ ab-h^2<0 \text{ のとき，}A\text{と}B\text{は異符号だから，} \textbf{双曲線} \end{cases}$$

と判定されます．$ab-h^2=0$ のときは，もちろん無心円錐曲線である**放物線**です．

演習問題

$\boxed{133}$ →研究 において，①から⑧を示せ．

問 **134** 2次曲線 (2)

xy 平面上の曲線 $C : x^2 - 2xy + y^2 - \sqrt{2}\,x - \sqrt{2}\,y + a = 0$ について，次の問いに答えよ．ただし，a は定数とする．

(1) 曲線 C を原点のまわりに適当な角度だけ回転することによって，曲線 C は，楕円，双曲線，放物線のいずれであるかを調べよ．

(2) 曲線 C が x 軸および y 軸に接するとき，定数 a の値を求めよ．

精講　前問 →研究 の結果によれば

$$\begin{cases} \tan 2\theta = \dfrac{2h}{a-b} = \infty \quad \text{より，} \quad \theta = \dfrac{\pi}{4} \\ ab - h^2 = 0 \quad \text{より，} C \text{ は放物線} \end{cases}$$

であると直ちにわかりますが，これをそのまま答案にするわけにはいきません．

曲線 C は，その方程式が「x と y に関して対称」なので，直線 $y = x$ に関して対称です．

したがって，回転角は $\pm 45°$ どちらでも構いません．対称性に注目できれば，特別な知識は一切必要ないわけです．

解法のプロセス

回転角の指定も誘導もない
⇩
方程式の対称性を見る
⇩
x と y を交換しても不変
⇩
C は $y = x$ に関して対称
⇩
$-45°$回転

〈 **解答** 〉

$C : f(x,\ y) = x^2 - 2xy + y^2 - \sqrt{2}\,x - \sqrt{2}\,y + a = 0$ ……①

(1) $f(x,\ y) = f(y,\ x)$ であるから，曲線 C は直線 $y = x$ に関して対称である．

そこで，曲線 C を原点のまわりに $-45°$ 回転することにし，この回転で点 $(x,\ y)$ が点 $(X,\ Y)$ に移るとすれば

$$x + iy = (\cos 45° + i\sin 45°)(X + iY)$$
$$= \frac{X-Y}{\sqrt{2}} + i\frac{X+Y}{\sqrt{2}}$$

$$\therefore \quad x = \frac{X-Y}{\sqrt{2}},\ y = \frac{X+Y}{\sqrt{2}} \quad ……②$$

$$\therefore \quad x - y = -\sqrt{2}\,Y,\quad x + y = \sqrt{2}\,X$$

これらを① : $(x-y)^2 - \sqrt{2}\,(x+y) + a = 0$ に代入すると

$$2Y^2 - 2X + a = 0 \quad \therefore \quad Y^2 = X - \frac{a}{2}$$

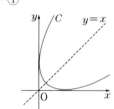

第7章

したがって，曲線 C は**放物線**である．

(2)　曲線 C は直線 $y=x$ に関して対称であるから，

　　x 軸に接することが必要十分．

$$f(x,\ 0)=x^2-\sqrt{2}\,x+a=0$$

　　が重解をもつ条件は，（判別式）$=2-4a=0$　　　$\therefore\ \ a=\dfrac{1}{2}$

研究　〈無心2次曲線の標準化〉

$$f(x,\ y)=ax^2+2hxy+by^2+2px+2qy+c=0$$

が $ab-h^2=0$ を満たすときは，初めから回転します．このとき，
有心2次曲線の回転に関する解説が，x と y の2次の項

$$ax^2+2hxy+by^2$$

についてはそのまま通用します．しかし，1次の項は残ります．

〈標問 134 の改変〉

　　xy の係数を変えて，方程式

$$x^2-xy+y^2-\sqrt{2}\,x-\sqrt{2}\,y+a=0$$

がある閉じた曲線 C を表すような定数 a の範囲を定め，
C が囲む部分の面積 S を求めてみましょう．もちろん，
今までの話から C は直線 $y=x$ に関して対称な楕円に
なるはずです．

そこで**解答**の変換②をそのまま使うと

$$\frac{(X-Y)^2+(X+Y)^2}{2}-\frac{X^2-Y^2}{2}-\sqrt{2}\cdot\sqrt{2}\,X+a=0$$

$$X^2+3Y^2-4X+2a=0$$

$$\therefore\ \ (X-2)^2+3Y^2=2(2-a)$$

したがって，$a<2$ のとき，楕円

$$\frac{(X-2)^2}{2(2-a)}+\frac{Y^2}{\dfrac{2(2-a)}{3}}=1$$

← $a=2$ のときは，1点 $(2,\ 0)$
　$a>2$ のときは，何も現れな
　い．

を表し，これが囲む部分の面積は

$$S=\pi\sqrt{2(2-a)}\sqrt{\frac{2(2-a)}{3}}=\frac{2\sqrt{3}}{3}\pi(2-a)$$

となります．

演習問題

(134)　方程式 $\sqrt{x}+\sqrt{y}=2$ の表す曲線は放物線の一部であることを示し，この放物線の焦点の座標と準線の方程式を求めよ．　　　　　　（千葉大）

演習問題の解答

第1章 数列の極限と無限級数

1 (1) $\displaystyle\lim_{n\to\infty}\frac{1+2+3+\cdots+n}{n^2}=\lim_{n\to\infty}\frac{n(n+1)}{2n^2}=\lim_{n\to\infty}\frac{1}{2}\left(1+\frac{1}{n}\right)=\boldsymbol{\frac{1}{2}}$

(2) $\displaystyle\lim_{n\to\infty}\frac{1}{n}\sum_{k=1}^{n}\left(\frac{k}{n}\right)^3=\lim_{n\to\infty}\frac{1}{n^4}\cdot\frac{n^2(n+1)^2}{4}=\lim_{n\to\infty}\frac{1}{4}\left(1+\frac{1}{n}\right)^2=\boldsymbol{\frac{1}{4}}$

(3) $\displaystyle\lim_{n\to\infty}\left(1-\frac{1}{2^2}\right)\left(1-\frac{1}{3^2}\right)\cdots\left(1-\frac{1}{4n^2}\right)$

$\displaystyle=\lim_{n\to\infty}\left(1-\frac{1}{2}\right)\left(1+\frac{1}{2}\right)\left(1-\frac{1}{3}\right)\left(1+\frac{1}{3}\right)\left(1-\frac{1}{4}\right)\left(1+\frac{1}{4}\right)\cdots\left(1-\frac{1}{2n}\right)\left(1+\frac{1}{2n}\right)$

$\displaystyle=\lim_{n\to\infty}\frac{1}{2}\cdot\frac{3}{2}\cdot\frac{2}{3}\cdot\frac{4}{3}\cdot\frac{3}{4}\cdot\frac{5}{4}\cdots\cdots\frac{2n-1}{2n}\cdot\frac{2n+1}{2n}=\lim_{n\to\infty}\frac{1}{2}\left(1+\frac{1}{2n}\right)=\boldsymbol{\frac{1}{2}}$

2 (1) $\displaystyle\lim_{n\to\infty}\sqrt{n+1}\,(\sqrt{n}-\sqrt{n-1}\,)=\lim_{n\to\infty}\frac{\sqrt{n+1}}{\sqrt{n}+\sqrt{n-1}}=\lim_{n\to\infty}\frac{\sqrt{1+\dfrac{1}{n}}}{1+\sqrt{1-\dfrac{1}{n}}}=\boldsymbol{\frac{1}{2}}$

(2) $\displaystyle\lim_{n\to\infty}(\sqrt{n^3+n}-n^{\frac{3}{2}})=\lim_{n\to\infty}\sqrt{n}\,(\sqrt{n^2+1}-n)$

$\displaystyle=\lim_{n\to\infty}\frac{\sqrt{n}}{\sqrt{n^2+1}+n}=\lim_{n\to\infty}\frac{1}{\sqrt{n+\dfrac{1}{n}}+\sqrt{n}}=\boldsymbol{0}$

3-1 (1) グラフより

$$\lim_{n\to\infty}(1+\sin\pi x)^n=\begin{cases}1 & (x=0,\ 1,\ 2)\\ \infty & (0<x<1)\\ 0 & (1<x<2)\end{cases}$$

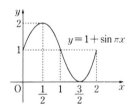

(2) (1)より

$$f(0)=0,\qquad f(1)=\frac{1}{2},\qquad f(2)=1$$

$0<x<1$ のとき, $\displaystyle f(x)=\lim_{n\to\infty}\frac{1+\dfrac{x-1}{(1+\sin\pi x)^n}}{1+\dfrac{1}{(1+\sin\pi x)^n}}=1$

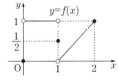

$1<x<2$ のとき, $f(x)=x-1$

以上から, $y=f(x)$ のグラフは右図.

3-2 $\displaystyle f(a)=\lim_{n\to\infty}\frac{a^{2n}(\sin^{2n}a+1)}{1+a^{2n}}$ とおく.

(ⅰ) $|a|<1\left(<\dfrac{\pi}{2}\right)$ のとき, $|\sin a|<1$ より, $f(a)=\boldsymbol{0}$

(ⅱ) $|a|=1$ のとき, $a^{2n}=1$, $|\sin a|<1$ より, $f(a)=\boldsymbol{\dfrac{1}{2}}$

(iii) $|a|>1$ のとき,

$a=\dfrac{\pi}{2}+m\pi$ (m は整数) ならば,

$\sin^{2n}a=1$ より, $f(a)=\lim\limits_{n\to\infty}\dfrac{2a^{2n}}{1+a^{2n}}=\boldsymbol{2}$

$a\neq\dfrac{\pi}{2}+m\pi$ ならば,

$|\sin a|<1$ より, $f(a)=\lim\limits_{n\to\infty}\dfrac{\sin^{2n}a+1}{\dfrac{1}{a^{2n}}+1}=\boldsymbol{1}$

4-1 (1) 自然数 $n\,(>1)$ に対して, $\sqrt[n]{n}>1$ であるから,
$\sqrt[n]{n}=1+h_n$ とおくと, $h_n>0$ であり,

$$n=(1+h_n)^n\geqq 1+nh_n+\dfrac{n(n-1)}{2}h_n{}^2>\dfrac{n(n-1)}{2}h_n{}^2$$

∴ $h_n{}^2<\dfrac{2}{n-1}$ ∴ $0<h_n<\sqrt{\dfrac{2}{n-1}}$

(2) (1)より $\lim\limits_{n\to\infty}h_n=0$ ゆえ, $\lim\limits_{n\to\infty}\sqrt[n]{n}=\lim\limits_{n\to\infty}(1+h_n)=\boldsymbol{1}$

4-2 $a\geqq b$ のとき, $\sqrt[n]{a^n}\leqq\sqrt[n]{a^n+b^n}\leqq\sqrt[n]{a^n+a^n}$ より, $a\leqq\sqrt[n]{a^n+b^n}\leqq a\cdot 2^{\frac{1}{n}}$

∴ $\lim\limits_{n\to\infty}\sqrt[n]{a^n+b^n}=\boldsymbol{a}$

$a\leqq b$ のとき, 同様にして, $\lim\limits_{n\to\infty}\sqrt[n]{a^n+b^n}=\boldsymbol{b}$

5-1 (1) $a_n>0$ ゆえ, $a_n{}^p a_{n-1}{}^q=a$ の対数をとると

$$p\log a_n+q\log a_{n-1}=\log a \quad \text{より,} \quad \log a_n=-\dfrac{q}{p}\log a_{n-1}+\dfrac{\log a}{p}$$

$$\log a_n-\dfrac{\log a}{p+q}=-\dfrac{q}{p}\Big(\log a_{n-1}-\dfrac{\log a}{p+q}\Big)$$

$$\log a_n-\dfrac{\log a}{p+q}=\Big(-\dfrac{q}{p}\Big)^{n-1}\Big(\log a_1-\dfrac{\log a}{p+q}\Big)=-\dfrac{\log a}{p+q}\Big(-\dfrac{q}{p}\Big)^{n-1}$$

$$\log a_n=\dfrac{\log a}{p+q}\Big\{1-\Big(-\dfrac{q}{p}\Big)^{n-1}\Big\}$$

∴ $\boldsymbol{a_n=a^{\frac{1}{p+q}\left\{1-\left(-\frac{q}{p}\right)^{n-1}\right\}}}$

(2) $p>q>0$ より, $\left|-\dfrac{q}{p}\right|<1$ であるから

$$\lim\limits_{n\to\infty}a_n=\boldsymbol{a^{\frac{1}{p+q}}}$$

5-2 $a_{n+1}-3=\dfrac{5a_n+3}{a_n+3}-3=\dfrac{2(a_n-3)}{a_n+3}$, $a_{n+1}+1=\dfrac{6(a_n+1)}{a_n+3}$ より

$b_{n+1}=\dfrac{a_{n+1}-3}{a_{n+1}+1}=\dfrac{2}{6}\cdot\dfrac{a_n-3}{a_n+1}=\dfrac{1}{3}b_n$ ∴ $b_n=b_1\Big(\dfrac{1}{3}\Big)^{n-1}=\dfrac{1}{5}\Big(\dfrac{1}{3}\Big)^{n-1}$

$\lim\limits_{n \to \infty} b_n = 0$ であるから，$\lim\limits_{n \to \infty} a_n = \lim\limits_{n \to \infty} \dfrac{3 + b_n}{1 - b_n} = 3$

5-3 $a_{n+1} = \dfrac{1}{2 - a_n}$ より，$a_{n+1} - 1 = \dfrac{a_n - 1}{2 - a_n}$

$\dfrac{1}{a_{n+1} - 1} = \dfrac{-(a_n - 1) + 1}{a_n - 1} = \dfrac{1}{a_n - 1} - 1$

$\dfrac{1}{a_n - 1} = \dfrac{1}{a_1 - 1} - (n - 1) = \dfrac{1}{c - 1} - (n - 1)$

$\therefore \quad a_n = 1 + \dfrac{c - 1}{1 - (c - 1)(n - 1)} \to 1 \quad (n \to \infty)$

6 (1) $0 < a_1 < 1$ である．次に，ある n に対して $0 < a_n < 1$ と仮定すると

$a_{n+1} = \dfrac{n a_n{}^2 + 2n + 1}{a_n + 3n} > 0$

$1 - a_{n+1} = \dfrac{a_n + n - n a_n{}^2 - 1}{a_n + 3n} = \dfrac{(1 - a_n)\{n(1 + a_n) - 1\}}{a_n + 3n} > 0 \quad \cdots\cdots ①$

したがって，$0 < a_{n+1} < 1$ となり，数学的帰納法によりすべての自然数 n に対して

$0 < a_n < 1$

(2) $①：1 - a_{n+1} = \dfrac{n(1 + a_n) - 1}{a_n + 3n}(1 - a_n)$ において，$0 < a_n < 1$ より，

$n(1 + a_n) - 1 < 2n - 1 < 2n$，$a_n + 3n > 3n$ であるから，

$0 < \dfrac{n(1 + a_n) - 1}{a_n + 3n} < \dfrac{2n}{3n} = \dfrac{2}{3} \quad \therefore \quad 0 < 1 - a_{n+1} < \dfrac{2}{3}(1 - a_n)$

$\therefore \quad 0 < 1 - a_n < \left(\dfrac{2}{3}\right)^{n-1}(1 - a_1)$

$\lim\limits_{n \to \infty} \left(\dfrac{2}{3}\right)^{n-1}(1 - a_1) = 0$ ゆえ，$\lim\limits_{n \to \infty} a_n = 1$

7 $x_{n+1} = x_n + x_n{}^2 \qquad \cdots\cdots ①$

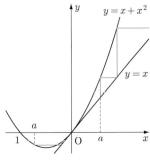

(1) $x_{n+1} - x_n = x_n{}^2 > 0$ より，$x_{n+1} > x_n$ であるから

$x_{n+1} - x_n = x_n{}^2 > x_1{}^2 = a^2$

ゆえに，$n \to \infty$ のとき

$x_n = x_1 + \sum\limits_{h=1}^{n-1}(x_{k+1} - x_k) > a + (n - 1)a^2 \to \infty$

(2) $-1 < a < 0$ より，$-1 < x_1 < 0$

次に，$-1 < x_k < 0$ と仮定すると，

$x_{k+1} = x_k + x_k{}^2 = \left(x_k + \dfrac{1}{2}\right)^2 - \dfrac{1}{4}$ より

$-\dfrac{1}{4} \leqq x_{k+1} < 0$．ゆえに，$-1 < x_n < 0 \ (n = 1,\ 2,\ \cdots)$ が成り立つ．

(3) $-\dfrac{1}{x_n} = y_n$ とおくと，(2)より $y_n > 1 \ \cdots\cdots ②$ である．①より

$-\dfrac{1}{y_{n+1}} = -\dfrac{1}{y_n} + \dfrac{1}{y_n{}^2} \quad \therefore \quad \dfrac{1}{y_{n+1}} = \dfrac{1}{y_n} - \dfrac{1}{y_n{}^2} = \dfrac{y_n - 1}{y_n{}^2}$

$$\therefore \quad y_{n+1} = \frac{y_n^2}{y_n - 1} = y_n + 1 + \frac{1}{y_n - 1} > y_n + 1 \quad (②による)$$

よって，$y_n > y_1 + n - 1 \to \infty (n \to \infty)$ となるから，$x_n = -\dfrac{1}{y_n} \to 0 \ (n \to \infty).$

注 $y = x + x^2$ の原点における接線は $y = x$ である．

⎯⎯⎯ 9-1 ⎯⎯⎯ $BA_n = x_n$ とおく．

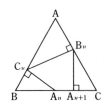

$$AC_n = a - \frac{1}{2}BA_n = a - \frac{1}{2}x_n$$

$$CB_n = a - \frac{1}{2}AC_n = \frac{1}{2}a + \frac{1}{4}x_n$$

$$BA_{n+1} = a - \frac{1}{2}CB_n = \frac{3}{4}a - \frac{1}{8}x_n = x_{n+1}$$

$x_{n+1} - \dfrac{2}{3}a = -\dfrac{1}{8}\left(x_n - \dfrac{2}{3}a\right)$ より，

$$x_n - \frac{2}{3}a = \left(-\frac{1}{8}\right)^{n-1}\left(x_1 - \frac{2}{3}a\right) \to 0 \quad (n \to \infty)$$

$$\therefore \quad \lim_{n \to \infty} x_n = \frac{2}{3}\boldsymbol{a}$$

⎯⎯⎯ 9-2 ⎯⎯⎯ (1) A→D→A または A→B→A と移動する確率だから

$$a_1 = \left(\frac{5}{6} \cdot \frac{1}{6}\right) \cdot 2 = \frac{5}{18}$$

(2) 偶数回後にはQはAかCにあるから，$2n+2$ 回後にAにあるのは，$2n$ 回後にAにあって，(1)と同じように2回でAにもどるときか，または $2n$ 回後にCにあって，C→D→A または C→B→A と移動するときである．

$$\therefore \quad a_{n+1} = \frac{5}{18}a_n + \left\{\left(\frac{1}{6}\right)^2 + \left(\frac{5}{6}\right)^2\right\}(1 - a_n) = -\frac{4}{9}\boldsymbol{a_n} + \frac{13}{18}$$

(3) $a_{n+1} - \dfrac{1}{2} = -\dfrac{4}{9}\left(a_n - \dfrac{1}{2}\right)$ より

$$a_n - \frac{1}{2} = \left(-\frac{4}{9}\right)^{n-1}\left(a_1 - \frac{1}{2}\right) = -\frac{2}{9}\left(-\frac{4}{9}\right)^{n-1}$$

$$\therefore \quad \lim_{n \to \infty} a_n = \lim_{n \to \infty}\left\{\frac{1}{2} - \frac{2}{9}\left(-\frac{4}{9}\right)^{n-1}\right\} = \frac{1}{2}$$

⎯⎯⎯ 10 ⎯⎯⎯ (1) $x + 3 = A(x+1) + Bx$ より

$$A = 3, \quad B = -2$$

(2) $a_n = \dfrac{n+3}{n(n+1)}\left(\dfrac{2}{3}\right)^n = \left(\dfrac{3}{n} - \dfrac{2}{n+1}\right)\left(\dfrac{2}{3}\right)^n = 3\left\{\dfrac{1}{n}\left(\dfrac{2}{3}\right)^n - \dfrac{1}{n+1}\left(\dfrac{2}{3}\right)^{n+1}\right\}$ より

$$\sum_{n=1}^{\infty} a_n = \lim_{n \to \infty}\sum_{k=1}^{n} a_k = \lim_{n \to \infty} 3\left\{\frac{2}{3} - \frac{1}{n+1}\left(\frac{2}{3}\right)^{n+1}\right\} = 2$$

⎯⎯⎯ 11-1 ⎯⎯⎯ $\displaystyle\sum_{n=1}^{\infty} a_n = 1,\ \lim_{n \to \infty} na_n = 0$ のとき，$S_n = \displaystyle\sum_{k=1}^{n-1} k(a_k - a_{k+1})$ とおくと

$$S_n = a_1 - a_2 + 2(a_2 - a_3) + 3(a_3 - a_4) + \cdots + (n-1)(a_{n-1} - a_n)$$

$$= a_1 + a_2 + a_3 + \cdots + a_{n-1} - (n-1)a_n = \sum_{k=1}^{n} a_k - na_n$$

$$\therefore \quad \lim_{n \to \infty} S_n = \sum_{n=1}^{\infty} a_n - \lim_{n \to \infty} na_n = 1$$

(11-2) $\dfrac{1}{\sqrt{k}} > \dfrac{1}{\sqrt{k}+\sqrt{k+1}} = \sqrt{k+1}-\sqrt{k}$ より

$$a_n > \sum_{k=1}^{n}(\sqrt{k+1}-\sqrt{k}) = \sqrt{n+1}-1 \to \infty \quad (n \to \infty)$$

$$\therefore \quad \lim_{n \to \infty} a_n = \infty$$

注 標問 **80** の評価法を使えばもっと自然に証明できる.

次に, $\dfrac{1}{\sqrt{2k+2}} < \dfrac{1}{\sqrt{2k+1}} < \dfrac{1}{\sqrt{2k}}$ より （気づくかどうかは経験の問題）

$$\frac{1}{\sqrt{2}}\sum_{k=1}^{n}\frac{1}{\sqrt{k+1}} < \sum_{k=1}^{n}\frac{1}{\sqrt{2k+1}} < \frac{1}{\sqrt{2}}\sum_{k=1}^{n}\frac{1}{\sqrt{k}}$$

$$\frac{1}{\sqrt{2}}\left(a_n - 1 + \frac{1}{\sqrt{n+1}}\right) < b_n < \frac{1}{\sqrt{2}}a_n$$

$$\therefore \quad \frac{1}{\sqrt{2}}\left\{1 - \frac{1}{a_n}\left(1 - \frac{1}{\sqrt{n+1}}\right)\right\} < \frac{b_n}{a_n} < \frac{1}{\sqrt{2}}$$

$\lim\limits_{n \to \infty} a_n = \infty$ だから, $\lim\limits_{n \to \infty} \dfrac{b_n}{a_n} = \dfrac{1}{\sqrt{2}}$

(12-1) (1) $\displaystyle\sum_{n=1}^{\infty}\left(-\frac{1}{3}\right)^{n-1} = \frac{1}{1-\left(-\dfrac{1}{3}\right)} = \frac{3}{4}$

(2) $\displaystyle\sum_{n=1}^{\infty}\frac{1}{3^n}\cos\frac{n\pi}{2} = -\frac{1}{3^2}+\frac{1}{3^4}-\frac{1}{3^6}+\cdots = \frac{-\dfrac{1}{3^2}}{1-\left(-\dfrac{1}{3^2}\right)} = -\frac{1}{10}$

(3) $\displaystyle\sum_{n=0}^{\infty}\left(\frac{1}{3^n}-\frac{1}{4^n}\right) = \frac{1}{1-\dfrac{1}{3}} - \frac{1}{1-\dfrac{1}{4}} = \frac{3}{2}-\frac{4}{3} = \frac{1}{6}$

(4) $\displaystyle\sum_{n=1}^{\infty}\frac{1+2+\cdots+2^{n-1}}{3^n} = \sum_{n=1}^{\infty}\frac{2^n-1}{3^n} = \sum_{n=1}^{\infty}\left\{\left(\frac{2}{3}\right)^n - \left(\frac{1}{3}\right)^n\right\}$

$$= \frac{\dfrac{2}{3}}{1-\dfrac{2}{3}} - \frac{\dfrac{1}{3}}{1-\dfrac{1}{3}} = \frac{3}{2}$$

(12-2) S と T の収束条件は

$\left|\dfrac{a}{2}\right|<1,\ \left|-\dfrac{1}{2-a}\right|<1$ より, $|a|<2,\ |a-2|>1$ $\therefore$ $-2<a<1$ ……①

このとき, $S=T$ より

$$S-T=\frac{1}{1-\dfrac{a}{2}}-\frac{1}{1+\dfrac{1}{2-a}}=\frac{2+2a-a^2}{(2-a)(3-a)}=0$$

$$\therefore\quad a^2-2a-2=0 \qquad \therefore\quad a=1\pm\sqrt{3} \qquad\qquad \cdots\cdots②$$

①，②より，

$$a=1-\sqrt{3}$$

(12-3) 初項から第 n 項までの部分和を S_n とすると

$$S_n=\frac{1}{3}+\frac{2}{3^2}+\frac{3}{3^3}+\cdots+\frac{n}{3^n} \qquad\qquad \cdots\cdots①$$

$$\frac{1}{3}S_n=\qquad\ \frac{1}{3^2}+\frac{2}{3^3}+\cdots+\frac{n-1}{3^n}+\frac{n}{3^{n+1}} \quad \cdots\cdots②$$

①－②より

◀ $\displaystyle\sum_{n=1}^{\infty}nr^n$ 型の定石

$$\frac{2}{3}S_n=\frac{1}{3}+\frac{1}{3^2}+\frac{1}{3^3}+\cdots+\frac{1}{3^n}-\frac{n}{3^{n+1}}=\frac{\dfrac{1}{3}\left\{1-\left(\dfrac{1}{3}\right)^n\right\}}{1-\dfrac{1}{3}}-\frac{n}{3^{n+1}}$$

$$=\frac{1}{2}\left\{1-\left(\frac{1}{3}\right)^n\right\}-\frac{1}{3}\cdot\frac{n}{3^n}$$

$$\therefore\quad S_n=\frac{3}{4}\left\{1-\left(\frac{1}{3}\right)^n\right\}-\frac{1}{2}\cdot\frac{n}{3^n}$$

$\displaystyle\lim_{n\to\infty}\left(\frac{1}{3}\right)^n=0, \quad \lim_{n\to\infty}\frac{n}{3^n}=0$ であるから，求める和は $\displaystyle\lim_{n\to\infty}S_n=\frac{3}{4}$

(13-1) T_1，T_2，…はすべて直角三角形である．よって，T_2 の斜辺は円 C_1 の直径と一致する．そこで，円 C_1 の半径を r とすると

$$S_1=\frac{1}{2}\cdot3\cdot4=\frac{1}{2}(3+4+5)r$$

$$\therefore\quad S_1=6,\ r=1$$

面積比は，斜辺の比の 2 乗に等しいから

$$\frac{S_2}{S_1}=\left(\frac{2}{5}\right)^2=\frac{4}{25}$$

$$\therefore\quad \sum_{i=1}^{\infty}S_i=\sum_{i=1}^{\infty}\left(\frac{4}{25}\right)^{i-1}S_1=\frac{6}{1-\dfrac{4}{25}}=\frac{50}{7}$$

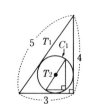

(13-2) (1) 図のように座標軸を設定すると

$$\overrightarrow{C_0C_3}=\overrightarrow{C_0C_1}+\overrightarrow{C_1C_2}+\overrightarrow{C_2C_3}$$

$$=\left(-\frac{1}{2},\ \frac{\sqrt{3}}{2}\right)+\left(-\frac{1}{2},\ 0\right)$$

$$+\frac{1}{4}\left(-\frac{1}{2},\ -\frac{\sqrt{3}}{2}\right)$$

$$=\left(-\frac{9}{8},\ \frac{3\sqrt{3}}{8}\right)$$

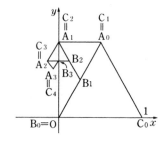

$$\therefore \ |\overrightarrow{C_0C_3}| = \frac{3\sqrt{3}}{8}\sqrt{(\sqrt{3})^2+1^2} = \frac{3\sqrt{3}}{4}$$

(2) $\overrightarrow{C_{k+3}C_{k+4}} = -\dfrac{1}{8}\overrightarrow{C_kC_{k+1}}$ より

$$\overrightarrow{C_0C_{3n}} = \sum_{k=0}^{n-1}(\overrightarrow{C_{3k}C_{3k+1}} + \overrightarrow{C_{3k+1}C_{3k+2}} + \overrightarrow{C_{3k+2}C_{3k+3}})$$

$$= \sum_{k=0}^{n-1}\left(-\frac{1}{8}\right)^k(\overrightarrow{C_0C_1}+\overrightarrow{C_1C_2}+\overrightarrow{C_2C_3}) = \sum_{k=0}^{n-1}\left(-\frac{1}{8}\right)^k\overrightarrow{C_0C_3}$$

$$\therefore \ |\overrightarrow{C_0C_{3n}}| = \sum_{k=0}^{n-1}\left(-\frac{1}{8}\right)^k|\overrightarrow{C_0C_3}|$$

$$\therefore \ \lim_{n\to\infty}|\overrightarrow{C_0C_{3n}}| = \frac{1}{1-\left(-\dfrac{1}{8}\right)}\cdot\frac{3\sqrt{3}}{4} = \frac{2\sqrt{3}}{3}$$

(13-3) (1) A_n の各辺は A_{n+1} の 4 辺になるから，$a_{n+1} = 4a_n$.
$a_1 = 3$ であるから
$$a_n = 3\cdot 4^{n-1}$$

(2) A_n につけ加える小三角形の 1 辺の長さは A_1 の 1 辺の長さの $\left(\dfrac{1}{3}\right)^n$ 倍だから，そ

の面積は $S_1\cdot\left\{\left(\dfrac{1}{3}\right)^n\right\}^2 = \left(\dfrac{1}{9}\right)^n$ である．つけ加える個数は a_n だから

$$S_{n+1} = S_n + \left(\frac{1}{9}\right)^n a_n = S_n + \frac{1}{3}\left(\frac{4}{9}\right)^{n-1}$$

$$\therefore \ S_n = S_1 + \sum_{k=1}^{n-1}(S_{k+1}-S_k) = 1 + \sum_{k=1}^{n-1}\frac{1}{3}\left(\frac{4}{9}\right)^{k-1}$$

ゆえに

$$\lim_{n\to\infty}S_n = 1 + \frac{1}{3}\left\{1 + \frac{4}{9} + \left(\frac{4}{9}\right)^2 + \cdots\right\}$$

$$= 1 + \frac{1}{3}\cdot\frac{1}{1-\dfrac{4}{9}} = \frac{8}{5}$$

← A_1 の外接円の面積は
$\dfrac{4\sqrt{3}\,\pi}{9}$ ($\fallingdotseq 2.4$)

(14-1) $Q = a_1\cdots a_m.b_1\cdots b_n$ (有限小数) とすると
$$Q = \frac{a_1\cdots a_m b_1\cdots b_n}{10^n} = \frac{a_1\cdots a_m b_1\cdots b_n}{2^n\cdot 5^n}$$

ゆえに，約分すると分母は 2 または 5 の素因数だけからなる．

逆に，$Q = \dfrac{q}{2^\alpha\cdot 5^\beta}$ とすると，分母，分子に 2 あるいは 5 を適当に掛けて

$Q = \dfrac{q'}{2^n\cdot 5^n} = \dfrac{q'}{10^n}$ とすることができる．したがって，Q は有限小数．

(14-2) $1 \leq b < a \leq 9$, $\quad \dfrac{b}{a} \leq 0.\dot{b}\dot{a}$ ……①

$c = 0.\dot{b}\dot{a}$ とおく．$100c = b a.\dot{b}\dot{a}$ との差をとり

$$99c = ba \qquad \therefore \quad c = \frac{10b+a}{99} \quad \cdots\cdots ②$$

①，②より

$$\frac{b}{a} \leqq \frac{10b+a}{99} \qquad \therefore \quad b \leqq \frac{a^2}{99-10a} \ (=f(a) \ とおく)$$

$f(a)$ は a の増加関数であり

$$f(6) = \frac{36}{39} < 1, \quad f(7) = \frac{49}{29} = 1.\cdots, \quad f(8) = \frac{64}{19} = 3.\cdots, \quad f(9) = 9$$

$$\therefore \quad \begin{cases} a=7 \ のとき，\ b=1 \\ a=8 \ のとき，\ b=1, \ 2, \ 3 \\ a=9 \ のとき，\ b=1, \ 2, \ 3, \ 4, \ 5, \ 6, \ 7, \ 8 \end{cases}$$

第2章 微分法とその応用

15 $x=-t$ とおくと

$$与式=\lim_{t\to\infty}(-3t+1+\sqrt{9t^2-4t+1})$$

$$=\lim_{t\to\infty}\frac{2t}{\sqrt{9t^2-4t+1}+3t-1}=\frac{2}{\sqrt{9}+3}=\frac{1}{3}$$

17-1 (1) 余弦定理により，$2^2=x^2+1^2-2x\cos\theta$

∴ $x^2-2x\cos\theta-3=0$ ∴ $x=\cos\theta+\sqrt{\cos^2\theta+3}$

(2) (1)より，$S(\theta)=\dfrac{1}{2}(\cos\theta+\sqrt{\cos^2\theta+3})\sin\theta$ となるから

$$\lim_{\theta\to0}\frac{S(\theta)}{\theta}=\lim_{\theta\to0}\frac{1}{2}(\cos\theta+\sqrt{\cos^2\theta+3})\frac{\sin\theta}{\theta}=\frac{3}{2}$$

(3) $CD=3-\cos\theta-\sqrt{\cos^2\theta+3}=\dfrac{(3-\cos\theta)^2-(\cos^2\theta+3)}{3-\cos\theta+\sqrt{\cos^2\theta+3}}$

$$=\frac{6(1-\cos\theta)}{3-\cos\theta+\sqrt{\cos^2\theta+3}}=\frac{6\sin^2\theta}{(1+\cos\theta)(3-\cos\theta+\sqrt{\cos^2\theta+3})}$$

∴ $\displaystyle\lim_{\theta\to0}\frac{CD}{\theta^2}=\lim_{\theta\to0}\frac{6}{(1+\cos\theta)(3-\cos\theta+\sqrt{\cos^2\theta+3})}\left(\frac{\sin\theta}{\theta}\right)^2=\frac{3}{4}$

17-2 半径 1 の円の中心を O，半径 $\dfrac{1}{n}$ の小円の中

心を P，O から小円に引いた接線の接点を Q，
$\angle POQ=\theta_n$ とすると，a_n の定義より

$$\frac{2\pi}{2\theta_n}-1<a_n\leqq\frac{2\pi}{2\theta_n}$$

∴ $\dfrac{\pi}{n\theta_n}-\dfrac{1}{n}<\dfrac{a_n}{n}\leqq\dfrac{\pi}{n\theta_n}$ ……①

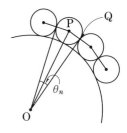

$\sin\theta_n=\dfrac{PQ}{OP}=\dfrac{\dfrac{1}{n}}{1+\dfrac{1}{n}}$ であるから

$$n\theta_n=n\sin\theta_n\cdot\frac{\theta_n}{\sin\theta_n}$$

$$=\frac{1}{1+\dfrac{1}{n}}\cdot\frac{\theta_n}{\sin\theta_n}$$

$$\to1\quad(n\to\infty)\quad\cdots\cdots②$$

$←$ $n\theta_n$ の極限を直接求めること
はできないから，$\sin\theta_n$ を媒
介して考える．直感的には n
が十分大きいとき，
$\theta_n\fallingdotseq\sin\theta_n$ とみてよいから
$\left(なぜなら\ \displaystyle\lim_{n\to\infty}\frac{\sin\theta_n}{\theta_n}=1\right)$
$n\theta_n=n\sin\theta_n=\dfrac{1}{1+\dfrac{1}{n}}\to1$

①，②より，$\displaystyle\lim_{n\to\infty}\frac{a_n}{n}=\pi$

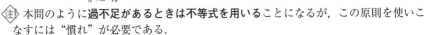

注 本問のように**過不足があるときは不等式を用いる**ことになるが，この原則を使いこ
なすには"慣れ"が必要である．

⊞**18-1** (1) $f(x)=(1+x)^{\frac{1}{x}}$ とおく．自然対数をとると，$\log f(x)=\frac{1}{x}\log(1+x)$

$\log(1+x)=h$ とおくと，$x=e^h-1$，$h\to0\,(x\to0)$ であるから

$$\lim_{x\to0}(\log f(x))=\lim_{h\to0}\frac{h}{e^h-1}=1 \qquad \therefore\ \lim_{x\to0}f(x)=\lim_{x\to0}e^{\log f(x)}=e$$

(2) $\frac{1}{n}=x$ とおくと，(1)より

$$\lim_{n\to\infty}\left(1+\frac{1}{n}\right)^n=\lim_{x\to0}(1+x)^{\frac{1}{x}}=e$$

(3) $\frac{a}{n}=x$ とおくと，(1)より

$$\lim_{n\to\infty}\left(1+\frac{a}{n}\right)^n=\lim_{x\to0}(1+x)^{\frac{a}{x}}=\lim_{x\to0}\{(1+x)^{\frac{1}{x}}\}^a=e^a$$

⊞**18-2** (1) 各砂粒が区間 $[0,\,1)$ に落ちる確率は $\frac{1}{n}$，それ以外の区間に落ちる確率は

$1-\frac{1}{n}$ であるから

$$P_n(k)={}_nC_k\left(\frac{1}{n}\right)^k\left(1-\frac{1}{n}\right)^{n-k}$$

(2) $\displaystyle\lim_{n\to\infty}\frac{k!\,{}_nC_k}{n^k}=\lim_{n\to\infty}\frac{n(n-1)(n-2)\cdots(n-k+1)}{n^k}$

$$=\lim_{n\to\infty}\left(1-\frac{1}{n}\right)\left(1-\frac{2}{n}\right)\cdots\left(1-\frac{k-1}{n}\right)=1 \qquad \text{◀ } k \text{ は一定であることに注意！}$$

これをヒントとみると

$$\lim_{n\to\infty}P_n(k)=\lim_{n\to\infty}\frac{k!\,{}_nC_k}{n^k}\cdot\frac{1}{k!}\left(1-\frac{1}{n}\right)^{n-k}$$

$$=\lim_{n\to\infty}\frac{k!\,{}_nC_k}{n^k}\cdot\frac{1}{k!}\cdot\left(1-\frac{1}{n}\right)^{-k}\cdot\left(1-\frac{1}{n}\right)^n$$

右辺の最終因子は，演習問題 ⊞**18-1**(3)の $a=-1$ の場合であるから

$$\lim_{n\to\infty}P_n(k)=1\cdot\frac{1}{k!}\cdot1\cdot e^{-1}=\frac{1}{k!\,e}$$

⊞**19** (1) $y'=2\sin x\cos x\cdot\cos x+\sin^2x(-\sin x)$

$$=2\sin x(1-\sin^2x)-\sin^3x=2\sin x-3\sin^3x$$

(2) $y'=\dfrac{(e^x+e^{-x})^2-(e^x-e^{-x})^2}{(e^x+e^{-x})^2}=\dfrac{4}{(e^x+e^{-x})^2}$

(3) $y'=\dfrac{1}{x+\sqrt{x^2+1}}\left(1+\dfrac{x}{\sqrt{x^2+1}}\right)=\dfrac{1}{\sqrt{x^2+1}}$

(4) $y'=\dfrac{1}{\tan\frac{x}{2}}\cdot\dfrac{1}{\cos^2\frac{x}{2}}\cdot\dfrac{1}{2}=\dfrac{1}{2\sin\frac{x}{2}\cos\frac{x}{2}}=\dfrac{1}{\sin x}$

(5) $y=x^a$ の自然対数をとり，$\log y=a\log x$．x で微分すると

$$\frac{y'}{y}=\frac{a}{x} \qquad \therefore\ y'=\frac{a}{x}y=ax^{a-1}$$

(6) $y=x^x$ の自然対数をとり，$\log y=x\log x$. x で微分すると

$$\frac{y'}{y}=\log x+1 \quad \therefore \quad y'=x^x(\log x+1)$$

(7) $x=\sin y \left(|y|<\frac{\pi}{2}\right)$ より

$$\frac{dy}{dx}=\frac{1}{\dfrac{dx}{dy}}=\frac{1}{\cos y}=\frac{1}{\sqrt{1-\sin^2 y}}=\frac{1}{\sqrt{1-x^2}}$$

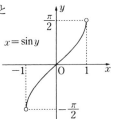

(20)
$$\begin{cases} \dfrac{dx}{d\theta}=-\sin\theta+(\sin\theta+\theta\cos\theta)=\theta\cos\theta \\[2mm] \dfrac{dy}{d\theta}=\cos\theta-(\cos\theta-\theta\sin\theta)=\theta\sin\theta \end{cases}$$

ゆえに，

$$\frac{dy}{dx}=\frac{\dfrac{dy}{d\theta}}{\dfrac{dx}{d\theta}}=\tan\theta, \qquad \frac{d^2y}{dx^2}=\frac{\dfrac{d}{d\theta}\left(\dfrac{dy}{dx}\right)}{\dfrac{dx}{d\theta}}=\frac{\dfrac{1}{\cos^2\theta}}{\theta\cos\theta}=\frac{1}{\theta\cos^3\theta}$$

注 曲線の形については，演習問題 (29) を参照せよ.

(21-1) $f(0)=0$，かつ $f'(0)$ が存在するから

$$\lim_{x\to 0}g(x)=\lim_{x\to 0}\frac{f(x)}{x}=\lim_{x\to 0}\frac{f(x)-f(0)}{x}=f'(0)=g(0)$$

(21-2) (1) 前問の考え方を使って微分係数の定義に帰着させる.

$f(x)=\log\left(\dfrac{a^x+b^x+c^x}{3}\right)$ とおくと，$f(0)=0$ だから

$$\lim_{x\to 0}\frac{f(x)}{x}=\lim_{x\to 0}\frac{f(x)-f(0)}{x}=f'(0)$$

$$f'(x)=\frac{3}{a^x+b^x+c^x}\cdot\frac{a^x\log a+b^x\log b+c^x\log c}{3} \quad \text{より}$$

$$\lim_{x\to 0}\frac{f(x)}{x}=f'(0)=\frac{\log a+\log b+\log c}{3}=\log\sqrt[3]{abc}$$

(2) (1)より

$$\lim_{x\to 0}\left(\frac{a^x+b^x+c^x}{3}\right)^{\frac{1}{x}}=\lim_{x\to 0}e^{\frac{1}{x}\log\left(\frac{a^x+b^x+c^x}{3}\right)}=e^{\log\sqrt[3]{abc}}=\sqrt[3]{abc}$$

(22) (1) 区間 $(0, 1)$ において，つねに $f(x)=x$ であるとする．$f(0)=0$，$f(1)=1$ と合わせて区間 $[0, 1]$ で $f(x)=x$，したがって $f'(x)=1$.
これは $f'(x)$ が定数でないことに反する.

(2) $f(a)>a$ なる a が $(0, 1)$ に存在するとき

$$\frac{f(a)-f(0)}{a-0}=\frac{f(a)}{a}=f'(b), \quad 0<b<a$$

なる b が存在し，

$f(a) > a > 0$ より $f'(b) > 1$. すなわち, $f'(b) > 1$ なる b が $(0, 1)$ に存在する. また,

$$\frac{f(1) - f(a)}{1 - a} = \frac{1 - f(a)}{1 - a} = f'(c), \quad a < c < 1$$

なる c が存在し, $f(a) > a$ より, $1 - f(a) < 1 - a$, かつ $1 - a > 0$ であるから, $f'(c) < 1$. すなわち, $f'(c) < 1$ なる c が $(0, 1)$ に存在する.

$f(a) < a$ なる a が $(0, 1)$ に存在するときも同様である.

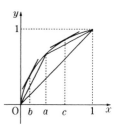

㉓-1 $f(x) = x + a\cos x \quad (a > 1)$

$$f'(x) = 1 - a\sin x = a\left(\frac{1}{a} - \sin x\right)$$

$0 < \dfrac{1}{a} < 1$ ゆえ, $\sin\alpha = \dfrac{1}{a} \ \left(0 < \alpha < \dfrac{\pi}{2}\right)$ なる α

x	0	$\cdots$	α	$\cdots$	$\pi - \alpha$	$\cdots$	2π
$f'(x)$		$+$	0	$-$	0	$+$	
$f(x)$		↗		↘		↗	

がただ 1 つ存在し, $f(x)$ は $0 < x < 2\pi$ において表のように増減する.

極小値: $f(\pi - \alpha) = \pi - \alpha - a\cos\alpha = 0$ より, $\alpha + a\cos\alpha = \pi$ であるから

極大値: $f(\alpha) = \alpha + a\cos\alpha = \boldsymbol{\pi}$

㉓-2 (1) $f'(x) = \dfrac{-4x^2 + 2ax + 4}{(x^2 + 1)^2}$. 分子 $= 0$ の 2 解を $\alpha, \beta \ (\alpha < 0 < \beta)$ とおいて増

減を調べると, $x = \beta$ で極大となる. よって

$$-4\beta^2 + 2a\beta + 4 = 0, \quad \frac{4\beta - a}{\beta^2 + 1} = 1$$

$$\Longleftrightarrow 2\beta^2 - a\beta - 2 = 0, \quad a = -\beta^2 + 4\beta - 1$$

a を消去して解くと, $\beta = 2$

$$\therefore \quad \boldsymbol{a = 3}$$

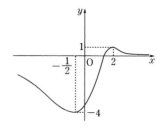

(2) $f(x) = \dfrac{4x - 3}{x^2 + 1}, \quad f'(x) = \dfrac{-2(x - 2)(2x + 1)}{(x^2 + 1)^2}$

そこで, 増減を調べて, $\displaystyle\lim_{|x| \to \infty} f(x) = 0$ に注意

するとグラフは図のようになる.

$$\therefore \quad \boldsymbol{-4 \leqq f(x) \leqq 1}$$

㉔ $y' = -\dfrac{3}{4}e^{-\frac{3}{4}x}\sin x + e^{-\frac{3}{4}x}\cos x$

$$= -\frac{1}{4}e^{-\frac{3}{4}x}(3\sin x - 4\cos x)$$

$$= -\frac{5}{4}e^{-\frac{3}{4}x}\sin(x - \beta)$$

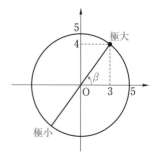

$\sin(x - \beta)$ の係数が負であることに注意すると y が極小となるのは

$$x = \beta + (2n + 1)\pi \quad (n \text{ は整数})$$

となるときである. ゆえに

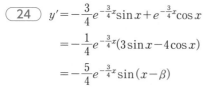

$$\tan\alpha=\tan\{\beta+(2n+1)\pi\}=\tan\beta=\frac{4}{3}$$

$$\sin\alpha=\sin\{\beta+(2n+1)\pi\}=-\sin\beta=-\frac{4}{5}$$

25 (1) $f(x)=e^{ax}\sin ax$
$$f'(x)=ae^{ax}\sin ax+ae^{ax}\cos ax=ae^{ax}(\sin ax+\cos ax)$$
$$=\sqrt{2}\,ae^{ax}\sin\left(ax+\frac{\pi}{4}\right)$$

同様にして
$$f''(x)=2a^2e^{ax}\sin\left(ax+\frac{\pi}{2}\right)$$

(2) $f'\left(\dfrac{\pi}{4}\right)=0$ のとき $f''\left(\dfrac{\pi}{4}\right)\neq0$ であるから，$x=\dfrac{\pi}{4}$ で極小値をとる条件は，

$f'\left(\dfrac{\pi}{4}\right)=0$ かつ $f''\left(\dfrac{\pi}{4}\right)>0$，すなわち

$$\sin\left(\frac{\pi}{4}a+\frac{\pi}{4}\right)=0 \quad\cdots\cdots\cdots① ,\quad \sin\left(\frac{\pi}{4}a+\frac{\pi}{2}\right)>0 \quad\cdots\cdots\cdots②$$

①より，$\dfrac{\pi}{4}a+\dfrac{\pi}{4}=m\pi$ $\quad\therefore\quad a=4m-1 \quad\cdots\cdots\cdots③$

②より，$2n\pi<\dfrac{\pi}{4}a+\dfrac{\pi}{2}<(2n+1)\pi$ $\quad\therefore\quad 8n-2<a<8n+2 \quad\cdots\cdots\cdots④$

ただし，m，n は整数である．③を④に代入すると
$$8n-2<4m-1<8n+2 \quad\therefore\quad 2n-\frac{1}{4}<m<2n+\frac{3}{4}$$

したがって，$m=2n$ となるから，求める a は
$$a=8n-1 \ (n \text{ は整数})$$

26-1 (1) $y=xe^{-x}$ より，
$y'=(1-x)e^{-x}$
$y''=(x-2)e^{-x}$
さらに，
$$\lim_{x\to\infty}xe^{-x}=\lim_{x\to\infty}\frac{x}{e^x}=0$$

x	$-\infty$	$\cdots$	1	$\cdots$	2	$\cdots$	∞
y'		$+$	0	$-$	$-$	$-$	
y''		$-$	$-$	$-$	0	$+$	
y	$-\infty$	$\nearrow$	e^{-1}	$\searrow$	$2e^{-2}$	$\searrow$	0

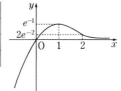

(2) $y=\dfrac{\log x}{x}$ より，$y'=\dfrac{1-\log x}{x^2}$，$y''=\dfrac{2\log x-3}{x^3}$

$y\to-\infty\ (x\to+0)$，

$\log x=t$ とおくと，

$$\lim_{x\to\infty}y=\lim_{t\to\infty}\frac{t}{e^t}=0$$

x	$+0$	$\cdots$	e	$\cdots$	$e^{\frac{3}{2}}$	$\cdots$	∞
y'		$+$	0	$-$	$-$	$-$	
y''		$-$	$-$	$-$	0	$+$	
y	$-\infty$	$\nearrow$	e^{-1}	$\searrow$	$\dfrac{3}{2}e^{-\frac{3}{2}}$	$\searrow$	0

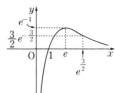

(26-2) P, Q の x 座標をそれぞれ a, b $(a<b)$ とし
$$F(x)=\left\{\frac{f(b)-f(a)}{b-a}(x-a)+f(a)\right\}-f(x)$$
とおくと, 証明すべきことは
$$f''(x)>0 \implies F(x)>0 \ (a<x<b)$$
である. まず, 平均値の定理より
$$\frac{f(b)-f(a)}{b-a}=f'(c), \ a<c<b$$
を満たす c が存在する(実はただ 1 つであることが以下でわかる)から
$$F(x)=\{f'(c)(x-a)+f(a)\}-f(x)$$
と表せる.
$$F'(x)=f'(c)-f'(x), \ F''(x)=-f''(x)<0 \ (a<x<b)$$
したがって, $F'(x)$ は単調に減少し, $F'(c)=0$ である.
$$\therefore \begin{cases} F'(x)>0 \ (a<x<c) \\ F'(x)<0 \ (c<x<b) \end{cases}$$
ゆえに, $F(x)$ は表のように増減するから
$$F(x)>0 \ (a<x<b)$$

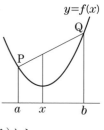

x	a	$\cdots$	c	$\cdots$	b
$F'(x)$		$+$		$-$	
$F(x)$	0	$\nearrow$		$\searrow$	0

(27) (1) $y=\dfrac{x}{(x-1)^2}$ より, $\displaystyle\lim_{x\to 1}y=\infty$, $\displaystyle\lim_{x\to\pm\infty}y=0$
すなわち, 直線 $x=1$ と x 軸は漸近線である.
$$y'=-\frac{x+1}{(x-1)^3}$$
も考えてグラフは右図.

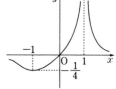

(2) $y=\dfrac{(x-2)^3}{x^2}=x-6+\dfrac{12x-8}{x^2}$ より
$$\lim_{x\to 0}y=-\infty, \qquad \lim_{x\to\pm\infty}\{y-(x-6)\}=0$$
ゆえに, y 軸と直線 $y=x-6$ は漸近線. また
$$y'=\frac{(x+4)(x-2)^2}{x^3}$$
も考えてグラフは右図.

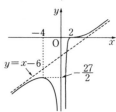

$$y=x-6$$

(28-1) $f(x)=cx^{\frac{3}{2}}$, $g(x)=\sqrt{x}$ とおくと, $f'(x)=\dfrac{3c}{2}\sqrt{x}$, $g'(x)=\dfrac{1}{2\sqrt{x}}$

$f(x)=g(x)$, $x\neq 0$ より, $x=\dfrac{1}{c}$. ゆえに, 点 P での $y=f(x)$ と $y=g(x)$ の接線

が x 軸の正の向きとなす角をそれぞれ α, β $(\alpha>\beta>0)$ とすれば
$$\tan\alpha=f'\left(\frac{1}{c}\right)=\frac{3\sqrt{c}}{2}, \quad \tan\beta=g'\left(\frac{1}{c}\right)=\frac{\sqrt{c}}{2}$$
$\alpha-\beta=30°$ より
$$\frac{1}{\sqrt{3}}=\tan(\alpha-\beta)=\frac{\tan\alpha-\tan\beta}{1+\tan\alpha\tan\beta}=\frac{\sqrt{c}}{1+\dfrac{3c}{4}}=\frac{4\sqrt{c}}{4+3c}$$

$$\therefore\ 3c-4\sqrt{3}\sqrt{c}+4=(\sqrt{3c}-2)^2=0 \qquad \therefore\ c=\frac{4}{3}$$

28-2 2曲線 $y=cx^2$ と $y=\log x$ は，$\mathrm{P}(a,\ b)$ において接線を共有するから

$$b=ca^2 \quad \cdots\cdots\text{①}, \qquad b=\log a \quad \cdots\cdots\text{②}, \qquad 2ca=\frac{1}{a} \quad \cdots\cdots\text{③}$$

①と③より，$b=\dfrac{1}{2}$．②より，$a=\sqrt{e}$．③より，$c=\dfrac{1}{2e}$

29 $x=a(\cos\theta+\theta\sin\theta),\ y=a(\sin\theta-\theta\cos\theta)$

(1) $\dfrac{dx}{d\theta}=a\theta\cos\theta,\ \dfrac{dy}{d\theta}=a\theta\sin\theta$ より，P での法線の方程式は

$$a\theta\cos\theta\{x-a(\cos\theta+\theta\sin\theta)\}+a\theta\sin\theta\{y-a(\sin\theta-\theta\cos\theta)\}=0$$

$$\therefore\ h: x\cos\theta+y\sin\theta=a$$

(2) （原点から法線 h に下ろした垂線の長さ）$=\dfrac{|a|}{\sqrt{\cos^2\theta+\sin^2\theta}}=a$ となるので，法線

h は円：$x^2+y^2=a^2$ に接する．

◇注 この曲線 C は，原点を中心とする半径 a の円に糸を巻き，
その先端 P を点 $(a,\ 0)$ からほぐすとき，点 P が描く軌跡であ
る．事実，図の θ に対して

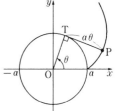

$$\overrightarrow{\mathrm{OP}}=\overrightarrow{\mathrm{OT}}+\overrightarrow{\mathrm{TP}}=a\begin{pmatrix}\cos\theta\\\sin\theta\end{pmatrix}+a\theta\begin{pmatrix}\cos(\theta-90°)\\\sin(\theta-90°)\end{pmatrix}$$

$$=\begin{pmatrix}a(\cos\theta+\theta\sin\theta)\\a(\sin\theta-\theta\cos\theta)\end{pmatrix}$$

30 $x=a\cos^3\theta,\ y=a\sin^3\theta\ \ (\cos\theta\sin\theta\ne0)$ とおくと

$$\frac{dy}{dx}=\frac{\dfrac{dy}{d\theta}}{\dfrac{dx}{d\theta}}=\frac{3a\sin^2\theta\cos\theta}{3a\cos^2\theta(-\sin\theta)}=-\frac{\sin\theta}{\cos\theta}$$

ゆえに，$(x_0,\ y_0)=(a\cos^3\alpha,\ a\sin^3\alpha)$ での接線の方程式は

$$y=-\frac{\sin\alpha}{\cos\alpha}(x-a\cos^3\alpha)+a\sin^3\alpha \qquad \therefore\ y=-\frac{\sin\alpha}{\cos\alpha}x+a\sin\alpha$$

したがって，$\mathrm{P}(a\cos\alpha,\ 0),\ \mathrm{Q}(0,\ a\sin\alpha)$

$$\therefore\ \mathrm{PQ}^2=a^2(\cos^2\alpha+\sin^2\alpha)=a^2 \qquad \therefore\ \mathrm{PQ}=a\ （一定）$$

32-1 直線 OQ が x 軸となす角を θ とおくと，

$$\mathrm{OP}=\frac{1}{\sin\theta},\ \mathrm{OQ}=\frac{3\sqrt{3}}{\cos\theta}\ \text{であるから}$$

$$f(\theta)=\mathrm{OP}+\mathrm{OQ}=\frac{1}{\sin\theta}+\frac{3\sqrt{3}}{\cos\theta}\ \left(0<\theta<\frac{\pi}{2}\right)$$

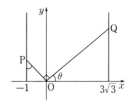

$$f'(\theta)=-\frac{\cos\theta}{\sin^2\theta}+\frac{3\sqrt{3}\,\sin\theta}{\cos^2\theta}$$

$$=\frac{3\sqrt{3}\,\cos\theta}{\sin^2\theta}\left(\tan^3\theta-\frac{1}{3\sqrt{3}}\right)$$

したがって，$f(\theta)$ は右表のように増減し，最小値は

$$f\left(\frac{\pi}{6}\right)=2+3\sqrt{3}\cdot\frac{2}{\sqrt{3}}=8$$

θ	0	$\cdots$	$\frac{\pi}{6}$	$\cdots$	$\frac{\pi}{2}$
$f'(\theta)$		$-$		$+$	
$f(\theta)$		$\searrow$		$\nearrow$	

㉜-2 △OBC において，$\overline{BC}=\tan\theta$，$\overline{CO}=\dfrac{1}{\cos\theta}$ であるから

$$L(\theta)=\overset{\frown}{AB}+\overline{BC}+\overline{CO}=2\pi-2\theta+\tan\theta+\frac{1}{\cos\theta}$$

$$L'(\theta)=-2+\frac{1}{\cos^2\theta}+\frac{\sin\theta}{\cos^2\theta}=\frac{(2\sin\theta-1)(\sin\theta+1)}{\cos^2\theta}$$

$0<\theta<\dfrac{\pi}{2}$ において，$L'(\theta)$ の符号は $\theta=\dfrac{\pi}{6}$ の前後で負から正に変わるから，ここで最小である．最小値は

$$L\left(\frac{\pi}{6}\right)=\frac{5\pi}{3}+\sqrt{3}$$

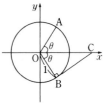

㉞-1 $x^p+y^q=1$ $(x>0,\ y>0)$ ……①

$z=xy$ と $z^q=x^qy^q$ は同時に最大になる．①より，$y^q=1-x^p$ $(0<x<1)$ ゆえ

$$z^q=x^q(1-x^p)\ (=f(x)\ とおく)$$

$$f'(x)=qx^{q-1}(1-x^p)-px^{p-1}x^q$$

$$=x^{q-1}\{q-(p+q)x^p\}$$

$f(x)$ は右表のように増減するので，

x	0	$\cdots$	$\left(\dfrac{q}{p+q}\right)^{\frac{1}{p}}$	$\cdots$	1
$f'(x)$		$+$	0	$-$	
$f(x)$		$\nearrow$		$\searrow$	

$$(z\ の最大値)=\left(\frac{q}{p+q}\right)^{\frac{1}{p}}\left(\frac{p}{p+q}\right)^{\frac{1}{q}}=\frac{p^{\frac{1}{q}}q^{\frac{1}{p}}}{(p+q)^{\frac{1}{p}+\frac{1}{q}}}$$

㉞-2 $f(x)=\dfrac{e^x-e^{-x}}{(e^x+e^{-x})^3}$ より

$$f'(x)=\frac{-2e^{-2x}(e^{4x}-4e^{2x}+1)}{(e^x+e^{-x})^4}$$

$f(x)\leqq0$ $(x\leqq0)$ ゆえ，$x\geqq0$ で考えれば十分．

$f'(x)=0$ より，$e^{2x}=2+\sqrt{3}$

右図より，$\alpha=\dfrac{1}{2}\log(2+\sqrt{3})$ の前後で，$f'(x)$ の符号は

正 → 負となるから，$f(x)$ は $x=\alpha$ で最大となる．

$$e^\alpha=\sqrt{2+\sqrt{3}}=\frac{\sqrt{3}+1}{\sqrt{2}},\ e^{-\alpha}=\frac{\sqrt{2}}{\sqrt{3}+1}=\frac{\sqrt{3}-1}{\sqrt{2}}$$

$$\therefore\ e^\alpha+e^{-\alpha}=\sqrt{6},\ e^\alpha-e^{-\alpha}=\sqrt{2}$$

よって $(最大値)=f(\alpha)=\dfrac{e^\alpha-e^{-\alpha}}{(e^\alpha+e^{-\alpha})^3}=\dfrac{\sqrt{2}}{6\sqrt{6}}=\dfrac{\sqrt{3}}{18}$

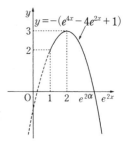

$\boxed{34\text{-}3}$ $\log x \leqq x-1$ $\qquad\qquad$ ……①

(1) $\displaystyle\sum_{i=1}^{n} p_i \log q_i - \sum_{i=1}^{n} p_i \log p_i = \sum_{i=1}^{n} p_i \log \frac{q_i}{p_i}$ $\qquad$ ← ①を適用する

$\qquad \leqq \displaystyle\sum_{i=1}^{n} p_i\left(\frac{q_i}{p_i}-1\right) = \sum_{i=1}^{n} q_i - \sum_{i=1}^{n} p_i = 0$ $\qquad$ ← $\displaystyle\sum_{i=1}^{n} p_i = \sum_{i=1}^{n} q_i = 1$

$\qquad \therefore\ \displaystyle\sum_{i=1}^{n} p_i \log p_i \geqq \sum_{i=1}^{n} p_i \log q_i$ $\qquad\qquad$ ……②

(2) $q_1 = q_2 = \cdots = q_n = \dfrac{1}{n}$ のとき，②より $\qquad$ ← ここが急所

$$\sum_{i=1}^{n} p_i \log p_i \geqq -\log n \sum_{i=1}^{n} p_i = -\log n$$

等号は $p_1 = p_2 = \cdots = p_n = \dfrac{1}{n}$ のとき成り立つから，F の最小値は $-\log n$ である.

$\boxed{35\text{-}1}$ $P(a\cos\theta,\ b\sin\theta)$ での接線の方程式は，$\dfrac{\cos\theta}{a}x + \dfrac{\sin\theta}{b}y = 1$

したがって，両座標軸との交点は，

$\left(\dfrac{a}{\cos\theta},\ 0\right),\ \left(0,\ \dfrac{b}{\sin\theta}\right)$ $\quad \therefore\ L(\theta) = \sqrt{\dfrac{a^2}{\cos^2\theta} + \dfrac{b^2}{\sin^2\theta}}$

$\sin^2\theta = t\ (0 < t < 1)$ とおくと

$\{L(\theta)\}^2 = \dfrac{a^2}{1-t} + \dfrac{b^2}{t}$ $(= f(t)$ とする$)$

$f'(t) = \dfrac{a^2}{(1-t)^2} - \dfrac{b^2}{t^2} = \dfrac{\{at + b(1-t)\}\{(a+b)t - b\}}{(1-t)^2 t^2}$

$\therefore$ (最小値)$= \sqrt{f\left(\dfrac{b}{a+b}\right)} = a+b$

t	0	$\cdots$	$\dfrac{b}{a+b}$	$\cdots$	1
$f'(t)$		$-$	0	$+$	
$f(t)$		$\searrow$		$\nearrow$	

$\boxed{35\text{-}2}$ 時刻 t に短針から長針に向けて測った角を θ とすると

$\theta = \left(2\pi - \dfrac{2\pi}{12}\right)t = \dfrac{11\pi}{6}t$. 一方，余弦定理により

$x^2 = a^2 + b^2 - 2ab\cos\theta$. 両辺を t で微分すると

$$2x\frac{dx}{dt} = 2ab\sin\theta \cdot \frac{d\theta}{dt} = \frac{11\pi}{6} \cdot 2ab\sin\theta$$

$\therefore\ \left(\dfrac{dx}{dt}\right)^2 = \left(\dfrac{11\pi ab}{6}\right)^2 \dfrac{\sin^2\theta}{x^2} = \left(\dfrac{11\pi ab}{6}\right)^2 \cdot \dfrac{1-\cos^2\theta}{a^2+b^2-2ab\cos\theta}$

$\cos\theta = u\ (|u|\leqq 1)$ とおき，$f(u) = \dfrac{1-u^2}{a^2+b^2-2abu}$ とすると

$\left(\dfrac{dx}{dt}\right)^2 = \left(\dfrac{11\pi ab}{6}\right)^2 f(u)$

$f'(u) = \dfrac{2(au-b)(bu-a)}{(a^2+b^2-2abu)^2}$ $\quad (0 < a < b)$

u	-1	$\cdots$	$\dfrac{a}{b}$	$\cdots$	1
$f'(u)$		$+$	0	$-$	
$f(u)$		$\nearrow$		$\searrow$	

ゆえに，$u = \cos\theta = \dfrac{a}{b}$ のとき，

$\left|\dfrac{dx}{dt}\right|$ の最大値 $= \dfrac{11\pi ab}{6}\sqrt{f\left(\dfrac{a}{b}\right)} = \dfrac{11\pi a}{6}$

㊱ C$(x, 0)$ $(0 \leq x \leq 2)$ として，折れ線 ACB 上を運動する場合を考えれば十分である．このときの所要時間を $f(x)$ とすると

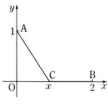

$$f(x) = \sqrt{x^2+1} + \frac{2-x}{a}$$

$$f'(x) = \frac{x}{\sqrt{x^2+1}} - \frac{1}{a} = \frac{ax - \sqrt{x^2+1}}{a\sqrt{x^2+1}}$$

$$= \frac{(a^2-1)\left(x + \frac{1}{\sqrt{a^2-1}}\right)\left(x - \frac{1}{\sqrt{a^2-1}}\right)}{a\sqrt{x^2+1}(ax + \sqrt{x^2+1})}$$

(i) $\dfrac{1}{\sqrt{a^2-1}} \geq 2$，すなわち $1 < a \leq \dfrac{\sqrt{5}}{2}$ のとき，$f'(x) \leq 0$ $(0 \leq x \leq 2)$ であるから

（最短時間）$= f(2) = \sqrt{5}$

(ii) $\dfrac{1}{\sqrt{a^2-1}} \leq 2$，すなわち $a \geq \dfrac{\sqrt{5}}{2}$ のとき，$f'(x)$ の符号は $x = \dfrac{1}{\sqrt{a^2-1}}$ の前後で負→正となるから

（最短時間）$= f\left(\dfrac{1}{\sqrt{a^2-1}}\right) = \dfrac{2 + \sqrt{a^2-1}}{a}$

㊲ (1) $\overrightarrow{AB} = (a(\cos\alpha - 1), \ b\sin\alpha)$，$\quad \overrightarrow{AC} = (a(\cos\beta - 1), \ b\sin\beta)$

$$S = \frac{ab}{2}|(\cos\alpha - 1)\sin\beta - \sin\alpha(\cos\beta - 1)|$$

$$= \frac{ab}{2}|\sin\alpha - \sin\beta - (\sin\alpha\cos\beta - \cos\alpha\sin\beta)|$$

$$= \frac{ab}{2}|\sin\alpha - \sin\beta - \sin(\alpha - \beta)|$$

(2) (1)より，$S = \dfrac{ab}{2}\left|\sin\alpha - 2\sin\dfrac{\alpha}{2}\cos\left(\beta - \dfrac{\alpha}{2}\right)\right|$

$0 < \alpha \leq \pi$ で α を固定すると，$\sin\alpha \geq 0$，かつ

$\sin\dfrac{\alpha}{2} > 0$，$\dfrac{\alpha}{2} < \beta - \dfrac{\alpha}{2} < 2\pi - \dfrac{\alpha}{2}$ であるから，$\beta - \dfrac{\alpha}{2} = \pi$ すなわち $\beta = \dfrac{\alpha}{2} + \pi$ のとき，S の最大値は，$F(\alpha) = \dfrac{ab}{2}\left(\sin\alpha + 2\sin\dfrac{\alpha}{2}\right)$

(3) $F'(\alpha) = \dfrac{ab}{2}\left(\cos\alpha + \cos\dfrac{\alpha}{2}\right)$

$$= ab\left(\cos\dfrac{\alpha}{2} + 1\right)\left(\cos\dfrac{\alpha}{2} - \dfrac{1}{2}\right)$$

$\therefore$ （$F(\alpha)$ の最大値）$= F\left(\dfrac{2\pi}{3}\right) = \dfrac{3\sqrt{3}}{4}ab$

α	0	$\cdots$	$\dfrac{2\pi}{3}$	$\cdots$	π
$F'(\alpha)$		$+$		$-$	
$F(\alpha)$		$\nearrow$		$\searrow$	

㊳ (1) $f(x) = \tan x - x$ とおくと

$$f'(x) = \frac{1}{\cos^2 x} - 1 = \tan^2 x > 0 \quad \left(0 < x < \frac{\pi}{2}\right)$$

したがって，$f(x)$ は単調に増加し，$f(0) = 0$ だから，$f(x) > 0$．ゆえに

$$x<\tan x\ \left(0<x<\frac{\pi}{2}\right)$$

(2) $g(x)=\log(x+\sqrt{1+x^2})$ とおくと

$$g'(x)=\frac{1+\dfrac{x}{\sqrt{1+x^2}}}{x+\sqrt{1+x^2}}=\frac{1}{\sqrt{1+x^2}}>0$$

したがって，$g(x)$ は $x>0$ で単調に増加する．

(i) $x\geqq\dfrac{\pi}{2}$ のとき，$x+\sqrt{1+x^2}>x+\sqrt{x^2}=2x$ より，$g(x)>\log 2x$. よって

$$g(x)\geqq g\left(\frac{\pi}{2}\right)>\log\pi>\log e=1\geqq\sin x$$

(ii) $0<x<\dfrac{\pi}{2}$ のとき，$h(x)=g(x)-\sin x$ とおくと

$$h'(x)=g'(x)-\cos x=\frac{1}{\sqrt{1+x^2}}-\cos x$$

← $\cos^2 x=\dfrac{1}{1+\tan^2 x}$ を使うと(1)との関係がつく

ここで，(1)より

$$\cos x=\frac{1}{\sqrt{1+\tan^2 x}}<\frac{1}{\sqrt{1+x^2}}$$

であるから，$h'(x)>0$. さらに，$h(0)=g(0)=0$ であるから

$$g(x)>\sin x$$

(i)，(ii)より，$\log(x+\sqrt{1+x^2})>\sin x\ (x>0)$ となる．

---

39 (1) $\log x=t\ (x=e^t)$ とおくと，$P=\displaystyle\lim_{t\to\infty}\frac{t}{e^{\frac{t}{n}}}$

さらに，$\dfrac{t}{n}=s$ とおくと，$P=\displaystyle\lim_{s\to\infty}\frac{ns}{e^s}=n\lim_{s\to\infty}\frac{s}{e^s}=0$

(2) $-\log x=t\ (x=e^{-t})$ とおくと，$Q=\displaystyle\lim_{t\to\infty}\frac{-t}{e^{\frac{t}{n}}}$

さらに，$\dfrac{t}{n}=s$ とおくと，$Q=\displaystyle\lim_{s\to\infty}\frac{-ns}{e^s}=-n\lim_{s\to\infty}\frac{s}{e^s}=0$

---

40 $y=e^x$ の $x=t$ での接線 $y=e^t(x-t)+e^t$ が，点 $(a,\ b)$ を通る条件は

$$b=e^t(a-t)+e^t\ (=f(t)\ とおく)$$

したがって，点 $(a,\ b)$ から引きうる接線の本数は，t の方程式 $b=f(t)$ の異なる実数解の個数に等しい．$f(t)=(a-t+1)e^t$ より

$$f'(t)=(a-t)e^t,\qquad \lim_{t\to\infty}f(t)=-\infty$$

$t=-u$ とおくと

$$\lim_{t\to-\infty}f(t)=\lim_{u\to\infty}\frac{a+u+1}{e^u}=0$$

$y=f(t)$ と $y=b$ の共有点の数を調べて

$b>e^a$ のとき，0本； $0<b<e^a$ のとき，2本
$b=e^a$ または $b\leqq 0$ のとき，1本

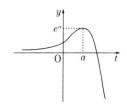

㊶-1 (1) $x-\dfrac{x^2}{2}<\log(1+x)<x-\dfrac{x^2}{2}+\dfrac{x^3}{3}$ $(x>0)$　右側の不等式だけを示す.

$f(x)=x-\dfrac{x^2}{2}+\dfrac{x^3}{3}-\log(1+x)$ とおくと,　$f'(x)=1-x+x^2-\dfrac{1}{1+x}=\dfrac{x^3}{1+x}>0$

かつ $f(0)=0$ であるから,　$f(x)>0$ $(x>0)$

(2) (1)の不等式で $x=0.1$ とおくと

$$0.095=0.1-\dfrac{0.01}{2}<\log 1.1<0.1-\dfrac{0.01}{2}+\dfrac{0.001}{3}=0.095\dot{3}$$

よって,　**0.095**

㊶-2 (1) $\log x<\sqrt{x}$ $(x>0)$ より,　$0<\dfrac{\log x}{x}<\dfrac{\sqrt{x}}{x}=\dfrac{1}{\sqrt{x}}$ $(x>1)$

$\displaystyle\lim_{x\to\infty}\dfrac{1}{\sqrt{x}}=0$ ゆえ,　$\displaystyle\lim_{x\to\infty}\dfrac{\log x}{x}=0$.　グラフの概形は,　演習問題 26-1 (2)参照.

(2) $a^x=x^a\Longleftrightarrow x\log a=a\log x$

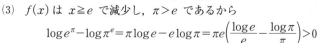

$\Longleftrightarrow\dfrac{\log a}{a}=\dfrac{\log x}{x}$ $(=f(x)$ とおく$)$

$y=f(x)$ と $y=f(a)$ の共有点の個数を調べて,

$0<a\leqq 1$ または $a=e$ のとき, 1個

$1<a<e$ または $a>e$ のとき, 2個

(3) $f(x)$ は $x\geqq e$ で減少し,　$\pi>e$ であるから

$$\log e^\pi-\log\pi^e=\pi\log e-e\log\pi=\pi e\left(\dfrac{\log e}{e}-\dfrac{\log\pi}{\pi}\right)>0$$

$\therefore$　$e^\pi>\pi^e$

㊷ (1) $\displaystyle\lim_{x\to+0}f(x)=\lim_{x\to+0}\dfrac{\sin x}{x}=1$

$f'(x)=\dfrac{x\cos x-\sin x}{x^2}$ より,　$f'(\pi)=-\dfrac{1}{\pi}$

$f'(x)$ の符号は,　$g(x)=x\cos x-\sin x$ の符号と一致する.

$g'(x)=\cos x-x\sin x-\cos x=-x\sin x<0$ $(0<x<\pi)$

よって,　$g(x)$ は減少し,　$g(0)=0$ であるから,　$g(x)<0$

$\therefore$　$f'(x)<0$ $(0<x\leqq\pi)$

(2) 差をとって微分する方法は十分練習したので,　ここでは $\sin x\leqq x$ $(x\geqq 0)$ を認めて,　標問 **76** で学ぶ基本事項:

$$f(x)\leqq g(x)\ (a\leqq x\leqq b)\ \text{ならば}\ \int_a^b f(x)dx\leqq\int_a^b g(x)dx$$

をもとに積分を用いて証明する.

$$\int_0^x\sin t\,dt\leqq\int_0^x t\,dt\quad\therefore\ 1-\cos x\leqq\dfrac{x^2}{2}\quad\therefore\ 1-\dfrac{x^2}{2}\leqq\cos x\leqq 1$$

ゆえに　$\displaystyle\int_0^x\left(1-\dfrac{t^2}{2}\right)dt\leqq\int_0^x\cos t\,dt\leqq\int_0^x dt$

$\therefore$　$x-\dfrac{x^3}{6}\leqq\sin x\leqq x$ ………①

ゆえに　$\displaystyle\int_0^x\left(t-\frac{t^3}{6}\right)dt\leqq\int_0^x\sin t\,dt\leqq\int_0^x t\,dt$

$\therefore\quad \dfrac{x^2}{2}-\dfrac{x^4}{24}\leqq 1-\cos x\leqq\dfrac{x^2}{2}$

$\therefore\quad 1-\dfrac{x^2}{2}\leqq\cos x\leqq 1-\dfrac{x^2}{2}+\dfrac{x^4}{24}$　　　　　　　$\cdots\cdots\cdots$②

(3)　$g(x)=x\cos x-\sin x$ を①，②を用いて評価する．

$\qquad x\left(1-\dfrac{x^2}{2}\right)-x\leqq g(x)\leqq x\left(1-\dfrac{x^2}{2}+\dfrac{x^4}{24}\right)-\left(x-\dfrac{x^3}{6}\right)$

$\qquad -\dfrac{x^3}{2}\leqq g(x)\leqq-\dfrac{x^3}{3}+\dfrac{x^5}{24}$

$\qquad -\dfrac{x}{2}\leqq f'(x)=\dfrac{g(x)}{x^2}\leqq-\dfrac{x}{3}+\dfrac{x^3}{24}$

$\therefore\quad \displaystyle\lim_{x\to+0}f'(x)=\mathbf{0}$

以上から，$y=\dfrac{\sin x}{x}$　$(0<x\leqq\pi)$ のグラフの概形は次図．

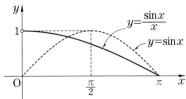

---

(43)　a を変数とみて，$f(x)=2^{c-1}(x^c+b^c)-(x+b)^c$ $(x>0)$ とおく．

$\qquad f'(x)=c\{(2x)^{c-1}-(x+b)^{c-1}\}$

$c>1$ ゆえ，$f'(x)$ の符号は $2x-(x+b)=x-b$

の符号と一致する．ゆえに，

x	0	$\cdots$	b	$\cdots$
$f'(x)$		$-$	0	$+$
$f(x)$		$\searrow$		$\nearrow$

$\qquad f(x)\geqq f(b)=2^{c-1}\cdot 2b^c-(2b)^c=0$

$\therefore\quad f(a)=2^{c-1}(a^c+b^c)-(a+b)^c\geqq 0$ （等号は $a=b$ のとき成立）

注）不等式の両辺を b^c で割って，

$\left(\dfrac{a}{b}+1\right)^c\leqq 2^{c-1}\left\{\left(\dfrac{a}{b}\right)^c+1\right\}$ とし，$\dfrac{a}{b}$ を変数とみて証明してもよい．

---

(44)　$f(x)=x-\dfrac{x^2}{2}+ax^3-\log(1+x)$ とおくと，$f'(x)=\dfrac{x^2\{3ax-(1-3a)\}}{1+x}$

$a\leqq 0$ のとき，$f'(x)<0$ $(x>0)$，$f(0)=0$ ゆえ不適．

$0<a<\dfrac{1}{3}$ のとき，$f'(x)<0$ $\left(0<x<\dfrac{1-3a}{3a}\right)$，$f(0)=0$ ゆえ不適．

$a\geqq\dfrac{1}{3}$ のとき，$f'(x)>0$ $(x>0)$，$f(0)=0$ ゆえつねに $f(x)\geqq 0$

$\qquad\therefore\quad a\geqq\dfrac{1}{3}$

㊺ (1) $g(x)=x-f(x)=x-\dfrac{1}{2}\cos x$ とおく. $g'(x)=1+\dfrac{1}{2}\sin x\geqq\dfrac{1}{2}$ より

$g(x)$ は単調増加で, $g(0)=-\dfrac{1}{2}<0$, $g\left(\dfrac{\pi}{2}\right)=\dfrac{\pi}{2}>0$ となるから, $g(x)=0$, すなわ

ち $x=f(x)$ はただ1つの解をもつ.

(2) $x=y$ のときは明らかであるから, $x \neq y$ とする. 平均値の定理 (標問**22**) より

$\dfrac{f(x)-f(y)}{x-y}=f'(c)$ を満たす c が, x と y の間に存在する. $f'(c)=-\dfrac{1}{2}\sin c$ ゆえ,

$|f(x)-f(y)|=\dfrac{1}{2}|\sin c||x-y|\leqq\dfrac{1}{2}|x-y|$

(3) (1)の解を α とする. $a_n=f(a_{n-1})$ と $\alpha=f(\alpha)$ の差をとり(2)を用いると

$$0\leqq|a_n-\alpha|=|f(a_{n-1})-f(\alpha)|\leqq\dfrac{1}{2}|a_{n-1}-\alpha|\leqq\cdots\leqq\left(\dfrac{1}{2}\right)^n|a-\alpha|$$

ゆえに, $a_n\to\alpha$ $(n\to\infty)$

㊻ t 秒後の綱の長さを y, 船と岸壁の距離を x とおくと

$$y=58-4t, \quad x^2=y^2-30^2 \qquad\qquad\cdots\cdots①$$

ゆえに, $t=2$ のとき, $y=50$, $x=40$. ①を t で微分すると

$$2x\dfrac{dx}{dt}=2y\dfrac{dy}{dt}=-8y \quad\therefore\quad x\dfrac{dx}{dt}=-4y \qquad\qquad\cdots\cdots②$$

さらに t で微分して

$$\left(\dfrac{dx}{dt}\right)^2+x\dfrac{d^2x}{dt^2}=-4\dfrac{dy}{dt}=16 \quad\therefore\quad \dfrac{d^2x}{dt^2}=\dfrac{1}{x}\left\{16-\left(\dfrac{dx}{dt}\right)^2\right\} \quad\cdots\cdots③$$

②, ③で $t=2$ とおくと

$$\dfrac{dx}{dt}=-4\cdot\dfrac{50}{40}=\boldsymbol{-5 \text{ m/s}}, \quad \dfrac{d^2x}{dt^2}=\dfrac{16-(-5)^2}{40}=\boldsymbol{-\dfrac{9}{40} \text{ m/s}^2}$$

㊼-1 水を注入しはじめてから時間 t が経過したと
きの水面の高さを h, 水面の面積を $S(h)$, 容器の中
の水の量を V とすると

$$V=\int_0^h S(x)\,dx=vt$$

これを t で微分して, $S(h)\dfrac{dh}{dt}=v$. ここで, 条件
より

$\dfrac{dh}{dt}=\dfrac{\sqrt{2+h}}{\log(2+h)}$ であるから, $S(h)=v\dfrac{\log(2+h)}{\sqrt{2+h}}$.

$S'(h)=v\dfrac{\dfrac{1}{2+h}\sqrt{2+h}-\log(2+h)\dfrac{1}{2\sqrt{2+h}}}{2+h}$

$\quad=v\dfrac{2-\log(2+h)}{2(2+h)\sqrt{2+h}}$

よって, $S(h)$ は右表のように増減し, $h=\boldsymbol{e^2-2}$
のとき最大となる.

h	0	$\cdots$	e^2-2	$\cdots$	10
$S'(h)$		$+$		$-$	
$S(h)$		$\nearrow$		$\searrow$	

(47-2) (1) $\dfrac{dy}{dt}=\dfrac{dy}{dx}\cdot\dfrac{dx}{dt}=\dfrac{e^x-e^{-x}}{2}\cdot\dfrac{dx}{dt}$ であるから

$$(速さ)=\sqrt{\left(\dfrac{dx}{dt}\right)^2+\left(\dfrac{dy}{dt}\right)^2}=\sqrt{\left(\dfrac{dx}{dt}\right)^2+\left(\dfrac{e^x-e^{-x}}{2}\cdot\dfrac{dx}{dt}\right)^2}$$

$$=\sqrt{1+\left(\dfrac{e^x-e^{-x}}{2}\right)^2}\left|\dfrac{dx}{dt}\right|=\sqrt{\left(\dfrac{e^x+e^{-x}}{2}\right)^2}\dfrac{dx}{dt}$$

$$=\dfrac{e^x+e^{-x}}{2}\cdot\dfrac{dx}{dt}=1$$

ゆえに, $\dfrac{d}{dt}\left(\dfrac{e^x-e^{-x}}{2}\right)=\dfrac{e^x+e^{-x}}{2}\cdot\dfrac{dx}{dt}=1$

よって, $\dfrac{e^x-e^{-x}}{2}=t+C$

$t=0$ のとき $x=0$ であるから, $C=0$

$\therefore\ \ \dfrac{e^x-e^{-x}}{2}=t$

$\therefore\ \ \dfrac{e^x+e^{-x}}{2}=\sqrt{1+\left(\dfrac{e^x-e^{-x}}{2}\right)^2}=\sqrt{1+t^2}$　　　　　（標問 **35** 参照）

辺々加えて, $e^x=t+\sqrt{1+t^2}$

$\therefore\ \ x=\log(t+\sqrt{1+t^2})$

(2) $\mathrm{P}\left(x,\ \dfrac{e^x+e^{-x}}{2}\right)$ での接線は, $Y=\dfrac{e^x-e^{-x}}{2}(X-x)+\dfrac{e^x+e^{-x}}{2}$

$Y=0$ とおくと, (1)より

$$X=x-\dfrac{e^x+e^{-x}}{e^x-e^{-x}}=\log(t+\sqrt{1+t^2})-\dfrac{\sqrt{1+t^2}}{t}$$

$\dfrac{dX}{dt}=\dfrac{\sqrt{1+t^2}}{t^2}$ となるから, $t=2$ のとき, $\left|\dfrac{dX}{dt}\right|=\dfrac{\sqrt{5}}{4}$ **毎秒**

第3章 積分法とその応用

(50) (1) $与式=\dfrac{1}{2}\displaystyle\int_0^{\frac{\pi}{2}}\dfrac{(1+\sin^2 x)'}{1+\sin^2 x}dx$

$$=\frac{1}{2}\Big[\log(1+\sin^2 x)\Big]_0^{\frac{\pi}{2}}=\mathbf{\frac{1}{2}\log 2}$$

(2) $与式=\dfrac{1}{2}\displaystyle\int_0^1\{\log(1+x^2)\}'\log(1+x^2)\,dx$

$$=\frac{1}{4}\Big[\{\log(1+x^2)\}^2\Big]_0^1=\mathbf{\frac{1}{4}(\log 2)^2}$$

(51) (1) $\dfrac{1}{(x-1)(x-2)^2}=\dfrac{a}{x-1}+\dfrac{b}{x-2}+\dfrac{c}{(x-2)^2}$

とおいて a, b, c を定めると，$a=1$, $b=-1$, $c=1$. ゆえに

$$与式=\int_{-1}^0\left\{\frac{1}{x-1}-\frac{1}{x-2}+\frac{1}{(x-2)^2}\right\}dx$$

$$=\Big[\log|x-1|-\log|x-2|-\frac{1}{x-2}\Big]_{-1}^0$$

$$=\Big[\log\Big|\frac{x-1}{x-2}\Big|-\frac{1}{x-2}\Big]_{-1}^0$$

$$=\log\frac{1}{2}+\frac{1}{2}-\Big(\log\frac{2}{3}+\frac{1}{3}\Big)=\mathbf{\log\frac{3}{4}+\frac{1}{6}}$$

(2) $\dfrac{x^2-2x+3}{(x+1)(x^2+1)}=\dfrac{a}{x+1}+\dfrac{bx+c}{x^2+1}$

とおいて a, b, c を定めると，$a=3$, $b=-2$, $c=0$. ゆえに

$$与式=\int_0^1\Big(\frac{3}{x+1}-\frac{2x}{x^2+1}\Big)dx$$

$$=\Big[3\log(x+1)-\log(x^2+1)\Big]_0^1$$

$$=3\log 2-\log 2=\mathbf{2\log 2}$$

(52) $e^x=t$ とおくと，$x=\log t$ より，$\dfrac{dx}{dt}=\dfrac{1}{t}$，すなわち $dx=\dfrac{1}{t}dt$ だから

$$与式=\int\frac{1}{t^2+3t+2}\cdot\frac{1}{t}dt$$

$$=\int\frac{1}{t(t+1)(t+2)}dt$$

⬅ $\dfrac{a}{t}+\dfrac{b}{t+1}+\dfrac{c}{t+2}$ とおいて a, b, c を定める

$$=\int\left\{\frac{1}{2t}-\frac{1}{t+1}+\frac{1}{2(t+2)}\right\}dt$$

$$=\frac{1}{2}\log t-\log(t+1)+\frac{1}{2}\log(t+2)+C$$

⬅ $t>0$

$$=\log\frac{\sqrt{t(t+2)}}{t+1}+C$$

$$=\mathbf{\log\frac{\sqrt{e^x(e^x+2)}}{e^x+1}+C}$$

53 (1) 与式 $= \int_0^{\frac{\pi}{2}} x^2 \frac{1+\cos 2x}{2}\, dx = \frac{1}{6}\left(\frac{\pi}{2}\right)^3 + \frac{1}{2}\int_0^{\frac{\pi}{2}} x^2 \cos 2x\, dx$

ここで

$$\int_0^{\frac{\pi}{2}} x^2 \cos 2x\, dx = \left[x^2 \cdot \frac{1}{2}\sin 2x\right]_0^{\frac{\pi}{2}} - \int_0^{\frac{\pi}{2}} 2x \cdot \frac{1}{2}\sin 2x\, dx$$

$$= -\int_0^{\frac{\pi}{2}} x \sin 2x\, dx$$

$$= -\left\{\left[x\left(-\frac{1}{2}\cos 2x\right)\right]_0^{\frac{\pi}{2}} - \int_0^{\frac{\pi}{2}}\left(-\frac{1}{2}\cos 2x\right)dx\right\}$$

$$= -\left(\frac{\pi}{4} + \frac{1}{4}\left[\sin 2x\right]_0^{\frac{\pi}{2}}\right) = -\frac{\pi}{4}$$

$$\therefore \quad 与式 = \frac{1}{6}\left(\frac{\pi}{2}\right)^3 - \frac{\pi}{8} = \frac{\pi(\pi^2-6)}{48}$$

(2) 与式 $= \int_0^1 (x)' \log\left(x+\sqrt{1+x^2}\right) dx$

$$= \left[x\log\left(x+\sqrt{1+x^2}\right)\right]_0^1 - \int_0^1 x \frac{1+\dfrac{x}{\sqrt{1+x^2}}}{x+\sqrt{1+x^2}}\, dx$$

$$= \log(1+\sqrt{2}) - \int_0^1 \frac{x}{\sqrt{1+x^2}}\, dx$$

$$= \log(1+\sqrt{2}) - \frac{1}{2}\int_0^1 \frac{(1+x^2)'}{\sqrt{1+x^2}}\, dx \qquad \blacktriangleleft \int \frac{1}{\sqrt{x}}\, dx = 2\sqrt{x} + C$$

$$= \log(1+\sqrt{2}) - \left[\sqrt{1+x^2}\right]_0^1$$

$$= \log(1+\sqrt{2}) - \sqrt{2} + 1$$

54 (1) $A = \int_0^{\pi} e^x \sin^2 x\, dx = \int_0^{\pi} e^x \frac{1-\cos 2x}{2}\, dx$

$$= \left[\frac{1}{2}e^x\right]_0^{\pi} - \frac{1}{2}\int_0^{\pi} e^x \cos 2x\, dx$$

において，$B = \int_0^{\pi} e^x \cos 2x\, dx$ とおくと

$$B = \left[e^x \cdot \frac{\sin 2x}{2}\right]_0^{\pi} - \frac{1}{2}\int_0^{\pi} e^x \sin 2x\, dx \qquad \blacktriangleleft 右辺第1項は0$$

$$= -\frac{1}{2}\left\{\left[e^x\left(-\frac{\cos 2x}{2}\right)\right]_0^{\pi} + \frac{1}{2}\int_0^{\pi} e^x \cos 2x\, dx\right\}$$

$$= \frac{e^{\pi}-1}{4} - \frac{1}{4}B \qquad \therefore \quad B = \frac{e^{\pi}-1}{5}$$

ゆえに

$$A = \frac{e^{\pi}-1}{2} - \frac{e^{\pi}-1}{10} = \frac{2(e^{\pi}-1)}{5}$$

(2) (1)より，$A > 8$ は
$$e^\pi > 21$$
と同値である．$y = e^x$ の $x = 0$ での接線を考えると
$$e^x \geqq 1 + x$$
が成り立つから，これを用いて近似計算すると
$$e^\pi > e^3 \cdot e^{0.14}$$
$$> (2.71)^3 \cdot (1.14)$$
$$= 22.6\cdots$$
ゆえに，$A > 8$ である．

← $(2.7)^3 \cdot (1.1)$ でも十分

注 もし接線でもダメなら標問 **39**(1)の不等式を使う．それでもダメなら標問 **39**
研究 の不等式による．これを無限にくり返して近似精度をどんどん上げていくと，
ついには等号が成り立つと予想される．

---

⑤⑤-1 $\tan\dfrac{\theta}{2} = t$ とおくと，研究 で述べたことより，$\sin\theta = \dfrac{2t}{1 + t^2}$,

$d\theta = \dfrac{2}{1 + t^2} dt$, $\theta : \dfrac{\pi}{3} \to \dfrac{\pi}{2}$ のとき $t : \dfrac{1}{\sqrt{3}} \to 1$ であるから

$$\int_{\frac{\pi}{3}}^{\frac{\pi}{2}} \frac{1}{\sin\theta} d\theta = \int_{\frac{1}{\sqrt{3}}}^{1} \frac{t^2 + 1}{2t} \cdot \frac{2}{1 + t^2} dt = \int_{\frac{1}{\sqrt{3}}}^{1} \frac{1}{t} dt$$

$$= \Big[\log t\Big]_{\frac{1}{\sqrt{3}}}^{1} = -\log\frac{1}{\sqrt{3}} = \frac{1}{2}\log 3$$

---

⑤⑤-2 $I = \displaystyle\int_0^{\frac{\pi}{2}} \frac{\sin x}{\sin x + \cos x} dx$

$$= \int_{\frac{\pi}{2}}^{0} \frac{\sin\left(\frac{\pi}{2} - t\right)}{\sin\left(\frac{\pi}{2} - t\right) + \cos\left(\frac{\pi}{2} - t\right)} (-dt)$$

$$= \int_0^{\frac{\pi}{2}} \frac{\cos t}{\cos t + \sin t} dt = \int_0^{\frac{\pi}{2}} \frac{\cos x}{\cos x + \sin x} dx$$

← 指示された置換では原始関数
が求まらない特殊な積分.
演習問題 ⑤⑤-1 の方法を適
用できるが，計算は大変

よって，$J = \displaystyle\int_0^{\frac{\pi}{2}} \frac{\cos x}{\cos x + \sin x} dx$ とおくと，$I = J$ かつ

$$I + J = \int_0^{\frac{\pi}{2}} dx = \frac{\pi}{2} \qquad \therefore \quad I = \frac{\pi}{4}$$

---

⑤⑥-1 $b_n = \displaystyle\int_0^{\frac{\pi}{2}} \cos^n x\, dx = \int_0^{\frac{\pi}{2}} \sin^n\left(\frac{\pi}{2} - x\right) dx$

において，$\dfrac{\pi}{2} - x = t$ とおくと

$$b_n = \int_{\frac{\pi}{2}}^{0} \sin^n t (-dt) = \int_0^{\frac{\pi}{2}} \sin^n t\, dt = a_n$$

したがって，標問 **56**(2)と同じ結果を得る．

56-2 (1) $\displaystyle I_{n+2}+I_n=\int_0^{\frac{\pi}{4}}\tan^n x(\tan^2 x+1)dx$

$$=\int_0^{\frac{\pi}{4}}\tan^n x\cdot\frac{1}{\cos^2 x}dx$$

$$=\int_0^{\frac{\pi}{4}}\tan^n x(\tan x)'dx$$

$$=\left[\frac{\tan^{n+1}x}{n+1}\right]_0^{\frac{\pi}{4}}$$

$$=\frac{1}{n+1}$$

(2) (1)より, $\displaystyle I_{n+2}=\frac{1}{n+1}-I_n$ かつ

$\displaystyle I_0=\frac{\pi}{4},\ \ I_1=\int_0^{\frac{\pi}{4}}\tan x\,dx=\Big[-\log(\cos x)\Big]_0^{\frac{\pi}{4}}=\frac{1}{2}\log 2$ であるから,

$$I_5=\frac{1}{4}-I_3=\frac{1}{4}-\left(\frac{1}{2}-I_1\right)=-\frac{1}{4}+\frac{1}{2}\log 2$$

$$I_6=\frac{1}{5}-I_4=\frac{1}{5}-\left(\frac{1}{3}-I_2\right)=\frac{1}{5}-\frac{1}{3}+(1-I_0)=\frac{13}{15}-\frac{\pi}{4}$$

57 (1) $\displaystyle \int_0^m e^{-x}x^n\,dx=\Big[-e^{-x}x^n\Big]_0^m-\int_0^m(-e^{-x})\cdot nx^{n-1}dx$

$$=-e^{-m}m^n+n\int_0^m e^{-x}x^{n-1}dx$$

$m\to\infty$ とするとき, $e^{-m}m^n\to 0$ であるから, $\displaystyle F(n)=\int_0^\infty e^{-x}x^{n-1}dx$ が存在すれ

ば, $\displaystyle F(n+1)=\int_0^\infty e^{-x}x^n\,dx$ も存在して, $F(n+1)=nF(n)$ が成り立つ.

(2) $\displaystyle F(1)=\lim_{m\to\infty}\int_0^m e^{-x}dx=\lim_{m\to\infty}\Big[-e^{-x}\Big]_0^m=\lim_{m\to\infty}\left(1-\frac{1}{e^m}\right)=1$ であるから, (1)より,

$F(2)$ も存在して, $F(2)=1F(1)=1$

以下同様にして,

$$F(3)=2F(2)=2!,\ \ F(4)=3F(3)=3!,\ \cdots,\ \ F(n+1)=n!$$

58 $\displaystyle \int_\alpha^{np+\alpha}f(x)dx=\int_\alpha^0 f(x)dx+\int_0^{np}f(x)dx+\int_{np}^{np+\alpha}f(x)dx$

$$=-\int_0^\alpha f(x)dx+\int_{np}^{np+\alpha}f(x)dx+\int_0^{np}f(x)dx$$

右辺第2項で, $x-np=t$ とおくと

$$\int_{np}^{np+\alpha}f(x)dx=\int_0^\alpha f(t+np)dt=\int_0^\alpha f(t)dt=\int_0^\alpha f(x)dx$$

$\displaystyle \therefore\ \ \int_\alpha^{np+\alpha}f(x)dx=\int_0^{np}f(x)dx$

(59-1) (1)　2曲線が $x=t$ で接するとすると
$$2\log t=at^2,\quad \frac{2}{t}=2at$$
$at^2=1$ より, $t=\sqrt{e}$

$\therefore\ a=\dfrac{1}{e}$,　接点 $(\sqrt{e},\ 1)$

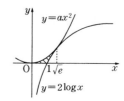

(2) $S=\displaystyle\int_0^{\sqrt{e}}\frac{x^2}{e}dx-\int_1^{\sqrt{e}}2\log x\,dx$

$\quad=\left[\dfrac{x^3}{3e}\right]_0^{\sqrt{e}}-2\left[x\log x-x\right]_1^{\sqrt{e}}=\dfrac{4\sqrt{e}}{3}-2$

(59-2) (1)　円の方程式を $y=\sqrt{r^2-x^2}$ とおく.

$y=-\log(ax)$ より, $y'=-\dfrac{a}{ax}=-\dfrac{1}{x}$

$y=\sqrt{r^2-x^2}$ より, $y'=\dfrac{-2x}{2\sqrt{r^2-x^2}}=-\dfrac{x}{\sqrt{r^2-x^2}}$

両者が $x=1$ で接する条件は

$$-\log a=\sqrt{r^2-1},\quad -1=-\frac{1}{\sqrt{r^2-1}}$$

$\therefore\ \sqrt{r^2-1}=1,\ \log a=-1$

$\therefore\ r=\sqrt{2},\ a=\dfrac{1}{e}$

(2) $S=\displaystyle\int_1^e(1-\log x)dx-\int_1^{\sqrt{2}}\sqrt{2-x^2}\,dx$

$\quad=\left[x-(x\log x-x)\right]_1^e-\left(\dfrac{\pi}{4}-\dfrac{1}{2}\right)$

$\quad=e-\dfrac{\pi}{4}-\dfrac{3}{2}$

◀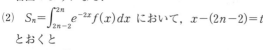

(60) (1)　$|x-1|=\begin{cases}1-x & (x\leqq1)\\ x-1 & (x\geqq1)\end{cases}$ より

$\quad f(x)=1-|x-1|=\begin{cases}x & (0\leqq x\leqq1)\\ 2-x & (1\leqq x\leqq2)\end{cases}$

さらに $f(x)$ は 2 を周期とするから, グラフは
右図のようになる.

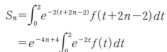

(2) $S_n=\displaystyle\int_{2n-2}^{2n}e^{-2x}f(x)dx$ において, $x-(2n-2)=t$

とおくと

$\quad S_n=\displaystyle\int_0^2 e^{-2(t+2n-2)}f(t+2n-2)\,dt$

$\quad\ \ =e^{-4n+4}\displaystyle\int_0^2 e^{-2t}f(t)\,dt$

ここで

◀ $f(x)$ は 2 を周期とするから
$f(t+2n-2)=f(t)$

$$\int_0^2 e^{-2t} f(t)\,dt = \int_0^1 t e^{-2t}\,dt + \int_1^2 (2-t) e^{-2t}\,dt$$

$$= \left[t\left(-\frac{e^{-2t}}{2}\right)\right]_0^1 - \int_0^1 \left(-\frac{e^{-2t}}{2}\right)dt + \left[(2-t)\left(-\frac{e^{-2t}}{2}\right)\right]_1^2 - \int_1^2 \left\{-\left(-\frac{e^{-2t}}{2}\right)\right\}dt$$

$$= -\frac{e^{-2}}{2} + \left[-\frac{e^{-2t}}{4}\right]_0^1 + \frac{e^{-2}}{2} + \left[\frac{e^{-2t}}{4}\right]_1^2$$

$$= \frac{1-e^{-2}}{4} + \frac{e^{-4}-e^{-2}}{4} = \frac{e^{-4}-2e^{-2}+1}{4}$$

$$\therefore\quad S_n = \frac{(e^{-2}-1)^2}{4}(e^{-4})^{n-1}$$

(3) $\displaystyle\sum_{n=1}^{\infty} S_n = \frac{(e^{-2}-1)^2}{4}\cdot\frac{1}{1-e^{-4}} = \frac{(e^2-1)^2}{4(e^4-1)} = \frac{e^2-1}{4(e^2+1)}$

---

61 $\cos\alpha = k\ (0<\alpha<\pi)$ と
する と,

$$S = 2\left\{\int_\alpha^{2\pi-\alpha}(k-\cos x)\,dx\right.$$
$$\left. -\int_{2\pi-\alpha}^{2\pi}(k-\cos x)\,dx\right\}$$

$$= 2\left\{\Big[kx-\sin x\Big]_\alpha^{2\pi-\alpha}\right.$$
$$\left. -\Big[kx-\sin x\Big]_{2\pi-\alpha}^{2\pi}\right\}$$

$$= (4\pi-6\alpha)k + 6\sin\alpha = (4\pi-6\alpha)\cos\alpha + 6\sin\alpha$$

$$\therefore\quad \frac{dS}{d\alpha} = -6\cos\alpha - (4\pi-6\alpha)\sin\alpha + 6\cos\alpha = 6\left(\alpha - \frac{2\pi}{3}\right)\sin\alpha$$

$\sin\alpha > 0$ ゆえ, $\dfrac{dS}{d\alpha}$ の符号は $\alpha = \dfrac{2\pi}{3}$ の前後で負→正と変化し,Sはここで最小

となる.このとき,

$$k = \cos\frac{2\pi}{3} = -\frac{1}{2}$$

62-1 $x = t^2 - 1$ ……①, $\quad y = t(t^2-1)$ ……②

$|t| \le 1$ より $-1 \le x \le 0$, ①より $t = \pm\sqrt{x+1}$ ……③

②,③より,$y = \pm x\sqrt{x+1}$

$f(x) = x\sqrt{x+1}$ とおく.(もう一方はx軸に関して対称)

$$f'(x) = \frac{3x+2}{2\sqrt{x+1}},\quad \lim_{x\to-1+0}f'(x) = -\infty,\quad \lim_{x\to-0}f'(x) = 1$$

よって,グラフは図のようになる.この曲線が囲む図形の面積は,

$$S = 2\int_{-1}^0 (-f(x))\,dx = -2\int_{-1}^0 x\sqrt{x+1}\,dx$$

$\sqrt{x+1} = t$ とおくと,$x = t^2 - 1$ であるから

$$S = -2\int_0^1 (t^2-1)t\cdot 2t\,dt = -4\int_0^1 (t^4-t^2)\,dt = -4\left(\frac{1}{5} - \frac{1}{3}\right) = \frac{8}{15}$$

62-2 この閉曲線（標問 **30** 参照）は，両座標軸に関して対称であるから

$$S = 4\int_0^1 y\,dx = 4\int_{\frac{\pi}{2}}^0 y\frac{dx}{dt}\,dt$$

$$= 4\int_{\frac{\pi}{2}}^0 \sin^3 t \cdot 3\cos^2 t(-\sin t)\,dt$$

$$= 12\int_0^{\frac{\pi}{2}} \sin^4 t(1-\sin^2 t)\,dt \quad （標問 \mathbf{56} 参照）$$

$$= 12\left(\frac{3}{4}\cdot\frac{1}{2} - \frac{5}{6}\cdot\frac{3}{4}\cdot\frac{1}{2}\right)\frac{\pi}{2} = \frac{3}{8}\pi$$

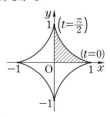

63 (1) $\overrightarrow{AQ}$, $\overrightarrow{QP}$ が x 軸の正の向きとなす角はそれぞれ

$$\frac{\pi}{2} - t, \quad \left(\frac{\pi}{2} - t\right) + \frac{\pi}{2} = \pi - t$$

であり，$|\overrightarrow{QP}| = \overparen{QB} = t$ だから

$$\overrightarrow{OP} = \overrightarrow{OA} + \overrightarrow{AQ} + \overrightarrow{QP}$$

$$= (0,\ 1) + \left(\cos\left(\frac{\pi}{2} - t\right),\ \sin\left(\frac{\pi}{2} - t\right)\right)$$

$$\qquad + t(\cos(\pi - t),\ \sin(\pi - t))$$

$$= (\sin t - t\cos t,\ 1 + \cos t + t\sin t)$$

(2) $P(x,\ y)$ が x 軸に達する点は $(\pi,\ 0)$ である．$x : 0 \to \pi$ のとき，$t : 0 \to \pi$
だから，求める面積は

$$S = \int_0^\pi y\,dx = \int_0^\pi y\frac{dx}{dt}\,dt$$

$$= \int_0^\pi (1 + \cos t + t\sin t)t\sin t\,dt \qquad \leftarrow t^2\sin^2 t = t^2\frac{1-\cos 2t}{2}$$

$$= \int_0^\pi \left(t\sin t + \frac{1}{2}t\sin 2t - \frac{t^2}{2}\cos 2t + \frac{t^2}{2}\right)dt$$

部分積分法を用いて各項ごとに積分すると

$$S = \pi - \frac{\pi}{4} - \frac{\pi}{4} + \frac{\pi^3}{6} = \frac{\pi^3}{6} + \frac{\pi}{2}$$

別解 t が微小角 $\varDelta t$ だけ変化するとき，$\overrightarrow{QP}$ と $\overrightarrow{Q'P'}$
のなす角は $\varDelta t$ である．したがって，QP が描く図
形（QQ′ は円弧 $\varGamma$ の一部）は，半径 QP = t，中心角
$\varDelta t$ の扇形で近似できる．よって，**→研究** で説明し
たことから

$$S = （\varGamma と y 軸が囲む半円） + \frac{1}{2}\int_0^\pi t^2\,dt$$

$$= \frac{\pi}{2} + \frac{\pi^3}{6}$$

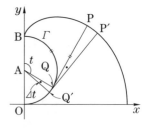

この方法だと計算量を大幅に軽減することができる．しかし，最初の方針で計算を
やりぬく腕力も大切である．

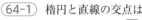

(64-1) 楕円と直線の交点は

$$\left(0,\ 1\right),\ \left(1,\ -\frac{\sqrt{3}}{2}\right)$$

領域を y 軸方向に2倍すると

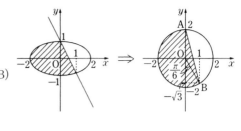

$$2S=(扇形\ \mathrm{OAB})+(三角形\ \mathrm{OAB})$$
$$=\frac{2^2}{2}\cdot\frac{7\pi}{6}+\frac{2\cdot 1}{2}=\frac{7\pi}{3}+1$$
$$\therefore\quad S=\frac{7\pi}{6}+\frac{1}{2}$$

(64-2) 第1象限にある領域の面積は,

$$S=(扇形\ \mathrm{OAA'})+(図形\ \mathrm{OA'B'})$$
$$=(扇形\ \mathrm{OAA'})+(図形\ \mathrm{OAB})$$

図形 OAB を y 軸方向に $\sqrt{3}$ 倍する
と扇形 OAC になるので

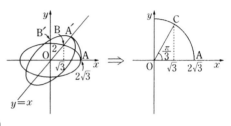

$$S=(扇形\ \mathrm{OAA'})+\frac{1}{\sqrt{3}}(扇形\ \mathrm{OAC})$$
$$=\frac{(2\sqrt{3})^2}{2}\cdot\frac{\pi}{4}+\frac{1}{\sqrt{3}}\left\{\frac{(2\sqrt{3})^2}{2}\cdot\frac{\pi}{3}\right\}$$
$$=\left(\frac{3}{2}+\frac{2}{\sqrt{3}}\right)\pi$$

(65) $x=\dfrac{e^t-e^{-t}}{2}$ ……① とおくと, $\dfrac{dx}{dt}=\dfrac{e^t+e^{-t}}{2}$ ……②

$$\sqrt{x^2+1}=\sqrt{\left(\frac{e^t-e^{-t}}{2}\right)^2+1}=\frac{e^t+e^{-t}}{2}\qquad……③$$

②, ③より

$$\int\sqrt{x^2+1}\,dx=\int\sqrt{x^2+1}\cdot\frac{dx}{dt}\,dt$$
$$=\int\left(\frac{e^t+e^{-t}}{2}\right)^2dt=\int\frac{e^{2t}+e^{-2t}+2}{4}\,dt$$
$$=\frac{e^{2t}-e^{-2t}}{8}+\frac{1}{2}t+C$$
$$=\frac{1}{2}\cdot\frac{e^t+e^{-t}}{2}\cdot\frac{e^t-e^{-t}}{2}+\frac{1}{2}t+C$$

ここで, ①, ③より

$$x+\sqrt{x^2+1}=e^t\qquad\therefore\quad t=\log(x+\sqrt{x^2+1})$$

ゆえに

$$\int\sqrt{x^2+1}\,dx=\frac{1}{2}\left\{x\sqrt{x^2+1}+\log(x+\sqrt{x^2+1})\right\}+C$$

(66) (1) $f(x)=\sin x-nx^2+x$ より

$$f'(x)=\cos x-2nx+1\qquad\therefore\quad f''(x)=-\sin x-2n<0\ \left(0<x<\frac{\pi}{2}\right)$$

したがって，$f'(x)$ は $0<x<\dfrac{\pi}{2}$ で減少して，

$$f'(0)=2>0,\quad f'\!\left(\dfrac{\pi}{2}\right)=-n\pi+1<0$$

よって，$f'(\alpha)=0,\ 0<\alpha<\dfrac{\pi}{2}$ なる α がただ 1 つ存在して，

$f(x)$ は右表のように増減する．このとき

$$f\!\left(\dfrac{\pi}{2}\right)=1-\dfrac{\pi^2}{4}n+\dfrac{\pi}{2}$$
$$\leqq 1-2\cdot\dfrac{\pi^2}{4}+\dfrac{\pi}{2}$$
$$<1-\dfrac{3^2}{2}+\dfrac{4}{2}=-\dfrac{3}{2}<0$$

x	0	$\cdots$	α	$\cdots$	$\dfrac{\pi}{2}$
$f'(x)$		$+$		$-$	
$f(x)$	0	$\nearrow$		$\searrow$	

ゆえに，$f(x)=0$ は $0<x<\dfrac{\pi}{2}$ の範囲にただ 1 つの解をもつ．

(2)　$\sin x_n-nx_n{}^2+x_n=0$ より

$$0<x_n{}^2=\dfrac{\sin x_n+x_n}{n}<\dfrac{1}{n}\left(1+\dfrac{\pi}{2}\right)\to 0\ (n\to\infty)$$

$$\therefore\quad x_n\to 0\ (n\to\infty)$$

$$\therefore\quad nx_n=\dfrac{\sin x_n+x_n}{x_n}=\dfrac{\sin x_n}{x_n}+1\to 2\ (n\to\infty)$$

---

67 図の $\theta\left(0<\theta<\dfrac{\pi}{2}\right)$ と h に対して

$$h=\mathrm{OP}\sin\theta=(4\cos\theta)\sin\theta$$

$$\therefore\quad h=2\sin2\theta$$

条件より，$h>1$ であるから

$$1<h\leqq 2\qquad\cdots\cdots①$$

V は，$x^2+(y-h)^2=1$ を x 軸のまわりに
回転してできる立体の体積に等しい．

$$y=h\pm\sqrt{1-x^2}$$

であるから

$$V=\pi\int_{-1}^{1}(y_2{}^2-y_1{}^2)\,dx$$
$$=\pi\int_{-1}^{1}\{(h+\sqrt{1-x^2})^2-(h-\sqrt{1-x^2})^2\}\,dx$$
$$=4\pi h\int_{-1}^{1}\sqrt{1-x^2}\,dx\qquad\text{← 積分は上半円板の面積}$$
$$=4\pi h\cdot\dfrac{\pi}{2}=2\pi^2 h\qquad\cdots\cdots②$$

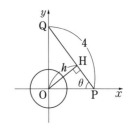

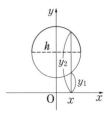

①，②より，$h=2$，つまり $\theta=\dfrac{\pi}{4}$ のとき

$$(V\text{ の最大値})=\mathbf{4\pi^2}$$

68-1 グラフは図のようになるから，(演習問題 **26-1** (2))

$$V = \pi \int_1^e \left(\frac{\log x}{x}\right)^2 dx = \pi \int_1^e \left(-\frac{1}{x}\right)'(\log x)^2 dx$$

$$= \pi \left[-\frac{(\log x)^2}{x}\right]_1^e + \pi \int_1^e \frac{2\log x}{x^2} dx$$

$$= -\frac{\pi}{e} + 2\pi \left[-\frac{\log x}{x}\right]_1^e + 2\pi \int_1^e \frac{1}{x^2} dx$$

$$= -\frac{\pi}{e} - \frac{2\pi}{e} + 2\pi \left[-\frac{1}{x}\right]_1^e$$

$$= \left(2 - \frac{5}{e}\right)\pi$$

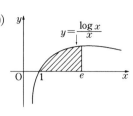

68-2 年輪法による．

$$V = 2\pi \int_0^{\frac{\pi}{4}} x(\cos x - \sin x)\, dx$$

$$= 2\pi \left[x(\sin x + \cos x)\right]_0^{\frac{\pi}{4}} - 2\pi \int_0^{\frac{\pi}{4}} (\sin x + \cos x)\, dx$$

$$= \frac{\pi^2}{\sqrt{2}} - 2\pi \left[\sin x - \cos x\right]_0^{\frac{\pi}{4}}$$

$$= \frac{\pi^2}{\sqrt{2}} - 2\pi$$

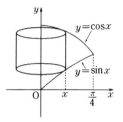

68-3 図で $\dfrac{y_1 + y_2}{2} = r$ であるから

$$V = \pi \int_a^b (y_2{}^2 - y_1{}^2)\, dx$$

$$= 2\pi \int_a^b \frac{y_1 + y_2}{2} \cdot (y_2 - y_1)\, dx$$

$$= 2\pi r \int_a^b (y_2 - y_1)\, dx = 2\pi r S$$

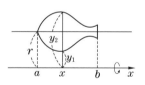

注 V は底面が F，高さが $2\pi r$ の柱状体の体積と一致する．

69 直円錐の体積 V から，曲線と直線 $x + y = 1$ が囲む図形の回転体の体積 W を除く．

$$Y = \frac{\mathrm{QR}}{\sqrt{2}} = \frac{x - (1 + x - 2\sqrt{x})}{\sqrt{2}} = \frac{2\sqrt{x} - 1}{\sqrt{2}}$$

$$X = \mathrm{OR} - Y = \sqrt{2}\, x - \frac{2\sqrt{x} - 1}{\sqrt{2}}$$

$$\therefore \quad W = \pi \int_{\frac{\sqrt{2}}{4}}^{\frac{\sqrt{2}}{2}} Y^2\, dX = \pi \int_{\frac{1}{4}}^{1} Y^2 \frac{dX}{dx}\, dx$$

$$= \pi \int_{\frac{1}{4}}^{1} \left(\frac{2\sqrt{x} - 1}{\sqrt{2}}\right)^2 \left(\sqrt{2} - \frac{1}{\sqrt{2x}}\right) dx$$

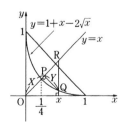

$$= \frac{\sqrt{2}}{4} \pi \int_{\frac{1}{4}}^{1} \frac{(2\sqrt{x}-1)^3}{\sqrt{x}} dx \quad (2\sqrt{x}-1=t \text{ とおく})$$

$$= \frac{\sqrt{2}}{4} \pi \int_{0}^{1} t^3 dt$$

$$= \frac{\sqrt{2}}{16} \pi$$

ゆえに,

$$V - W = \frac{\pi}{3}\left(\frac{1}{\sqrt{2}}\right)^2 \frac{1}{\sqrt{2}} - \frac{\sqrt{2}}{16}\pi = \frac{\sqrt{2}}{48}\pi$$

🔷 曲線を原点のまわりに $-45°$ 回転すると,放物線の一部 $y^2 = \sqrt{2}\,x - \frac{1}{2}$, $x \leq \frac{1}{\sqrt{2}}$

となる.本問の場合はこれを利用するのもよい方法である.

(70) 立体の平面 $y=t$ $(0\leq t\leq 1)$ による断面は

← 複雑な変数を固定すれば断面が簡単になる

$$\begin{cases} t \leq x \leq t+1 \\ 0 \leq z \leq (1-3t)x+3t^2+t+1 \ (=f(x) \ \text{とおく}) \end{cases}$$

$$f(t) = (1-3t)t+3t^2+t+1$$
$$= 2t+1 > 0$$

$$f(t+1) = (1-3t)(t+1)+3t^2+t+1$$
$$= -t+2 > 0$$

よって,断面は台形でありその面積は

$$\frac{1}{2}\{f(t)+f(t+1)\} = \frac{1}{2}(t+3)$$

ゆえに,求める体積は

$$V = \frac{1}{2}\int_{0}^{1}(t+3)\,dt = \frac{1}{2}\left(\frac{1}{2}+3\right) = \frac{7}{4}$$

(71) Pを固定しQを動かしてできる円錐を K_P とすると,K は K_P の描く立体である.よって,K の $z=t$ による断面は,K_P の断面 C_P の描く図形である.C_P と直線 OP の交点をRとすると

$$OR:RP = t:1-t$$

よって,C_P はRを中心とする半径 $1-t$ の円 ……(*)
である.ゆえに

$$S(t) = \pi(1-t)^2 + 4t(1-t)$$
$$= \pi(1-t)^2 + 4(t-t^2)$$

$$V = \int_{0}^{1}\{\pi(1-t)^2 + 4(t-t^2)\}dt$$

$$= \frac{\pi}{3} + 4\left(\frac{1}{2}-\frac{1}{3}\right) = \frac{\pi+2}{3}$$

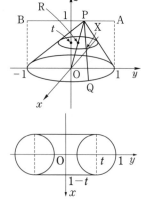

🔷 とくにQが D の周上を動くとき,直線PQと平面 $z=t$ の交点をXとすると,つねに $RX = 1-t$ である.よって,(*)が成り立つ.

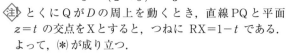

72 (1)

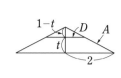
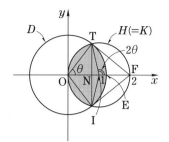

円錐 A の平面 $z=t$ による切り口は，半径 $2(1-t)$ の円 D であるから

$$\cos\angle\text{FOT}=\frac{\text{OT}}{\text{OF}}=1-t=\cos\theta$$

$\therefore\quad\angle\text{FOT}=\theta\quad\therefore\quad\angle\text{FIT}=2\theta$

ゆえに

$$S(t)=2\{\text{扇形 OET}-\triangle\text{ONT}+(\text{扇形 IOT}-\triangle\text{INT})\}$$
$$=2(\text{扇形 OET}+\text{扇形 IOT}-\triangle\text{OIT})$$
$$=2\left\{\frac{1}{2}(2\cos\theta)^2\theta+\frac{1}{2}\cdot1^2(\pi-2\theta)-\frac{1}{2}\cdot1^2\sin(\pi-2\theta)\right\}$$
$$=4\theta\cos^2\theta+\pi-2\theta-\sin2\theta$$

(2) $1-\cos\theta=t$ であるから，求める体積 V は

$$V=\int_0^1 S(t)\,dt=\int_0^{\frac{\pi}{2}}S(t)\frac{dt}{d\theta}\,d\theta$$
$$=\int_0^{\frac{\pi}{2}}(4\theta\cos^2\theta+\pi-2\theta-\sin2\theta)\sin\theta\,d\theta$$
$$=4\int_0^{\frac{\pi}{2}}\theta\cos^2\theta\sin\theta\,d\theta+\int_0^{\frac{\pi}{2}}(\pi-2\theta)\sin\theta\,d\theta-2\int_0^{\frac{\pi}{2}}\sin^2\theta\cos\theta\,d\theta$$

ここで

$$\int_0^{\frac{\pi}{2}}\theta\cos^2\theta\sin\theta\,d\theta=\int_0^{\frac{\pi}{2}}\theta\left(-\frac{\cos^3\theta}{3}\right)'\,d\theta$$
$$=\left[\theta\left(-\frac{\cos^3\theta}{3}\right)\right]_0^{\frac{\pi}{2}}-\int_0^{\frac{\pi}{2}}\left(-\frac{\cos^3\theta}{3}\right)\,d\theta$$
$$=\frac{1}{3}\int_0^{\frac{\pi}{2}}(1-\sin^2\theta)\cos\theta\,d\theta$$
$$=\frac{1}{3}\left[\sin\theta-\frac{\sin^3\theta}{3}\right]_0^{\frac{\pi}{2}}=\frac{2}{9}$$

$$\int_0^{\frac{\pi}{2}}(\pi-2\theta)\sin\theta\,d\theta=\left[(\pi-2\theta)(-\cos\theta)\right]_0^{\frac{\pi}{2}}-\int_0^{\frac{\pi}{2}}(-2)(-\cos\theta)\,d\theta$$
$$=\pi-2\left[\sin\theta\right]_0^{\frac{\pi}{2}}=\pi-2$$

$$\int_0^{\frac{\pi}{2}}\sin^2\theta\cos\theta\,d\theta=\left[\frac{\sin^3\theta}{3}\right]_0^{\frac{\pi}{2}}=\frac{1}{3}$$

となるので
$$V=\frac{8}{9}+\pi-2-\frac{2}{3}=\boldsymbol{\pi-\frac{16}{9}}$$

(73-1) (1) $\left(\dfrac{dx}{d\theta}\right)^2+\left(\dfrac{dy}{d\theta}\right)^2=(1-\cos\theta)^2+\sin^2\theta=2(1-\cos\theta)=4\sin^2\dfrac{\theta}{2}$

$\therefore\quad l=\displaystyle\int_0^{2\pi}\sqrt{\left(\dfrac{dx}{d\theta}\right)^2+\left(\dfrac{dy}{d\theta}\right)^2}\,d\theta=2\int_0^{2\pi}\sin\dfrac{\theta}{2}\,d\theta$

$\qquad=\left[-4\cos\dfrac{\theta}{2}\right]_0^{2\pi}=\boldsymbol{8}$

(2) $\left(\dfrac{dx}{d\theta}\right)^2+\left(\dfrac{dy}{d\theta}\right)^2=(-3\cos^2\theta\sin\theta)^2+(3\sin^2\theta\cos\theta)^2=9\sin^2\theta\cos^2\theta$

$\therefore\quad l=4\displaystyle\int_0^{\frac{\pi}{2}}\sqrt{\left(\dfrac{dx}{d\theta}\right)^2+\left(\dfrac{dy}{d\theta}\right)^2}\,d\theta=12\int_0^{\frac{\pi}{2}}\sin\theta\cos\theta\,d\theta$

$\qquad=\left[6\sin^2\theta\right]_0^{\frac{\pi}{2}}=\boldsymbol{6}$

(73-2) $\overset{\frown}{\text{TP}}=\overset{\frown}{\text{TP}_0}$ より，$\alpha=2\theta$ となるから

$$\overrightarrow{\text{OP}}=\overrightarrow{\text{OQ}}-\overrightarrow{\text{QR}}=3\binom{\cos\theta}{\sin\theta}-\binom{\cos3\theta}{\sin3\theta}$$
$$=\binom{\boldsymbol{3\cos\theta-\cos3\theta}}{\boldsymbol{3\sin\theta-\sin3\theta}}$$

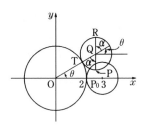

$\text{P}(x(\theta),\,y(\theta))$ とおくと，$x(-\theta)=x(\theta)$，
$y(-\theta)=-y(\theta)$ より，曲線 C は x 軸対称
であることに注意する．

$\qquad\left(\dfrac{dx}{d\theta}\right)^2+\left(\dfrac{dy}{d\theta}\right)^2$
$\qquad=(-3\sin\theta+3\sin3\theta)^2+(3\cos\theta-3\cos3\theta)^2$
$\qquad=18-18(\cos3\theta\cos\theta+\sin3\theta\sin\theta)$
$\qquad=18\{1-\cos(3\theta-\theta)\}=36\sin^2\theta$

$\therefore\quad l=2\displaystyle\int_0^{\pi}\sqrt{\left(\dfrac{dx}{d\theta}\right)^2+\left(\dfrac{dy}{d\theta}\right)^2}\,d\theta=12\int_0^{\pi}\sin\theta\,d\theta=\boldsymbol{24}$

(74-1) $f(x)=\log(2\sin x)$ より，$f'(x)=\dfrac{\cos x}{\sin x}$

したがって，グラフの概形は右図のようになる．

$1+f'(x)^2=1+\dfrac{\cos^2x}{\sin^2x}=\dfrac{1}{\sin^2x}$ より，$y\geqq0$ の部

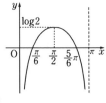

分の長さ l は

$\qquad l=\displaystyle\int_{\frac{\pi}{6}}^{\frac{5\pi}{6}}\sqrt{1+\{f'(x)\}^2}\,dx=\int_{\frac{\pi}{6}}^{\frac{5\pi}{6}}\dfrac{1}{\sin x}\,dx$ （標問 **55** (6)）

$\qquad=\left[\dfrac{1}{2}\log\dfrac{1-\cos x}{1+\cos x}\right]_{\frac{\pi}{6}}^{\frac{5\pi}{6}}=\boldsymbol{2\log(2+\sqrt{3}\,)}$

74-2 $s(x)=\int_0^x \sqrt{1+\left(\dfrac{dy}{dx}\right)^2}\,dx$ とおくと

$$S=\int_0^{s(1)}2\pi x\,ds=\int_0^1 2\pi x\frac{ds}{dx}dx=\int_0^1 2\pi x\sqrt{1+\left(\frac{dy}{dx}\right)^2}\,dx$$

$$=2\pi\int_0^1 x\sqrt{1+4x^2}\,dx=\left[\frac{\pi}{6}(1+4x^2)^{\frac{3}{2}}\right]_0^1=\frac{5\sqrt{5}-1}{6}\pi$$

注 直感的に

$$ds=\sqrt{dx^2+dy^2}=\sqrt{\left\{1+\left(\frac{dy}{dx}\right)^2\right\}dx^2}=\sqrt{1+\left(\frac{dy}{dx}\right)^2}\,dx$$

より, $S=\int_0^1 2\pi x\sqrt{1+\left(\dfrac{dy}{dx}\right)^2}\,dx$ としてもよい.

75-1 $\dfrac{{}_{3n}C_n}{{}_{2n}C_n}=\dfrac{(2n+1)(2n+2)\cdots(3n-1)(3n)}{(n+1)(n+2)\cdots(2n-1)(2n)}$ より

$$\lim_{n\to\infty}\log\left(\frac{{}_{3n}C_n}{{}_{2n}C_n}\right)^{\frac{1}{n}}=\lim_{n\to\infty}\frac{1}{n}\log\frac{{}_{3n}C_n}{{}_{2n}C_n}=\lim_{n\to\infty}\frac{1}{n}\sum_{k=1}^{n}\log\frac{2n+k}{n+k}$$

$$=\lim_{n\to\infty}\frac{1}{n}\sum_{k=1}^{n}\log\frac{2+\dfrac{k}{n}}{1+\dfrac{k}{n}}=\int_0^1\log\frac{2+x}{1+x}\,dx$$

$$=\int_0^1\log(2+x)\,dx-\int_0^1\log(1+x)\,dx=\log\frac{27}{16}$$

$$\therefore\quad \lim_{n\to\infty}\left(\frac{{}_{3n}C_n}{{}_{2n}C_n}\right)^{\frac{1}{n}}=\mathbf{\frac{27}{16}}$$

75-2 $A(1,\,0,\,0)$, $B(0,\,1,\,0)$ とする. P_1, P_2, $\cdots\cdots$, P_{n-1} は線分 BA を n 等分するから

$$\triangle OP_kP_{k+1}=\frac{1}{n}\triangle OAB=\frac{1}{2n}$$

また, $P_kQ_k=1$ より

$$OQ_k{}^2=1-OP_k{}^2$$
$$=1-\left\{\left(\frac{k}{n}\right)^2+\left(1-\frac{k}{n}\right)^2\right\}=2\left\{\frac{k}{n}-\left(\frac{k}{n}\right)^2\right\}$$

$$\therefore\quad V_k=\frac{1}{3}\cdot\triangle OP_kP_{k+1}\cdot OQ_k=\frac{\sqrt{2}}{6}\cdot\frac{1}{n}\sqrt{\frac{k}{n}-\left(\frac{k}{n}\right)^2}$$

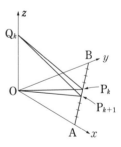

ゆえに,

$$\lim_{n\to\infty}\sum_{k=0}^{n-1}V_k=\frac{\sqrt{2}}{6}\lim_{n\to\infty}\frac{1}{n}\sum_{k=0}^{n-1}\sqrt{\frac{k}{n}-\left(\frac{k}{n}\right)^2}$$

$$=\frac{\sqrt{2}}{6}\int_0^1\sqrt{x-x^2}\,dx$$

$$=\frac{\sqrt{2}}{6}\int_0^1\sqrt{\frac{1}{4}-\left(x-\frac{1}{2}\right)^2}\,dx$$

$$=\frac{\sqrt{2}}{6}\cdot\frac{1}{2}\pi\left(\frac{1}{2}\right)^2=\frac{\sqrt{2}}{48}\pi$$

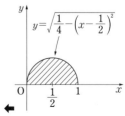

$$y=\sqrt{\frac{1}{4}-\left(x-\frac{1}{2}\right)^2}$$

(75-3) $\log P_n = \sum\limits_{k=1}^{n} \log\left(1 + \dfrac{1}{\sqrt{4n^2 - k^2}}\right)$. 標問 **41**, (1)の不等式

$x - \dfrac{x^2}{2} < \log(1+x) < x \quad (x>0)$ において $x = \dfrac{1}{\sqrt{4n^2 - k^2}}$ とすると

$\dfrac{1}{\sqrt{4n^2 - k^2}} - \dfrac{1}{2(4n^2 - k^2)} < \log\left(1 + \dfrac{1}{\sqrt{4n^2 - k^2}}\right) < \dfrac{1}{\sqrt{4n^2 - k^2}}$

$k = 1, 2, \cdots, n$ について各辺の和をとると

$\sum\limits_{k=1}^{n} \dfrac{1}{\sqrt{4n^2 - k^2}} - \dfrac{1}{2}\sum\limits_{k=1}^{n} \dfrac{1}{4n^2 - k^2} < \log P_n < \sum\limits_{k=1}^{n} \dfrac{1}{\sqrt{4n^2 - k^2}}$

ここで,

$$\lim_{n\to\infty}\sum_{k=1}^{n} \frac{1}{\sqrt{4n^2 - k^2}} = \lim_{n\to\infty}\frac{1}{n}\sum_{k=1}^{n} \frac{1}{\sqrt{4 - \left(\frac{k}{n}\right)^2}}$$

$$= \int_0^1 \frac{dx}{\sqrt{4 - x^2}} \quad (x = 2\sin\theta \text{ とおく})$$

$$= \int_0^{\frac{\pi}{6}} d\theta = \frac{\pi}{6}$$

$0 < \sum\limits_{k=1}^{n} \dfrac{1}{4n^2 - k^2} \leqq \sum\limits_{k=1}^{n} \dfrac{1}{4n^2 - n^2} = \dfrac{1}{3n} \to 0 \ (n \to \infty)$

$\lim\limits_{n\to\infty} \log P_n = \dfrac{\pi}{6}$ であるから, $\lim\limits_{n\to\infty} P_n = e^{\frac{\pi}{6}}$

(76) $I_n = \displaystyle\int_0^{\frac{\pi}{4}} \tan^n x \, dx$ とおくと

$I_n + I_{n+2} = \dfrac{1}{n+1}$ ......①

(1) $\tan x > 0 \left(0 < x < \dfrac{\pi}{4}\right)$ より, $I_n > 0$ ゆえ, $0 < I_n < I_n + I_{n+2} = \dfrac{1}{n+1}$

$\lim\limits_{n\to\infty} \dfrac{1}{n+1} = 0$ であるから, $\lim\limits_{n\to\infty} I_n = 0$

(2) $\sum\limits_{k=0}^{n} \dfrac{(-1)^k}{2k+1} = \sum\limits_{k=0}^{n} (-1)^k (I_{2k} + I_{2k+2})$ ← ①で $n=2k$ とおく

$= (I_0 + I_2) - (I_2 + I_4) + (I_4 + I_6) - \cdots + (-1)^n (I_{2n} + I_{2n+2})$

$= I_0 + (-1)^n I_{2n+2} = \dfrac{\pi}{4} + (-1)^n I_{2n+2}$ であるから, (1)より

$\sum\limits_{n=0}^{\infty} \dfrac{(-1)^n}{2n+1} = \lim\limits_{n\to\infty}\left\{\dfrac{\pi}{4} + (-1)^n I_{2n+2}\right\} = \dfrac{\pi}{4}$

(3) $\sum\limits_{k=0}^{n} \dfrac{(-1)^k}{k+1} = 2\sum\limits_{k=0}^{n} \dfrac{(-1)^k}{2k+2} = 2\sum\limits_{k=0}^{n} (-1)^k (I_{2k+1} + I_{2k+3})$ ← ①で $n=2k+1$ とおく

$\qquad = 2\{(I_1 + I_3) - (I_3 + I_5) + (I_5 + I_7) - \cdots + (-1)^n (I_{2n+1} + I_{2n+3})\}$

$\qquad = 2\{I_1 + (-1)^n I_{2n+3}\}$

かつ

$I_1 = \displaystyle\int_0^{\frac{\pi}{4}} \tan x \, dx = \Big[-\log\cos x\Big]_0^{\frac{\pi}{4}} = \dfrac{1}{2}\log 2$ であるから, (1)より

$$\sum_{n=0}^{\infty} \frac{(-1)^n}{n+1} = \lim_{n \to \infty} 2\left\{\frac{1}{2}\log 2 + (-1)^n I_{2n+3}\right\} = \boldsymbol{\log 2}$$

77 (1) $1 \le x \le e$ のとき，$0 \le \log x \le 1$ より
$$0 \le (\log x)^n \le 1$$

$$\therefore \quad 0 \le \int_1^e \frac{1}{n!}(\log x)^n dx \le \frac{1}{n!}\int_1^e dx = \frac{e-1}{n!}$$

$$\therefore \quad 0 \le a_n \le \frac{e-1}{n!}$$

(2) $\displaystyle a_n = \frac{1}{n!}\int_1^e (x)'(\log x)^n dx$

$$= \frac{1}{n!}\left\{\left[x(\log x)^n\right]_1^e - \int_1^e x \cdot n(\log x)^{n-1} \cdot \frac{1}{x} dx\right\}$$

$$= \frac{e}{n!} - \frac{1}{(n-1)!}\int_1^e (\log x)^{n-1} dx$$

$$\therefore \quad a_n = \frac{e}{n!} - a_{n-1}$$

(3) $\displaystyle a_1 = \int_1^e \log x \, dx = \left[x(\log x - 1)\right]_1^e = 1.$ また，(2)より

$$\frac{1}{n!} = \frac{1}{e}(a_{n-1} + a_n)$$

であるから

$$S_n = \sum_{k=2}^n \frac{(-1)^k}{k!} = \frac{1}{e}\sum_{k=2}^n (-1)^k(a_{k-1} + a_k)$$

$$= \frac{1}{e}\{a_1 + a_2 - (a_2 + a_3) + (a_3 + a_4) - \cdots + (-1)^n(a_{n-1} + a_n)\}$$

$$= \frac{1}{e}\{a_1 + (-1)^n a_n\} = \frac{1}{e} + (-1)^n \frac{\boldsymbol{a_n}}{\boldsymbol{e}}$$

(1)より，$a_n \to 0 \ (n \to \infty)$ であるから

$$\lim_{n \to \infty} S_n = \sum_{n=2}^{\infty} \frac{(-1)^n}{n!} = \frac{1}{e}$$

78 $\displaystyle \frac{2}{\pi}x \le \sin x \le x \ \left(0 \le x \le \frac{\pi}{2}\right)$ より，$e^{-x} \le e^{-\sin x} \le e^{-\frac{2}{\pi}x}$

$$\therefore \quad \int_0^{\frac{\pi}{2}} e^{-x} dx \le \int_0^{\frac{\pi}{2}} e^{-\sin x} dx \le \int_0^{\frac{\pi}{2}} e^{-\frac{2}{\pi}x} dx$$

ここで，$\displaystyle \int_0^{\frac{\pi}{2}} e^{-x} dx = 1 - \frac{1}{e^{\frac{\pi}{2}}} > 1 - \frac{1}{e}, \quad \int_0^{\frac{\pi}{2}} e^{-\frac{2}{\pi}x} dx = \frac{\pi}{2}\left(1 - \frac{1}{e}\right)$

ゆえに

$$1 - \frac{1}{e} \le \int_0^{\frac{\pi}{2}} e^{-\sin x} dx \le \frac{\pi}{2}\left(1 - \frac{1}{e}\right)$$

79 b を変数とみて，$\displaystyle g(t) = \int_a^t xf(x)dx - \frac{a+t}{2}\int_a^t f(x)dx \ (a \le t \le b)$ とおく．

$$g'(t)=tf(t)-\frac{1}{2}\int_a^t f(x)\,dx-\frac{a+t}{2}f(t)=\frac{t-a}{2}f(t)-\frac{1}{2}\int_a^t f(x)\,dx \qquad \cdots\cdots(*)$$

$f(t)$ が微分可能という条件がないので $g''(t)$ は考えられない. そこで

$$g'(t)=\frac{1}{2}\int_a^t f(t)\,dx-\frac{1}{2}\int_a^t f(x)\,dx$$
$$=\frac{1}{2}\int_a^t (f(t)-f(x))\,dx$$

← x の積分に関して, $f(t)$ は定数とみなせるから,
$$\int_a^t f(t)\,dx=(t-a)f(t)$$

とすると, $f(x)$ は $a\le x\le b$ で増加するから, $a\le x\le t$ より $f(t)\ge f(x)$. したがって, $g'(t)\ge0$. すなわち, $g(t)$ は単調増加で $g(a)=0$ であるから,

$$g(t)\ge0 \ (a\le t\le b) \qquad \therefore \ g(b)=\int_a^b xf(x)\,dx-\frac{a+b}{2}\int_a^b f(x)\,dx\ge0$$

注 標問 **85** の「積分に関する平均値の定理」を用いてもよい.

$\int_a^t f(x)\,dx=(t-a)f(c),\ a<c<t$ を満たす c が存在するから, $f(c)\le f(t)$ に注意すると, $(*)$ より $g'(t)=\dfrac{t-a}{2}\{f(t)-f(c)\}\ge0$. 以下同様である.

(80-1) （斜線部分）<（台形 AHKD）より
$$\int_n^{n+1}\frac{dx}{\sqrt{x}}<\frac{1}{2}\left(\frac{1}{\sqrt{n}}+\frac{1}{\sqrt{n+1}}\right)$$

上式を $n=1,\ 2,\ \cdots,\ 99$ に対して辺々加えると
$$\int_1^{100}\frac{dx}{\sqrt{x}}<\frac{1}{2}\left(1+\frac{1}{\sqrt{2}}\right)+\cdots+\frac{1}{2}\left(\frac{1}{\sqrt{99}}+\frac{1}{\sqrt{100}}\right)$$

ゆえに $S>\displaystyle\int_1^{100}\frac{dx}{\sqrt{x}}+\frac{1}{2}+\frac{1}{2\sqrt{100}}=18+\frac{11}{20}$ となり,

③の左側が改良される.

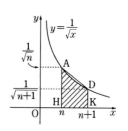

(80-2) （長方形 ABDC）>（斜線部分）より
$$\frac{1}{k}>\int_k^{k+1}\frac{dx}{x}. \ \text{両辺を } k=1,\ 2,\ \cdots,\ n \text{ について加えると}$$
$$\sum_{k=1}^{n}\frac{1}{k}>\sum_{k=1}^{n}\int_k^{k+1}\frac{dx}{x}=\int_1^{n+1}\frac{dx}{x}=\log(n+1)$$

$\displaystyle\lim_{n\to\infty}\log(n+1)=\infty$ ゆえ, $\displaystyle\sum_{n=1}^{\infty}\frac{1}{n}=\infty$

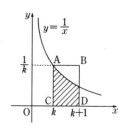

(81) $\displaystyle\sum_{k=1}^{n}\frac{k^2}{k^2+1}=\sum_{k=1}^{n}\left(1-\frac{1}{k^2+1}\right)=n-\sum_{k=1}^{n}\frac{1}{k^2+1}$

であるから, 証明すべき不等式は
$$\sum_{k=1}^{n}\frac{1}{k^2+1}<\frac{8}{5} \qquad \cdots\cdots①$$

と同値である. 右図より
$$\sum_{k=1}^{n}\frac{1}{k^2+1}=（網目部分の面積）<\int_0^n\frac{1}{x^2+1}\,dx$$

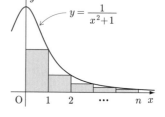

定積分において，$x=\tan\theta \left(0\le\theta<\dfrac{\pi}{2}\right)$ とおく．

$n=\tan\alpha$ とすると，$x:0\to n$ のとき，

$\theta:0\to\alpha$ であるから

$$\int_0^n \frac{1}{x^2+1}dx=\int_0^\alpha \frac{1}{1+\tan^2\theta}\cdot\frac{1}{\cos^2\theta}d\theta$$

$$=\int_0^\alpha d\theta=\alpha<\frac{\pi}{2}<\frac{3.2}{2}=\frac{8}{5}$$

よって，示された．

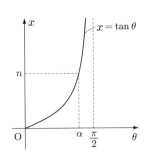

㊟ ①を見ると，n に関する数学的帰納法では証明できないことが分かる．

82 (1) $a\le0$ のとき，$F(a)=\displaystyle\int_0^1 e^x(x-a)dx=(1-e)a+1$

$0\le a\le1$ のとき，$F(a)=-\displaystyle\int_0^a e^x(x-a)dx+\int_a^1 e^x(x-a)dx$

$$=2e^a-(e+1)a-1$$

$a\ge1$ のとき，$F(a)=-\displaystyle\int_0^1 e^x(x-a)dx=(e-1)a-1$

$F(a)$ は $a\le0$ で減少し，$a\ge1$ で増加するから，$0\le a\le1$ で考えれば十分．

$F'(a)=2e^a-(e+1)$ より，$F'(a)$ の符号は $a=\log\dfrac{e+1}{2}$ の前後で負→正と変化するから，最小値は，

$$F\left(\log\frac{e+1}{2}\right)=e-(e+1)\log\frac{e+1}{2}$$

㊟ 答が標問**82**と一致したのは偶然ではない．標問**82**でxをaとおくと

$$f(a)=\int_1^e |\log t-a|dt$$

次に $\log t=x$ とおくと，$t=e^x$ より，$dt=e^x dx$ であるから

$$f(a)=\int_0^1 |x-a|e^x dx$$

したがって，実は $f(a)=F(a)$ である．

(2) $a\cos\alpha=\sin\alpha$，すなわち $\tan\alpha=a$ を満たす $\alpha\left(0<\alpha<\dfrac{\pi}{2}\right)$ がただ1つ存在するから

$$g(a)=\int_0^\alpha(a\cos x-\sin x)dx-\int_\alpha^{\frac{\pi}{2}}(a\cos x-\sin x)dx$$

$$=2(a\sin\alpha+\cos\alpha)-1-a \quad\cdots\cdots①$$

$$=2\frac{a^2+1}{\sqrt{a^2+1}}-a-1=2\sqrt{a^2+1}-a-1$$

$$\therefore\ g'(a)=\frac{2a}{\sqrt{a^2+1}}-1=\frac{3a^2-1}{\sqrt{a^2+1}(2a+\sqrt{a^2+1})}$$

$a>0$ において，$g'(a)$ の符号は $a=\dfrac{1}{\sqrt{3}}$ の前後で負→正と変化するから，最小値は

$$g\left(\frac{1}{\sqrt{3}}\right)=2\sqrt{\frac{1}{3}+1}-\frac{1}{\sqrt{3}}-1=\sqrt{3}-1$$

◈注 ①の後，変数を α にそろえてもよい．

$$g(a)=2(a\sin\alpha+\cos\alpha)-1-a$$
$$=2(\tan\alpha\sin\alpha+\cos\alpha)-1-\tan\alpha \quad (=G(\alpha)\ とおく)$$
$$G'(\alpha)=2\left(\frac{1}{\cos^2\alpha}\sin\alpha+\tan\alpha\cos\alpha-\sin\alpha\right)-\frac{1}{\cos^2\alpha}$$
$$=\frac{2\sin\alpha-1}{\cos^2\alpha}$$

ゆえに，$\alpha=\dfrac{\pi}{6}$，つまり $a=\dfrac{1}{\sqrt{3}}$ で $G(\alpha)$，したがって $g(a)$ は最小となる．

$\boxed{83}$ $F'(a)=e^{(a+1)^3-7(a+1)}-e^{a^3-7a}$ の符号は，e^x が単調増加であるから

$$(a+1)^3-7(a+1)-(a^3-7a)$$
$$=3(a+2)(a-1)$$

の符号と一致する．ゆえに，$F(a)$ が極大となるのは $a=-2$ のときである．

a	$\cdots$	-2	$\cdots$	1	$\cdots$
$F'(a)$	$+$	0	$-$	0	$+$
$F(a)$	$\nearrow$		$\searrow$		$\nearrow$

$\boxed{84}$ 被積分関数を奇関数と偶関数に分ける．

$$I=\int_{-\frac{\pi}{2}}^{\frac{\pi}{2}}\{(\sin x-ax)+(\cos x-b)\}^2dx=2\int_0^{\frac{\pi}{2}}\{(\sin x-ax)^2+(\cos x-b)^2\}dx$$
$$=2\int_0^{\frac{\pi}{2}}(a^2x^2+b^2-2ax\sin x-2b\cos x+1)dx$$
$$=2\left[\frac{a^2}{3}x^3+b^2x+2a(x\cos x-\sin x)-2b\sin x+x\right]_0^{\frac{\pi}{2}}$$
$$=\left(\frac{\pi^3}{12}a^2-4a\right)+(\pi b^2-4b)+\pi$$
$$=\frac{\pi^3}{12}\left(a-\frac{24}{\pi^3}\right)^2+\pi\left(b-\frac{2}{\pi}\right)^2-\left(\frac{48}{\pi^3}+\frac{4}{\pi}\right)+\pi$$

$\therefore\ a=\dfrac{24}{\pi^3},\qquad b=\dfrac{2}{\pi}$

$\boxed{85\text{-}1}$ $a<b,\ f(x)>0$ として説明する．

$\displaystyle\int_a^b f(x)dx$ は斜線部分の面積 S を表す．長方形 ABQP の面積 T は P が C から D まで動くとき，連続的に増加し，P=C のとき，$T<S$；P=D のとき，$T>S$ であるから，$T=S$ なる点 P が C と D の間に存在する．このとき，線分 PQ と連続関数 $y=f(x)$ のグラフは必ず共有点をもつから（複数のこともある），その x 座標を c とすれば，

$$\int_a^b f(x)dx=S=T=(b-a)f(c),\qquad a<c<b$$

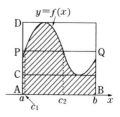

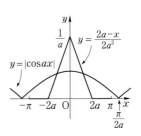

(85-2) $0 < a < \dfrac{1}{2}$ より, $2a < \pi < \dfrac{\pi}{2a}$ であるから

$$\int_{-\pi}^{\pi} f_a(x)|\cos ax|\,dx = 2\int_{0}^{\pi} f_a(x)|\cos ax|\,dx$$

$$= 2\int_{0}^{2a} \frac{2a-x}{2a^2}\cos ax\,dx = \frac{1-\cos 2a^2}{a^4}$$

$$= 2\frac{\sin^2 a^2}{a^4} = 2\left(\frac{\sin a^2}{a^2}\right)^2 \qquad \blacktriangleleft \text{部分積分}$$

$$\therefore \quad \lim_{a\to 0}\int_{-\pi}^{\pi} f_a(x)|\cos ax|\,dx = 2\lim_{a\to 0}\left(\frac{\sin a^2}{a^2}\right)^2 = \boldsymbol{2}$$

(86-1) ▶研究 から

$$\lim_{n\to\infty}\int_{0}^{\pi} x^2|\sin nx|\,dx = \frac{2}{\pi}\int_{0}^{\pi} x^2\,dx = \frac{2}{\pi}\cdot\frac{\pi^3}{3} = \frac{2\pi^2}{3}$$

となるはずである.

$nx = t$ とおくと

$$I_n = \int_{0}^{\pi} x^2|\sin nx|\,dx = \int_{0}^{n\pi}\left(\frac{t}{n}\right)^2|\sin t|\frac{dt}{n}$$

$$= \frac{1}{n^3}\int_{0}^{n\pi} t^2|\sin t|\,dt = \frac{1}{n^3}\sum_{k=0}^{n-1}\int_{k\pi}^{(k+1)\pi} t^2|\sin t|\,dt$$

次に, $t - k\pi = u$ とおくと $\sin(u+k\pi) = (-1)^k\sin u$ であるから

$$I_n = \frac{1}{n^3}\sum_{k=0}^{n-1}\int_{0}^{\pi}(u+k\pi)^2|\sin(u+k\pi)|\,du$$

$$= \frac{1}{n^3}\sum_{k=0}^{n-1}\int_{0}^{\pi}(k^2\pi^2+2\pi ku+u^2)\sin u\,du$$

$\int_{0}^{\pi}\sin u\,du = 2$ であるから, $\int_{0}^{\pi} u\sin u\,du = a$, $\int_{0}^{\pi} u^2\sin u\,du = b$ とおくと

$$I_n = \frac{1}{n^3}\sum_{k=0}^{n-1}(2\pi^2 k^2+2\pi ak+b)$$

$$= \frac{1}{n^3}\left\{2\pi^2\frac{n(n-1)(2n-1)}{6}+2\pi a\frac{n(n-1)}{2}+bn\right\}$$

中括弧の中の各項は, n に関して順に 3 次, 2 次, 1 次であるから

$$\lim_{n\to\infty} I_n = 2\pi^2\cdot\frac{2}{6} = \frac{\boldsymbol{2\pi^2}}{\boldsymbol{3}}$$

(86-2) (1) $I_{k+1}-I_k = \int_{k\pi}^{(k+1)\pi}\frac{|\sin x|}{x}\,dx \geqq \int_{k\pi}^{(k+1)\pi}\frac{|\sin x|}{(k+1)\pi}\,dx = \frac{2}{(k+1)\pi}$

同様に

$$I_{k+1}-I_k = \int_{k\pi}^{(k+1)\pi}\frac{|\sin x|}{x}\,dx \leqq \int_{k\pi}^{(k+1)\pi}\frac{|\sin x|}{k\pi}\,dx = \frac{2}{k\pi}$$

$$\therefore \quad \frac{2}{(k+1)\pi} \leqq I_{k+1}-I_k \leqq \frac{2}{k\pi}$$

(2)

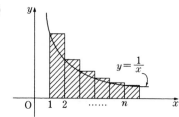 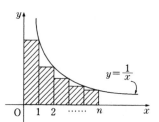

$\sum_{k=1}^{n} \frac{1}{k}$ を図の斜線部分の面積とみると

$$\int_1^n \frac{dx}{x} \leqq \sum_{k=1}^{n} \frac{1}{k} \leqq 1 + \int_1^n \frac{dx}{x}$$

$$\therefore \quad \log n \leqq \sum_{k=1}^{n} \frac{1}{k} \leqq 1 + \log n$$

(3) (1)の不等式を $k=1,\ 2,\ \cdots,\ n-1$ について加えると，$I_1=0$ ゆえ

$$\frac{2}{\pi}\left(\sum_{k=1}^{n} \frac{1}{k} - 1\right) \leqq I_n \leqq \frac{2}{\pi}\sum_{k=1}^{n-1} \frac{1}{k} \leqq \frac{2}{\pi}\sum_{k=1}^{n} \frac{1}{k}$$

したがって，(2)より

$$\frac{2}{\pi}(\log n - 1) \leqq I_n \leqq \frac{2}{\pi}(\log n + 1)$$

$$\therefore \quad \frac{2}{\pi}\left(1 - \frac{1}{\log n}\right) \leqq \frac{I_n}{\log n} \leqq \frac{2}{\pi}\left(1 + \frac{1}{\log n}\right)$$

$$\therefore \quad \lim_{n \to \infty} \frac{I_n}{\log n} = \frac{2}{\pi}$$

(87-1) $g(x) = \int_0^1 t f(t)\,dt + \frac{e^x}{e-2}\int_0^1 f(t)\,dt$ となるので

$$\int_0^1 t f(t)\,dt = a \qquad \cdots\cdots①$$

$$\int_0^1 f(t)\,dt = b \qquad \cdots\cdots②$$

とおくと

$$g(x) = a + \frac{be^x}{e-2}$$

$$\therefore \quad f(x) = \cos \pi x + \int_0^x \left(a + \frac{be^t}{e-2}\right)dt = \cos \pi x + ax + \frac{b(e^x - 1)}{e-2} \qquad \cdots\cdots③$$

③を①，②に代入すると

$$\begin{cases} a = \int_0^1 \left\{t\cos \pi t + at^2 + \frac{bt(e^t-1)}{e-2}\right\}dt = -\frac{2}{\pi^2} + \frac{a}{3} + \frac{b}{2(e-2)} \\ b = \int_0^1 \left\{\cos \pi t + at + \frac{b(e^t-1)}{e-2}\right\}dt = \frac{a}{2} + b \end{cases}$$

$$\therefore \quad a = 0, \qquad b = \frac{4(e-2)}{\pi^2}$$

$$\therefore \quad f(x)=\cos \pi x+\frac{4}{\pi^2}(e^x-1)$$

$$g(x)=\frac{4}{\pi^2}e^x$$

(87-2) $\displaystyle\int_0^{\frac{\pi}{2}}f_n(t)\sin t\,dt=a_n$ とおくと

$$f_n(x)=\cos x+\frac{1}{4}a_{n-1}x$$

したがって

$$a_0=\int_0^{\frac{\pi}{2}}\cos t\sin t\,dt=\left[\frac{1}{2}\sin^2 t\right]_0^{\frac{\pi}{2}}=\frac{1}{2}$$

$$a_n=\int_0^{\frac{\pi}{2}}\left(\cos t+\frac{1}{4}a_{n-1}t\right)\sin t\,dt=\frac{1}{2}+\frac{1}{4}a_{n-1}$$

$$\therefore \quad a_n-\frac{2}{3}=\frac{1}{4}\left(a_{n-1}-\frac{2}{3}\right)=\left(\frac{1}{4}\right)^n\left(a_0-\frac{2}{3}\right)=-\frac{1}{6}\left(\frac{1}{4}\right)^n$$

$$\therefore \quad a_n=\frac{2}{3}-\frac{1}{6}\left(\frac{1}{4}\right)^n$$

$$\therefore \quad f_n(x)=\cos x+\frac{1}{6}\left(1-\frac{1}{4^n}\right)x$$

(88) (1) 右辺の積分で $x-t=u$ とおくと

$$f(x)=\sin x+\int_x^0 f(u)\sin(x-u)(-du)=\sin x+\int_0^x f(u)\sin(x-u)\,du$$

$$=\sin x+\int_0^x f(u)(\sin x\cos u-\cos x\sin u)\,du$$

$$=\sin x+\sin x\int_0^x f(u)\cos u\,du-\cos x\int_0^x f(u)\sin u\,du \quad \cdots\cdots\text{①}$$

$$f'(x)=\cos x+\left\{\cos x\int_0^x f(u)\cos u\,du+f(x)\sin x\cos x\right\}$$

$$+\left\{\sin x\int_0^x f(u)\sin u\,du-f(x)\sin x\cos x\right\}$$

$$=\cos x+\cos x\int_0^x f(u)\cos u\,du+\sin x\int_0^x f(u)\sin u\,du$$

$$\therefore \quad f(0)=0, \quad f'(0)=1$$

(2) $\displaystyle f''(x)=-\sin x-\sin x\int_0^x f(u)\cos u\,du+\cos x\int_0^x f(u)\sin u\,du+f(x) \quad \cdots\cdots\text{②}$

①+② より

$$f(x)+f''(x)=f(x)$$

$$\therefore \quad f''(x)=0$$

(3) (2)より, $f'(x)=a$

$$\therefore \quad f(x)=ax+b$$

(1)より, $a=1, \ b=0$

$$\therefore \quad f(x)=x$$

（89）　$f(x+y)=f(x)f(y)$　　　　　　　　　　……①

(1)　①で $x=y=0$ とおいて，$f(0)=\{f(0)\}^2$

∴　$f(0)=0$ または $f(0)=1$

$f(0)=0$ とすると，①で $y=0$ とおくことにより，任意の x に対して

$f(x)=f(x)f(0)=0$　　∴　$f'(0)=0$

これは $f'(0)=a\neq0$ に反する.

∴　$f(0)=1$　　　　　　　　　　　　　　　……②

(2)　$\dfrac{f(x+h)-f(x)}{h}=\dfrac{f(x)f(h)-f(x)}{h}$　　　　　　←①による

$=\dfrac{f(h)-1}{h}f(x)=\dfrac{f(h)-f(0)}{h}f(x)$　　　　　←②による

$\displaystyle\lim_{h\to0}\dfrac{f(h)-f(0)}{h}=f'(0)=a$ であるから，$\displaystyle\lim_{h\to0}\dfrac{f(x+h)-f(x)}{h}=af(x)$

ゆえに，$f(x)$ はすべての x で微分可能で

$f'(x)=af(x)$　　　　　　　　　　　　　　……③

(3)　$g(x)=e^{-ax}f(x)$ とおくと，③より

$g'(x)=-ae^{-ax}f(x)+e^{-ax}f'(x)=e^{-ax}\{f'(x)-af(x)\}=0$

∴　$g(x)=e^{-ax}f(x)=C$ （一定）

(4)　(3)より $f(x)=Ce^{ax}$ となる. ②より $C=1$ であるから

$f(x)=e^{ax}$

第4章 平面上のベクトル

90 $\overrightarrow{CD}=\overrightarrow{AD}-\overrightarrow{AC}=\overrightarrow{AD}-(\vec{a}+\vec{b})$

同じ長さの弧（弦でも同じ）に対する円周角は等しいから

$\angle ACB=\angle CAD\ (=36°)$ ∴ $AD\parallel BC$

一方，AD と BE の交点をFとすると，2つの二等辺三角形 DAB と BAF は相似であるから

$DA:AB=BA:AF$

$AD=x$ とおくと，$FD=FB=AB=1$ であるから

$x:1=1:(x-1)$ ∴ $x^2-x-1=0$ ∴ $x=\dfrac{1+\sqrt{5}}{2}$

ゆえに，$\overrightarrow{CD}=\dfrac{1+\sqrt{5}}{2}\vec{b}-(\vec{a}+\vec{b})=-\vec{a}+\dfrac{\sqrt{5}-1}{2}\vec{b}$

注 計算だけでxを求められる．$\theta=36°$ とおくと，$x=2\cos\theta$, $5\theta=180°$.

$3\theta=180°-2\theta$ より

$\sin 3\theta=\sin(180°-2\theta)=\sin 2\theta$, $3\sin\theta-4\sin^3\theta=2\sin\theta\cos\theta$

$\sin\theta$ で割ると

$3-4(1-\cos^2\theta)=2\cos\theta$ ∴ $4\cos^2\theta-2\cos\theta-1=0$

∴ $\cos\theta=\dfrac{1+\sqrt{5}}{4}$ ∴ $x=\dfrac{1+\sqrt{5}}{2}$

91-1 (1) $\overrightarrow{AR}=n\overrightarrow{RB}$ より，$\vec{r}=n(\vec{b}-\vec{r})$

∴ $\vec{b}=\dfrac{n+1}{n}\vec{r}$ ……①

$\overrightarrow{CQ}=m\overrightarrow{QA}$ より，$\vec{q}-\vec{c}=-m\vec{q}$

∴ $\vec{c}=(m+1)\vec{q}$ ……②

(2) $\overrightarrow{BP}=l\overrightarrow{PC}$ より，$\vec{p}-\vec{b}=l(\vec{c}-\vec{p})$ だから

$\vec{p}=\dfrac{1}{l+1}\vec{b}+\dfrac{l}{l+1}\vec{c}$ ……③

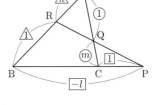

(3) ①，②を③に代入すると，$\vec{p}=\dfrac{n+1}{(l+1)n}\vec{r}+\dfrac{l(m+1)}{l+1}\vec{q}$

↑(3)で $l<0$, $m>0$, $n>0$ の場合の図

P が直線 QR 上にある条件は，$\dfrac{n+1}{(l+1)n}+\dfrac{l(m+1)}{l+1}=1$ ∴ $lmn=-1$

注 本問はメネラウスの定理の，ベクトルを用いた証明になっている．うまい補助線を見付ける必要がないことに注目．

91-2 (1) $\overrightarrow{OQ}=x\vec{a}$, $\overrightarrow{OR}=y\vec{b}$ より

$\overrightarrow{OP}=\vec{a}+\vec{b}=\dfrac{1}{x}\overrightarrow{OQ}+\dfrac{1}{y}\overrightarrow{OR}$

よって，P, Q, R が同一直線上にある条件は

$\dfrac{1}{x}+\dfrac{1}{y}=1$

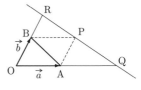

(2) $k=x+y$ とおく．(1)より，$y=\dfrac{x}{x-1}$ ゆえ，$k=x+\dfrac{x}{x-1}$

そこで，$x-1=t\ (>0)$ とおくと，相加平均と相乗平均の不等式より

$$k=t+1+\frac{t+1}{t}=t+\frac{1}{t}+2\geqq 2\sqrt{t\cdot\frac{1}{t}}+2=4$$

等号は，$t=\dfrac{1}{t}$，すなわち $t=1\ (x=y=2)$ のとき成り立つ．ゆえに

（k の最小値）$=\boldsymbol{4}$

注 $\dfrac{dk}{dx}$ あるいは $\dfrac{dk}{dt}$ を計算して，増減を調べてもよい．

92 (1) CD は ∠C を二等分するから

AD：BD＝CA：CB＝b：a ……①

$\therefore\ \mathrm{AD}=\dfrac{b}{b+a}\mathrm{AB}=\dfrac{\boldsymbol{bc}}{\boldsymbol{a+b}}$

AK は ∠A の外角を二等分するから

CK：DK＝AC：AD＝b：$\dfrac{bc}{a+b}=(\boldsymbol{a+b}):\boldsymbol{c}$

……②

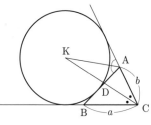

(2) ①より，$\overrightarrow{\mathrm{OD}}=\dfrac{a\overrightarrow{\mathrm{OA}}+b\overrightarrow{\mathrm{OB}}}{b+a}$．②より，K は CD を $(a+b):c$ に外分するから

$$\overrightarrow{\mathrm{OK}}=\frac{-c\overrightarrow{\mathrm{OC}}+(a+b)\overrightarrow{\mathrm{OD}}}{a+b-c}=\frac{a\overrightarrow{\mathrm{OA}}+b\overrightarrow{\mathrm{OB}}-c\overrightarrow{\mathrm{OC}}}{a+b-c}$$

注 単位ベクトルの和を利用する別解を与える．ただし，標問 **93** で学ぶベクトルの1次独立性を先取りして使う．

CK は ∠C を二等分するから，実数 x を用いて

$$\overrightarrow{\mathrm{CK}}=x\left(\frac{\overrightarrow{\mathrm{CB}}}{a}+\frac{\overrightarrow{\mathrm{CA}}}{b}\right) \qquad\qquad \cdots\cdots③$$

と表せる．AK は ∠A の外角を二等分するから，実数 y を用いて

$$\begin{aligned}
\overrightarrow{\mathrm{CK}}&=\overrightarrow{\mathrm{CA}}+\overrightarrow{\mathrm{AK}}\\
&=\overrightarrow{\mathrm{CA}}+y\left(\frac{\overrightarrow{\mathrm{CA}}}{b}+\frac{\overrightarrow{\mathrm{AB}}}{c}\right)\\
&=\left(1+\frac{y}{b}\right)\overrightarrow{\mathrm{CA}}+\frac{y}{c}(\overrightarrow{\mathrm{CB}}-\overrightarrow{\mathrm{CA}})\\
&=\left\{1+\left(\frac{1}{b}-\frac{1}{c}\right)y\right\}\overrightarrow{\mathrm{CA}}+\frac{y}{c}\overrightarrow{\mathrm{CB}} \qquad \cdots\cdots④
\end{aligned}$$

と表せる．$\overrightarrow{\mathrm{CA}}$ と $\overrightarrow{\mathrm{CB}}$ は1次独立であるから係数を比較して

$$\frac{1}{b}x=1-\frac{b-c}{bc}y,\quad \frac{1}{a}x=\frac{1}{c}y \quad \therefore\ x=\frac{ab}{a+b-c}$$

これを③に代入して

$$\overrightarrow{\mathrm{OK}}-\overrightarrow{\mathrm{OC}}=\frac{b}{a+b-c}(\overrightarrow{\mathrm{OB}}-\overrightarrow{\mathrm{OC}})+\frac{a}{a+b-c}(\overrightarrow{\mathrm{OA}}-\overrightarrow{\mathrm{OC}})$$

$$\therefore\ \overrightarrow{\mathrm{OK}}=\frac{a\overrightarrow{\mathrm{OA}}+b\overrightarrow{\mathrm{OB}}-c\overrightarrow{\mathrm{OC}}}{a+b-c}$$

$\boxed{94\text{-}1}$ (1) $p=-3$, $q=5$ のとき, $\overrightarrow{OC}=k\overrightarrow{OA}+l\overrightarrow{OB}$ より

$$k(1, -3)+l(3, -1)=(5, -2)$$

$$\Longleftrightarrow \begin{cases} k+3l=5 \\ -3k-l=-2 \end{cases} \qquad \therefore \quad k=\frac{1}{8}, \ l=\frac{13}{8}$$

$$\therefore \quad \overrightarrow{OC}=\frac{1}{8}\overrightarrow{OA}+\frac{13}{8}\overrightarrow{OB}$$

(2) $\overrightarrow{OA}=(1, p)$, $\overrightarrow{AB}=(2, -1-p)$, $\overrightarrow{BC}=(q-3, -1)$

$q=3$ のとき, $\overrightarrow{OA}$ と $\overrightarrow{BC}=(0, -1)$ は平行でないから, $q\neq3$ である.

よって, $\overrightarrow{AB}$ と $\overrightarrow{BC}$ が垂直な条件は, 各々の傾きの積が -1 に等しいことより

$$\frac{-1-p}{2}\cdot\frac{-1}{q-3}=-1 \qquad \therefore \quad p=5-2q \qquad \cdots\cdots①$$

一方, $\overrightarrow{AB}$ と $\overrightarrow{BC}$ が垂直なとき, $\overrightarrow{OA}$ と $\overrightarrow{BC}$ が平行なことは $\overrightarrow{OA}$ と $\overrightarrow{AB}$ が垂直なことと同値. よって

$$\frac{p}{1}\cdot\frac{-1-p}{2}=-1$$

$$p^2+p-2=0$$

$$(p+2)(p-1)=0 \qquad \therefore \quad p=1, \ -2$$

これらを①に代入して, $(p, q)=(1, 2), \left(-2, \dfrac{7}{2}\right)$

$\boxed{94\text{-}2}$ $\vec{p}=(1-t)(1, 1)+t(2, -1)$

$$=(1+t, 1-2t)$$

よって,

$$|\vec{p}|^2=(1+t)^2+(1-2t)^2=5t^2-2t+2$$

$$=5\left(t-\frac{1}{5}\right)^2+\frac{9}{5} \quad (0\leqq t\leqq 1)$$

$|\vec{p}|^2$ は $t=1$ のとき最大値 5 をとり, $t=\dfrac{1}{5}$ のとき最小値 $\dfrac{9}{5}$ をとる.

ゆえに, $|\vec{p}|$ の最大値は $\sqrt{5}$, 最小値は $\sqrt{\dfrac{9}{5}}=\dfrac{3}{\sqrt{5}}$ である.

🅐 $\vec{a}=\overrightarrow{OA}$, $\vec{b}=\overrightarrow{OB}$, $\vec{p}=\overrightarrow{OP}$ とおくと, 次に学ぶように点Pは線分 AB 上を動く. このことから図形的に解いてもよい.

$\boxed{95\text{-}1}$ 正六角形の中心をOとすると

$$\overrightarrow{OP}=\overrightarrow{OA}+t\overrightarrow{AB}$$

$$=\overrightarrow{OA}+t\overrightarrow{OC} \quad (0\leqq t\leqq 1)$$

$$\overrightarrow{OQ}=\overrightarrow{OD}+s\overrightarrow{DC}$$

$$=-\overrightarrow{OA}+s\overrightarrow{OB} \quad (0\leqq s\leqq 1)$$

と表せる. よって

$$\overrightarrow{OR}=\frac{1}{3}\overrightarrow{OP}+\frac{2}{3}\overrightarrow{OQ}$$

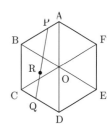

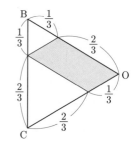

$$= -\frac{1}{3}\overrightarrow{OA} + t\left(\frac{1}{3}\overrightarrow{OC}\right) + s\left(\frac{2}{3}\overrightarrow{OB}\right)$$

したがって，R の動く範囲は図の網目部分の平行四

辺形を $-\frac{1}{3}\overrightarrow{OA}$ だけ平行移動したものである（標問

95，(1)），ゆえに，その面積は

$$\frac{2}{3}\cdot\frac{1}{3}\cdot\sin 60° = \frac{\sqrt{3}}{9}$$

注 $\overrightarrow{OQ} = \overrightarrow{OC} + s\overrightarrow{CD}$ としても同じことである．

ただ，解答の方がいくらか見やすい．

(95-2) (1) 領域 $D：|x| + |y| \leqq 1$ は x 軸，y 軸に関して
対称で，$x \geqq 0$，$y \geqq 0$ のとき $x + y \leqq 1$ であるから図
の網目部分（境界を含む）である．

$-\overrightarrow{OQ} = \overrightarrow{OQ'}$ とおくと，Q' も D 上を動く．
$\overrightarrow{OR} = \overrightarrow{OP} + \overrightarrow{OQ'}$ で Q' をいったん固定すると，R は
領域 D を $\overrightarrow{OQ'}$ だけ平行移動した範囲を動く．次に，
Q' を動かすと，R は領域 D を 2 倍に拡大した図形を
描く．

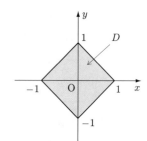

(2) $F：|x - a| + |y - b| \leqq 1$

点 (a, b) を A，$\overrightarrow{AS} = \overrightarrow{OS'}$，$\overrightarrow{AT} = \overrightarrow{OT'}$
とおくと S，T が F 上を動くとき，S'，T'
は D 上を動く．

一方，$\overrightarrow{OU} = \overrightarrow{OS} - \overrightarrow{OT}$ より
$$\overrightarrow{OU} = (\overrightarrow{OA} + \overrightarrow{AS}) - (\overrightarrow{OA} + \overrightarrow{AT})$$
$$= \overrightarrow{OS'} - \overrightarrow{OT'}$$

ゆえに，U が動く範囲 G は E と一致する．

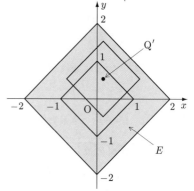

---

(96) →研究，(ウ)より
$$\overrightarrow{OP} = \frac{w_1\overrightarrow{OA} + w_2\overrightarrow{OB} + w_3\overrightarrow{OC}}{w_1 + w_2 + w_3} \qquad \cdots\cdots①$$

一方，$w_1\overrightarrow{DA} + w_2\overrightarrow{DB} = \vec{0}$ より
$$w_1(\overrightarrow{OA} - \overrightarrow{OD}) + w_2(\overrightarrow{OB} - \overrightarrow{OD}) = \vec{0}$$
$$\therefore \quad \overrightarrow{OD} = \frac{w_1\overrightarrow{OA} + w_2\overrightarrow{OB}}{w_1 + w_2} \qquad \cdots\cdots②$$

この結果を重み付き線分 CD に適用すると

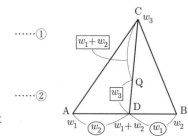

$$\overrightarrow{OQ}=\frac{(w_1+w_2)\overrightarrow{OD}+w_3\overrightarrow{OC}}{(w_1+w_2)+w_3}$$

←②を代入する

$$=\frac{w_1\overrightarrow{OA}+w_2\overrightarrow{OB}+w_3\overrightarrow{OC}}{w_1+w_2+w_3}\quad\cdots\cdots③$$

①，③より，P＝Q である.

㊟ w_1，w_2，w_3 は 0 あるいは負でもよい.

$$w_1+w_2+w_3\neq0\qquad\cdots\cdots④$$

であれば任意の実数でよい．④が成り立つとき，w_1+w_2，w_2+w_3，w_3+w_1 のうち少なくとも 1 つは 0 でないから，例えば $w_1+w_2\neq0$ とすると上の証明がそのまま通用して P＝Q となる.

$w_1w_2>0$ の場合，D は AB の内分点であるが，$w_1w_2<0$ のときは外分点であることを注意しておく.

97 $l\overrightarrow{PA}+m\overrightarrow{PB}+n\overrightarrow{PC}=\vec{0}\quad\cdots\cdots①$ より

$$l\overrightarrow{AP}=m(\overrightarrow{AB}-\overrightarrow{AP})+n(\overrightarrow{AC}-\overrightarrow{AP})$$

$$\therefore\quad(l+m+n)\overrightarrow{AP}=m\overrightarrow{AB}+n\overrightarrow{AC}$$

(i) $l+m+n\neq0$ のとき，$\overrightarrow{AP}=\dfrac{m}{l+m+n}\overrightarrow{AB}+\dfrac{n}{l+m+n}\overrightarrow{AC}$ であるから，

点Pの位置はただ 1 つに定まる.

(ii) $l+m+n=0$ のとき，$m\overrightarrow{AB}+n\overrightarrow{AC}=\vec{0}$. $\overrightarrow{AB}$，$\overrightarrow{AC}$ は 1 次独立ゆえ

$$m=n=0\qquad\therefore\quad l=0$$

よって，任意の点Pが①を満たす.

(i), (ii)より，必要十分条件は $l+m+n\neq0$ である.

98 $3\vec{a}-2\vec{b}$ と $15\vec{a}+4\vec{b}$ が垂直であるから

$$(3\vec{a}-2\vec{b})\cdot(15\vec{a}+4\vec{b})=0$$

$$45|\vec{a}|^2-18\vec{a}\cdot\vec{b}-8|\vec{b}|^2=0$$

$$45-18\vec{a}\cdot\vec{b}-72=0$$

よって，$\vec{a}\cdot\vec{b}=-\dfrac{3}{2}$ であるから

$$\cos\theta=\frac{\vec{a}\cdot\vec{b}}{|\vec{a}||\vec{b}|}=\frac{-\dfrac{3}{2}}{1\cdot3}=-\frac{1}{2}$$

$0\leqq\theta\leqq\pi$ より $\theta=\dfrac{2}{3}\pi$.

← $\vec{0}$ でない 2 つのベクトル $\vec{x}$，$\vec{y}$ のなす角が θ のとき

$$\cos\theta=\frac{\vec{x}\cdot\vec{y}}{|\vec{x}||\vec{y}|}$$

とくに

$$\theta=\frac{\pi}{2}\Longleftrightarrow\vec{x}\cdot\vec{y}=0$$

99-1 $\overrightarrow{AB}=\vec{b}$, $\overrightarrow{AC}=\vec{c}$ とおくと，$|\vec{b}|=1$, $|\vec{c}|=2$

(1) $|\vec{c}-\vec{b}|=\sqrt{6}$ の両辺を 2 乗して
$$|\vec{c}|^2-2\vec{b}\cdot\vec{c}+|\vec{b}|^2=6$$
$$4-2\vec{b}\cdot\vec{c}+1=6 \quad \therefore\quad \vec{b}\cdot\vec{c}=\overrightarrow{AB}\cdot\overrightarrow{AC}=-\frac{1}{2}$$

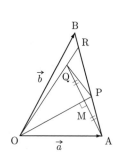

(2) $\overrightarrow{AP}=s\vec{b}+t\vec{c}$ とおける．AP は △ABC の外接円の直径だから，$\overrightarrow{BA}\perp\overrightarrow{BP}$, $\overrightarrow{CA}\perp\overrightarrow{CP}$ である．$\overrightarrow{BA}\perp\overrightarrow{BP}$ より
$$\overrightarrow{BA}\cdot\overrightarrow{BP}=-\overrightarrow{AB}\cdot(\overrightarrow{AP}-\overrightarrow{AB})=0$$
$$\vec{b}\cdot\{(s-1)\vec{b}+t\vec{c}\}=0$$
$$(s-1)|\vec{b}|^2+t\vec{b}\cdot\vec{c}=0 \qquad\qquad \text{←(1)の結果を代入}$$
$$s-1-\frac{1}{2}t=0$$
$$\therefore\quad t=2s-2 \qquad\qquad \cdots\cdots①$$
$\overrightarrow{CA}\perp\overrightarrow{CP}$ より，同様にして
$$-s+8t=8 \qquad\qquad \cdots\cdots②$$

①, ②より，$s=\dfrac{8}{5}$, $t=\dfrac{6}{5}$　ゆえに，
$$\overrightarrow{AP}=\frac{8}{5}\overrightarrow{AB}+\frac{6}{5}\overrightarrow{AC}$$

99-2 (1) OP と AQ の交点を M とする．
$$\overrightarrow{OM}=\frac{\overrightarrow{OA}\cdot\overrightarrow{OP}}{|\overrightarrow{OP}|^2}\overrightarrow{OP}$$

において，$\overrightarrow{OP}=\dfrac{2\vec{a}+\vec{b}}{3}$ であるから

$$|\overrightarrow{OP}|^2=\frac{1}{9}(4|\vec{a}|^2+4\vec{a}\cdot\vec{b}+|\vec{b}|^2)$$
$$=\frac{1}{9}(4+2+2)=\frac{8}{9}$$
$$\overrightarrow{OA}\cdot\overrightarrow{OP}=\frac{1}{3}(2|\vec{a}|^2+\vec{a}\cdot\vec{b})=\frac{1}{3}\left(2+\frac{1}{2}\right)=\frac{5}{6}$$
$$\therefore\quad \overrightarrow{OM}=\frac{5}{6}\cdot\frac{9}{8}\cdot\frac{2\vec{a}+\vec{b}}{3}=\frac{5}{16}(2\vec{a}+\vec{b})$$
$$\frac{\overrightarrow{OA}+\overrightarrow{OQ}}{2}=\overrightarrow{OM} \text{ であるから}$$
$$\overrightarrow{OQ}=2\overrightarrow{OM}-\vec{a}=\frac{5}{4}\vec{a}+\frac{5}{8}\vec{b}-\vec{a}=\frac{1}{4}\vec{a}+\frac{5}{8}\vec{b}$$

次に，実数 k を用いて，$\overrightarrow{OR}=k\overrightarrow{OQ}=\dfrac{k}{4}\overrightarrow{OA}+\dfrac{5k}{8}\overrightarrow{OB}$ とおくと，R は直線 AB 上にあるから

$$\frac{1}{4}k+\frac{5}{8}k=1 \quad \therefore\quad k=\frac{8}{7}$$
$$\therefore\quad \overrightarrow{OR}=\frac{2}{7}\vec{a}+\frac{5}{7}\vec{b}$$

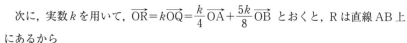

(2) (1)より, OQ：QR＝7：1 であるから

$$\triangle PQR = \frac{1}{7}\triangle OPQ = \frac{1}{7}\triangle OPA \qquad \leftarrow \triangle OPQ \equiv \triangle OPA$$

$$= \frac{1}{7}\left(\frac{1}{3}\triangle OAB\right) = \frac{1}{21}\triangle OAB$$

ここで, $\angle AOB = \theta$ とおくと

$$\triangle OAB = \frac{1}{2}|\vec{a}||\vec{b}|\sin\theta = \frac{1}{2}\sqrt{|\vec{a}|^2|\vec{b}|^2(1-\cos^2\theta)}$$

$$= \frac{1}{2}\sqrt{|\vec{a}|^2|\vec{b}|^2 - (\vec{a}\cdot\vec{b})^2} \qquad \leftarrow \textbf{公式}として使ってよい$$

$$= \frac{1}{2}\sqrt{1\cdot 2 - \frac{1}{4}} = \frac{\sqrt{7}}{4}$$

$$\therefore \quad \triangle PQR = \frac{\sqrt{7}}{84}$$

⎫100-1⎭ K, L の方程式はそれぞれ

$$x^2+y^2-x+\frac{1}{\sqrt{3}}y=0 \quad \cdots\cdots① , \qquad x^2+y^2+x-\sqrt{3}\,y=0 \quad \cdots\cdots②$$

①－② より, $-2x+\dfrac{4}{\sqrt{3}}y=0.$ $\therefore\quad y=\dfrac{\sqrt{3}}{2}x \quad \cdots\cdots③$

③を①に代入して

$$x^2+\frac{3}{4}x^2-x+\frac{1}{2}x=0 \qquad \therefore \quad \frac{7}{4}x^2-\frac{1}{2}x=0$$

$x\neq 0$ であるから, $x=\dfrac{2}{7}.$ $\therefore\quad y=\dfrac{\sqrt{3}}{7}$

$$\therefore \quad P\left(\frac{2}{7}, \frac{\sqrt{3}}{7}\right)$$

⎫100-2⎭ $|\overrightarrow{OP}|=3|\overrightarrow{AP}|$ より,

$$|\overrightarrow{OP}|^2=9|\overrightarrow{OP}-\overrightarrow{OA}|^2$$

$$|\overrightarrow{OP}|^2=9(|\overrightarrow{OP}|^2-2\overrightarrow{OA}\cdot\overrightarrow{OP}+|\overrightarrow{OA}|^2)$$

$$8|\overrightarrow{OP}|^2-18\overrightarrow{OA}\cdot\overrightarrow{OP}+9|\overrightarrow{OA}|^2=0$$

$$|\overrightarrow{OP}|^2-\frac{9}{4}\overrightarrow{OA}\cdot\overrightarrow{OP}+\frac{9}{8}|\overrightarrow{OA}|^2=0 \quad \cdots\cdots①$$

これから

$$\left|\overrightarrow{OP}-\frac{9}{8}\overrightarrow{OA}\right|^2=\frac{81}{64}|\overrightarrow{OA}|^2-\frac{9}{8}|\overrightarrow{OA}|^2$$

$$=\frac{9}{64}|\overrightarrow{OA}|^2$$

$$\therefore \quad \left|\overrightarrow{OP}-\frac{9}{8}\overrightarrow{OA}\right|=\frac{3}{8}|\overrightarrow{OA}|$$

ゆえに, $\dfrac{9}{8}\overrightarrow{OA}=\overrightarrow{OC}$ とおくと, 点Pは**C**を中心とする半径 $\dfrac{3}{8}|\overrightarrow{OA}|$ の円を描く.

別解 ①から後は次のようにしてもよい.

$$\left(\overrightarrow{OP}-\frac{3}{4}\overrightarrow{OA}\right)\cdot\left(\overrightarrow{OP}-\frac{3}{2}\overrightarrow{OA}\right)=0$$

$\frac{3}{4}\overrightarrow{OA}=\overrightarrow{OE},\ \frac{3}{2}\overrightarrow{OA}=\overrightarrow{OF}$ とおくと

$$(\overrightarrow{OP}-\overrightarrow{OE})\cdot(\overrightarrow{OP}-\overrightarrow{OF})=0 \qquad \therefore\quad \overrightarrow{EP}\cdot\overrightarrow{FP}=0$$

$$\therefore\quad \angle EPF=\frac{\pi}{2}$$

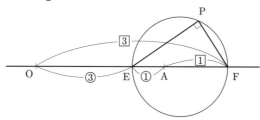

したがって, 点PはOAを3:1に内分する点Eと3:1に外分する点Fを直径の両端とする円を描く.

注 本問は一般化できる. 2点O, Aに至る距離の比が $m:n\ (m \neq n)$ である点P, すなわち

$$|\overrightarrow{OP}|:|\overrightarrow{AP}|=m:n \qquad \therefore\quad |\overrightarrow{OP}|=\frac{m}{n}|\overrightarrow{AP}|$$

を満たす点Pは, 線分OAを $m:n$ の比に内分する点と, 外分する点を直径の両端とする円を描く. この円を**アポロニウスの円**という. 各自計算してみよ.

この結果は記憶する価値がある.

⑩-3 $\vec{a}\cdot\vec{a}+2\vec{b}\cdot\vec{c}=\vec{b}\cdot\vec{b}+2\vec{c}\cdot\vec{a}$ ……① より

$$2\vec{c}\cdot(\vec{b}-\vec{a})+(\vec{a}+\vec{b})\cdot(\vec{a}-\vec{b})=0$$

$$\therefore\quad (\vec{b}-\vec{a})\cdot\left(\vec{c}-\frac{\vec{a}+\vec{b}}{2}\right)=0$$

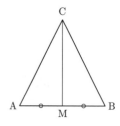

ABの中点をMとすると, $\overrightarrow{OM}=\dfrac{\vec{a}+\vec{b}}{2}$ であるから

$$\overrightarrow{AB}\cdot\overrightarrow{MC}=0 \qquad \therefore\quad AB\perp CM$$

ゆえに, △ABCは **AC=BC** なる二等辺三角形

注 後出し気味の 別解

①より

$$\vec{a}\cdot\vec{a}-2\vec{a}\cdot\vec{c}=\vec{b}\cdot\vec{b}-2\vec{b}\cdot\vec{c}$$

両辺に $\vec{c}\cdot\vec{c}$ を加えると

$$\vec{a}\cdot\vec{a}-2\vec{a}\cdot\vec{c}+\vec{c}\cdot\vec{c}=\vec{b}\cdot\vec{b}-2\vec{b}\cdot\vec{c}+\vec{c}\cdot\vec{c}$$

$$\therefore\quad |\vec{a}-\vec{c}|^2=|\vec{b}-\vec{c}|^2 \qquad \therefore\quad AC=BC$$

101 $\overrightarrow{OP}+2\overrightarrow{OQ}+3\overrightarrow{OR}=\vec{0}$ ……①

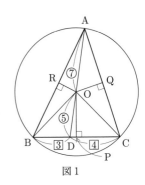

(1) $\overrightarrow{OP}=\dfrac{\overrightarrow{OB}+\overrightarrow{OC}}{2}$, $\overrightarrow{OQ}=\dfrac{\overrightarrow{OC}+\overrightarrow{OA}}{2}$,

$\overrightarrow{OR}=\dfrac{\overrightarrow{OA}+\overrightarrow{OB}}{2}$

を①に代入して

$$5\overrightarrow{OA}+4\overrightarrow{OB}+3\overrightarrow{OC}=\vec{0}$$ ……②

(2) ②より

$$\overrightarrow{OA}=-\frac{4\overrightarrow{OB}+3\overrightarrow{OC}}{5}=-\frac{7}{5}\cdot\frac{4\overrightarrow{OB}+3\overrightarrow{OC}}{7}$$

図1

よって，辺 BC を $3:4$ に内分する点を D とすると

$$\overrightarrow{OA}=-\frac{7}{5}\overrightarrow{OD}$$ ……③

ゆえに，外心 O の位置は図1のようになる．とくに，O は △ABC の内部の点で

あるから，$\angle A=\dfrac{1}{2}\angle BOC$ である．

△ABC の外接円の半径を r とすると，②より

$$|4\overrightarrow{OB}+3\overrightarrow{OC}|^2=|-5\overrightarrow{OA}|^2$$
∴ $16r^2+9r^2+24\overrightarrow{OB}\cdot\overrightarrow{OC}=25r^2$　∴ $\overrightarrow{OB}\cdot\overrightarrow{OC}=0$

すなわち，$\angle BOC=\dfrac{\pi}{2}$ であるから，$\angle A=\dfrac{\pi}{4}$ となる．

注 1° ②から外心 O の △ABC における位置を知るには，演習問題 **96** の考え方が
有効である．この方法だと O の位置が図のように
なることが，②の係数の配列を見ただけで分かる．

2° 本問では，O が △ABC の内部にあることが重
要である．例えば①を
$$-6\overrightarrow{OP}+3\overrightarrow{OQ}+2\overrightarrow{OR}=\vec{0}$$
に変更すると，②は
$$-5\overrightarrow{OA}+4\overrightarrow{OB}+3\overrightarrow{OC}=\vec{0}$$

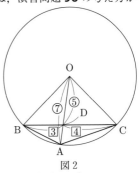

となる．そこで，解答と同様にすれば，

$\angle BOC=\dfrac{\pi}{2}$ は同じである．しかし，O は BC に

関して A と反対側にあるので

$$\angle A=\frac{1}{2}\left(2\pi-\frac{\pi}{2}\right)=\frac{3\pi}{4}$$

となる．

図2

◤ この場合は，③が
$\overrightarrow{OA}=\dfrac{7}{5}\overrightarrow{OD}$ となる

第**5**章 空間におけるベクトル

102 $\overrightarrow{OA}=\vec{a}$, $\overrightarrow{OB}=\vec{b}$, $\overrightarrow{OC}=\vec{c}$ とおく.

(1) $\overrightarrow{OQ}=(1-q)\vec{a}+q\vec{b}$, $\overrightarrow{OR}=(1-r)\vec{b}+r\vec{c}$ より

$\overrightarrow{PQ}=\overrightarrow{OQ}-\overrightarrow{OP}=(1-p-q)\vec{a}+q\vec{b}$

$\overrightarrow{SR}=\overrightarrow{OR}-\overrightarrow{OS}=(1-r)\vec{b}+(r-s)\vec{c}$

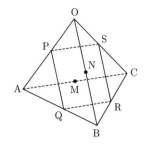

四角形 PQRS が平行四辺形となる条件は,
$\overrightarrow{PQ}=\overrightarrow{SR}$ である. $\vec{a}$, $\vec{b}$, $\vec{c}$ は1次独立であるから,両辺の $\vec{a}$, $\vec{b}$, $\vec{c}$ の係数を比較して

$1-p-q=0$, $q=1-r$, $r-s=0$

∴ $\boldsymbol{q=1-p}$, $\boldsymbol{r=s=p}$

(2) 平行四辺形の対角線は互いに他を2等分するから

$$\overrightarrow{OT}=\frac{\overrightarrow{OP}+\overrightarrow{OR}}{2}=\frac{1}{2}\{p\vec{a}+(1-r)\vec{b}+r\vec{c}\}$$

←(1)の結果を適用

$$=\frac{1}{2}\{p\vec{a}+(1-p)\vec{b}+p\vec{c}\}=p\cdot\frac{\vec{a}+\vec{c}}{2}+(1-p)\frac{\vec{b}}{2}$$

ゆえに, AC と OB の中点をそれぞれ M, N とすれば

$\overrightarrow{OT}=p\overrightarrow{OM}+(1-p)\overrightarrow{ON}$, $0<p<1$

したがって, T は線分 MN 上にある.

103 (1) $(\overrightarrow{DA}-\overrightarrow{DG})+(\overrightarrow{DB}-\overrightarrow{DG})+(t-2)(\overrightarrow{DC}-\overrightarrow{DG})-t\overrightarrow{DG}=\vec{0}$

$\overrightarrow{DA}+\overrightarrow{DB}+(t-2)\overrightarrow{DC}-2t\overrightarrow{DG}=\vec{0}$

$t\neq0$ であるから

$$\overrightarrow{DG}=\frac{\overrightarrow{DA}+\overrightarrow{DB}+(t-2)\overrightarrow{DC}}{2t} \qquad\cdots\cdots①$$

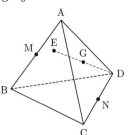

(2) 実数 k を用いて

$$\overrightarrow{DE}=k\overrightarrow{DG}=\frac{k}{2t}\overrightarrow{DA}+\frac{k}{2t}\overrightarrow{DB}+\frac{k(t-2)}{2t}\overrightarrow{DC}$$

と表せる. E は平面 ABC 上にあるから

$$\frac{k}{2t}+\frac{k}{2t}+\frac{k(t-2)}{2t}=1 \quad\therefore\quad k=2$$

← 標問 96, (1)

∴ $\overrightarrow{DE}=2\overrightarrow{DG}$

ゆえに, G は線分 DE の中点である.

(3) $\overrightarrow{CM}=\overrightarrow{DM}-\overrightarrow{DC}=\dfrac{\overrightarrow{DA}+\overrightarrow{DB}}{2}-\overrightarrow{DC}$

一方, ①より

$$\overrightarrow{NG}=\overrightarrow{DG}-\overrightarrow{DN}=\overrightarrow{DG}-\frac{1}{2}\overrightarrow{DC}=\frac{\overrightarrow{DA}+\overrightarrow{DB}}{2t}-\frac{1}{t}\overrightarrow{DC}$$

したがって, $\overrightarrow{NG}=\dfrac{1}{t}\overrightarrow{CM}$

ゆえに, G は N を通り $\overrightarrow{CM}$ に平行な直線上にある.

⑩104-1 四面体の各面は合同な三角形であるから

BC=4, CA=5, AB=6 より

OA=4, OB=5, OC=6

θ の定義より

$$\cos\theta=\frac{\overrightarrow{OA}\cdot\overrightarrow{BC}}{|\overrightarrow{OA}||\overrightarrow{BC}|}=\frac{\overrightarrow{OA}\cdot(\overrightarrow{OC}-\overrightarrow{OB})}{4\cdot4}$$

$$=\frac{1}{16}(\overrightarrow{OA}\cdot\overrightarrow{OC}-\overrightarrow{OA}\cdot\overrightarrow{OB}) \qquad \cdots\cdots①$$

ここで, $|\overrightarrow{CA}|^2=|\overrightarrow{OA}-\overrightarrow{OC}|^2=|\overrightarrow{OA}|^2+|\overrightarrow{OC}|^2-2\overrightarrow{OA}\cdot\overrightarrow{OC}$ より

$$5^2=4^2+6^2-2\overrightarrow{OA}\cdot\overrightarrow{OC} \qquad \therefore \ \overrightarrow{OA}\cdot\overrightarrow{OC}=\frac{27}{2}$$

同様に, $|\overrightarrow{AB}|^2=|\overrightarrow{OB}-\overrightarrow{OA}|^2$ より, $\overrightarrow{OA}\cdot\overrightarrow{OB}=\dfrac{5}{2}$ を得る. これらを①に代入して

$$\cos\theta=\frac{1}{16}\left(\frac{27}{2}-\frac{5}{2}\right)=\frac{\mathbf{11}}{\mathbf{16}}$$

⑩104-2 P$(\cos\theta,\ \sin\theta,\ 0)$, Q$(-\cos\theta,\ -\sin\theta,\ 0)$ とおけて

$$\begin{cases}\overrightarrow{AP}=(\cos\theta-1,\ \sin\theta-1,\ -1)\\ \overrightarrow{AQ}=(-\cos\theta-1,\ -\sin\theta-1,\ -1)\end{cases}$$

$$\therefore \ \overrightarrow{AP}\cdot\overrightarrow{AQ}=1-\cos^2\theta+(1-\sin^2\theta)+1=2$$

また, $|\overrightarrow{AP}|^2=4-2(\cos\theta+\sin\theta)$, $|\overrightarrow{AQ}|^2=4+2(\cos\theta+\sin\theta)$ より

$$|\overrightarrow{AP}||\overrightarrow{AQ}|=\sqrt{16-4(\cos\theta+\sin\theta)^2}$$

$$=\sqrt{12-8\sin\theta\cos\theta}$$

$$=2\sqrt{3-\sin2\theta}$$

(1) $\cos\angle PAQ=\dfrac{\overrightarrow{AP}\cdot\overrightarrow{AQ}}{|\overrightarrow{AP}||\overrightarrow{AQ}|}=\dfrac{1}{\sqrt{3-\sin2\theta}}$ であるから, $\cos\angle PAQ$ は

$\sin2\theta=-1$ のとき最小値 $\dfrac{1}{2}$, $\sin2\theta=1$ のとき最大値 $\dfrac{1}{\sqrt{2}}$ をとる. ゆえに,

$\angle PAQ$ の最大値は $\dfrac{\pi}{3}$, 最小値は $\dfrac{\pi}{4}$ である.

(2) $\triangle PAQ=\dfrac{1}{2}\sqrt{|\overrightarrow{AP}|^2|\overrightarrow{AQ}|^2-(\overrightarrow{AP}\cdot\overrightarrow{AQ})^2}$

$$=\sqrt{2-\sin2\theta}$$

よって, 面積は $\sin2\theta=-1$ のとき最大値 $\sqrt{3}$, $\sin2\theta=1$ のとき最小値1 をとる.

⑩⑤-1 m を含み l と平行な平面を π とする．l の π 上への正射影を l'，m と l' の交点を K とする．

K で立てた π の垂線と l との交点を H とすると

$$HK \perp m \qquad \cdots\cdots ⑥$$

かつ，$l /\!/ \pi$ より

$$HK \perp l \qquad \cdots\cdots ⑦$$

である．

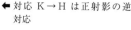
← 対応 K→H は正射影の逆対応

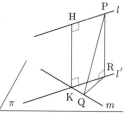

点 P の π 上への正射影を R とすると，R は l' 上にあり PR⊥QR であるから

$$PQ \geqq PR = HK \qquad \cdots\cdots ⑧$$

⑥，⑦，⑧より，PQ が最小となるとき，P=H，Q=K である．

⑩⑤-2 標問 **105** の解答①，②の 1 つ前の式から

$$\overrightarrow{OM} = \frac{\overrightarrow{OP} + \overrightarrow{OQ}}{2} = (-1,\ 0,\ 1) + s\left(\frac{1}{2},\ \frac{1}{2},\ \frac{3}{2}\right) + t\left(-1,\ \frac{1}{2},\ 0\right)$$

ただし，$0 \leqq s \leqq 1$，$0 \leqq t \leqq 1$ である．よって，

$$E(-1,\ 0,\ 1),\quad \vec{a} = \left(\frac{1}{2},\ \frac{1}{2},\ \frac{3}{2}\right),\quad \vec{b} = \left(-1,\ \frac{1}{2},\ 0\right)$$

とおくと，M は右図の**平行四辺形 EFGL の周および内部を動く．**（標問 **95**，(1)と演習問題 ⑨⑤-1 参照）

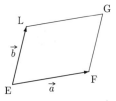

$$\begin{aligned}
S &= \sqrt{|\vec{a}|^2 |\vec{b}|^2 - (\vec{a} \cdot \vec{b})^2} \\
&= \sqrt{\left(\frac{1}{4} + \frac{1}{4} + \frac{9}{4}\right)\left(1 + \frac{1}{4}\right) - \left(-\frac{1}{2} + \frac{1}{4}\right)^2} \\
&= \sqrt{\frac{11}{4} \cdot \frac{5}{4} - \frac{1}{16}} \\
&= \frac{3\sqrt{6}}{4}
\end{aligned}$$

⑩⑤-3 A から l に下ろした垂線 AH の長さが分かればよい．

$$\begin{aligned}
\overrightarrow{OH} &= \overrightarrow{OP} + t\overrightarrow{PQ} \\
&= (-1,\ 3,\ -2) + t(2,\ -1,\ 3)
\end{aligned}$$

とおける．このとき

$$\begin{aligned}
\overrightarrow{AH} &= \overrightarrow{OH} - \overrightarrow{OA} \\
&= (-9,\ -2,\ -4) + t(2,\ -1,\ 3)
\end{aligned}$$

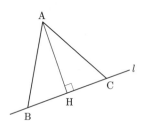

$\overrightarrow{AH}$ は $\overrightarrow{PQ}$ と垂直であるから，$\overrightarrow{AH} \cdot \overrightarrow{PQ} = 0$ より

$$-18 + 2 - 12 + t(4 + 1 + 9) = 0$$

$$14t - 28 = 0 \quad \therefore\quad t = 2 \quad \therefore\quad \overrightarrow{AH} = (-5,\ -4,\ 2)$$

$$|\overrightarrow{AH}| = \sqrt{25 + 16 + 4} = 3\sqrt{5} \quad \text{より} \quad BH = \frac{1}{\sqrt{3}} AH = \sqrt{15}$$

$$\therefore\quad \triangle ABC = AH \cdot BH = \mathbf{15\sqrt{3}}$$

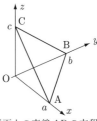

(106-1) $V = \dfrac{1}{3} \cdot \triangle \mathrm{OAB} \cdot \mathrm{OC} = \dfrac{abc}{6}$

平面 ABC の方程式は，各座標軸との交点を考えて

$$\frac{x}{a} + \frac{y}{b} + \frac{z}{c} = 1 \qquad \therefore \quad bcx + cay + abz - abc = 0$$

よって，点と平面の距離の公式より

$$d = \frac{|bc \cdot 0 + ca \cdot 0 + ab \cdot 0 - abc|}{\sqrt{b^2c^2 + c^2a^2 + a^2b^2}}$$

$$= \frac{abc}{\sqrt{b^2c^2 + c^2a^2 + a^2b^2}}$$

◀ xy 平面上の直線 AB の方程
式が $\dfrac{x}{a} + \dfrac{y}{b} = 1$ であることと
類似

$V = \dfrac{1}{3}Sd$ より $\quad S = \dfrac{3V}{d} = \dfrac{1}{2}\sqrt{b^2c^2 + c^2a^2 + a^2b^2}$

(注) d より先に S を計算してもよい．

$\overrightarrow{\mathrm{AB}} = (-a,\ b,\ 0),\ \overrightarrow{\mathrm{AC}} = (-a,\ 0,\ c)$ であるから

$$S = \frac{1}{2}\sqrt{|\overrightarrow{\mathrm{AB}}|^2|\overrightarrow{\mathrm{AC}}|^2 - (\overrightarrow{\mathrm{AB}} \cdot \overrightarrow{\mathrm{AC}})^2} = \frac{1}{2}\sqrt{(a^2+b^2)(a^2+c^2) - a^4}$$

$$= \frac{1}{2}\sqrt{b^2c^2 + c^2a^2 + a^2b^2}$$

これから，$d = \dfrac{3V}{S}$ が求まる．

(106-2) (1) BB′ の中点を M とすると，実数 t を用いて

$\overrightarrow{\mathrm{OM}} = \overrightarrow{\mathrm{OB}} + \overrightarrow{\mathrm{BM}} = \overrightarrow{\mathrm{OB}} + t\overrightarrow{\mathrm{OA}} = (4+t,\ -2-2t,\ 5+2t)$

とおける．一方，平面 α の方程式は

$1 \cdot (x-1) - 2(y+2) + 2(z-2) = 0$

$\therefore \quad x - 2y + 2z - 9 = 0$

M は α 上の点だから

$4 + t - 2(-2-2t) + 2(5+2t) - 9 = 0$

$\therefore \quad 9t + 9 = 0 \qquad \therefore \quad t = -1 \qquad \therefore \quad \overrightarrow{\mathrm{OM}} = (3,\ 0,\ 3)$

$\overrightarrow{\mathrm{OM}} = \dfrac{\overrightarrow{\mathrm{OB}} + \overrightarrow{\mathrm{OB'}}}{2}$ より，

$\overrightarrow{\mathrm{OB'}} = 2\overrightarrow{\mathrm{OM}} - \overrightarrow{\mathrm{OB}} = 2(3,\ 0,\ 3) - (4,\ -2,\ 5) \qquad \therefore \quad \mathrm{B'}(2,\ 2,\ 1)$

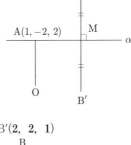

(2) 2 点 B，C は平面 α に関して同じ側にある．

BP = B′P であるから

$\mathrm{BP} + \mathrm{PC} = \mathrm{B'P} + \mathrm{PC} \geqq \mathrm{B'C}$

ゆえに，BP + PC の最小値は

$\mathrm{B'C} = \sqrt{1^2 + 1^2 + 5^2} = 3\sqrt{3}$

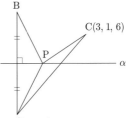

(注) 標問 **99**，**研究** で説明したベクトルの正射影を使
って(1)の別解を与える．

$\overrightarrow{\mathrm{BM}}$ は，$\overrightarrow{\mathrm{BA}} = (-3,\ 0,\ -3)$ の直線 OA への正射
影であるから

$$\overrightarrow{\mathrm{BM}} = \frac{\overrightarrow{\mathrm{BA}} \cdot \overrightarrow{\mathrm{OA}}}{|\overrightarrow{\mathrm{OA}}|^2} \overrightarrow{\mathrm{OA}} = \frac{-9}{9}\overrightarrow{\mathrm{OA}} = (-1,\ 2,\ -2)$$

$$\therefore \quad \overrightarrow{OB'} = \overrightarrow{OB} + 2\overrightarrow{BM} = (2,\ 2,\ 1)$$

(107) $\quad S : x^2 + y^2 + z^2 = 5 \qquad \cdots\cdots ①$

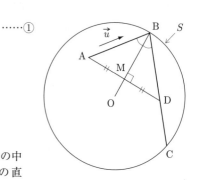

実数 $t\,(>0)$ を用いて
$$\overrightarrow{OB} = \overrightarrow{OA} + \overrightarrow{AB} = \overrightarrow{OA} + t\vec{u}$$
$$= (1,\ 1+t,\ 1-t)$$
と表せる. ①に代入して
$$1 + (1+t)^2 + (1-t)^2 = 5$$
$$2t^2 + 3 = 5 \qquad \therefore \quad t > 0 \ \text{より} \ t = 1$$
$\therefore \quad B(1,\ 2,\ 0)$

直線 OB に関してAと対称な点を D,AD の中点を M とする.$\overrightarrow{BM}$ は $\overrightarrow{BA} = (0,\ -1,\ 1)$ の直線 OB への正射影であるから

$$\overrightarrow{BM} = \frac{\overrightarrow{BA}\cdot\overrightarrow{OB}}{|\overrightarrow{OB}|^2}\overrightarrow{OB} = -\frac{2}{5}(1,\ 2,\ 0)$$

したがって,$\overrightarrow{BM} = \dfrac{\overrightarrow{BA}+\overrightarrow{BD}}{2}$ より

$$\overrightarrow{BD} = 2\overrightarrow{BM} - \overrightarrow{BA} = -\frac{4}{5}(1,\ 2,\ 0) - (0,\ -1,\ 1) = \left(-\frac{4}{5},\ -\frac{3}{5},\ -1\right)$$

よって,実数 $s\,(>0)$ を用いて
$$\overrightarrow{OC} = \overrightarrow{OB} + s\overrightarrow{BD} = \left(1 - \frac{4}{5}s,\ 2 - \frac{3}{5}s,\ -s\right)$$

とおける. ①に代入すると,
$$\left(1 - \frac{4}{5}s\right)^2 + \left(2 - \frac{3}{5}s\right)^2 + (-s)^2 = 5 \qquad \therefore \quad 2s^2 - 4s = 0$$

$s > 0$ であるから,$s = 2$

よって,$C\left(-\dfrac{3}{5},\ \dfrac{4}{5},\ -2\right)$

(108-1) $\quad V = \dfrac{1}{3}\cdot\triangle\text{OPQ}\cdot\text{OR} = \dfrac{1}{3}\cdot\dfrac{c^2}{2ab}\cdot\dfrac{c}{c-1} = \dfrac{c^3}{6ab(c-1)}$

α の方程式に点と平面の距離の公式を適用すると
$$d = \frac{|a\cdot 0 + b\cdot 0 + (c-1)\cdot 0 - c|}{\sqrt{a^2 + b^2 + (c-1)^2}} = c \quad (①による)$$

$V = \dfrac{1}{3}Sd$ であるから,$S = \dfrac{3V}{d} = \dfrac{c^2}{2ab(c-1)}$

(108-2) $\quad f(c)$ の分母,分子を c で割ると
$$f(c) = \frac{1}{3 - \left(c + \dfrac{2}{c}\right)} \geqq \frac{1}{3 - 2\sqrt{c\cdot\dfrac{2}{c}}} = \frac{1}{3 - 2\sqrt{2}} = 3 + 2\sqrt{2}$$

等号は,$c = \dfrac{2}{c}$,すなわち $c = \sqrt{2}\ (>1)$ のとき成立する. ゆえに,

$f(c)$ の最小値は,$3 + 2\sqrt{2}$

第**6**章 複素数平面

109-1 $x^3+8-a(x+2)=0$ より

$(x+2)(x^2-2x-a+4)=0$

∴ $x=-2,\ 1\pm\sqrt{a-3}$

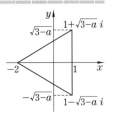

$a<3$ であることが必要で，このとき三角形は右図のよう
になるから，その面積が6となるのは

$3\sqrt{3-a}=6$ ∴ $a=-1$

109-2 注 実数の大小関係は複素数の範囲まで拡張できないことが知られている．し
たがって，複素数に対する不等式があるとき，**その対象は必ず実数**でなければなら
ない．

$k=z+\dfrac{1}{z}$ とおくと，与えられた不等式は $1\leqq k\leqq 4$.

$k=x+yi+\dfrac{1}{x+yi}=x+yi+\dfrac{x-yi}{x^2+y^2}=x+\dfrac{x}{x^2+y^2}+\left(y-\dfrac{y}{x^2+y^2}\right)i$

は実数であるから

$y-\dfrac{y}{x^2+y^2}=0$

∴ $y(x^2+y^2-1)=0$

∴ $y=0$ または $x^2+y^2=1$

(ⅰ) $y=0$ のとき，$k=x+\dfrac{1}{x}$ であるから，$1\leqq x+\dfrac{1}{x}\leqq 4$

$x>0$ ゆえ，$x\leqq x^2+1\leqq 4x$

$x^2-x+1=\left(x-\dfrac{1}{2}\right)^2+\dfrac{3}{4}>0$ ゆえ，左側の不等式はつねに成立する．右側は

$x^2-4x+1\leqq 0$ ∴ $2-\sqrt{3}\leqq x\leqq 2+\sqrt{3}$

ゆえに，$z=x+yi$ の存在範囲は

$y=0,\ 2-\sqrt{3}\leqq x\leqq 2+\sqrt{3}$

(ⅱ) $x^2+y^2=1$ のとき，$k=2x$ であるから，$1\leqq 2x\leqq 4$

∴ $\dfrac{1}{2}\leqq x\leqq 2$

ゆえに，$z=x+yi$ の存在範囲は

$x^2+y^2=1,\ \dfrac{1}{2}\leqq x\leqq 2$

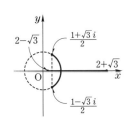

(ⅰ)，(ⅱ)より，z の存在範囲は右図．

110-1 $x^2-2px+q=0$ ……① の判別式 <0 より

$p^2-q<0$ ∴ $q>p^2$ ……②

このとき，①の2解は $z,\ \bar{z}$ となるので，解と係数の関係より

$z+\bar{z}=2p,\ z\bar{z}=q$

$|z-1|<2$ より $|z-1|^2<4$ であるから

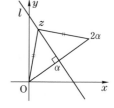

$$(z-1)(\bar{z}-1)<4$$
$$z\bar{z}-(z+\bar{z})+1<4$$
$$q-2p+1<4$$
$$\therefore \quad q<2p+3 \quad \cdots\cdots ③$$

②，③を同時に満たす $(p,\ q)$ の存在範囲は図の斜線部分で境界は含まない.

注② ②のもとで①を解くのもよい方法である.
$$x=p\pm\sqrt{p^2-q}=p\pm\sqrt{q-p^2}\,i$$
したがって
$$|z-1|^2=|p-1\pm\sqrt{q-p^2}\,i|^2$$
$$=(p-1)^2+q-p^2=q-2p+1<4$$
$$\therefore \quad q<2p+3$$

(110-2) l は原点と 2α を結ぶ線分の垂直2等分線であるから，l 上の点 z は原点と 2α から等距離にある.
$$\therefore \quad |z|=|z-2\alpha|$$
両辺を2乗すると
$$z\bar{z}=(z-2\alpha)(\bar{z}-2\bar{\alpha})$$
$$=z\bar{z}-2\bar{\alpha}z-2\alpha\bar{z}+4|\alpha|^2$$
$$\therefore \quad \bar{\alpha}z+\alpha\bar{z}=2|\alpha|^2$$

(別解) $z\neq\alpha$ のとき $\angle O\alpha z=\pm\dfrac{\pi}{2}$ であるから $\dfrac{z-\alpha}{\alpha}$ は純虚数. よって
$$\frac{z-\alpha}{\alpha}+\overline{\left(\frac{z-\alpha}{\alpha}\right)}=\frac{z-\alpha}{\alpha}+\frac{\bar{z}-\bar{\alpha}}{\bar{\alpha}}=0$$
$$\therefore \quad \bar{\alpha}(z-\alpha)+\alpha(\bar{z}-\bar{\alpha})=0$$
$$\therefore \quad \bar{\alpha}z+\alpha\bar{z}=2|\alpha|^2$$

◀ $z=\alpha$ はこれを満たす.
以後，この議論はしない

あるいは △Oαz に三平方の定理を適用してもよい.
$$|z|^2=|z-\alpha|^2+|\alpha|^2$$
より
$$|z|^2=(z-\alpha)(\bar{z}-\bar{\alpha})+|\alpha|^2$$
$$=|z|^2-(\bar{\alpha}z+\alpha\bar{z})+2|\alpha|^2$$
$$\therefore \quad \bar{\alpha}z+\alpha\bar{z}=2|\alpha|^2$$

(111) $|\beta|\cdot|\alpha-\gamma|+|\alpha|\cdot|\gamma-\beta|$
$$=|\beta(\alpha-\gamma)|+|\alpha(\gamma-\beta)|$$
$$\geqq|\beta(\alpha-\gamma)+\alpha(\gamma-\beta)|$$
$$=|\gamma(\alpha-\beta)|$$
$$=|\gamma|\cdot|\alpha-\beta|$$
$$\therefore \quad |\alpha-\beta|\cdot|\gamma|\leqq|\beta|\cdot|\alpha-\gamma|+|\alpha|\cdot|\gamma-\beta|$$

◀ 証明する不等式の不等号の向きを見て三角不等式を適用す

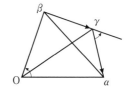

注 等号の成立条件を標問 **112**, **→研究** を用いて調べる.

標問 **111**, (1)より，等号はある正数 k に対して
$$\beta(\alpha-\gamma)=k\alpha(\gamma-\beta)$$
となるとき成立する．これから
$$\frac{\beta}{\alpha}=k\frac{\gamma-\beta}{\alpha-\gamma}$$
$$\therefore \quad \arg\beta-\arg\alpha=\arg(\gamma-\beta)-\arg(\alpha-\gamma)$$
$$\therefore \quad \angle\alpha O\beta+\angle\beta\gamma\alpha=\pi$$
ゆえに，等号は四角形が円に内接するとき成立する．
このとき成り立つ等式
$$|\gamma|\cdot|\alpha-\beta|=|\beta|\cdot|\alpha-\gamma|+|\alpha|\cdot|\gamma-\beta|$$
を**トレミーの定理**という．

112-1 とくに $n=3$ とすると $e(\theta)^3=e(3\theta)$ であるから
$$\cos3\theta+i\sin3\theta$$
$$=(\cos\theta+i\sin\theta)^3$$
$$=\cos^3\theta+3i\cos^2\theta\sin\theta-3\cos\theta\sin^2\theta-i\sin^3\theta$$
$$=\cos^3\theta-3\cos\theta(1-\cos^2\theta)+i\{3(1-\sin^2\theta)\sin\theta-\sin^3\theta\}$$
$$=4\cos^3\theta-3\cos\theta+i\{3\sin\theta-4\sin^3\theta\}$$
実部と虚部を比較して，次の3倍角の公式を得る．
$$\cos3\theta=4\cos^3\theta-3\cos\theta, \quad \sin3\theta=3\sin\theta-4\sin^3\theta$$

112-2 $n=-m$（m は正の整数）とおく．
$$|z^n|=|z^{-m}|=\left|\frac{1}{z^m}\right|\underset{(3)}{=}\frac{1}{|z^m|}\underset{(5)}{=}\frac{1}{|z|^m}=|z|^{-m}=|z|^n$$
$$\arg z^n=\arg z^{-m}=\arg\left(\frac{1}{z^m}\right)\underset{(4)}{=}-\arg z^m\underset{(6)}{=}-m\arg z=n\arg z$$

112-3 点 $(x,\ y)$ の表す複素数を $z=x+yi$ とする．z を原点を中心に角 θ だけ回転
した点を $w=X+Yi$ とすると
$$w=e(\theta)z=(\cos\theta+i\sin\theta)(x+yi)$$
$$=x\cos\theta-y\sin\theta+i(x\sin\theta+y\cos\theta)$$
$$\therefore \quad \begin{cases} X=x\cos\theta-y\sin\theta \\ Y=x\sin\theta+y\cos\theta \end{cases}$$

注 これは重要な公式である．

113-1 $z=\cos\theta+i\sin\theta$ とおくと
$$\frac{1}{2}+\sum_{k=1}^{n}\cos2k\theta=\frac{1}{2}+\sum_{k=1}^{n}\frac{1}{2}\left(z^{2k}+\frac{1}{z^{2k}}\right)$$
$$=\frac{1}{2}\left(\frac{1}{z^{2n}}+\frac{1}{z^{2(n-1)}}+\cdots+\frac{1}{z^2}+1+z^2+\cdots+z^{2(n-1)}+z^{2n}\right)$$
$$=\frac{1}{2}\cdot\frac{z^{-2n}\{z^{2(2n+1)}-1\}}{z^2-1}$$

← 初項 z^{-2n}，公比 z^2，
項数 $2n+1$

$$= \frac{1}{2} \cdot \frac{z^{-(2n+1)}\{z^{2(2n+1)}-1\}}{z-z^{-1}}$$

$$= \frac{1}{2} \cdot \frac{z^{2n+1}-z^{-(2n+1)}}{z-z^{-1}}$$

$$= \frac{\sin(2n+1)\theta}{2\sin\theta}$$

$$\Leftarrow z^k - \frac{1}{z^k} = 2i\sin k\theta$$

注 **複素数を使わない別解**

$$\sin\theta\left(\frac{1}{2}+\sum_{k=1}^{n}\cos 2k\theta\right) = \frac{1}{2}\sin\theta + \sum_{k=1}^{n}\sin\theta\cos 2k\theta$$

$$= \frac{1}{2}\sin\theta + \sum_{k=1}^{n}\frac{1}{2}\{\sin(2k+1)\theta - \sin(2k-1)\theta\}$$

$$= \frac{1}{2}\sin\theta + \frac{1}{2}\{\sin(2n+1)\theta - \sin\theta\} = \frac{1}{2}\sin(2n+1)\theta$$

$$\therefore \quad \frac{1}{2} + \sum_{k=1}^{n}\cos 2k\theta = \frac{\sin(2n+1)\theta}{2\sin\theta}$$

⟨113-2⟩ $z^3 - 3z\bar{z} + 4 = 0$ ……① において, $z = r(\cos\theta + i\sin\theta)$ $(-\pi < \theta \le \pi)$ とおくと

$$r^3(\cos 3\theta + i\sin 3\theta) - 3r^2 + 4 = 0$$

$$\therefore \quad \begin{cases} \sin 3\theta = 0 & \cdots\cdots② \\ r^3\cos 3\theta - 3r^2 + 4 = 0 & \cdots\cdots③ \end{cases}$$

②より $\cos 3\theta = \pm 1$ である.

(i) $\cos 3\theta = 1$ のとき, $-3\pi < 3\theta \le 3\pi$ ゆえ, $3\theta = 0,\ \pm 2\pi$

$$\therefore \quad \theta = 0,\ \pm\frac{2\pi}{3}$$

③より, $r^3 - 3r^2 + 4 = (r+1)(r-2)^2 = 0$ $\therefore$ $r = 2$

$\therefore$ $z = 2$ または $2\left\{\cos\left(\pm\frac{2\pi}{3}\right) + i\sin\left(\pm\frac{2\pi}{3}\right)\right\} = -1 \pm \sqrt{3}\,i$ （複号同順）

(ii) $\cos 3\theta = -1$ のとき, $3\theta = \pm\pi,\ 3\pi$ $\therefore$ $\theta = \pm\frac{\pi}{3},\ \pi$

③より, $r^3 + 3r^2 - 4 = (r-1)(r+2)^2 = 0$ $\therefore$ $r = 1$

$\therefore$ $z = -1$ または $\cos\left(\pm\frac{\pi}{3}\right) + i\sin\left(\pm\frac{\pi}{3}\right) = \frac{1}{2} \pm \frac{\sqrt{3}}{2}i$ （複号同順）

(i), (ii)より①の解は $z = -1,\ 2,\ -1\pm\sqrt{3}\,i,\ \frac{1}{2}\pm\frac{\sqrt{3}}{2}i$

注 ①の左辺は z の多項式ではないから, 3個よりも多くの解をもつからといって, 標問 109 研究 で述べた代数学の基本定理に抵触するわけではない. また, $z = x + yi$ とおいても大した計算にはならない.

⟨114-1⟩ $-8 + 8\sqrt{3}\,i$ の4乗根の1つを β とすると, 方程式は $\left(\frac{z}{\beta}\right)^4 = 1$ となるので

$$\frac{z}{\beta} = \pm 1,\ \pm i \quad \therefore \quad z = \beta,\ i\beta,\ -\beta,\ -i\beta$$

一方,

$$-8+8\sqrt{3}\,i=16\left(-\frac{1}{2}+\frac{\sqrt{3}}{2}i\right)=16\left(\cos\frac{2\pi}{3}+i\sin\frac{2\pi}{3}\right)$$

であるから，β として

$$2\left(\cos\frac{\pi}{6}+i\sin\frac{\pi}{6}\right)=\sqrt{3}+i$$

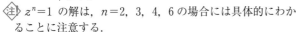

がとれる．ゆえに，4 つの解は右図の正方形の頂点をなす．そのうち実数部分が最大であるのは

$$\sqrt{3}+i$$

注 $z^n=1$ の解は，$n=2, 3, 4, 6$ の場合には具体的にわかることに注意する．

$z^n=\gamma\ (\neq1)$ を解くには本問を真似ればよい．γ の n 乗根の 1 つ β を求めて，方程式を $\left(\dfrac{z}{\beta}\right)^n=1$ と直すと，$\alpha=\cos\dfrac{2\pi}{n}+i\sin\dfrac{2\pi}{n}$ に対して

$$z=\beta,\ \beta\alpha,\ \beta\alpha^2,\ \cdots,\ \beta\alpha^{n-1}$$

(114-2) $z^6+z^3+1=0$ ……① は

$$\begin{cases}(z^3-1)(z^6+z^3+1)=0\\ z^3-1\neq0\end{cases}\quad\therefore\quad\begin{cases}z^9=1\\ z^3\neq1\end{cases}$$

と書き直せる．$z^9=1$ の解は

$$z=\cos(40°\times k)+i\sin(40°\times k)\quad(k=0, 1, \cdots, 8)$$

このうち，$z^3=1$ を満たすのは $k=0, 3, 6$ の場合であるから，①を満たす z の偏角は次の 6 個である．

$$40°,\ 80°,\ 160°,\ 200°,\ 280°,\ 320°$$

注 ①をいったん z^3 について解くのもよい方法である．

$$z^3=-\frac{1}{2}\pm\frac{\sqrt{3}}{2}i$$
$$=\cos120°+i\sin120°\ \text{または}\ \cos240°+i\sin240°$$

これを用いても同じ結果を得る．

(115-1) (1) $z^n=1$ より

$$1-z^n=(1-z)(1+z+z^2+\cdots+z^{n-1})=0$$

すなわち，$(1-z)S_1=0$ であるから

$$S_1=\begin{cases}0\quad(z\neq1\ \text{のとき})\\ n\quad(z=1\ \text{のとき})\end{cases}$$

(2) $z^k=\cos k\theta+i\sin k\theta$ であるから

$$S_2=\sum_{k=0}^{n-1}\mathrm{Re}(z^k)=\mathrm{Re}\left(\sum_{k=0}^{n-1}z^k\right)=\mathrm{Re}(S_1)$$
$$=\begin{cases}0\quad(z\neq1\ \text{のとき})\\ n\quad(z=1\ \text{のとき})\end{cases}$$

(3) $S_3=1+\cos^2\theta+\cos^2 2\theta+\cdots+\cos^2(n-1)\theta$

$$=\frac{1+1}{2}+\frac{1+\cos2\theta}{2}+\frac{1+\cos4\theta}{2}+\cdots+\frac{1+\cos2(n-1)\theta}{2}$$

$$= \frac{n}{2} + \frac{1}{2}\{1 + \cos 2\theta + \cos 4\theta + \cdots + \cos 2(n-1)\theta\}$$

ここで, $w = z^2 = \cos 2\theta + i\sin 2\theta$, $T = 1 + w + w^2 + \cdots + w^{n-1}$ とおくと

$$S_3 = \frac{n}{2} + \frac{1}{2}\mathrm{Re}(T)$$

一方, $w^n = z^{2n} = 1$ であるから, (1)と同様にして

$$T = \begin{cases} 0 & (w \neq 1 \text{ のとき}) \\ n & (w = 1 \text{ のとき}) \end{cases}$$

したがって

$$1 + \cos 2\theta + \cos 4\theta + \cdots + \cos 2(n-1)\theta$$
$$= \mathrm{Re}(T) = \begin{cases} 0 & (w \neq 1 \text{ のとき}) \\ n & (w = 1 \text{ のとき}) \end{cases}$$

ゆえに

$$S_3 = \frac{n}{2} \quad (z \neq \pm 1 \text{ のとき}), \quad S_3 = n \quad (z = \pm 1 \text{ のとき})$$

(115-2) (1) $z = \cos\dfrac{2\pi}{n} + i\sin\dfrac{2\pi}{n}$ とおく.

← 前問(1)で $\theta = \dfrac{2\pi}{n}$ とした場合であるが, 再度解答する

$$\sum_{k=0}^{n-1}\left(\cos\frac{2k\pi}{n} + i\sin\frac{2k\pi}{n}\right)$$
$$= \sum_{k=0}^{n-1} z^k = \frac{1 - z^n}{1 - z} = 0 \quad (\because \ z \neq 1, \ z^n = 1)$$

(2) A_0 が x 軸上にのるようにあらかじめ座標軸を回転しておくと, $\mathrm{A}_k(z^k)$ $(k = 0, 1, \cdots, n-1)$ としてよい.

$\mathrm{P}(\alpha)$ とおくと $|\alpha| = \dfrac{1}{2}$ である. このとき

$$\sum_{k=0}^{n-1} l_k(\mathrm{P})^2 = \sum_{k=0}^{n-1} |z^k - \alpha|^2$$
$$= \sum_{k=0}^{n-1}(z^k - \alpha)(\overline{z^k} - \overline{\alpha})$$
$$= \sum_{k=0}^{n-1}(|z^k|^2 - \overline{\alpha}z^k - \alpha\overline{z^k} + |\alpha|^2)$$
$$= n - \overline{\alpha}\sum_{k=0}^{n-1} z^k - \alpha\sum_{k=0}^{n-1}\overline{z^k} + \frac{1}{4}n$$
$$= \frac{5}{4}n - \overline{\alpha}\sum_{k=0}^{n-1} z^k - \alpha\overline{\left(\sum_{k=0}^{n-1} z^k\right)}$$
$$= \frac{5}{4}n \quad (\because \ (1))$$

これはPの位置に無関係な値である.

(116-1) (1) $z^n = (z - i)^n$ ……① より $|\alpha|^n = |\alpha - i|^n$

$\therefore \ |\alpha| = |\alpha - i|$

したがって, 点 α は2点O, i から等距離にあるので, 虚数部分は $\dfrac{1}{2}$ である.

(2) $|z|=1$ のとき, (1)の結果と合わせると

$$z=\pm\frac{\sqrt{3}}{2}+\frac{1}{2}i \quad \cdots\cdots②$$

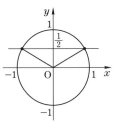

であることが必要である. $z=\frac{\sqrt{3}}{2}+\frac{1}{2}i$ を①に代入すると

$$(\cos30°+i\sin30°)^n=\{\cos(-30°)+i\sin(-30°)\}^n$$

ド・モアブルの定理を適用して, 両辺の偏角を比較すると

$$30°\times n=(-30°)\times n+360°\times k \quad (k \text{ は整数})$$

$$\therefore \quad n=6k$$

$z=-\frac{\sqrt{3}}{2}+\frac{1}{2}i$ を①に代入すると

$$(\cos150°+i\sin150°)^n=\{\cos(-150°)+i\sin(-150°)\}^n$$

両辺の偏角を比較すると

$$150°\times n=(-150°)\times n+360°\times l \quad (l \text{ は整数})$$

$$\therefore \quad 5n=6l$$

したがって, やはり n は 6 の倍数である.

　ゆえに, ①が絶対値 1 の解をもつための条件は $n=6k$ であり,
このとき絶対値 1 の解は②で与えられる.

(116-2) $|z|=|w|=1$ ……① より $z=\dfrac{1}{\bar{z}}, \ w=\dfrac{1}{\bar{w}}$ であるから, これらを

$z^2+w^2=z+w$ ……② に代入すると

$$\overline{\frac{1}{\bar{z}^2}+\frac{1}{\bar{w}^2}}=\overline{\frac{1}{\bar{z}}+\frac{1}{\bar{w}}} \qquad \therefore \quad \frac{1}{z^2}+\frac{1}{w^2}=\frac{1}{z}+\frac{1}{w}$$

$$\therefore \quad z^2+w^2=zw(z+w) \quad \cdots\cdots③ \qquad\qquad \leftarrow ②の反転$$

③－②より

$$(z+w)(zw-1)=0$$

$z+w=0$ とすると, ②より $z=w=0$ となり, ①に反する.

$$\therefore \quad zw=1 \qquad \therefore \quad w=\frac{1}{z} \quad \cdots\cdots④$$

④を②に代入すると

$$z^2+\frac{1}{z^2}=z+\frac{1}{z} \qquad \therefore \quad z^4+1=z^3+z$$

$$\therefore \quad (z-1)^2(z^2+z+1)=0$$

$$\therefore \quad z=1, \ \frac{-1\pm\sqrt{3}\,i}{2}$$

④も考えて

$$(z, \ w)=(1, \ 1), \ \left(\frac{-1\pm\sqrt{3}\,i}{2}, \ \frac{-1\mp\sqrt{3}\,i}{2}\right) \quad \text{(複号同順)}$$

注 「円周上の2点は、それを結ぶ線分が直径でないとき、その線分の中点で定まる」……(✻)

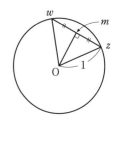

ことを用いてもよい. 条件より

$$\frac{z^2+w^2}{2}=\frac{z+w}{2}\ (=m\ とおく)$$

(i) $m=0$ のとき, $z^2+w^2=z+w=0$ から w を消去すると $z^2=0$. これは $|z|=1$ に反する.

(ii) $|m|=1$ のとき, $z=w$ であるから, $z^2=z$. $|z|=1$ ゆえ

$$\therefore\ z=1\qquad\therefore\ (z,\ w)=(1,\ 1)$$

(iii) $0<|m|<1$ のとき, (✻)より $(z^2,\ w^2)=(z,\ w)$ または $(w,\ z)$

　(ア) $z^2=z$, $w^2=w$ のとき, $|z|=|w|=1$ より, $z=w=1$.
　　これは $|m|<1$ に反する.

　(イ) $z^2=w$, $w^2=z$ のとき, w を消去すると

$$z^4=z\qquad\therefore\ (z-1)(z^2+z+1)=0$$

$$\therefore\ z=1,\ \frac{-1\pm\sqrt{3}\,i}{2}$$

　　$z=1$ のとき, $w=1$ となり, $|m|<1$ に反する.

$$\therefore\ (z,\ w)=\left(\frac{-1\pm\sqrt{3}\,i}{2},\ \frac{-1\mp\sqrt{3}\,i}{2}\right)\ (複号同順)$$

(117-1) $\alpha^2-2\alpha\beta+4\beta^2=0$ より, $\left(\dfrac{\alpha}{\beta}\right)^2-2\dfrac{\alpha}{\beta}+4=0$. 解くと $\dfrac{\alpha}{\beta}=1\pm\sqrt{3}\,i$

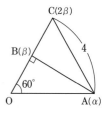

$$\therefore\ \frac{|\alpha|}{|\beta|}=2,\ \angle\text{AOB}=\left|\arg\left(\frac{\alpha}{\beta}\right)\right|=|\pm60°|=\mathbf{60°}$$

よって, $\angle\text{OBA}=90°$. したがって, $C(2\beta)$ とすると $\triangle\text{OAC}$ は正三角形, かつ $AC=|\alpha-2\beta|=4$ である. ゆえに

$$\triangle\text{OAB}=\frac{1}{2}\triangle\text{OAC}=\frac{1}{2}\left(\frac{1}{2}\cdot4^2\cdot\sin60°\right)=\mathbf{2\sqrt{3}}$$

注 C を考えるかわりに, $\alpha=(1\pm\sqrt{3}\,i)\beta$ より

$$\alpha-2\beta=(-1\pm\sqrt{3}\,i)\beta$$

これと $|\alpha-2\beta|=4$ より $|\beta|=2$ としてもよい.

(117-2) (1) $(\beta-\alpha)^2+(\gamma-\alpha)^2=0$ より

$$\left(\frac{\gamma-\alpha}{\beta-\alpha}\right)^2=-1\qquad\therefore\ \frac{\gamma-\alpha}{\beta-\alpha}=\pm i$$

このとき, $\dfrac{|\gamma-\alpha|}{|\beta-\alpha|}=1$, $\arg\dfrac{\gamma-\alpha}{\beta-\alpha}=\pm90°$ であるから

$\triangle\text{ABC}$ は $\angle\mathbf{BAC=90°}$ の直角二等辺三角形である.

(2)　$x^3+kx+20=0$　(k は実数)

　　$\alpha,\ \beta,\ \gamma$ はすべてが実数ではないから，3解のうち1つが
実数，他の2つは互いに共役な虚数である．

　　さらに(1)の結果も合わせると，α は実数，$\gamma=\bar{\beta}$ である．
そこで，$\beta=a+bi,\ \gamma=a-bi$ とおく．解と係数の関係より

$$\begin{cases} \alpha+2a=0 & \cdots\cdots① \\ 2a\alpha+a^2+b^2=k & \cdots\cdots② \\ \alpha(a^2+b^2)=-20 & \cdots\cdots③ \end{cases}$$

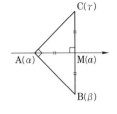

①より　$a=-\dfrac{\alpha}{2}$，したがって　$b=\pm\mathrm{BM}=\pm\mathrm{AM}=\pm\dfrac{3}{2}\alpha$．これらを③に代入．

$$\alpha\cdot\frac{5}{2}\alpha^2=-20 \qquad \therefore\quad \alpha^3=-8 \qquad \therefore\quad \boldsymbol{\alpha=-2}$$

このとき，$a=1,\ b=\pm3$

　　$\therefore\ \boldsymbol{\beta=1\pm3i,\ \gamma=1\mp3i}$　**（複号同順）**

これらを②に代入して，$k=2(-2)+(1+9)=\boldsymbol{6}$

(117-3)　(1)　$|z|=1$ より $z\bar{z}=1$ だから，$\dfrac{1}{z}=\bar{z}$．したがって

$$\frac{z^3-1}{z^2-z}=\frac{z^2+z+1}{z}=z+\frac{1}{z}+1=(z+\bar{z})+1\ (\text{実数})$$

すなわち，1とz^3，zとz^2を結ぶ辺は平行である．ゆえに，Qは1とz^3をとなり
合う頂点とする台形である．

(2)　(i)　1とz^2，zとz^3を結ぶ線分が対角線のとき

$$\frac{z^3-z}{z^2-1}=z\ (\text{純虚数})$$

$|z|=1,\ 0<\arg z<\pi$ ゆえ，$z=i$

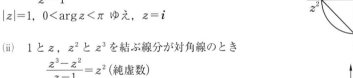

(ii)　1とz，z^2とz^3を結ぶ線分が対角線のとき

$$\frac{z^3-z^2}{z-1}=z^2\ (\text{純虚数})$$

$\arg z^3>2\pi$ より $\dfrac{2\pi}{3}<\arg z<\pi$，したがって

$\dfrac{4\pi}{3}<\arg z^2<2\pi$ であるから，$z^2=-i$

$$\therefore\quad z=\cos\frac{3\pi}{4}+i\sin\frac{3\pi}{4}=-\frac{1}{\sqrt{2}}+\frac{1}{\sqrt{2}}i$$

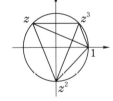

---

(118)　Aを原点にとり，それぞれの点を表す複素数を小文字
で表す．

$$d=\{\cos(-60°)+i\sin(-60°)\}b=\left(\frac{1}{2}-\frac{\sqrt{3}}{2}i\right)b$$

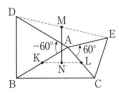

$$e = (\cos 60° + i \sin 60°)c = \left(\frac{1}{2} + \frac{\sqrt{3}}{2}i\right)c$$

$$\therefore \quad m = \frac{d+e}{2} = \frac{1}{4}(b+c) + \frac{\sqrt{3}\,i}{4}(c-b)$$

一方, $n = \dfrac{k+l}{2} = \dfrac{b+c}{4}$ であるから, $n - m = \dfrac{\sqrt{3}\,i}{4}(b-c)$

$$\therefore \quad \frac{n-m}{b-c} = \frac{\sqrt{3}\,i}{4} \quad (\text{純虚数})$$

ゆえに, 直線 MN と直線 BC とは垂直である.

---

⑲ (1) $w = \dfrac{iz}{z-1}$ ……①. w が実数である条件は $w = \overline{w}$ であるから

$$\frac{iz}{z-1} = \overline{\left(\frac{iz}{z-1}\right)} = \frac{-i\overline{z}}{\overline{z}-1}$$

$$z(\overline{z}-1) + \overline{z}(z-1) = 0$$

$$z\overline{z} - \frac{1}{2}z - \frac{1}{2}\overline{z} = 0 \qquad \begin{array}{l} \leftarrow \text{ここで } z = x+yi \text{ と} \\ \text{おいてもよい} \end{array}$$

$$\left(z - \frac{1}{2}\right)\left(\overline{z} - \frac{1}{2}\right) = \frac{1}{4} \qquad \leftarrow \text{左辺} = \left|z - \frac{1}{2}\right|^2$$

$$\therefore \quad \left|z - \frac{1}{2}\right| = \frac{1}{2}$$

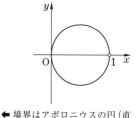

ゆえに, z の全体は右図の円. ただし, ①が定義され
ない点 1 は除く.

(2) $|w| \leqq a$ より $|z| \leqq a|z-1|$ ……② $\qquad\leftarrow$ 境界はアポロニウスの円 (直線を含む)
となるから, 両辺を 2 乗すると

$$z\overline{z} - a^2(z-1)(\overline{z}-1) \leqq 0 \quad \therefore \quad (a^2-1)z\overline{z} - a^2 z - a^2 \overline{z} + a^2 \geqq 0$$

(i) $0 < a < 1$ のとき, $a^2 - 1 < 0$ であるから

$$z\overline{z} - \frac{a^2}{a^2-1}z - \frac{a^2}{a^2-1}\overline{z} + \frac{a^2}{a^2-1} \leqq 0$$

$$\left(z - \frac{a^2}{a^2-1}\right)\left(\overline{z} - \frac{a^2}{a^2-1}\right) \leqq \frac{a^4}{(a^2-1)^2} - \frac{a^2}{a^2-1}$$

$$= \frac{a^2}{(a^2-1)^2}$$

$$\therefore \quad \left|z - \frac{a^2}{a^2-1}\right| \leqq \frac{a}{1-a^2}$$

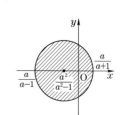

したがって, z の全体は右上図の円の内部およびその境界.

(ii) $a = 1$ のとき, ②より $|z| \leqq |z-1|$.

したがって, z の全体は右図の境界を含む左半平面 $x \leqq \dfrac{1}{2}$.

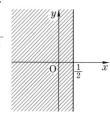

(iii)　$a>1$ のとき，$a^2-1>0$ であるから，(i)と同様にして
$$\left| z - \frac{a^2}{a^2-1} \right| \geqq \frac{a}{a^2-1}$$
したがって，z の全体は右図の円の外部およびその境界．

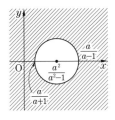

注　問題文下の 注 の立場からみると，場合分けの生じる
理由がよくわかる．①の逆変換
$$w = \frac{z}{z-i} \quad \cdots\cdots ③$$
の分母が 0 となる点 i が，円板 $|z| \leqq a$ の外部にあるか，境界にあるか，あるいは
内部にあるかでそれぞれ(i)，(ii)，(iii)に分かれる．③によって点 i は無限遠点に移さ
れるとみなされ，無限遠点を通る円は直線と考えられるからである．

また，(1)は次のようにしても解ける．③で $z=t$（実数）とおくと
$$w = x + yi = \frac{t}{t-i} = \frac{t(t+i)}{(t-i)(t+i)} = \frac{t^2 + ti}{t^2+1}$$
$$\therefore \quad x = \frac{t^2}{t^2+1}, \quad y = \frac{t}{t^2+1}$$

$\dfrac{x}{y} = t$ と $y(t^2+1) = t$ より t を消去すると
$$x^2 + y^2 = x \quad \therefore \quad \left(x - \frac{1}{2} \right)^2 + y^2 = \frac{1}{4}$$

▶ 厳密には
(ア) $t=0$ のとき
　　$(x, y) = (0, 0)$
(イ) $t \neq 0$ のとき
　　$\left(x - \dfrac{1}{2} \right)^2 + y^2 = \dfrac{1}{4}$, $y \neq 0$

(120-1)　標問 **120** (1)より 2 点 $\alpha = \dfrac{1-\sqrt{5}}{2}$ と $\beta = \dfrac{1+\sqrt{5}}{2}$ は，円 C の直径の両端であ
り $\alpha + \beta = 1$，$\alpha\beta = -1$ を満たす．したがって，b_n が円 C 上にあるとすると
$$\frac{b_n - \beta}{b_n - \alpha} = ti \quad (t は 0 でない実数)$$
このとき
$$\frac{b_{n+1} - \beta}{b_{n+1} - \alpha} = \frac{1 + \dfrac{1}{b_n} - \beta}{1 + \dfrac{1}{b_n} - \alpha} = \frac{\dfrac{1}{b_n} + \alpha}{\dfrac{1}{b_n} + \beta} = \frac{1 + \alpha b_n}{1 + \beta b_n} = \frac{\alpha}{\beta} \cdot \frac{b_n + \dfrac{1}{\alpha}}{b_n + \dfrac{1}{\beta}}$$
$$= \frac{\alpha}{\beta} \cdot \frac{b_n - \beta}{b_n - \alpha} = \frac{\alpha t}{\beta} \cdot i \quad （純虚数）$$
ゆえに，b_{n+1} も円 C 上にある．

注　有理数 p_n，q_n を用いて，$b_n = p_n + q_n i$ と表せる（厳密には数学的帰納法）から，
$b_n \neq \alpha$，$b_n \neq \beta$ である．

(120-2)　(1)　$a_{n+1} = \dfrac{a_n - 5}{1 - 5a_n}$ より
$$b_{n+1} = \frac{a_{n+1} + 1}{a_{n+1} - 1} = \frac{-4a_n - 4}{6a_n - 6} = -\frac{2}{3} \cdot \frac{a_n + 1}{a_n - 1} = -\frac{2}{3} b_n \quad \cdots\cdots ①$$

次に，b_n が純虚数であることを示す．$b_1 = \dfrac{3+i+(3-i)}{3+i-(3-i)} = -3i$,

$b_n = ti$（t は 0 でない実数）とすると，①より，$b_{n+1} = -\dfrac{2}{3}ti$.

したがって，数学的帰納法により，b_n は純虚数である．

(2) ①より，$b_n = \left(-\dfrac{2}{3}\right)^{n-1} b_1 \longrightarrow 0 \ (n \to \infty)$. よって，$b_n = \dfrac{a_n+1}{a_n-1}$ より

$$a_n = \dfrac{b_n+1}{b_n-1} \to -1 \ (n \to \infty)$$

(3) b_n の純虚数であるから，$b_n + \overline{b_n} = 0$. よって，

$$\dfrac{a_n+1}{a_n-1} + \dfrac{\overline{a_n}+1}{\overline{a_n}-1} = 0$$

$$(a_n+1)(\overline{a_n}-1) + (a_n-1)(\overline{a_n}+1) = 0 \quad \therefore \quad |a_n| = 1$$

ゆえに，$a_n \ (n = 1, 2, \cdots)$ は単位円：$|z| = 1$ 上にある．

---

122 (1) $z = 1 + \cos t + i \sin t = 2\cos^2\dfrac{t}{2} + 2i\sin\dfrac{t}{2}\cos\dfrac{t}{2}$

$$= 2\cos\dfrac{t}{2}\left(\cos\dfrac{t}{2} + i\sin\dfrac{t}{2}\right) \quad \cdots\cdots①$$

$-\pi < t < \pi$ より $2\cos\dfrac{t}{2} > 0$ であるから

$$|z| = 2\cos\dfrac{t}{2}, \ \arg z = \dfrac{t}{2}$$

(2) ①と，ド・モアブルの定理より

$$w = \dfrac{2i}{z^2} = \dfrac{2i}{4\cos^2\dfrac{t}{2}}(\cos t - i\sin t) = \dfrac{1}{2\cos^2\dfrac{t}{2}}(\sin t + i\cos t)$$

$w = x + yi$ とおくと

$$x = \dfrac{\sin t}{2\cos^2\dfrac{t}{2}} = \dfrac{2\sin\dfrac{t}{2}\cos\dfrac{t}{2}}{2\cos^2\dfrac{t}{2}} = \tan\dfrac{t}{2}$$

$$y = \dfrac{\cos t}{2\cos^2\dfrac{t}{2}} = \dfrac{2\cos^2\dfrac{t}{2}-1}{2\cos^2\dfrac{t}{2}} = 1 - \dfrac{1}{2}\left(1 + \tan^2\dfrac{t}{2}\right) \qquad \Leftarrow 1 + \tan^2\theta = \dfrac{1}{\cos^2\theta}$$

$$= -\dfrac{1}{2}\tan^2\dfrac{t}{2} + \dfrac{1}{2} = -\dfrac{1}{2}x^2 + \dfrac{1}{2} \quad \cdots\cdots②$$

$-\pi < t < \pi$ より，$x = \tan\dfrac{t}{2}$ はすべての実数値をとる

から，w は②で表される放物線全体を描く．

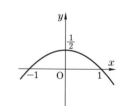

第7章 式と曲線

123 (1) $P\left(\dfrac{\alpha^2}{4p},\ \alpha\right)$, $Q\left(\dfrac{\beta^2}{4p},\ \beta\right)$, $\alpha\beta \neq 0$

とおく. 直線 PQ の方程式は

$$x = \frac{1}{\alpha-\beta}\left(\frac{\alpha^2}{4p}-\frac{\beta^2}{4p}\right)(y-\alpha)+\frac{\alpha^2}{4p}$$

$$= \frac{\alpha+\beta}{4p}y - \frac{\alpha\beta}{4p}$$

これが $F(p,\ 0)$ を通るから, $p = -\dfrac{\alpha\beta}{4p}$

$$\therefore\ \alpha\beta = -4p^2 \qquad\qquad \cdots\cdots①$$

P, Q での接線の方程式は

$$\alpha y = 2p\left(x+\frac{\alpha^2}{4p}\right),\ \ \beta y = 2p\left(x+\frac{\beta^2}{4p}\right)$$

連立して解くと, 交点 R の座標は

$$R\left(\frac{\alpha\beta}{4p},\ \frac{\alpha+\beta}{2}\right)$$

点 P の座標を $(x_P,\ y_P)$ で表す. 他も同様とする. すると, ①より

$$\begin{cases} x_R = \dfrac{\alpha\beta}{4p} = -p \\[2mm] (\text{P, Q での接線の傾きの積}) = \dfrac{2p}{\alpha}\cdot\dfrac{2p}{\beta} = -1 \end{cases}$$

ゆえに, P, Q での接線は準線上で直交する.

(2) (1)より, PQ を直径とする円は点 R を通る. さらに, PQ の中点 (円の中心) を M とすると, $y_M = \dfrac{\alpha+\beta}{2} = y_R$. したがって, RM は準線と垂直だから, PQ を直径とする円は準線と接する.

124-1 M, N の中心をそれぞれ A, B とする. P を固定して, Q, R を動かすと

$$PQ \leqq PA + AQ = PA + 1 \qquad\qquad \cdots\cdots①$$
$$PR \leqq PB + BR = PB + 1 \qquad\qquad \cdots\cdots②$$

①の等号は PQ が A を通るとき, ②の等号は PR が B を通るときに成立する. 2つの等号が成立するとき, ①+②より,

$$PQ + PR = (PA + PB) + 2 \qquad\qquad \cdots\cdots③$$

L の焦点は $(\pm1,\ 0)$ で A, B と一致するから, L 上の任意の点 P に対して $PA + PB = 4$ (楕円の定義) である. これを③に代入すると, $PQ + PR = 6$
ゆえに, (求める最大値)=6

124-2 $P(a\cos\theta,\ b\sin\theta)$ $\left(0 < \theta < \dfrac{\pi}{2}\right)$ とおくと, P での接線の方程式は

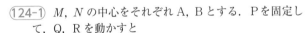

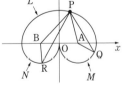

$$\frac{x\cos\theta}{a}+\frac{y\sin\theta}{b}=1 \qquad \therefore \quad Q\left(\frac{a}{\cos\theta},\ 0\right),\ R\left(0,\ \frac{b}{\sin\theta}\right)$$

$$\therefore \quad S=\frac{1}{2}\cdot\frac{a}{\cos\theta}\cdot\frac{b}{\sin\theta}=\frac{ab}{\sin 2\theta}$$

S は，$\theta=\dfrac{\pi}{4}$ のとき最小となり

（最小値）$=\boldsymbol{ab}$

124-3 $\dfrac{x^2}{a^2}+\dfrac{y^2}{b^2}=1$

(1) $OP=r_P$，$OQ=r_Q$，$\overrightarrow{OP}$ が x 軸の正方向となす角を θ とすると

$$P(r_P\cos\theta,\ r_P\sin\theta)$$

Pは楕円上にあるから

$$r_P{}^2\left(\frac{\cos^2\theta}{a^2}+\frac{\sin^2\theta}{b^2}\right)=1$$

$$\therefore \quad \frac{1}{r_P{}^2}=\frac{\cos^2\theta}{a^2}+\frac{\sin^2\theta}{b^2} \qquad \cdots\cdots①$$

θ を $\theta+\dfrac{\pi}{2}$ とおき

$$\frac{1}{r_Q{}^2}=\frac{\sin^2\theta}{a^2}+\frac{\cos^2\theta}{b^2} \qquad \cdots\cdots②$$

①，②より，$\dfrac{1}{r_P{}^2}+\dfrac{1}{r_Q{}^2}=\dfrac{1}{a^2}+\dfrac{1}{b^2}$ （一定） $\cdots\cdots③$

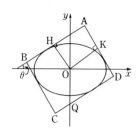

Pと θ の対応関係が楕円の
媒介変数表示と異なる点に
注意

(2) $S=\dfrac{1}{2}r_P r_Q$ であるから，相加平均と相乗平均の不等式より

$$\frac{1}{S}=2\frac{1}{r_P}\cdot\frac{1}{r_Q}\leqq\frac{1}{r_P{}^2}+\frac{1}{r_Q{}^2}=\frac{1}{a^2}+\frac{1}{b^2} \quad (\because\ \ ③)$$

等号は $r_P=r_Q$ のとき成り立つから

（S の最小値）$=\dfrac{\boldsymbol{a^2b^2}}{\boldsymbol{a^2+b^2}}$

◀ ①，②より $\cos^2\theta=\sin^2\theta$，
すなわち $\tan\theta=\pm1$ のとき

125 (1) 直線 AB の方程式は，その傾きが $\tan\theta$ だから

$$y=x\tan\theta+\sqrt{2\tan^2\theta+1}$$

原点からこの直線に下ろした垂線の足をHとすると，
点と直線の距離の公式により

$$OH=\frac{\sqrt{2\tan^2\theta+1}}{\sqrt{1+\tan^2\theta}}=\sqrt{2\sin^2\theta+\cos^2\theta}$$

$$=\sqrt{1+\sin^2\theta}$$

$$\therefore \quad AD=2OH=2\sqrt{1+\sin^2\theta}$$

AD の式で θ を $\theta+\dfrac{\pi}{2}$ に置きかえて

$$AB=2\sqrt{1+\cos^2\theta}$$

(2) 長方形 R の面積を S とすると,
$$S=\mathrm{AD}\cdot\mathrm{AB}=4\sqrt{(1+\sin^2\theta)(1+\cos^2\theta)}=4\sqrt{2+\sin^2\theta\cos^2\theta}$$
$$=4\sqrt{2+\frac{1}{4}\sin^2 2\theta}$$

したがって, $\theta=\dfrac{\pi}{4}$, すなわち

$\mathrm{AD}=\mathrm{AB}=\sqrt{6}$ のとき, (S の最大値)$=6$

注) (1)より
$$\mathrm{OA}^2=\mathrm{OH}^2+\mathrm{OK}^2=1+\sin^2\theta+(1+\cos^2\theta)=3$$
となるから, (1)は実質的に標問 **125** (2)の別解になっている. また, (2)は
$$S=\mathrm{AD}\cdot\mathrm{AB}\leqq\frac{\mathrm{AD}^2+\mathrm{AB}^2}{2}=6$$
としてもよい.

(126-1) ㋕より $\mathrm{P}\left(\dfrac{a}{\cos\theta},\ b\tan\theta\right),\ -\dfrac{\pi}{2}<\theta<\dfrac{\pi}{2}$

として一般性を失わない. このとき, ㋖より

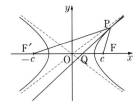

$$\mathrm{PF}=\frac{c-a\cos\theta}{\cos\theta},\quad \mathrm{PF}'=\frac{c+a\cos\theta}{\cos\theta}$$

一方, P での接線は
$$\frac{\dfrac{a}{\cos\theta}x}{a^2}-\frac{b\tan\theta\cdot y}{b^2}=1$$
$$\therefore\quad \frac{1}{a\cos\theta}x-\frac{\tan\theta}{b}y=1$$

よって, $\mathrm{Q}(a\cos\theta,\ 0)$ となるので
$$\mathrm{QF}=c-a\cos\theta,\quad \mathrm{QF}'=a\cos\theta-(-c)=a\cos\theta+c$$
したがって, $\mathrm{PF}:\mathrm{PF}'=\mathrm{QF}:\mathrm{QF}'$ が成立し, 接線は $\angle\mathrm{FPF}'$ を 2 等分する.

(126-2) $\mathrm{P}(a\alpha,\ b\beta)\ (\alpha^2-\beta^2=1,\ \beta\neq0)$ における接線
$$\frac{\alpha x}{a}-\frac{\beta y}{b}=1$$
と直線 $x=a$, $x=-a$ との交点は, それぞれ

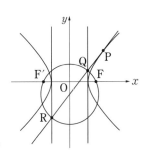

$$\mathrm{Q}\left(u,\ \frac{b(\alpha-1)}{\beta}\right)$$
$$\mathrm{R}\left(-a,\ -\frac{b(\alpha+1)}{\beta}\right)$$

よって, C の焦点 $\mathrm{F}(\sqrt{a^2+b^2},\ 0)$, $\mathrm{F}'(-\sqrt{a^2+b^2},\ 0)$ に対し
$$\overrightarrow{\mathrm{QF}}\cdot\overrightarrow{\mathrm{RF}}=(\sqrt{a^2+b^2}-a)(\sqrt{a^2+b^2}+a)-\frac{b^2(\alpha^2-1)}{\beta^2}$$
$$=b^2-\frac{b^2\beta^2}{\beta^2}=0\quad(\because\quad \alpha^2-\beta^2=1)$$

同様にして，$\overrightarrow{QF'}\cdot\overrightarrow{RF'}=0$ となるから

$$\angle QFR=\angle QF'R=\frac{\pi}{2}$$

ゆえに，F，F′ は QR を直径とする円周上にある．

（**127**）　g と l のなす角を2等分する2直線を座標軸にとり，g と l の方程式をそれぞれ

$$g：y=mx，\quad l：y=-mx$$

とおくことができる．ただし，$m>0$ とする．

いま，点 $P(x, y)$ から g，l に下ろした垂線の足をそれぞれ H，K とすれば

$$PH=\frac{|mx-y|}{\sqrt{m^2+1}}，\quad PK=\frac{|mx+y|}{\sqrt{m^2+1}}$$

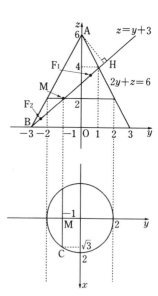

したがって，一定値を $k\,(>0)$ とおくと

$$PH\cdot PK=\frac{|(mx-y)(mx+y)|}{m^2+1}=\frac{|m^2x^2-y^2|}{m^2+1}=k$$

$$\therefore\quad |m^2x^2-y^2|=k(m^2+1)$$

さらに，$k(m^2+1)=a\,(a>0)$ とおけば　$|m^2x^2-y^2|=a$

したがって

$$m^2x^2-y^2=a\quad または\quad m^2x^2-y^2=-a$$

これらは，いずれも $y=\pm mx$ を漸近線とする双曲線である．

（**128**）（1）　楕円の中心 M と焦点 F_1，F_2 はいずれも yz 平面上にある．直線 $l：z=y+3$ と $2y+z=6$ の交点は $(1, 4)$．M はこの点と $B(-3, 0)$ を結ぶ線分の中点だから

$$M(0, -1, 2)$$

この楕円の長半径を a，短半径を b とすると

$$a=BM=2\sqrt{2}，\quad b=CM=\sqrt{3}$$

$$\therefore\quad F_1M=F_2M=\sqrt{a^2-b^2}=\sqrt{5}$$

ゆえに，焦点の座標は，$\vec{l}=(0, 1, 1)$ として

$$\overrightarrow{OM}\pm\sqrt{5}\cdot\frac{\vec{l}}{|\vec{l}|}=(0, -1, 2)\pm\frac{\sqrt{5}}{\sqrt{2}}(0, 1, 1)$$

$$=\left(0, -1\pm\frac{\sqrt{10}}{2}, 2\pm\frac{\sqrt{10}}{2}\right)（複号同順）$$

（2）　問題の立体は，A を頂点とし切り口を底面とする楕円錐である．

$$（底面積）=\pi ab=2\sqrt{6}\,\pi\quad（高さ）=AH=\frac{3}{\sqrt{2}}$$

であるから

$$（体積）=\frac{1}{3}\cdot 2\sqrt{6}\,\pi\cdot\frac{3}{\sqrt{2}}=2\sqrt{3}\,\pi$$

129 (1) $r>0$ のとき, $r=2a\cos(\theta-a)=2a(\cos\theta\cos a+\sin\theta\sin a)$
$$\iff r^2=2a(r\cos\theta\cos a+r\sin\theta\sin a)$$
$r^2=x^2+y^2$, $r\cos\theta=x$, $r\sin\theta=y$ であるから
$$x^2+y^2=2a\cos a\cdot x+2a\sin a\cdot y$$
$$\therefore\quad (x-a\cos a)^2+(y-a\sin a)^2=a^2$$
ゆえに, $r=0$ の場合も含めて C_a は A($a\cos a$, $a\sin a$)
を中心とする半径 a の円である.

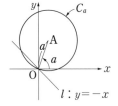

(2) C_a は OA を半径とするから, C_a が直線 $l:y=-x$
に接する条件は, OA$\perp l$ である. $\overrightarrow{\text{OA}}$ が x 軸の正方向と
なす角を考え
$$a=\frac{\pi}{4}+n\pi$$
$a>0$ より, n は負でない整数である.

130 $S=\displaystyle\int_0^{\frac{\pi}{2}}\frac{1}{2}\{r(\theta)\}^2 d\theta$ において

$$\{r(\theta)\}^2=\frac{9a^2\cos^2\theta\sin^2\theta}{(\cos^3\theta+\sin^3\theta)^2}=\frac{9a^2\tan^2\theta\cdot\dfrac{1}{\cos^2\theta}}{(1+\tan^3\theta)^2}\qquad \longleftarrow 分母, 分子を \cos^6\theta で割った$$

$t=\tan\theta$ とおくと, $dt=\dfrac{1}{\cos^2\theta}d\theta$, $t:0\to\infty\left(\theta:0\to\dfrac{\pi}{2}\right)$ であるから

$$S=\int_0^{\infty}\frac{9a^2t^2}{2(1+t^3)^2}dt=\lim_{R\to\infty}\int_0^R\frac{9a^2}{2}\cdot\frac{t^2}{(1+t^3)^2}dt\quad(1+t^3=u \text{ とおく})$$
$$=\lim_{R\to\infty}\int_1^{1+R^3}\frac{3a^2}{2}\cdot\frac{1}{u^2}du=\lim_{R\to\infty}\frac{3a^2}{2}\left[-\frac{1}{u}\right]_1^{1+R^3}$$
$$=\lim_{R\to\infty}\frac{3a^2}{2}\left(1-\frac{1}{1+R^3}\right)=\frac{3a^2}{2}$$

㊟ 葉線が直線 $y=x$ に関して対称であることを使えば, ただし書きは不用で
$t:0\to1\left(\theta:0\to\dfrac{\pi}{4}\right)$ であるから
$$S=2\int_0^1\frac{9a^2t^2}{2(1+t^3)^2}dt=\int_1^2 3a^2\cdot\frac{1}{u^2}du=3a^2\left[-\frac{1}{u}\right]_1^2=\frac{3a^2}{2}$$

131 極を原点, 始線を x 軸の正方向にとる.
$2r+\sqrt{6}\,r\cos\theta=\sqrt{6}$ より
$$2\sqrt{x^2+y^2}=\sqrt{6}\,(1-x)$$
$$\iff\begin{cases}4(x^2+y^2)=6(1-x)^2 & \cdots\cdots① \\ x\leqq1 & \cdots\cdots②\end{cases}$$
①より
$$(x-3)^2-2y^2=6$$
$$\therefore\quad \frac{(x-3)^2}{6}-\frac{y^2}{3}=1 \qquad\cdots\cdots③$$
ゆえに, 極方程式の表す曲線は**双曲線③の②の範囲にある部分**.

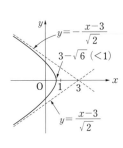

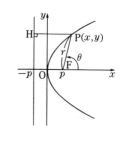

(132)　(1)　放物線上の点を P(r, θ) とおき，P から準線
$x = -p$ に下ろした垂線を PH とする．また，P，H の x
座標をそれぞれ x_P，x_H とする．
$$PH = x_P - x_H = (p + r\cos\theta) - (-p) = 2p + r\cos\theta$$
PF = PH より，$r = 2p + r\cos\theta$
$$\therefore\quad r = \frac{2p}{1 - \cos\theta}$$

(2)　Q, R, S の偏角は，それぞれ $\theta + \pi$，$\theta + \dfrac{\pi}{2}$，$\theta - \dfrac{\pi}{2}$
としてよいから
$$\frac{1}{FP \cdot FQ} + \frac{1}{FR \cdot FS} = \frac{1 - \cos\theta}{2p} \cdot \frac{1 + \cos\theta}{2p} + \frac{1 + \sin\theta}{2p} \cdot \frac{1 - \sin\theta}{2p}$$
$$= \frac{2 - (\cos^2\theta + \sin^2\theta)}{4p^2} = \frac{1}{4p^2}\quad (\text{一定})$$

注）これも円錐曲線全体の性質である．研究 を真似て証明してみよ．

(133)　$A + B = a + b$ は明らかであるから，$AB - H^2 = ab - h^2$ を示す．
$$AB - H^2 = \left(\frac{a+b}{2}\right)^2 - \left(\frac{a-b}{2}\cos 2\theta + h\sin 2\theta\right)^2$$
$$- \left(h\cos 2\theta - \frac{a-b}{2}\sin 2\theta\right)^2$$
$$= \left(\frac{a+b}{2}\right)^2 - \left\{\left(\frac{a-b}{2}\right)^2 + h^2\right\} = ab - h^2$$

(134)　$\sqrt{x} + \sqrt{y} = 2$　　　　……①
①の両辺は正であるから，2 乗して整理すると
$$2\sqrt{xy} = 4 - (x + y)\quad\quad ……②$$
さらに 2 乗して
$$4xy = 16 - 8(x + y) + (x + y)^2$$
$$\therefore\quad (x - y)^2 - 8(x + y) + 16 = 0\quad ……③$$
$$① \Longleftrightarrow ② \Longleftrightarrow \begin{cases} ③ \\ x + y \leqq 4 \quad ……④ \end{cases}$$
である．

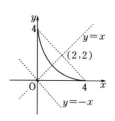

　点 (x, y) を原点のまわりに $-45°$ 回転した
点を (X, Y) とすると
$$x = \frac{X - Y}{\sqrt{2}},\quad y = \frac{X + Y}{\sqrt{2}}\quad\quad ……⑤$$
$x - y = -\sqrt{2}\,Y$，$x + y = \sqrt{2}\,X$ を③に代入して
$$2Y^2 - 8\sqrt{2}\,X + 16 = 0\quad \therefore\quad Y^2 = 4\sqrt{2}\,(X - \sqrt{2})$$
これは，焦点 $(2\sqrt{2}, 0)$，準線 $X = 0$ の放物線である．
したがって，③も放物線であり，⑤により
　　　焦点 $(2, 2)$，準線 $x + y = 0$
ゆえに，①はこの放物線の④を満たす部分．